Web开发典藏大系

web design server admin consulting marketing mobile apps domains hosting outsourcing

COMPANY INFORMATION lorem ipsum dolor sit amet
SERVICES & SOLUTIONS lorem ipsum dolor sit amet
DAILY NEWSLETTER lorem ipsum dolor sit amet
WORLDWIDE PARTNERS lorem ipsum dolor sit amet
CUSTOMER SUPPORT lorem ipsum dolor sit amet

HTML 5 移动Web开发实战详解

林珑　编著

清华大学出版社
北　京

内容简介

本书由浅入深，全面、系统、详尽地介绍了 HTML 5 相关技术和其在移动开发领域的应用。书中提供了大量的代码示例，读者可以通过这些例子理解知识点，也可以直接在开发实战中稍加修改应用这些代码。本书涉及面广，从基本原理到实战，再到项目工作流，几乎涉及一个合格的前端开发工程师需要具备的所有重要知识。**另外，作者专门为书中的重点内容录制了高清配套教学视频，并提供了本书涉及的源程序，以便于读者高效、直观地学习。**

本书共 17 章，分为两篇。第 1 篇为 HTML 5 移动 Web 开发基础，涵盖的内容有移动互联网的发展概述、HTML 5 基础、CSS 3 开发技术、从网页到应用（Application）、指尖下的浏览器、地理定位（Geolocation）、Web Worker、通信基础、实时 Web 技术、感官世界、history 与导航等。第 2 篇为 HTML 5 移动 Web 开发实战，涵盖的内容有 jQuery Mobile、Sencha Touch、Bootstrap、PhoneGap、Foundation 及 Node.js 等其他移动 Web 开发技术。

本书适合所有想全面和深入学习 HTML 5 开发技术的人员阅读，尤其适合使用 HTML 5 做移动应用开发的人员阅读。对于大中专院校相关专业的学生和培训机构的学员，本书也是一本不可多得的参考书。

图书在版编目（CIP）数据

HTML 5 移动 Web 开发实战详解 / 林珑编著. —北京：清华大学出版社，2014（2022. 8 重印）
（Web 开发典藏大系）
ISBN 978-7-302-36759-8

Ⅰ. ①H… Ⅱ. ①林… Ⅲ. ①超文本标记语言-程序设计 Ⅳ. ①TP312

中国版本图书馆 CIP 数据核字（2014）第 124171 号

责任编辑：夏兆彦
封面设计：欧振旭
责任校对：胡伟民
责任印制：朱雨萌

出版发行：清华大学出版社
网　址：http://www.tup.com.cn, http://www.wqbook.com
地　址：北京清华大学学研大厦 A 座　　邮　编：100084
社 总 机：010- 83470000　　邮　购：010-62786544
投稿与读者服务：010-62776969，c-service@tup.tsinghua.edu.cn
质量反馈：010-62772015，zhiliang@tup.tsinghua.edu.cn
印 装 者：三河市龙大印装有限公司
经　销：全国新华书店
开　本：185mm×260mm　　印　张：28　　字　数：700 千字
版　次：2014 年 9 月第 1 版　　印　次：2022 年 8 月第 10 次印刷
定　价：69.00 元

产品编号：059438-01

前　言

近几年全球都在谈论一个新名词——移动互联网。iPhone 和 Android 彷佛就在一夜之间将人们从原始社会带入了文明时代。就在五六年前，你很难想象当你置身于一个陌生城市之时可以不费吹灰之力就能找到两条街以外最合你胃口的那个西餐厅，并邀请几米开外的漂亮姑娘和你共进晚餐。

作为互联网从业者，我深知投入建设这样一个便捷的互联网世界是多么的激动人心。作为 Web 开发的坚定拥护者，我也更知晓绝不能在移动互联网时代漏掉 HTML 5 技术。

1. HTML 5不仅仅是HTML

早期的 HTML 在非常长的时间里被人们认为是一种效率低下，且功能简单的网页开发技术。但 Web 技术的不断发展让“网页”和“应用”的界限越来越模糊，尤其是 HTML 5 的横空出世让 Web 变得更加强大。

HTML 5 标准草案最初发布于 2008 年，而后被各大浏览器厂商跟进，包括 Chrome、IE、Opera 和 Safari 等。它发展迅速，很快成为了开发跨平台和跨设备应用的首选客户端技术。它赋予浏览器强大的能力。例如，基于 HTML 5 甚至完全可以抛弃特定的操作系统平台——Chromebook 就是这方面的有力践行者。

而对于开发人员来讲，HTML 5 使得开发应用程序更加高效、快捷和简单，几十行代码便可以实现过去几百上千行代码才能实现的功能，真是省时省力。

2. HTML 5易学易用

HTML 5 增强了 HTML 的功能，但又摒弃了 XHTML 的复杂，在学习上几乎不用花费太多功夫，在使用上也尽量贴近人们的常规思维。

HTML 5 社区和相关技术发展也十分迅速。尤其在移动互联网的助力下，HTML 5 的步子迈得更大了。一方面，对程序开发不了解的设计师也能利用 HTML 5 和 CSS 3 技术轻易地设计出高保真的动态应用原型。另一方面，前端开发工程师可以利用 HTML 5 提供的编程接口编写出强大的应用程序。

3. 本书的诞生

许多人在学习 HTML 5 的时候不明白究竟什么才算是 HTML 5，也经常搞混一些概念和用法。从某种角度来说，HTML 5 是一系列技术标准的集合，并且是不断向前发展的技术。为了帮助那些对移动开发感兴趣的读者能够在较短的时间内掌握 HTML 5 开发技术，笔者编写了本书。

本书首先从 HTML 5 的历史和背景入手，让读者理解 HTML 5 究竟为何物。然后一一讲解了 HTML 5 的相关技术标准及其在移动 Web 开发中的应用，以期读者能够掌握 HTML

5 移动 Web 开发的核心内容。最后再讲解 HTML 5 移动 Web 开发的相关工具，让读者可以快速成为一位高效而专业的开发者。

本书特色

1．内容丰富，覆盖面广

本书基本涵盖了HTML 5移动Web开发的所有常用知识点及开发工具。无论是初学者，还是有一定基础的 Web 开发从业人员，通过阅读本书都将获益匪浅。

2．注重实践，快速上手

本书不以枯燥乏味的理论知识作为讲解的重点，而是从实践出发，将必要的理论知识和大量的开发实例相结合，并将笔者多年的实际项目开发经验贯穿于全书的讲解中，让读者可以在较短的时间内理解和掌握所学的知识。

3．内容深入、专业

本书直击要害，先从标准文档入手，深入浅出地讲解了 Web 技术的原理。然后结合移动 Web 开发的相关工具，介绍了实际的移动 Web 开发，让读者学有所用。

4．实例丰富，随学随用

本书提供了大量来源于真实 Web 开发项目的实例，并给出了丰富的程序代码及注释。读者通过研读这些例子，可以了解实际开发中编写代码的思路和技巧，而且还可以将这些代码直接复用，以提高自己的开发效率。

5．视频教学，高效直观

笔者专门为书中的重点内容和实例录制了配套教学视频进行讲解，以方便读者更加高效直观地学习，从而取得更好的学习效果。这些视频及本书源代码需要读者自行下载。读者可以到 www.tup.com.cn 上搜索到本书页面按提示下载，也可以到 www.wanjuanchina.net 上的相关版块下载。

本书内容

第1篇　HTML 5移动Web开发基础（第1～11章）

本篇主要介绍了 HTML 5 移动 Web 开发的基础知识。首先介绍了移动互联网的发展历史和大背景，并阐述了万维网的精髓和 Web 标准的意义。了解这些知识可以从更宏观的层面理解 HTML 5 技术。然后从 Web 前端开发的三大技术层面，详细介绍了 HTML 5 开发的核心技术。其中，HTML 是表意层面的技术，CSS 是视觉层面的技术，而 JavaScript 则是行为和功能层面的技术。掌握本篇内容，可以为读者的移动 Web 开发打好基础。

第2篇　HTML 5移动Web开发实战（第12～17章）

虽然 HTML 5 大大简化了开发过程，降低了开发成本，但这远远不够，还需要借助许多基于 HTML 5 的移动开发框架。这些框架可以让开发任务变得更加简单。

本篇从实战角度介绍了 HTML 5 移动开发框架及其他相关知识。首先介绍了轻量级框架 jQuery Mobile，然后介绍了重量级框架 Sencha Touch，最后介绍了 Bootstrap、PhoneGap、Foundation 及 Node.js 等其他移动 Web 开发技术。掌握本篇内容，读者便可以较好地利用这些技术进行移动 Web 开发。

本书读者对象

- HTML 5 初学者；
- 有一定基础的 Web 开发人员；
- Web 前端开发工程师；
- 移动应用开发人员；
- 浏览器开发人员；
- 大中专院校的学生；
- 相关培训班的学员。

本书作者

本书由林珑主笔编写。其他参与编写的人员有丁士锋、胡可、姜永艳、靳鲲鹏、孔峰、马林、明廷堂、牛艳霞、孙泽军、王丽、吴绍兴、杨宇、游梁、张建林、张起栋、张喆、郑伟、郑玉晖、朱雪琴、戴思齐、丁毓峰。

阅读本书时若有疑问，请发 E-mail 到 bookservice2008@163.com，以获得帮助。

编者

目　　录

第1篇　HTML 5移动Web开发基础

第2篇 HTML 5移动Web开发实战

第 1 篇　HTML 5 移动 Web 开发基础

- 第 1 章　移动互联网的浪潮之巅
- 第 2 章　HTML 5 基础
- 第 3 章　初探 CSS 3
- 第 4 章　从网页（Web page）到应用（Application）
- 第 5 章　指尖下的浏览器
- 第 6 章　地理定位（Geolocation API）
- 第 7 章　Web Worker
- 第 8 章　通信基础
- 第 9 章　实时 Web 技术
- 第 10 章　感官世界
- 第 11 章　history 与导航

第 1 章　移动互联网的浪潮之巅

吴军先生曾在《浪潮之巅》一书里说："在工业史上，一种新技术代替旧的技术是不以人的意志为转移的。人生最幸运之事就是发现和顺应这个潮流。"

在本书诞生的时刻，在你捧着这本书阅读的时刻，笔者可以负责任地告诉你，移动互联网正处于时代的浪潮之巅，看着满世界的 Android 和 iPhone，你几乎都不要找更多的理由来佐证这一观点，那么如何顺应这股潮流？简单地回答，先把本书读完吧！

1.1　浪潮之巅，顺势而为

1.1.1　正确的时间做正确的事

第三次工业革命的来临标志着人类进入了信息时代，这个时代是一个以技术为革命手段的时代，每一个不同的阶段都会产生一些引领时代的公司，这些公司往往都依附于某些技术方面的变革。

我们先追溯到上个世纪微软公司发家的时候。

话说，微软最初还是个为 IBM 做操作系统的毛头打工仔，那时候的软件只是硬件的附庸品，以卖硬件赚的盆满钵满的 IBM 无疑成为 IT 界当红一哥。随着时代的变迁，硬件性能不断提升，但价格却不断降低，计算机渐渐地从单位走向了个人，兼容机的出现使得微软的操作系统卖到了世界各地，计算机软件行业迅速崛起，微软瞬间成为了一代 IT 霸主，PC 时代也因此成形。

再往后，由于互联网的飞速发展，人们在互联网上所产生的信息呈爆炸趋势在增长。而立志于整合全球信息并使人人受益的 Google 公司横空出世，重新发明搜索引擎的 Google 不仅实现了使人人受益的愿景，也一路走向华尔街投资人簇拥着的金色大道。

而当前大红大紫的 Apple 公司，则是搭了移动时代的顺风车，凭着 iPhone，全世界的人们都为之疯狂，全球的潮流似乎都在围着 Apple 那个被咬掉的苹果在转，乔布斯本人也随着病情加重和股价疯涨被一步步推向了神坛……

这些个科技时代的万千史诗故事无一不在反复地说明这个道理：在正确的时间做正确的事。试想一下，要是在 20 世纪 80 年代时，某人站在大讲台上发动着现实扭曲立场并极尽煽情地对你说："这是一个电话、一个音乐播放器和一台电脑……对，它们仨是一种东西！我们把它叫做 iPhone！" 在 20 世纪 80 年代的技术水平下，你还会愿意买吗？我想我不会，以当时的技术水平，最后被生产出来的，可能是图 1.1 这货吧，拿着它招摇过市可不是什么好想法。

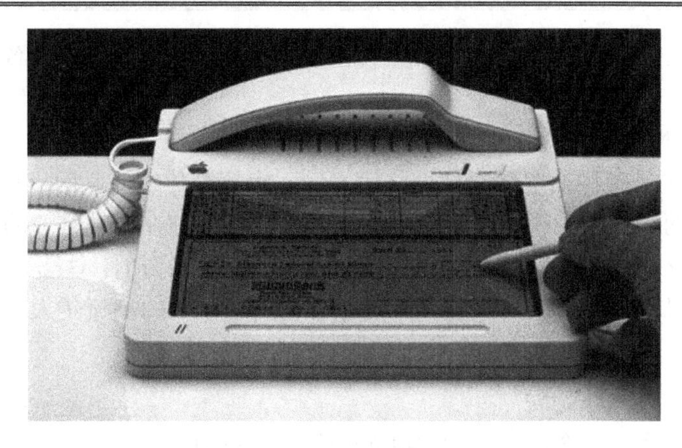

图 1.1　苹果曾经的设计

微软在 PC 时代占领了几乎所有桌面操作系统的市场，Google 在互联网时代掌握了进入 Web 世界的入口，Facebook 在寂寞泛滥的时代将人与人连接起来……他们无一不在正确的时间做着正确的事。

1.1.2　互联网的第二次崛起

伴随着 PC 走进千家万户送温暖，我想应该无人不晓互联网这个玩意儿对整个世界的颠覆。“您上网了么”在一段时期中成为了继“您吃了么”之后的全民口头禅，电子邮件、即时通讯、网上购物、在线视频、网络日志和在线交友……几乎这就是全世界。20 世纪 90 年代末，先锋者们和投机者们同时看到了这一前景，第一次互联网泡沫在美国就此催生。而泡沫过后人们都冷静了不少，更加理智地看待互联网，PC 市场里的互联网世界，一下子变得平淡了许多。

直到突然有一天，跳出来一个 iPhone，这几乎成为了移动互联网开始腾飞的里程碑。这也是互联网的第二次崛起——也即移动互联网的崛起，如图 1.2 所示。

图 1.2　iPhone 开启移动互联网腾飞之路

1.1.3　移动互联网正处于浪潮之巅

再次重申，当前的浪潮之巅就是移动互联网，如果你不肯相信，不妨先来看一组数据：

- 截止到 2013 年底，全球智能手机设备已经超过 10 亿。

- 中国手机网民数量达 4.64 亿，其中 iOS 和 Android 相对高端设备的用户数已超过 2 亿。
- 移动互联网的成长速度大概是互联网的 6 倍。
- 预计 2013 年底移动互联网规模将达 5 亿，将超过传统互联网用户的规模。

清晰而凌厉的数据已经说明了一切，移动互联网不仅站在科技产业的浪尖之上，而且是站在一波惊涛骇浪之上，它是值得我们为之激动、为之振奋的，尤其在咱们国家，买不起房只能拿着手机刷微博度日的大环境下，顺应移动互联网的潮流是大势所趋，人心所向啊，亲。

1.2　移动互联网时代，Web 必将璀璨

十年前 Web 叩响了互联网时代的大门，十年后的今天，移动互联网的战幕率先由原生应用（Native App）拉开，移动 Web 应用则后来居上。二者之间作何取舍，成为了广大产品决策者、开发者和学习者们争执不下、喋喋不休的问题。

1.2.1　你应该学习 Web 开发

当看着学校里面的学生甲和乙还在争论着是学 VB 还是 MFC 更有前途的时候，我就不禁想冲过去给他们后脑勺一巴掌："是时候学 Web 了！"

也许你也有和他们相同的疑惑："听说用 C/C++的都是大牛，工作好，应该学 C/C++"；又或许觉得 Windows 程序开发不错，C#、WPF 什么的是个时髦的选择；或者徘徊不定，是去搞系统内核还是搞设备驱动？

我的建议是，如果你没想好学什么，那么忘掉这些乱七八糟的东西吧，你应该学习 Web 开发。

为什么？原因很简单，市场决定了技术走向。整个 IT 行业和相关行业现在对于 Web 应用的需求是最大的——尤其是人才需求，在 Github 上编程语言的热门排行可以在某种程度上佐证这一论点，如图 1-3 所示。

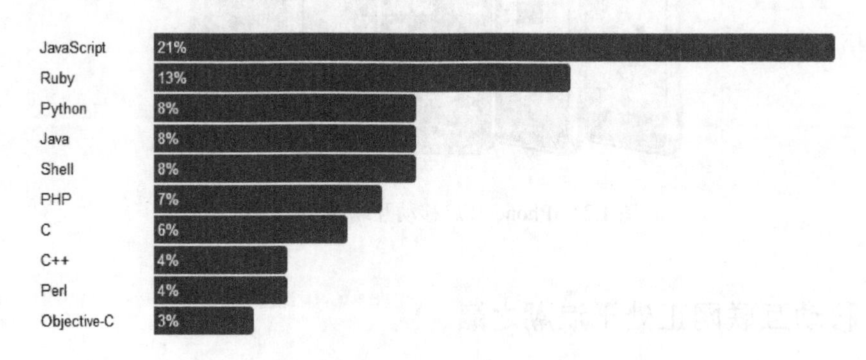

图 1.3　Github 语言热门排行榜

可以看到，占据语言排行前三的均是以 Web 开发为强项的语言，而前六名语言中有五

门语言（除了 Shell）是和 Web 开发紧密相关的，排行首位的 JavaScript 更是被称为 Web 时代的汇编语言，足以见得，Web 开发在业界所受的重视程度。

遥想就在几年前，Windows 软件程序员们还显得那么不可一世，转瞬间就已经成为了 Web 的天下，真是时光飞逝如斯。

对 Web 开发人才的需求，首当其冲便是如日中天的互联网公司们。几乎没有哪个不是以 Web 产品为主的，就拿国内市场来说，百度靠搜索起家，面对的是整个 Web 世界——抓取和检索来自 Web 的信息，而百度除搜索外最成功的产品，也都立足于 Web：贴吧、知道和地图……。相反，非 Web 产品却死的很快。我相信你一定还记得百度出过的那些客户端软件产品，它们几乎无一例外地胎死腹中或者幼年夭折了——想想百度 Hi、百度影音和百度阅读器什么的吧。

淘宝做电子商务，也是以浏览器为切入点而不是开发一个“电子购物客户端”。而腾讯，虽然是靠即时通讯软件发家，但相比之下互联网事业部门为腾讯带来了更大的效益——QQ 空间、门户和 QQ 邮箱……而且，你不知道的是，QQ 客户端软件本身也有很大一部分功能是基于 Web 浏览器开发的——在客户端软件中嵌入了打包后的 IE 或者 Webkit 浏览器。

除了互联网行业，传统软件行业也在不断地走向 Web。随着计算机的性能不断增强，价格不断降低，浏览器愈来愈承担起重要的职责，Google docs 和 Gmail 都是涉足企业级软件市场的杀手级应用，而 Amazon 也靠着云服务也声名鹊起，连微软这样的顽固巨头也做起了浏览器版 Office 和 Bing 与 Web 紧密相关的产品。

更激动人心的是，移动互联网将会是 Web 世界的另一针强心剂。所以，如果你还在犹豫学不学 Web 的话，很快就会像那些曾经不可一世，而现在却拿着一纸简历四处苦苦求职的 Windows 程序员一样了。

1.2.2　你应该为未来学习——移动 Web 开发

没错，学习 Web 是没错的，那么移动 Web 开发又意味着什么呢？我们常讲，凡事快人一步方能处变不惊。目前对于移动 Web 的各方批评多来自于“手机浏览器性能差”这一论调，但在计算机领域至今起效的摩尔定律告诉我们：每隔十八个月计算机的性能将翻一番，手持设备当然也不例外（后半句是我加的）。所以，担心性能那是活在过去的人在杞人忧天，与其担心一个 CSS 动画在 iPhone 4 上会卡，不如先学着把它做出来，或许你的动画被大家看到时，已经都用上动画无比流畅的 iPhone 6 了。

这世界变化很快，若跟不上节奏，必然会被淘汰。学习也是同一个道理，如果你还困惑于牛顿第二定律那就别想体会到量子力学的美妙；如果你还纠结于 IE 6 的盒模型和 W3C 的盒模型之间的差异那么就永远看不到你产品上线的那一天……所以，是时候了，投身到移动 Web 开发的学习中来吧！

1.3　WWW 的精髓

绝大多数人在谈及 WWW 的时候，可能只会说“哦，不就是上网吗”；学过两天计算机会几句英文的同学可能会说“WWW，是 World Wide Web 的简称，中文翻译为万维网”；某些运维哥哥可能会告诉你 WWW 一般是按约定俗称作为指向顶级域名的特殊二级域名；……。那么作为开发人员（或者立志成为开发人员）的我们，究竟还如何理解这简单的三个字母呢？

1.3.1　万维网发明者的初衷

一般来说，我们对万维网的精确定义是这样：是一个由许多互相链接的超文本组成的系统，通过互联网访问。在这个系统中，每个有用的事物，称为一样“资源”。并且由一个全局“统一资源标识符”（URI）标识。这些资源通过超文本传输协议（Hypertext Transfer Protocol）传送给用户，而后者通过单击链接来获得资源。

简单说来，万维网实际上是一个资源互联的网络，蒂姆·伯纳斯·李爵士（Sir Tim Berners-Lee）发明万维网的初衷是如此简单而直接。

1980 年，李爵士在欧洲核子物理实验室工作时建议建立一个系统来分享科学家们之间的研究成果，并为此构建了一个原型系统。1984 年，李爵士重返实验室时正式创造了万维网，并编写了世界上第一个网页浏览器和网页服务器。不得不说，没想到计算机史上迄今为止最伟大的发明竟然来自于一个“门外汉”！很意外对吧？而更意外的是，万维网之后的发展，完全超乎了发明人自己的想象，人们基于万维网的基本架构，衍生出了各种伟大的网站和应用，造福了数以亿计的人，在商业、学界、社会甚至政治领域，都产生了深远的影响，甚至他自己还获得了诺贝尔和平奖提名的殊荣。

而这一切都建立在小小的 HTML 的基础上。在谈论 HTML 之前，我们先来谈谈 Web，究竟 Web 的基因是什么。李爵士在创造万维网之初，核心的需求便是对研究成果的分享和链接，抽象成术语，就是前文提到的资源，分享和链接是 Web 赖以生存和得以发展的最根本原因，也是 Web 发明人的初衷——一个简单到无法再简单的分享和链接资源的系统。

Web 这几十年的发展也是不断地更好地满足分享和链接的需求。在最初 Web 用于科研和军事等领域的时代，这个陌生的事物对于专业人士也只是更多地作为生产力工具，真正被大众所接受，还得得益于浏览器技术的飞速发展，Mosaic 发布后大获成功，成为了点燃互联网热潮的火种，更成就了互联网一代名将——网景公司。关于网景浏览器和微软 IE 的大战，已经成为被无数人讲烂了的段子，我们也不再多提，相比于这场 10 多年前的竞争，真正的浏览器战争现在似乎才刚刚开始——谷歌、微软和苹果三大巨头以及 Mozilla 和 Opera 等老牌浏览器厂商无一不在这条路上打得火热，而反观国内战况更是激烈。不过，无论他们打得再火热，浏览器的技术和功能再日新月异，Web 构想的终极目标都不会变，始终在于将人类的资源更好的链接和分享。

在过去我们所说的“资源”可能更简单地被认为是一篇文章、一张图片或者一本书，在那个被称为 Web 1.0 的时代，人们上网通常只是单一地浏览由网站提供的内容，国内典型的例子便是新浪和搜狐等门户网站，从业者和消费者对 Web 的理解只局限于简单信息的攫取，但是不妨碍 Web 本身基因的体现——分享和链接资源（信息）。

随着 Web 2.0 概念的火热，大量的交互性和功能性网站出现——Flickr、Facebook 和 twitter……而“资源”两字的含义也更加丰富，音乐、电影和商品，甚至是人们自己的工作和生活点滴，也成为“资源”为他人“所用”。在未来，资源的含义将会更加丰富，而

Web 的基因也会继续辐射，分享和链接的成本会进一步降低；而 Web 在此目标上已经越走越远，而浏览器作为这条通天大道的入口，其相关技术无疑也越来越重要。

而入口大门的钥匙，莫过于 HTML 了。

1.3.2　HTML 是什么

HTML（HyperText Markup Language）语言是整个 Web 的基石，是一种基于标记的语言，或许你已经学过、用过很长一段时间，知道它能干什么，有什么特性，受制于哪些规则规范，但如果要你来精确的定义它、解释它，可能并不是一件容易事儿。通常我们在教科书里会看到 HTML 会被译为超文本标记语言，做为技术书籍，无码不欢，我们的第一个代码示例，就用来阐释 HTML 究竟是个什么玩意儿：

```
<div class="subjectwrap clearfix" xmlns:v="http://rdf.data-vocabulary.
org/#" typeof="v:Movie">
    <div class="subject clearfix">
        <div id="mainpic">
            <a class="nbg" href="#" title="点击看更多海报">
                <img src="#" title="点击看更多海报" alt="Wreck-It Ralph"
                rel="v:image"></a>
            <a class="trail_link" href="#">预告片</a>
            <p class="gact">
                <a href="#">更新描述或海报</a>
            </p>
        </div>
        <div id="info">
            <span>
                <span class="pl">导演</span> :
                <a href="#">瑞奇·摩尔</a>
            </span>
            <span>
                <span class="pl">编剧</span> :
                <a href="#">珍妮弗·李</a> /
                <a href="#">菲尔·约翰斯顿</a>
            </span>
            <span>
                <span class="pl">主演</span> :
                <a href="#">简·林奇</a>
                <a href="#" rel="v:starring">约翰·C·赖利</a> /
                <a href="" rel="v:starring">萨拉·丝沃曼</a> /
            </span>
            <span class="pl">类型:</span>
            <span property="v:genre">喜剧</span> /
            <span property="v:genre">动画</span>
            <span class="pl">官方网站:</span>
            <a href="#" rel="nofollow" target="_blank">disney.go.com/wreck-
            it-ralph</a>
            <span class="pl">制片国家/地区:</span>
            美国
            <span class="pl">语言:</span>
            英语
            <span class="pl">上映日期:</span>
            <span property="v:initialReleaseDate" content="2012-11-02">
```

```
            2012-11-02(美国)</span>
            <span class="pl">片长:</span>
            <span property="v:runtime" content="108">108 分钟</span>
            <span class="pl">又名:</span>
            破坏王拉尔夫 / 破坏王大冒险
            <span class="pl">IMDb 链接:</span>
            <a href="#" target="_blank" rel="nofollow">tt1772341</a>
<p>无敌破坏王（约翰·C·赖利 John C. Reilly 配音）生活在一个 80 年代出品的低精度游戏中。他的设定身份是一个反派，每天的生活就是在游戏《快手阿修》中大搞破坏，其后由玩家操作的英雄人物快手阿修......</p>
        </div>
    </div>
</div>
```

这是一段互联网上真实的代码（来自豆瓣电影），我们可以看到，这段代码虽然简单，但却很完整：有 div 和 span 这样的容器类型的无语义标签，有链接（a）也有图片（img），也有段落，还有一些不常用的属性 rel 和 content 等等。这段代码只完成了一件事儿：将《无敌破坏王》的简要介绍结构化成文本。基本上，单论 HTML 能做的事儿其实也就只有这一件：承载（结构化的）信息。

HTML 并不是一门编程语言，因此它不适合用来表达逻辑，但是却十分适合作为结构化信息的载体。笔者资质尚浅，不敢冒充权威给 HTML 扣上什么大帽子，如果我来定义，HTML 其实就是承载信息（资源）的载体，淘宝的商品页承载了商品的价格购买等信息，百度的搜索结果页承载了和关键词相关的结果页的摘要信息……

很多人初学 HTML 的时候，可能会觉得它很简单，不就是几个标签拼拼凑凑组成一个可看可用可动的网页了么，再学点 CSS，学点 JavaScript，改改字体改改颜色，加上点动画炫炫技，一件漂亮的作品就呈现出来了。但实际上 HTML 并不是那么简单的东西，而它的不简单，首先来自于一些广为人知的误解。

1．HTML 是用浏览器来显示的文件

这是一个极大的误区。对于 HTML 本身而言，其实并没有任何可以显示的东西，它只是承载了抽象意义上的一段信息，这段信息如何显示，由谁来显示对 HTML 本身来说并不重要，它也不关心。而解读 HTML 的具体客体，通常被称为用户代理（UserAgent），对于绝大多数情况而言，用户代理就是我们的常见的网页浏览器——Chrome、Firefox 和 IE，当然也包括当今五花八门的手机浏览器。用户代理决定了 HTML 该怎样显示，比如 em 标签内的文字应该被显示为斜体，strong 标签被显示为黑体等等。甚至用户代理并不一定要“显示”HTML，对于抽象的信息，“看”只是接受信息的一种方式，对于盲人用户而言，他们上网就必须要依赖屏幕阅读器或者盲文阅读器这样的用户代理。所以，HTML 所表达的，只是抽象的信息。

2．DIV+CSS 就是 Web 标准

在 DIV+CSS 时代之前还有个 table 时代，在浏览器里决定布局效果大家多由 table 来做，而突然某天浮动布局等技术被发明出来后，没有语义并且通常情况下没有用户代理样式的 div 标签成为了所有人的避风港，大家也不再过多学习 HTML 里面还有哪些标签，也不去深究为什么有这么多标签。DIV 再加上同样没有语义和样式的 span 标签，一张“符合

Web 标准”的页面就写好了。

实际上，这种理解的误区和前面说到的“显示”问题是一样的。HTML 之所以提供那么多标签，实际上是为了更好地结构化信息。而 Web 标准的精髓也不仅仅在于内容结构、表现和行为的分离，更在于提供结构化整个互联网信息的工具。

3．HTML 5 是 HTML 的升级版，提供了更多功能

前面已经不断说到 HTML 是承载信息的语言，那么不难理解，HTML 5 其实说白了，就是为日益丰富的信息提供更简单更强大的描述能力。而并不是所谓多了几个标签，多了几个快捷功能那样简单。也更能理解，为何 HTML 5 所做的各项努力，都是使 HTML 文档所承载的信息更容易的被所有人访问——当然，本书重点要讲的手机 Web，也是 HTML 5 所要覆盖的重要设备之一。

HTML 5 的确是 HTML 的升级版，但并不只是提供多几个功能那样简单。

1.3.3　再谈 Web 标准

不得不说，Web 标准这词儿也是一个老生常谈的问题了。可能提及 Web 标准，你的脑海里会跳出 W3C 组织、委员会、微软、谷歌和 XX 工作组这些名词，并且也知道 Web 标准是个好东西，遵守它就能实现代码“一次编写到处运行”，能增强页面语义化，能提高页面可访问性，还能治疗腰酸背痛腿抽筋……。嗯，总之它是个好东西，当然你也应该知道 IE 这个游走于标准之外的非主流老年人。但是真要问你 Web 标准究竟是什么，意味着什么，还真不一定能说出几句所以然来。在我看来，Web 标准的制定者们和他们做的事情对我们开发人员来讲，是功在千秋、利在万代的好事情。为什么这样说？

1．什么是 Web 标准

先来看这两段可能你已经很熟悉的经典代码。

时光倒流到十多年前，IE 6 刚出生不久的时候，你写了一段在 IE 6 和 Firefox 下可以运行的处理按钮单击的代码：

```
var btn = document.getElementById('btn')
var listener = function(e) {
    alert('十年之前，我不认识你，点我不容易！')
  }
if(btn.addEventListener) {
  btn.addEventListener('click', listener, false)
} else if(btn.attachEvent) {
  btn.attachEvent('onclick', listener)
} else {
  btn.onclick = listener
}
```

那时候世界上上网的人还不算多，你共需要编写 11 行代码才能兼容市面上大部分浏览器。接下来时间定位到 2013 年，你的代码需要在 IE 9、IE 10、Windows Phone IE、Firefox、Chrome、Safari、IOS Safari、Opera、Opera Mini、Android Browser、UC 和 360 浏览器等十多种桌面的或者手机端的浏览器，此时你需要写的代码：

```
var btn = document.getElementById('btn-2013')
var listener = function(e) {
   alert('十年之后，我们是朋友，点我算问候！')
  }
btn.addEventListener(type, handler, false);
```

同样是覆盖大部分浏览器，你需要兼容的浏览器种类从两种增加到了十多种，但代码行数却从 11 行锐减到 5 行。没错，对于开发者来讲，Web 标准干的最实惠的事儿，便是降低了我们开发的复杂度。也许事件绑定这个简单例子还不足以说明问题，但你看看 Web 标准所覆盖的技术层面就知道他们做了多么伟大的事情。

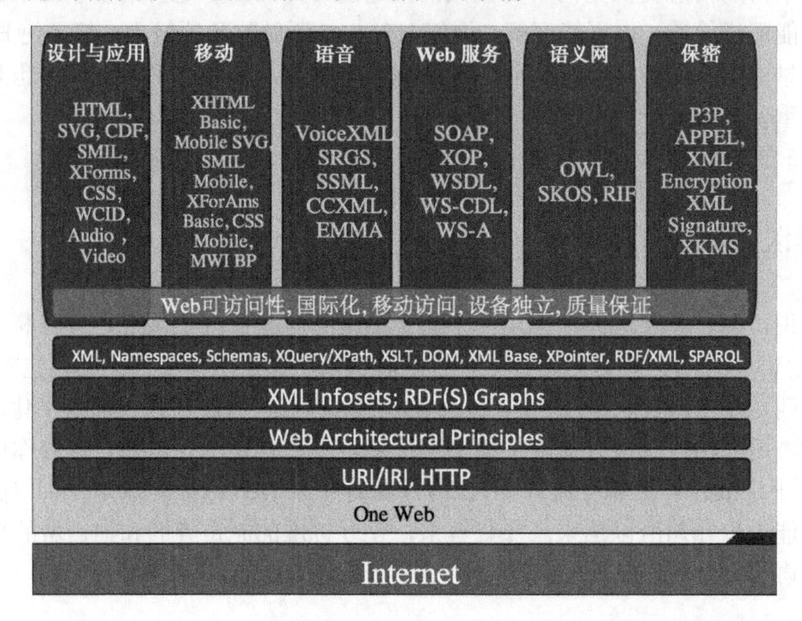

图 1.4　One Web

从图 1.4 中我们可以看到，Web 标准涵盖了非常广的技术领域，包含且不限于浏览器相关技术。试想一下，如果没有人去做技术标准化，那么不同厂商的产品——不论是软件产品还是硬件产品——都各自给出一套接口和技术来提供相同的功能，那全世界的开发者们得有多痛苦……

2．谁在制定标准

就 W3C 组织所提倡的而言，任何公司、组织和个人都可以为其贡献标准，但通常大部分标准都是由来自一些大公司或者浏览器公司的工程师和科学家所拟定，诸如谷歌、微软、苹果、Adobe 和 Mozilla 等公司，原因也很简单：因为他们经验丰富，专业度高。但作为平头老百姓的我们也是可以参与到标准制定当中去的，一般来说可以通过加入邮件组，并发建议信或者参与邮件组讨论的方式来参与到标准制定过程中去。

除了 W3C 组织外，也有一些其他组织也在制定 Web 标准，最出名的莫过于 WHAT 工作组了，当前 HTML 5 相关标准工作方面就由 WHATWG 和 W3C 所主导。

3．哪些标准需要你关注

这些被标准化或者正在被标准化的技术，最终都会落实到具体的文档上来，对于前端工程师或者立志成为前端工程师的你而言，图 1.4 中涉及到的绝大部分标准无需关注的，你需要关注的内容参见图 1.5。

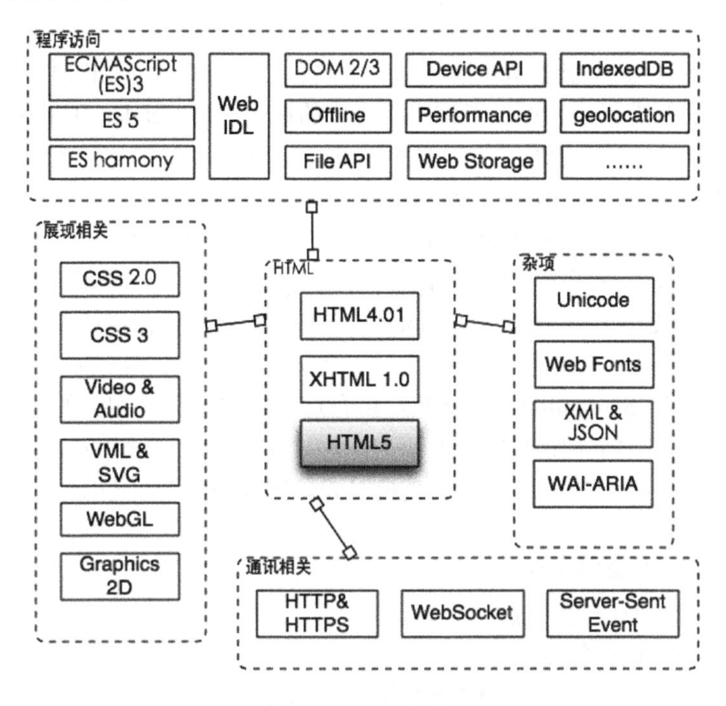

图 1.5　涉及前端的 Web 标准

以 HTML 标准为中心，扩展出几个大类的技术标准，目前你还不用搞清楚它们究竟是什么做什么的。因为，如果你已经无比清楚了的话，这本书你就白买了——我们会在本书剩余部分详细介绍这些标准所涉及的技术。虽然品类看起来繁杂，但只要掌握了其中的核心知识，其他都是触类旁通，所以也不用害怕这些乱七八糟的名词。

4．为何 HTML 5 胜出

前面图 1.5 中提到的 HTML 4.01 是 HTML 最后一个成文的推荐标准。在 HTML 4.01 后，出现了两派观点，一派是希望更加严格的 XHTML 能够取代 HTML，另一派则是希望 HTML 能够持续演进，并能很好地向下兼容——也就是 HTML 5 了。显然 XHTML 在执行上遇到很大的阻力，因为敦促互联网上所有的网站都修改成 XHTML 兼容显然不是一个小小的公益组织能干下来的活儿，而且也费力不讨好。主要原因就是 XHTML 规则太过严苛，移植成本非常大，而且 HTML 语法本身简单易懂，在开发人员中已经非常普及，再去学习 XHTML 也不是一件经济的事情，而修改为 XHTML 对单个网站本身也没有什么本质的改变。但 HTML 5 则显得非常友好，不仅兼容 HTML 之前的版本，并且提供了大量新功能，很快 HTML 5 就受到人们的欢迎。

当然，一项技术的胜出显然不是简单地因为它在某几方面的优点，通常还会来自社区的声音，来自巨头们的角力——乔布斯曾炮轰 Flash，并且不允许在 IOS 设备上运行 Flash 便是一个显著的例子。苹果对 HTML 5 的投入，使得 HTML 5 在移动设备上（包括 Android）也很快成为了领航者。

1.3.4　如何理解 Web 语义化

也许你或多或少都听说过 Web 语义化这个概念，或许也知道 HTML 5 相对于 HTML 之前的版本重大的改进就在于增加了许多语义化的标签（如 header 和 footer 等）。不过在学习这些具体的标签之前，我们有必要重新认识一下什么叫 Web 语义化。

Web 发明人李爵士曾在 *Weaving the Web* 一书中说过：

"如果说 HTML 和 Web 将整个在线文档变成了一本巨大的书，那么 RDF、schema 和 inference languages 将会使世界上所有的数据变成一个巨大的数据库。"

1998 年李爵士提出了语义网（Semantic Web）的概念，他在描绘 Web 的今生后世时，已经深刻阐释了语义网的未来意味着什么——一个集合全世界信息并能为人所用的数据库。

所谓"语义的"（Semantic），这词儿是指有意思的或者与之相关的。而语义网的核心是通过给万维网上的文档（如 HTML）添加能够被计算机所理解的元数据（Meta data），从而使整个互联网成为一个通用的信息交换媒介。W3C 的"语义网远景（Semantic Web Vision）"的目标是：

- Web 信息拥有确切的含义；
- Web 信息可被计算机理解并处理；
- 计算机可从 Web 上整合信息。

上面这些话可能稍显抽象，若翻译成白话来讲，语义化就是让机器能理解内容。不过首先要弄明白的是以下内容。

1．为什么我们需要机器能理解内容

在 Web 初生的时期，整个互联网上都还没有太多的内容，这些内容几乎都在一些小范围传播（比如李爵士工作过的物理实验室），依靠人肉和简单的程序都还能处理的过来。随着 Web 规模的不断扩大，内容不断增多，查找内容越来越依靠机器，于是搜索引擎被发明出来，用于抓取整个 Web 的内容供人检索和过滤。Web 的内容几乎都是依靠 HTML 格式来发布，人来阅读当然是没有任何问题的，但最初 HTML 格式包含的语义信息又特别弱，给机器处理带来了很多麻烦。

举个例子来说，假设我们有这样两段代码，一段是普通的 HTML 代码：

```
<div>
  <div class="bigfont"><b>乔布斯</b></div>
  <div>
    <a href="www.apple.com">苹果</a>的
    <span>创始人</span>
    <span>享年 56 岁</span>,
    <div>1976 年乔布斯和朋友成立苹果电脑公司，他陪伴了苹果公司数十年的起落与复兴。</div>
    <div>先后领导和推出了麦金塔计算机、iMac、iPod、iPhone 等风靡全球亿万人的……</div>
  </div>
</div>
```

另一段是我们假想的增加了很多种标签的 HTML 代码：

```
<people>
  <h4><name>乔布斯</name></h4>
```

```
  <a href="www.apple.com"><company>苹果</company></a>的
  <position>创始人</position>
  享年<liveage>56 岁</liveage>,
  <introduction>
    <p>1976 年乔布斯和朋友成立苹果电脑公司，他陪伴了苹果公司数十年的起落与复兴。</p>
    <p>先后领导和推出了麦金塔计算机、iMac、iPod、iPhone 等风靡全球亿万人的……</p>
  </introduction>
  <p></p>
</people>
```

不出意外的话，这两段代码在浏览器中的最终显示效果是相同的（需要一些简单的重置样式），如图 1.6 所示。

乔布斯
苹果的 创始人 享年56岁，
1976年乔布斯和朋友成立苹果电脑公司，他陪伴了苹果公司数十年的起落与复兴。
先后领导和推出了麦金塔计算机、iMac、iPod、iPhone等风靡全球亿万人的……

乔布斯
苹果的 创始人 享年56岁，
1976年乔布斯和朋友成立苹果电脑公司，他陪伴了苹果公司数十年的起落与复兴。
先后领导和推出了麦金塔计算机、iMac、iPod、iPhone等风靡全球亿万人的……

图 1.6　不同 HTML，同样显示效果

对于正常的人类而言，阅读这两段文档获取到的信息也应该是一模一样的——别告诉我你阅读第二段文字时更加悲伤——我们进一步假设，互联网上现在有成千上万的这样的人物信息以及其他的信息，用这样的 HTML 片段分散在不同的网站上，如果你想要从中间找出其中属于苹果公司的 56 岁的人，以 90 年代末的互联网规模，靠肉眼完成这项工作已经是难于上青天了，这时候就需要借助计算机程序的力量了。

2. 爬虫程序

爬虫程序（Web crawler）是一种自动访问互联网页面并收集信息以供人们检索的程序，爬虫算是一个搜索引擎的基本组成部分，它一般以一个网页主页面为入口，通过页面上的链接一层一层地爬取所有的子页面，最终获得所有可见页面的信息。对于爬虫而言，爬取到的内容它是不理解其含义的——对于计算机来讲，人类语言基本上是不可理解的，因此完成“查找苹果公司 56 岁员工”这项任务，如果没有元数据（metadata）的帮助，计算机几乎是不可能完成的。在上面的例子中，第一段的元数据几乎没有，你通过程序甚至只能判断出这段文字是和苹果公司有关的文字（因为中间有指向苹果的链接）。而第二段的标签（虽然是我们虚构的）则提供了非常丰富的元数据，如果所有的人物信息都用类似的标签来发布内容，那么我们要在海量的信息里检索出人物的信息，进而对人物信息进行分类和筛选等处理都是非常方便的。

除了爬虫程序，诸如浏览器这样的程序对内容的理解也是很有用的。由于文档有了语义，那么浏览器可以根据不同的语义选择不同的呈现。一个最简单的例子就是无序列表和有序列表，对于一个有序列表，浏览器可以自动为列表前面加上 1,2,3 这样的数字，这样文档将更具备可读性，甚至在某些拉丁语言的国家里，浏览器可以自动将有序列表前加上 a,b,c 这样的字母，以便更加本地化。所以，让计算机更容易地理解内容，最终还是为了人类服务。

除此之外，语义化的代码，对做开发的人也有帮助——这和变量命名程序风格也是一个道理，满篇 div 嵌着一堆诸如 a、b2 和 c4 这样的 class 和 id 的代码不仅毫无语义可言，对其他开发者也都是不可理解的，增加了协作成本，甚至这份代码创建者自己将来修改代码时也会痛苦不堪，进一步增加了维护成本。

可以说，Web 标准在很大程度上都是在为 Web 语义化服务的。而语义网则是 Web 的远景目标。也可以说是万维网的精髓——一个能理解人类语言，和人类自然交流，并为人类服务的智能网络。

1.3.5　HTML 5 和语义网

大多数人提到语义化都会提及 HTML 5——没错，HTML 5 的确为承载的内容提供了相比于之前版本更强的语义，但是 HTML 5 并不是唯一为语义网做贡献的标准。

1.4　主角登场——HTML 5 的前世今生

相信图 1.7 这个亮闪闪的 logo 你已经在很多地儿都见过了，而这个 logo 的背后隐藏着多少辛酸往事，多少勾心斗角，多少尔虞我诈……你未必都能道出个来龙去脉，讲出个一五一十。

图 1.7　HTML 5 logo

本节将彻彻底底让你认清我们 HTML 5 这位主角家底几斗，能耐几何。

1.4.1　聊聊 HTML 5 那些旧事

1. HTML vs. XHTML

1991 年 HTML 第一个标准出现，到 1997 年 HTML 4 定稿，之后十年 HTML 标准一直停滞不前。W3C 则将全部精力投入了 XHTML 的开发，停止了对 HTML 的关注。所谓 XHTML，即 Extensible Hypertext Markup Language，翻译过来就是可扩展超文本标记语言，实际上就是 XML 和 HTML 的合体怪物，对于开发人员来说，就是要记住双引号括住属性、小写标签、自闭和标签、正确嵌套、冗长的 Doctype 定义……。有个关于 XHTML 很传神的比喻。

想象一下 XHTML 就如同你那位特爱叨叨的外婆，每次见到你都会让你清洗牙齿、告诫你坐有坐姿站有站姿、记得注意安全、注意身体……

更讽刺的是，这些 XHTML 烦人的规范即使你的网页一一遵守了，浏览器也不会真正关心——绝大多数网站依然都是用 text/html 的 MIME type 进行提供，浏览器依然把你的网页视为 HTML 网页。

即便如此，W3C 依然着魔于 XHTML，他们甚至关掉了 HTML 工作组，以便更专注于 XHTML 标准。XHTML 1.1 诞生时修复了很多 HTML 时代的错误，并也能很好地向下兼容。但 W3C 完全不满足于此，XHTML 2.0 则完全想与 HTML 划清界限，完全不准备兼容 HTML 4，企图"修复"整个 Web——这完全站在了广大人民群众的对立面。

终于，W3C 的空想主义大跃进政策激起了"民愤"。2004 年，一小撮来自苹果、Opera 和 Mozilla 基金会的工程师们成立了 WHATWG（即前文说到的 WHAT 工作组），率先发起 HTML 5 标准。而与此同时，W3C 还在 XHTML 这条不归歧途上蹒跚前行，越走越远。

WHAT 工作组对于新标准的制定有两个黄金准则：

- 必须向下兼容——万万不能忽略已有的 Web 世界。
- 标准和实现必须相互匹配——这意味着标准文档必须尽可能详尽。

基于这两个准则，WHAT 工作组做了大量的工作。到 2006 年 10 月，W3C 终于宣布与 WHATWG 合作研发 HTML 5 相关技术标准（即便如此，W3C 依然对 XHTML 恋恋不舍，直到 2009 年才完全抛弃 XHTML 2.0）。

2008 年，HTML 5 终于发布第一份草案，同年 Firefox 率先开始支持 HTML 5，很快 Chrome、Safari 甚至 IE 等浏览器也相继加入 HTML 5 阵营。值得注意的是，HTML 5 自第一个草案就提出自己是一项持续发展的技术，不会有真正"完成"的一天，所以无论何时投入 HTML 5 的怀抱都不会过时的。

2. HTML 5 vs Flash

真正让 HTML 5 迅速进入广大开发者甚至普通消费者目光中的契机要数乔布斯发表炮轰 Flash 的公开信这事儿了，《关于 Flash 的几点思考》一文中主要提到了六点为何 HTML 5 相比 Flash 更适合移动设备的原因：

- 更开放——从定价到功能，Flash 由 Adobe 一家公司掌控，而 HTML 5 则完全开放并由标准委员会所控制。
- 没你我也活得很好——没了你 Flash 我一样可以看视频和玩游戏。
- 可靠、安全和高性能——含泪控诉劣迹斑斑的 Flash 在 Apple 设备上的各种漏洞史、崩溃史和性能瓶颈史。
- 电池寿命——Flash 你是个可怕的电老虎！
- 触摸——Flash 本身是为使用鼠标的桌面电脑设计，而不是为使用手指的触摸屏。HTML 5+JavaScript+CSS 显然是更加现代化的技术。
- 开发者和平台之间不应该再多一层软件——Apple 希望用户用上最优的应用，而不是为了"跨平台"而采用 Flash。在移动纪元，HTML 5 会在移动设备上赢得最终胜利（当然，PC 也是）。

可以说就是 2010 年 4 月的这封信把 HTML 5 推上了风口浪尖，各大网站也乘着浪头纷纷开始支持 HTML 5，各种 HTML 5 的实验站点也如雨后春笋般出现。而 iOS 和 Android 两大移动阵营都对 HTML 5 有着强力的支持，进一步使得 HTML 5 在移动设备上大放异彩。国外的 YouTube、亚马逊和 Twitter，国内的优酷和京东等都纷纷推出纯基于 HTML 5 打造的页面，截止到 2011 年 9 月，Alex 排名前 100 的网站中已经有 34%开始使用 HTML 5 技术。2011 年 11 月，被喷的很惨的 Adobe 终于也宣布结束移动设备上的 Flash 开发工作，转而开发 HTML 5 工具。

1.4.2 为移动而生

在乔布斯为 iOS 设备狂喷 Flash 而大赞 HTML 5 之际，已经注定了 HTML 5 是一项为移动设备而生的技术。前文提到的关于 HTML 5 的六个优点已经充分说明在移动设备上 HTML 5 技术是不二之选。

1. 从系统无关到设备无关

在过去，系统无关一直是个大问题。一个程序在 Linux 平台可以跑，在 Windows 系统下就运行不起来了，更不要提 MacOS，甚至在 Linux/Windows 不同发行版之间都不能顺畅地运行。Web 的出现从某种意义上而言改变了这一现状。Web 从一诞生起就是跨平台的——是真正的跨平台，真正意义上的“一次编写，到处运行”。

无论是 Linux/Windows/Mac，还是别的什么稀奇古怪的操作系统，他们无一都有着跨平台的浏览器软件（Firefox 和 Chrome），通过浏览器，可以在这些平台上运行各种各样的 Web 程序——你的 HTML+CSS+JavaScript 永远都能够运行！这得益于 Web 从一开始就是由开放的技术构建起来的缘故。

而到了移动时代，不仅操作系统丰富多彩——Blackberry、Palm WebOS、Nokia/Symbian、Windows Mobile、bada 和 MeeGo 等等，设备种类更是五花齐放——下至两三寸的迷你手机，上至 5 寸的三星 Node，还有乱七八糟的平板、Pad 和 Surface……相比于过去的 PC 操作系统大战时代完全是有过之而无不及。此时，想要完全兼容各个设备，无疑只能选择 Web 了。

而在 HTML 5 出现之前，移动设备虽然支持 Web，也能正常上网，但访问体验上巨大问题来源于小小的屏幕以及鼠标的缺失——过去的 Web 是为桌面电脑设计的，来到小屏幕设备上，页面缩小、手指点触不准、格式错乱和速度缓慢等等问题接踵而至。为了使 Web 在移动设备上更好地呈现，WAP 协议（Wireless Application Protocol）被设计出来，并基于 XHTML 定义了 WML（Wireless Markup Language，WML 使用 WMLScript 在客户端运行简单的代码。WMLScript 是一种轻量级的 JavaScript 语言。）语言，用以在移动设备上交换数据。在某一段时间里，这似乎被认为是个很好的选择，但不久后各种问题也暴露出来：

- ❑ 作为网站版主，你不得不开发和维护两套程序，一套为 PC，一套为手机。
- ❑ 对于程序员，你又得学习一套新的标记语言，即 WMLScript。
- ❑ 随着设备性能的提升和功能的丰富，WAP 网站又显得过于简单了。

还好，有 HTML 5 来试图诊治这些疑难杂症。W3C 提出了“one web”的概念，以求同一个网站在各种设备中都能良好显示，HTML 5 相关技术便在这个方向上努力，比较突出的便是 CSS 3 的 media query 技术。除此之外，HTML 5 也摒弃了 WAP 那一套理念，向下兼容 HTML 和 JavaScript（因为 HTML 5 本来就是 HTML），降低了程序员的学习成本，同时也降低了开发成本和维护成本，以求做到真正的程序与设备无关。

2. HTML 5 如何改变 Web 开发的局限性

Web 开发在过去有非常多的局限，尤其是安全和设备访问相关的部分。相比于传统的桌面 Web 开发，基于 HTML 5 可以方便地构建类似传统客户端软件的网页 App，可以访问磁盘系统和摄像头等敏感设备，轻松将桌面软件擅长的领域带入了 Web 的世界。

对于当前的主流移动设备而言（而我们尤为关注的，是手机和平板电脑），定位、触摸和传感器是其重要特点，而 HTML 5 在这些方面也有鼎力的支持。可以说，HTML 5 横扫了过去 Web 开发中的种种痛点，将 Web 开发带入了新的纪元。

1.4.3　你应该知道的 HTML 5

HTML 5 从技术层面来讲带来了八个类别的新东西，W3C 还专门为此做了相应的 Logo 以彰显 HTML 5 技术的时髦气息，甚至还提供了 logo 生成器可以生成对应技术的代码让你可以为自己的网站贴上炫酷的 HTML 5 标签。

图 1.8 从左至右，从上到下，分别代表如下含义：

图 1.8　HTML 5 八大 logo

（1）语义网（Semantics）

帮助 HTML 更好实现地结构化和语义化可以说是 HTML 5 首要和核心的增强。具体来说就是提供了一组丰富的语义化标签，包括 header 和 footer 等，以及配合使用 RDFa、microdata 和 microfomat 等的能力。这使得用户和机器程序都能从中获益。

（2）离线&存储（Offline & Storage）

HTML 5 App Cache、Local Storage、Indexed DB 和 File API 这些技术标准使得 Web 应用程序更加迅速，并提供了离线使用的能力。

（3）设备访问（Device Access）

设备感知能力的增强使得 Web 也能实现诸多传统应用程序的功能，在手机这样的移动设备中更是如此。Orientation API 可以访问重力感应，Geolocation API 能定位设备，音视频方面甚至能访问麦克风和摄像头，而本地数据方面则可以和联系人列表以及日历等功能对接，你的应用不再受制于设备权限，而只受制于你的想象力。

（4）通信（Connectivity）

通信能力的增强意味着你的聊天程序实时性会更高，你的网络游戏会运行地更顺畅。Web Socket 以及 Server-Sent Events 技术使得客户端和服务器端之间的通信效率达到了前所未有的高度。你，值得拥有。

（5）多媒体（Multimedia）

音频和视频能力的增强可谓是 HTML 5 的杀手锏了，也使得 Flash 逐渐退居二线。

（6）图形和特效（3D，Graphics & Effects）

HTML 5 另一个置 Flash 于死地的技术特别莫属在图形方面的增强，SVG、Canvas 和 WebGL 等功能使得图形渲染变得高效而方便，对于生成图表、2D/3D 游戏和页面视觉特效等方面可谓是不二之选。

（7）性能和集成（Performance & Integration）

让用户等待是很可耻的，Web Worker 的出现使得浏览器也可以多线程处理后台任务而不阻塞用户的界面渲染。同时 HTML 5 还提供了性能检测工具方便你评估程序的性能。

（8）呈现（CSS 3 / styling）

CSS 3 可以说是相比于以上所有技术更新中最让人激动的一项了。无论你是设计师还是工程师，CSS 3 可以很方便地实现许多页面特效——而且尤为关键的是，它不会影响页面语义和性能。

本书将详细讲解上面八类技术涉及的技术细节，并特别关注这八类技术在移动设备中的应用。不过要提醒读者的是，虽然 HTML 5 提供了如此多且强大的新特性，但 HTML 5 依然不是解决所有问题的弹弹，盲目地全盘采用 HTML 5 只会让你陷入迷茫。根据具体需求、资源和问题进行合理分析，正确合理地得出解决方案，才是最明智的做法——即使身处浪潮之巅，也要随时小心脚下的暗流漩涡。

第 2 章　HTML 5 基础

既然是学习 HTML 5，那么必然抛不开 HTML 这门语言本身。本章将详细透彻地介绍 HTML 本身和它的第五个版本引入的新内容。

也许你已经有一定的 HTML 编程经验或者你已经是个老鸟（大神就免了吧，笔者向您看齐），但这部分内容能让你复习你已有的知识，甚至是重新审视它们，温故而知新，不亦悦乎？

2.1　重温 HTML

HTML 的最后一个定稿版本 HTML 4 中（http://www.w3.org/TR/html4/intro/intro.html）对万维网有着精确的定义：*The World Wide Web (Web) is a network of information resources*。

意即 Web 是信息资源的网络（第 1 章中说过，从广义而言，资源不仅仅是信息资源），而这个网络的工作需要三种技术或者机制的相互配合：

- 用于表明某种资源在 Web 中具体位置的唯一标识符（具体技术如：统一资源标识符 URI）；
- 获取资源的协议（如 HTTP）；
- 对资源进行导航（如 HTML）。

这三种机制所对应的具体技术我们可能已经熟悉的不能再熟悉了。URI 非常易于理解和使用；HTTP 作为传输协议包含很多繁杂的内容，但其基本原理也非常简单，在此亦不赘述。

但如果告诉你，HTML 其实是被设计用来更容易进行资源导航的玩意儿，还真有点难以接受——过去老师们都告诉我，HTML 就是用来写网页的东西啊，是那一个个用某 e 字软件打开的小网页嘛。没错，HTML 确实是网页，但 HTML 不只是网页那么简单。

2.1.1　HTML 能干什么

在回答 HTML 是什么的问题上，HTML 4 标准给出的答案是：HTML 是一种可以发布信息到全球的语言，一种所有人和计算机都普遍理解的母语。虽然给的不一定是标准答案，但不得不说，HTML 这么多年来的努力，这个目标或者说定义已经基本成为了现实。

为实现这个目标，HTML 提供了这些功能：

- 发布包含文本、标题、列表、表格和图片等内容的文档。
- 通过超链接获取线上信息。
- 为终端用户建立可同远程服务器交互的表单，以进行搜索信息、预约行程和订购商品等操作。

- 直接在文档中包含其他应用程序（的资源），如电子表格和音视频等。

从这些功能定义上你可能看出来了，HTML 本身并不是资源，而是万维网中资源与资源之间的胶水。它承载着图文内容，描述资源间的关系（超链接），粘合其他资源甚至程序。除此之外，还为这些资源附加上特定的语义（记得前面举到的人物档案例子吗）。

同样需要理解的是，HTML 5 并不是什么稀奇玩意儿，说穿了它也是 HTML，干的也是同样的事儿，只不过，它把这些事儿干的更加漂亮！不过在具体了解 HTML 5 如何提供这些功能之前，我们得先来聊聊 HTML 最核心的部分：标签和属性，后文的内容也将围绕这两者展开。

2.1.2 HTML 的核心要素

HTML 的核心要素莫过于标签（Tag）了。

先来看一个 HTML 的例子片段，用 p 标签来定义一段文字；用 acronym 来定义首字母缩写词；用 em 来强调一个短语；用 strong 来标注一个重要的词语；用 ul 和 li 来定义一个列表；用 code 来展现一段代码：

```
<h2>什么是 HTML？</h2>
<p>
  <acronym title="Hyper Text Markup Language">HTML</acronym>是用来描述网页的一种
<strong>语言</strong>
  例如：
  <code>
    &lt;p&gt;程序写得好，老板天天找，程序写得好，周末木有了，程序写的好，有人找你修电
    脑！&lt;/p&gt;
  </code>
</p>
<ul>
  <li>HTML 指的是超文本标记语言</li>
  <li>HTML 不是一种编程语言，而是一种<em>标记语言</em> (markup language)</li>
  <li>标记语言是一套<em>标记标签</em> (markup tag)</li>
  <li>HTML 使用<em>标记标签</em>来描述网页</li>
</ul>
```

在这个例子中可以看到，标签是用来描述文档中的各种内容基本单元，不同标签表示着不同的含义，标签之间的嵌套表示了内容之间的结构。

除了标签以外，前面的例子中还出现了 HTML 另一种核心要素：属性（attribute）。任意一个元素都可以拥有一个或者多个属性。属性提供了有关 HTML 元素的更多的信息，很多时候也会提供额外的功能。

对于所有 HTML 元素都可以指定一些公有（全局）属性，如下所示。

- id：一个元素的唯一标识符（identifier）。
- title：元素的标题。
- lang：为元素和包含元素指定语言。
- class：规定元素的类名。

除了适用于全部元素的全局属性，不同元素也有各自特定的属性，诸如：

- img 和 script 元素的 src 属性，规定显示图像或者外部脚本文件的 URL。
- link 和 a 元素的 rel 属性，定义当前文档与被链接文档之间的关系。
- input 元素的 type 属性，规定 input 元素的类型，使之呈现出不同的形态，如按钮、输入框和复选框等。
- 所有可见元素的 onclick 和 onmouseover 等属性，定义了相应的 DOM 事件，可以在属性值里嵌入 JavaScript 代码以控制页面。

这些属性为 HTML 已有标签提供了更多的功能和控制，这些控制包含样式上和行为上的。现在我们为这段 HTML 代码片段加上前面列举到的一些属性，加上必要的 html、head 和 body 等元素，将其修改为一个较为完整的且满足 HTML 5 标准的页面：

```
<!doctype html>
<html lang="zh-CN">
<head>
  <title>文档标题，一般而言不可或缺</title>
  <!-- normalize.css 使得你的页面在不同浏览器中的显示保持一致 -->
  <link rel="stylesheet" href="http://necolas.github.com/normalize.css/
  2.0.1/normalize.css">
</head>
<body bgcolor="#ddd">
  <h2 id="h2-1">什么是 HTML? </h2>
  <p class="paragraph">
    <acronym title="Hyper Text Markup Language">HTML</acronym>是用来描述网
    页的一种<strong>语言</strong>。
    例如：
    <code>
      &lt;p&gt;程序写得好，老板天天找，程序写得好，周末没有了，程序写得好，随时外地跑，
      程序写得好，有人找你修电脑！ &lt;/p&gt;
    </code>
  </p>
  <ul>
    <li class="current">HTML 指的是超文本标记语言</li>
    <li>HTML 不是一种编程语言，而是一种<em>标记语言</em> (markup language)</li>
    <li>标记语言是一套<em onmouseover="this.style.backgroundColor='yellow';">
    标记标签</em> (markup tag)</li>
    <li>HTML 使用<em>标记标签</em>来描述网页</li>
  </ul>
</body>
</html>
```

除了标准元素和属性外，很多其他 HTML 标准中定义的内容我们也能在这个例子中看到，如注释和 DOCTYPE（doctype 使用了标准的 HTML 5 DOCTYPE，后文将详解）。这个例子中有的做法在正式开发中是不被提倡的，如在 HTML 元素中嵌入 JavaScript 代码以及利用 bgcolor 属性控制页面样式。不过，你只需要理解，HTML 的核心组成，便是元素和属性。

标签（tag）和元素（element）的区别：通常，我们在口头上经常混用这两个概念，比如我们说 P 元素或者 P 标签，大家都能听得懂意思，但实际上这两者并不相同。标签通常只是指标签名字本身，比如“利用 header 标签定义文档头部区块”，而元素则会有具体的指代（一个元素中可包含其他元素），比如“在这个文档中 id 为 123 的 p 元素”。如果从 DOM 角度来看的话，元素则更多了一层含义，即一个 Element 实例。下面这段代码能说明

问题：

```
alert(document.body instanceof HTMLElement)
// 弹出 true，意味着"body 是一个 HTML 元素"
alert(document.body.tagName)
// 弹出 BODY，意味着"body 元素的标签名是 BODY"
```

2.2　HTML 的语义来源

HTML 的语义通常来源于元素和属性这两个基本部分，除此之外文档结构本身也能表达一定的语义。

1．元素名称（标签）

通常元素名字本身就包含了丰富的语义信息，h（heading）表示标题，p（paragraph）是文章段落等。来看看最常见的 ul（Unordered lists）、ol（Ordered lists）和 li（list items）标签：

```
<ul>
  <li>这里是无序列表</li>
  <li>条目是没有顺序的</li>
  <li>理论上对于 UA 来讲，这些条目在逻辑上是可以被打乱的</li>
</ul>
<ol>
  <li>有序列表拥有顺序</li>
  <li>用以表示步骤、排名等内容</li>
  <li>在逻辑上这些列表是不能被打乱的</li>
</ol>
```

再比如不怎么常见的 cite、blockquote 和 q 标签（请注意注释内容而非文字内容）：

```
<p lang="zh">
  <!-- q 用来定义短引用，cite 属性用来定义引用的引文 -->
  <q cite="http://knowledge.is.power">知识就是力量</q>，爸爸曾经对我这样说，我
  为此深信不疑。
  <!-- cite 除了作为属性外，同时也是一个标签，用来引用参考文献，比如书籍或杂志标题 -->
  后来，我又阅读了韩寒的 <cite>《通稿 2003》</cite>，
  里面写到：
  <!-- blockquote 用来定义长引用 -->
  <blockquote>
    中国人首先就没有彻底弄明白，学习和上学，教育和教材完全是两个概念。学习未必要在学校
    里学，而在学校里往往不是在学习。
  </blockquote>
  于是，我明白了知识和书本知识是两码事。
</p>
```

标签的语义丰富以至于大部分浏览器都为这些具体的标签加上了默认样式（或者标准文档建议 UA 实现的样式）。

在图 2.1 列表中，浏览器自动为列表加上了左缩进，并为无序列表加上了小黑点，为有序列表生成了阿拉伯数字编号。而在图 2.2 引用中，q 标签引用的内容被加上了引号，cite

则被改为了斜体，blockquote 则在前后左右都加上了边距。浏览器甚至会根据你使用的系统语言或者具体 lang 属性的变化，自动生成和语言相匹配的符号，比如在设置 lang="zh" 时浏览器会为 q 元素生成中文引号，而 lang="en"则会生成英文引号。

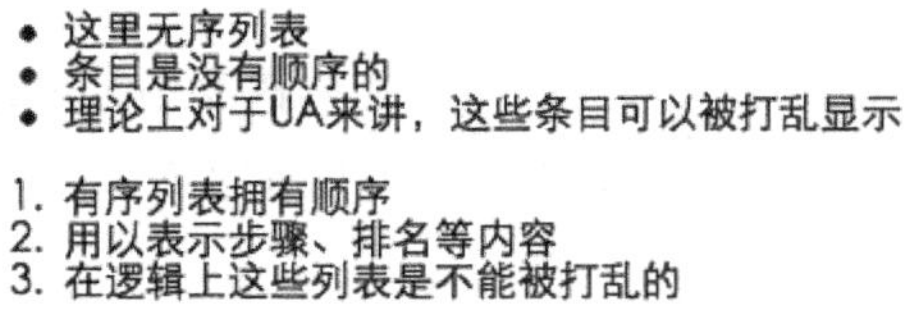

- 这里无序列表
- 条目是没有顺序的
- 理论上对于UA来讲，这些条目可以被打乱显示

1. 有序列表拥有顺序
2. 用以表示步骤、排名等内容
3. 在逻辑上这些列表是不能被打乱的

图 2.1　列表

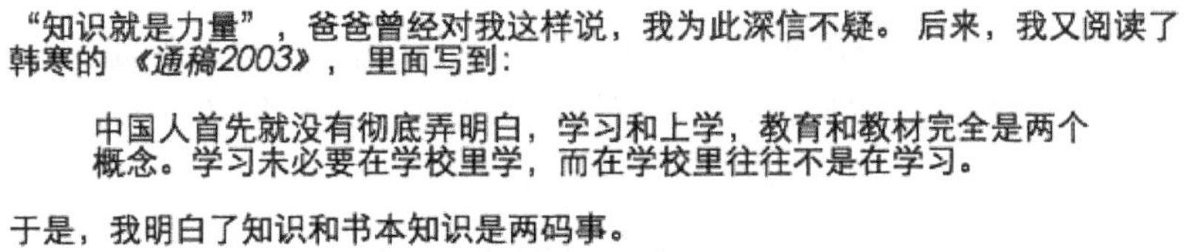

"知识就是力量"，爸爸曾经对我这样说，我为此深信不疑。后来，我又阅读了韩寒的 *《通稿2003》*，里面写到：

> 中国人首先就没有彻底弄明白，学习和上学，教育和教材完全是两个概念。学习未必要在学校里学，而在学校里往往不是在学习。

于是，我明白了知识和书本知识是两码事。

图 2.2　引用

之所以会自动生成这些个样式，都源于 HTML 本身赋予了这些标签的具体语义，而用户代理会根据这些语义，选择合适的呈现方式。

2. 元素属性

除了标签本身提供的丰富语义，配合适当的属性能够更精确对元素和元素内容进行描述。比如前文中提到的 cite 属性，我们常用的 title 属性，也包括 aria-*属性。如下例中的 class 属性：

```
<!-- 无论是肉眼还是机器都能很容易的判断出这段代码描述的是一个导航栏 -->
<div class="navbar">
  <div class="navbar-inner">
  <!–a 元素虽然只表示链接，但加上 class="brand" 后，这个链接被赋予了品牌和商标
  (brand) 的语义 -->
    <a class="brand" href="/home">某浪微博</a>
<ul class="nav">
  <!– 值为 active 的 class 使机器可以判断当前文档所在路径和大致标题（即便文档中没有包
  含 h 元素） -->
      <li class="active"><a href="#">首页</a></li>
      <li><a href="#">热门微博</a></li>
      <li><a href="#">冷门微博</a></li>
    </ul>
  </div>
</div>
```

class 属性的内容在实际应用中其实可视为一种扩展语义，W3C 的标准文档中也鼓励在使用 class 时将其设为描述元素内容特性的值。

除了独立的元素和其属性外，文档整体结构以及文档的内容也其实包含潜在的语义信息。比如嵌套的 section 表示了不同级别的区块，里面的 heading 会随着嵌套级别的变化而改变自己的标题级别，再比如位于文档前部的内容通常表示更重要的内容。

2.3　HTML 5 的元素和属性

HTML 5 新增了许多元素，这些元素在描述文档语义方面和增强 HTML 功能方面都是极其有用的。本节将把 HTML 语义以及 HTML 5 元素对语义部分的增强结合起来讲解。

2.3.1　全局属性

前文已经说过，属性能表达相当丰富的语义，而且属性也会额外提供很多实用的功能。HTML 5 支持非常多的全局属性，这些属性可以被应用到所有 HTML 元素上，如表 2-1 所示。

表 2-1　全局属性（*号为HTML 5 新增）

常用属性	accesskey、class、contenteditable*、contextmenu*、dir、draggable*、dropzone*、hidden*、id、lang、spellcheck*、style、tabindex、title 和 translate
事件处理属性	onabort、onblur、oncancel、oncanplay、oncanplaythrough、onchange、onclick、onclose、oncontextmenu、oncuechange、ondblclick、ondrag、ondragend、ondragenter、ondragleave、ondragover、ondragstart、ondrop、ondurationchange、onemptied、onended、onerror、onfocus、oninput、oninvalid、onkeydown、onkeypress、onkeyup、onload、onloadeddata、onloadedmetadata、onloadstart、onmousedown、onmousemove、onmouseout、onmouseover、onmouseup、onmousewheel、onpause、onplay、onplaying、onprogress、onratechange、onreset、onscroll、onseeked、onseeking、onselect、onshow、onstalled、onsubmit、onsuspend、ontimeupdate、onvolumechange 和 onwaiting
自定义数据属性（data-）*	data-api 和 data-toggle 等，由用户自行定义
role 和 aria-属性	aria-labelledby、aria-level、aria-describedby 和 aria-orientation 等
HTML 扩展属性	微数据（microdata）和微格式（microfomats）

注意：虽然事件处理属性可以被设置到所有 HTML 元素上，但它们不一定在所有元素上起作用。例如，隐藏元素如 head 就无法响应这些事件，而 onvolumechange 这样的事件就只有媒体元素（audio 和 video）才会触发。关于 aria-的详细内容请参见附录。

1. id 属性

可能你会觉得把 id 这个已经被用烂的属性拿出来讲显得有点不合时宜，但鉴于在实际生成当中这个属性常常被误用，还是有必要拿出来单独讲讲。

id（unique identifier），顾名思义，表示元素的唯一编号，通常我们要确保其在文档内是唯一的，它的作用是引用元素（页面定位、JS 中引用和 CSS 中引用），而且最重要的是，这个属性默认是不包含任何语义信息的。

一种比较好的做法是在生成 HTML 的时候根据一定规则对 id 属性进行自动编号，Facebook 在 BigPipe 技术中便采用了这一做法，这样可以使得组件引用不会产生冲突。

2. class 属性

class 属性可能是 HTML 中最常用的属性了。作为选择器，我们在 JavaScript 和 CSS 代码中都经常引用它。而且它的使用几乎没有什么限制，并且是有语义指导意义的。据讹传，HTML 5 中的众多新标签其实就是通过统计大量的已有 HTML 文档中的 class 名，然后选择最常用的 class。

题外话：在 CSS 中 class 属性的权值是小于 id 的，意味着引用同一元素的 id 选择器和 class 选择器如果包含互斥的声明时（例如指定字体为红色和蓝色），id 选择器会胜出。但是关于这一条我们熟知的 CSS 基本原则其实有一个奇怪而有趣的例外，当为同一个元素指定 256 个不同的 class，并且这 256 个 class 都级联，那么其声明将“打败”一条 id 选择器的声明：

```
#id {
  color: red;
}
.c000.c001.c002.c003.c004.c005.c006.c007.c008…中间省略数百个 class….c252.
c253.c254.c255 {
  color: blue;
}
```

对于这段 HTML 代码：

```
<div id="id" class="c000 c001 c002 c003 c004 c005 c006 c007 c008 …中间再度
省略数百个 class… c252 c253 c254 c255" >猜猜我是什么颜色？</div>
```

最终的显示效果应该是蓝色。为什么呢？其实很简单，如果你了解计算机存储数据的原理，从 class 个数上已经能看出个端倪了。原因就在于 class 属性的权值在浏览器中使用 8 位字符串（8bit strings）存储，它所容纳的最大值就是 255，因此累积 256 个 class 会导致声明的权值越界到 id 选择器的权值域，最终导致其优先级（Specificity）高于 id 选择器。不过某些浏览器（如 Opera）中，class 是由 16 位字符串存储，因此需要 65536 个连续的 class 才能“打败”id 选择器。

3. title 属性

title 在英文中的含义是名称、标题，在 HTML 当然也不例外，它通常用于指定元素可供用户咨询的信息（advisory information），在浏览器中一般表现为鼠标悬停时弹出指定的提示文字，如图 2.3 所示。

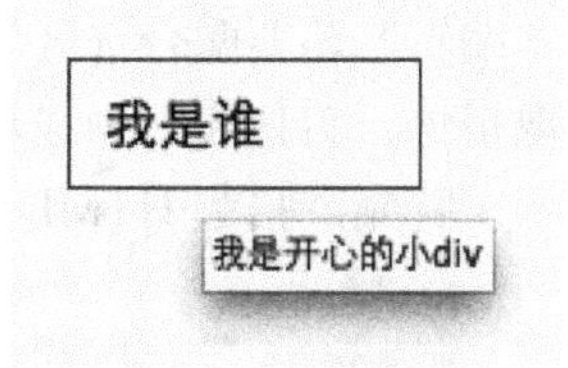

图 2.3　title 的功效

在不同的信息，title 可供咨询的内容页不同。例如，链接上的 title 一般用于描述目标信息，表示图书音乐的信息可能放置版权信息，引用信息就用来指明其来源，当然也可以为你的应用放置帮助信息。这些行为不仅在 Web 上适用，桌面程序也是适用的。

4. lang 和 dir 属性

lang 一般会在 HTML 元素上设置或者无需设置，因为通常同一份 HTML 文档不会提供给不同语言国家的用户。当然，如果你的站点需要支持国际化，lang 属性就很有用了——比如你可以在后端根据用户来源动态提供不同 lang 属性设置。

dir 也是和国际化有关的属性，用于设置文字显示方向，它的值可以是 rtl（right to left）或者 ltr（left to right）。在某些国家（如阿拉伯国家）文字的书写方式是从右往左，此时就可以把 dir 设置为 rtl。

题外话：在 HTML 4 之前还有一个 dir 标签，用于定义目录列表，不过已经不赞成再使用。

2.3.2　HTML 5 与它的全局属性

HTML 5 额外提供的全局属性都是异常强大的存在，在表 2-1 中已经用*号标注了出来，现在让我们来细细品尝一下这些糖果吧。

1．contentEditable 属性

早在 IE 5 的时候，伟大的微软已经发明了编辑模式。在 document 对象上有一个 designMode 属性，能用来设置或获取表明文档是否可被编辑的值，可取值为 on 或者 off。相较于将整个文档设置为可编辑状态，contentEditable 属性显然更加有用，contentEditable 可以设置到任意元素上，该属性是一个布尔值，指定其为 true 的元素将进入编辑模式。在 IE 将这个特性发扬光大后，其他浏览器也依葫芦画瓢实现了这一属性，到后来这一属性也写入了 HTML 5 的标准属性当中，如图 2.4 所示。

图 2.4　编辑模式

编辑模式打开后（指定 document.designMode='on'），页面的任意位置都可以插入光标，并进行编辑，使用 contentEditable="true"则只对具体元素和其包含的元素起作用。

可编辑的模式十分有用，网页上的富文本编辑器几乎都基于此原理实现。完整的富文本编辑器还要配合选区等技术实现，下面我们来试着实现一个最简单的编辑器，它可以实现粗体、斜体和下划线功能。

首先，搭起 HTML 骨架：

```
<html>
<head>
  <title>简单编辑器</title>
  <script src="../../jquery.js"></script>
</head>
<body>
  <h2>下面是编辑器</h2><hr>
  <div id="editor">
    <button id="bold"><b>加粗</b></button>
    <button id="italic"><i>斜体</i></button>
```

```
    <button id="underline"><u>下划线</u></button>
    <div contenteditable="true">
      这里面<b>已经</b>有 <i>一些</i><u>富文本</u>了
    </div>
  </div>
</body>
</html>
```

此时，我们已经可以编辑了，如图 2.5 所示。

注意：本书例子中都默认使用 jQuery 类库，如果你不熟悉 jQuery 的使用，可以购买 jQuery 相关书籍。

一行 JS 代码未写，已经可以编辑文字了。接下来我们要加上加粗等功能了，要实现这些功能，我们得求助于 document.execCommand 函数，该函数可以对文档执行预定义的命令，包括设置文档背景色、转换选择的文本为粗体斜体、缩进文本和生成链接等功能。可以传递三个参数给它：要执行的命令的名称、是否为当前命令提供用户界面和与命令相关的值。例如：

```
document.execCommand('backcolor',false,'red')
```

这句话将会把可编辑域中已经选择的文本的背景设置为红色，如图 2.6 所示。

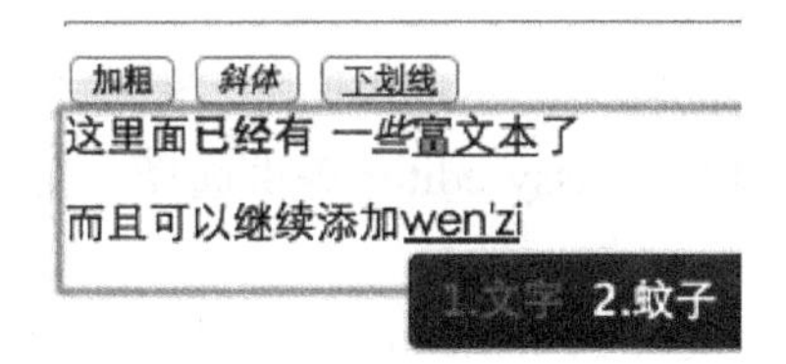

图 2.5　编辑器雏形

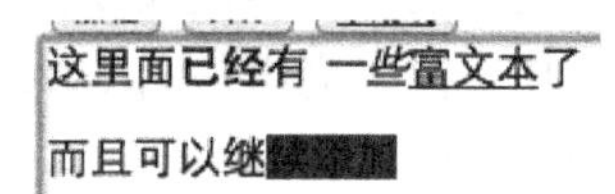

图 2.6　添加背景

我想你的心里应该有底了，只要为那三个按钮绑定上 click 事件，写好代码，完事儿！

```
// 麻雀虽小，五脏俱全
// 基本的面向对象素养还是得有滴
function Editor(selector) {
  // 把整个 editor 对象缓存下来，jQuery 对象的前面加上$符号是个好习惯
  this.$editor = $(selector)
  // 私有的函数我们就为它加上下划线——这是一个在 JavaScript 编程中普遍被遵守的约定
  this.bindEvents_()
}
Editor.prototype.bindEvents_ = function() {
  // 真实的编辑器可能有数十个按钮，使用事件代理可以大大提高代码的执行效率
  this.$editor.on('click', 'button', function(e) {
    switch(e.currentTarget.id) {
      case 'bold':
        // 后两个参数在大多数情况下可以省略，下同
        document.execCommand('bold')
        break
      case 'italic':
        document.execCommand('italic')
        break
      case 'underline':
```

```
        document.execCommand('underline')
        break
    }
  })
}
```

然后在 HTML 代码里引用我们写好的 editor.js，并初始化一个编辑器：

```
......
  <script src="../../jquery.js"></script>
  <script src="editor.js"></script>
</head>
......
  <script>
    new Editor('#editor')
  </script>
</body>
</html>
```

现在我们的编辑器已经可以实现简单的富文本编辑了，如图 2.7 所示。

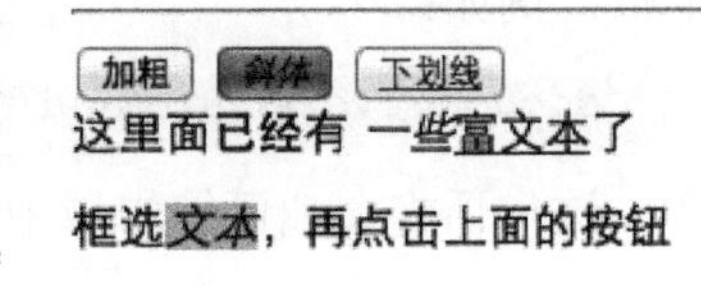

图 2.7　选区变为斜体

真实环境里的编辑器远没有这么简单，除了要实现 document.execCommand 提供的功能，还要处理可怕的兼容性——各大浏览器虽然都支持 document.execCommand，但是生成的 HTML 代码可不一致。例如，执行 bold 命令时，Chrome 和 Safari 会生成<b>标签，而 IE 则会生成<strong>标签，还有一些特别的功能需要配合其他编辑器 api 和选区操作等才能实现。完整健壮的编辑器的实现需要耗费大量的精力，不过市面上已经有非常多的编辑器可供我们选择，国外老牌的有 ckeditor，国内也有 Kissy editor 等供选择，而且它们绝大多数都是免费开源的。

另外还有非常重要的一点需要说明，在移动设备上 contenteditable 显得并不那么灵光：iOS 到 5.0 之后，Android 到 3.0 之后的版本才正式支持 contenteditable 属性。鉴于移动设备使用场景并不适合复杂操作，因此不建议在其上使用 contenteditable 或者富文本。

2．contextmenu 属性

Web 应用化是 HTML 5 很重要的目标之一，为支持更贴近桌面程序的用户体验，原生支持右键菜单和拖曳等功能就变得很有必要了。

contextmenu 属性能够让所有元素都拥有自己的上下文（即右键）菜单，既然是菜单，与此配套的自然少不了菜单（menu）元素。menu 元素可以定义一个未排序的列表，包含菜单或者命令选项，可以指定 label 属性以定义菜单的标签。type 则表示菜单的类型，目前有 context、toolbar 和 list 三种。

menu 元素可以嵌套，中间也可以包含 li 元素或者 menuitem 元素：

```
<menu type="toolbar">
  <li>
    <menu label="File">
      <button type="button" onclick="new()">新建...</button>
      <button type="button" onclick="save()">保存...</button>
    </menu>
  </li>
  <li>
```

```
    <menu label="Edit">
      <button type="button" onclick="cut()">剪切...</button>
      <button type="button" onclick="copy()">复制...</button>
      <button type="button" onclick="paste()">粘贴...</button>
    </menu>
  </li>
</menu>
```

我们可以编写一个简单的右键分享例子，右键单击 div 区域弹出分享选项，并可以在子菜单中选择分享到哪里：

```
<menu type="context" id="mymenu">
  <menuitem label="刷新页面" onclick="window.location.reload();"></menuitem>
  <menu label="分享本页面到…">
<menuitem label="新浪微博"
icon="http://www.sinaimg.cn/blog/developer/wiki/LOGO_24x24.png"
    onclick="window.open('http://service.weibo.com/share/share.php?title=' +
document.title + '&url=' + window.location.href);"></menuitem>
<menuitem  label=" 腾 讯 微 博 "  icon="http://v.t.qq.com/share/images/s/
weiboicon16.png"
onclick="window.open('http://share.v.t.qq.com/index.php?c=share&a=index
&title=' +
document.title + '&url=' + window.location.href);"></menuitem>
  </menu>
</menu>
```

虽然 contextmenu 很有用，但 contextmenu 支持并不广泛，目前只有 Firefox 部分支持它，上例在 Firefox 中打开的效果如图 2.8 所示。

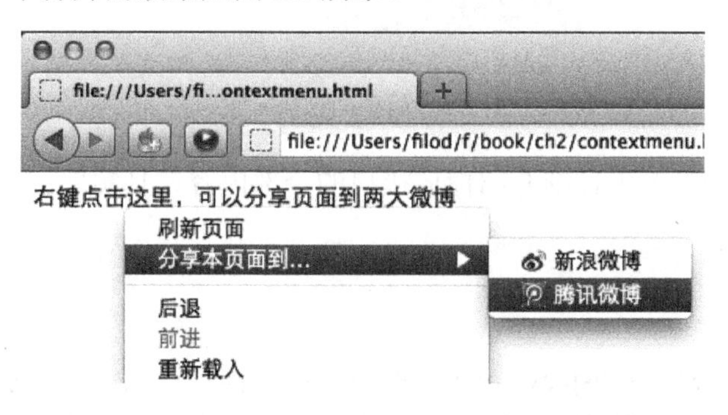

图 2.8　contextmenu

鉴于浏览器对 contextmenu 的支持程度不高，建议读者在需要 contextmenu 的场景下依然使用模拟的右键菜单实现，几乎各大 UI 组件库都包含现成代码，YUI、Closure Library 和 Kissy 里都包含相应的 menu 解决方案，jQuery UI 库也有第三方插件（https://github.com/medialize/jQuery-contextMenu）可以选择。

3. draggable 和 dropzone

拖曳无疑是鼠标交互中最人性化的发明了，很久很久之前人们已经开始在 Web 上使用 mouseover 等事件模拟拖曳行为，但毕竟不是天生而是人造的功能，体验上打了很多折扣，例如拖曳可能不够流畅，而且无法与浏览器之外的文件进行交互。

HTML 5 中新增的 draggable 属性使得所有元素都有能力被拖曳，而 dropzone 则给元素提供了放置被拖曳元素的能力：

```
<div draggable="true">
  我可以被拖动
</div>

<div dropzone="true">
  可以拖东西放到我身上
</div>
```

运行后的效果如图 2.9 所示。

图 2.9　简单的拖放效果

我们将在后续的章节中详细介绍拖放接口的全部内容，且实现一个拖放文件并上传的功能。

4．hidden 属性

hidden 属性和 CSS 中 display:none 的作用一模一样：让元素不显示。比如在游戏中，游戏界面和登录界面是不能同时出现的，我们可以使用类似下面的代码来处理这一需求：

```
<h1>The Example Game</h1>
<section id="login">
  <h2>Login</h2>
  <form>
    ...
    <!-- 当用户填完资料后调用 login()方法 --> </form>
  <script>
    function login() {
      document.getElementById('login').hidden = true;
      document.getElementById('game').hidden = false;
    }
   </script>
</section>
<section id="game" hidden>
  ...
</section>
```

乍一看除了少写一些代码，似乎并没有带来太大的方便。但实际上一个新全局属性的出现远不是一个快捷方式那么简单。

首先设定了 hidden 的元素在语义上和设置 display: none 的元素是完全不同的。后者仅仅是针对表现层的显示状况为不渲染，而前者则表示该元素和当前页面状态没有直接关联，或者日后会被页面的其他部分所使用。这意味着 hidden 不能被使用在当前状态相关的元素上。最容易想到的例子便是 tab 组件了，对于在同一个对话框中被隐藏的 tab，是不能使用 hidden 的，因为对于隐藏的 tab 而言，其实与当前页面状态是有关联的，充其量算是内容溢出视图（overflow presentation）了——同样的页面如果在移动设备上可能就会显示全部内容并且以分组方式展示而不是 tab 对话框的形式。

同理我们可以得出，一个链接链到 hidden 的元素也是不合理的——如果内容与页面无关联，没有任何理由需要链接到它。

hidden 属性不被所有浏览器支持，但是不难想出使用 CSS 属性选择器来兼容大部分浏览器的方法：

```
*[hidden] {
  display: none;
}
```

5. spellcheck 属性

spellcheck 是个很特别的属性，浏览器可以用来检测可编辑区域（表单或者 contenteditable 元素）的拼写语法错误，同样，它是一个布尔值。这个属性在桌面浏览器上支持比较好，但是在移动设备的浏览器上支持不太好。最终的效果大致如图 2.10 所示。

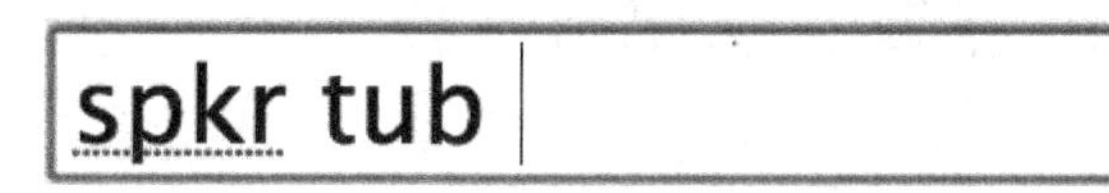

图 2.10　拼写检查

6. data-*属性

与 HTML 具体元素相关联的数据究竟存储在何处，在过去一直是困扰程序员们的难题。曾经有存储在 class 或者 rel 这样的属性上的做法，可是 class 和 rel 属性与样式表以及语义都相关，在它们上存储数据显然不合理，尤其是在 class 上存储的数据，提取和处理的时候也会十分麻烦。

于是大家开始自定义属性来存储数据，而自定义属性的问题在于你无法预知你自己定义的属性在未来会不会真的会变成了一个 HTML 的标准属性。而且自定义的属性也不符合 HTML 本身的规范。

还好 HTML 5 提供了 data-*属性能让你能使用自定义属性的方式来存储数据。data-*在使用时非常的自由，只需要在属性前加上 data-前缀即可，值可以是任意字符串，先来看一个例子：

```
<!-- 我们在制作游戏时可能会初始化一个太空船，我们需要存储它的编号（id）、武器、防护罩和坐标 -->
<div class="spaceship" data-ship-id="92432"
```

```
    data-weapons="laser 2" data-shields="50%"
    data-x="30" data-y="10" data-z="90">
 <button class="fire">
  开火
 </button>
</div>
```

使用 data-属性的一大好处是所有浏览器都支持，你可以在所有浏览器中使用 getAttribute 方法来获取 data-属性的值，setAttribute 方法来设置值：

```
<article id="a-1" data-created-time="2012-12-21">
  data-属性很性感，本例在所有浏览器下都可以运行。
</article>
<script type="text/javascript">
  var el = document.getElementById('a-1')
  console.log(el.getAttribute('data-created-time')) // "2012-12-21"
  el.setAttribute('data-created-time', '2013-1-4')
</script>
```

显然 HTML 5 不仅仅是把 data-前缀写入了规范这么简单，在目前浏览器中，还可以在 JavaScript 中通过元素的 dataset 属性访问 data-属性的值。dataset 是一个 DOMStringMap 对象，使用它相比使用 getAttribute 更方便，不用加上 data-前缀：

```
<div id='tree' data-leaves='47' data-plant-height='2.4m'>
  我是一棵树
</div>
<script type="text/javascript">
  var tree = document.getElementById('tree')
  console.log(tree.dataset.leaves) // '47'
  //由连字符分割的值会被自动转换为驼峰形式访问
  console.log(tree.dataset.plantHeight) // '2.4m'

  tree.dataset.plantHeight = '3m'
  tree.dataset.leaves-- // '46'
  tree.dataset.age = 100
</script>
```

改变了 dataset 的值会即时地反应在 DOM 结构中：

```
▼<body>
   <div id="tree" data-leaves="46" data-plant-height="3m" data-age="100">
 ▶<script type="text/javascript">…</script>
```

如果需要删掉一个值，将其置为 null，或者使用 delete：

```
tree.dataset.leaves = null
delete tree.dataset.age
```

如果你使用 jQuery，你会发现 jQuery 的 data 方法也可以访问元素的 data-属性：

```
var $tree = $('#tree')
$tree.data('plant-height') // 3m
```

jQuery 的 data 方法还会自动帮你转换数据类型：

```
console.log(typeof $tree.data('leaves')) // number
```

它甚至可以帮你自动反序列化 JSON 数据：

```
<div id="q-1" data-object="{&quot;type&quot;:&quot;question&quot;, &quot;
author&quot;:&quot;filod&quot;}" >
```

```
  为什么 jQuery 这么好用？
</div>
<script type="text/javascript">
  console.log($('#q-1').data('object').author) // filod
</script>
```

这样你可以在后端生成模板时将序列化成 JSON 直接存入 HTML 中。

除了存储关联数据，很多 JavaScript 库都使用 data-属性来进行组件或者 API 定义，一个 jQueryMobile 的例子：

```
<div data-role="page" id="page" data-theme="b">
  <div data-role="header">
    <h1>标题</h1>
  </div>
  <div data-role="content">
    内容都在这儿
  </div>
  <div data-role="footer">
    <h4>底部</h4>
  </div>
</div>
```

jQueryMobile 使用 data-属性来定义页面组件，并根据属性的值来初始化它们。再比如在 Bootstrap 中也使用了同样类似的 data-api 风格：

```
<!-- 来自 Bootstrap 官方的例子，这个例子定义了一个导航组件，
  data-toogle 代表了组件的状态，data-target 则以选择器字符串的方式定义了组件应用
  目标 -->
<div class="navbar">
  <div class="navbar-inner">
    <div class="container">
      <a class="btn btn-navbar" data-toggle="collapse" data-target=
      ".nav-collapse">
        <span class="icon-bar"></span>
        <span class="icon-bar"></span>
        <span class="icon-bar"></span>
      </a>
      <a class="brand" href="#">Project name</a>
      <div class="nav-collapse collapse">

      </div>
    </div>
  </div>
</div>
```

data-属性在许多场景下都可以使用，W3C 在定义这个属性时，这样说道：

Custom data attributes are intended to store custom data private to the page or application, for which there are no more appropriate attributes or elements.

在你需要存储页面/程序私有的自定义数据而又不知道使用什么属性或者元素时，就用 data 属性吧。

即使是这样你还拿不准究竟在什么时候使用的话，可以参考下面列举的适用情况和不适用情况。

适用情况：

- 存储组件日后可能被 JavaScript 使用到的参数（元素的高度和透明度）；

- 存储与模块关联的数据；
- 存储分析数据（配合 GA 或者其他数据分析追踪工具）；
- 存储游戏中的值（生命值、魔法值和攻击力等等）。

不适用情况：

- 已经有更适合的属性。说明信息最好存在 title 属性里，而不是类似 data-description 的属性。
- 自定义 data 属性和微格式数据不能混用，两者并无直接关系。微格式通常提供给第三方的程序（如搜索引擎），而自定义 data 属性则是为你自己的程序所用。
- 不要利用 data 属性作为应用 CSS 样式的标准（即，不要使用[data-xxx] {…}这样的 CSS 代码）。

注意：随着 data 属性被广泛使用，命名上的冲突也会愈演愈烈。如果你老是使用毫无想象力的命名（比如 data-width 什么的），将会很容易与其他的插件或者库产生冲突，所以最好是使用命名空间来做这件事儿，比如 data-filod-width，data-baidu-size 之类。

2.3.3　内容模型（content models）

HTML 的众多元素很多时候我们并不知道如何对其分类，很多时候你可能听到的都是按元素的默认样式来分类：块级（Block）元素和内联（inline）元素。实际上，这样对 HTML 元素进行分类是不正确的，因为样式不属于 HTML 的一部分，而是属于独立 CSS 标准，只不过相关标准文档“建议”浏览器在显示某些元素时按照“块”或者“内联”方式显示。且一个元素被显示成“块”还是“内联”都是可以互相转换的。

由于 HTML 用于表达语义和结构，所以自然而然的 HTML 元素应该按照其能够表达的内容去分类。HTML 元素所能表达内容的描述以及这些元素应该如何互相作用的描述，我们称之为内容模型。

说明：通俗地讲，表达内容的描述指的是某个元素中间应该包含些什么内容，互相作用则指的是该元素的前后或者里面能出现什么子代元素或者作为谁的子元素。

这些内容模型大致可以分为如下七类：

- 元数据式内容（Metadata content）；
- 流式内容（Flow content）；
- 章节式内容（Sectioning content）；
- 标题式内容（Heading content）；
- 段落式内容（Phrasing content）；
- 嵌入式内容（Embedded content）；
- 交互式内容（Interactive content）。

HTML 中的每一个元素都可以属于这七个分类当中的零个或者多个，对于绝大部分 HTML 元素而言，分类间有着如图 2.11 所示的关系。

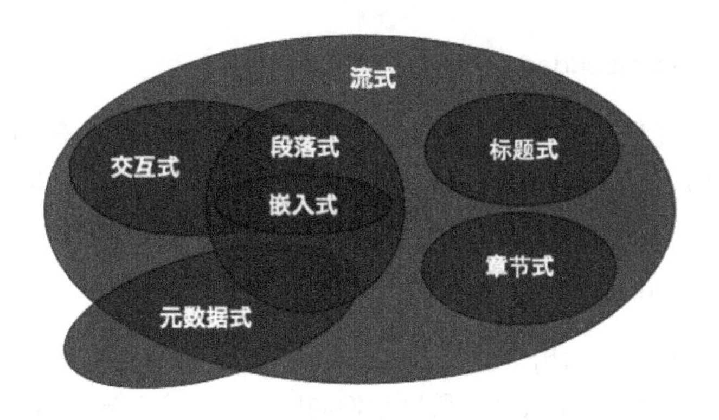

图 2.11　内容模型

注意：有的元素是不属于上述任何内容模型分类的，比如 html 元素，但是 html 元素也有自己的内容模型，因为 html 元素也有自己所表达的内容以及与其他元素相互作用的描述。

1．元数据式内容（Metadata content）

元数据式内容通常指的是在 head 元素里面常常出现的那些个元素，它们包括 base、command、link、meta、noscript、script、style 和 title 这八个，它们通常用于描述其他内容的表现和行为或者描述当前文档和其他文档之间的关系。

2．流式内容（Flow content）

在应用程序和文档的主体部分中使用的大部分元素都被分类为流式内容，几乎所有的元素都属于流式元素——从图 2.11 中也可以看出来，只有部分元数据式元素不属于流式，它们是 base 和 title 元素。

3．章节式内容（Sectioning content）

章节式内容也可以成为区块式内容，它是用于定义标题及页脚范围的内容，包含 article、aside、nav 和 section 四个元素，这四个元素都是 HTML 5 标准中新增的元素。章节式内容的一个重要特点就是它会在页面大纲视图生成大纲级别。

4．标题式内容（Heading content）

顾名思义，标题式就是定义标题的元素咯，h1 到 h6（没有 h7!），以及 HTML 5 中新增的 hgroup。

5．段落式内容（Phrasing content）

段落式内容，从含义来讲并不是描述段落的内容，而通常是描述段落内的内容，常见的 a、abbr 和 img 等都属于段落式内容，而表示段落（paragraph）的 p 元素则不属于段落式（但它是流式），同时这意味着属于段落式内容的标签不能嵌套任何非段落式标签。

6．嵌入式内容（Embedded content）

嵌入式内容是描述当前文档引用到的其他资源的内容，或者被插入到本文档中的其他词汇的内容。典型的如视频、音频和 Flash 等，都属于嵌入式内容。audio、canvas、embed、iframe、img、math、object、svg 和 video 这九个元素属于嵌入式内容。

7．交互式内容（Interactive content）

交互式内容自然而然是与用户会发生交互的元素，典型的如表单和菜单等，嵌入式中的 Flash 等也可以与用户产生交互，所以它们同时也属于交互式元素。全部交互式元素如下：

```
a audio button details embed iframe img input keygen label menu object select
textarea video
```

另外，一个元素是否属于一个内容模型也不是绝对的，会存在限制条件，比如 input 元素在 type 为 hidden 时，就无法与用户进行交互，此时它便不属于交互式元素。

上文的七种内容模型分类法都是从内容本身属性的角度来分的，除了这种分类法，还有一种从用户角度的分类法，被称为可感知内容（Palpable content）。比如应用了 hidden 属性的元素就不属于可感知内容，要注意这里的可感知不是指视觉上的透明或者不可见，因为对于盲人用户而言，一个元素的不同状态并没有视觉上的区分，因此谈论感知与否，是指对所有用户而言的可感知。

理解内容模型使得你在使用 HTML 时会更加得心应手，知道元素与元素之间如何包含，元素应该包含哪些内容，关于内容模型的更多资料，读者可以查阅 W3C 或者 WHATWG 的相关文档。

接下来的内容，我们将详细讲解 HTML 5 中的各种元素。此时将按照元素本身的含义进行分类讲解。

2.3.4　文档元数据（Document metadata）

在 HTML 当中，元数据是表达页面语义最集中的地方——元数据本意便是描述数据的数据。如果说一篇 HTML 文档包含数据以及描述数据元数据，那么放在 head 元素里的元素，便是元数据，而 body 元素里面的，便是数据。

head 里面可以包含的元数据系列标签有 title、base、link、style 和 meta，而 meta 呢，则可以被称为元数据中的元数据了（meta 一词本意就是元的意思）。

1．title

title 用于表示文档的标题或者名称——没错，这个标签实在是太熟悉了，不过有一点要注意的是，title 里面无法放置其他元素，即便你放置了，也会被转义成纯文本：

```
<title>
标题里有<a href="#">链接</a>
<title>
```

最终浏览器里的显示效果如图 2.12 所示。

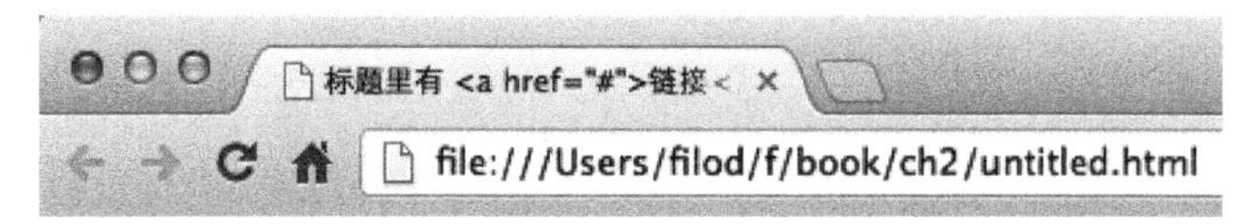

图 2.12　title 元素

2. base

base 元素用于指定文档的默认基地址以及链接的打开方式，一例胜千言：

```
<html>
<head>
  <base href="/new/addr/" />
  <base target="_blank" />
</head>
<body>
  <!-- 浏览器实际上会请求 /new/addr/1.gif 这个文件 -->
  <img src="1.gif" />
  <!-- 页面将会在新窗口打开 -->
  <a href="http://g.cn">goog !</a>
</body>
</html>
```

在移动框架 jQuerymobile 当中也利用了 base 元素的特性，通过 JavaScript 脚本动态插入 base 元素以实现正确引用资源。

3. link

也许你知道 link 用来引用 CSS 文件，但 link 元素的其实本领远不止于此。

link 元素允许使用者将他们的文档链接到其他资源，并用 rel 属性表示这些资源和文档的关系。比如我们通常链接 CSS 文件时会指定 rel=stylesheet：

```
<link rel="stylesheet" type="text/css" href="style.css" />
```

这表示 style.css 这个文件与引用它的文档是样式表类型，要注意 type 字段指明的是文件的 MIME 类型。HTML 5 中 rel 属性允许的关键字有多达 13 个，并且可以是由空格分割的多个值组成。下面来看几个比较实用的例子。

定义 favicon（就是网页的图标）：

```
<link rel="icon" href="/favicon.ico" type="image/x-icon">
```

当 rel=icon 时，我们还可以使用 HTML 5 中的新属性 sizes 规定被链接资源的尺寸：

```
<link rel="icon" href="demo_icon.gif" type="image/gif" sizes="16x16" />
```

我们在使用现代浏览器时，都会使用自定义的搜索栏，这属于 OpenSearch 的一个应用，图 2.13 是 chrome 的智能搜索框。

图 2.13　chrome 搜索框

Firefox 的搜索框则在右侧，并包含小图标，如图 2.14 所示。

图 2.14　Firefox 搜索框

当使用 link 标签指定 rel=search 并引用一个标准的 XML 文件时，可以实现图 2.13 中浏览器的自定义搜索：

```
<link  rel="search"  type="application/opensearchdescription+xml"  href=
"/search.xml" title="自定义搜索" />
```

XML 文件的内容如下：

```
<?xml version="1.0" encoding="UTF-8"?>
<OpenSearchDescription xmlns="http://a9.com/-/spec/opensearch/1.1/">
   <InputEncoding>utf-8</InputEncoding>
   <ShortName>搜索引擎名</ShortName>
   <Description>这是一个牛逼的搜索引擎，搜遍天下，噢耶</Description>
   <Image type="image/test.icon">favicon</Image>
   <Url type="text/html" template="http://search.everything.com/search?
   word={searchTerms}"/>
</OpenSearchDescription>
```

可以看到只需要配置好相应的选项，即可为用户开启自定搜索功能，这个文件也很容易理解。

- ❑ InputEncoding：指定搜索的编码。
- ❑ ShortName：这个是搜索的短名称，比如“Google 搜索”。
- ❑ Description：针对这个搜索框的描述。
- ❑ Image：类似网页的 favicon，用于标识搜索，因为 Chrome 整合了搜索功能在地址栏里面，所以看不到这个 icon。
- ❑ Url 这个是最重要的标签，用于指定搜索的链接。它可以配置很多参数，一般使用 {searchTerms} 参数指定搜索关键词即可。属性 type="text/html" 注明返回的是 html 页面（浏览器会跳转到这个页面），如果是其他格式就会使用相应默认程序打开（比如 type="application/rss+xml" 就会使用系统默认的 RSS 阅读器打开）。

说明： 更多关于自定义搜索的资料读者可以搜索 OpenSearch 相关文档。

苹果的 iOS 系统允许将网页添加到桌面上（safari 中选择“添加到主屏幕”），好让你的网站看起来更像一个原生的应用。不过既然作为桌面的“应用”，图标肯定是少不了的，添加图标的方式也很简单，一个带上 rel 属性的 link 标签即可搞定：

```
<link rel="apple-touch-icon" href="icon_57px.png" />
<link  rel="apple-touch-icon-precomposed"  href="  icon_72px.png"  sizes=
"72x72" />
```

因为 iOS 有几种不同的分辨率，所以你可以针对不同的分辨率指定不同尺寸的 icon，以便在 retina 显示屏和非 retina 显示屏上都获得最好的效果。

apple-touch-icon-precomposed 和 apple-touch-icon 的区别：苹果 iOS 的桌面 icon 有一套统一的样式规范，即加上一些高光和阴影特效使得所有的图标看起来都是一个风格，如果你需要保留你图标的原始样式，就使用 apple-touch-icon-precomposed，precomposed 意即“预先设计的”图标。

类似的，我们还可以为 Web 应用加上启动画面（单击图标后在页面加载完成之前显示的一副广告图）：

```
<link rel="apple-touch-startup-image" media="screen and (orientation:
portrait)" href="/apple_startup.png">
<link rel="apple-touch-startup-image" media="screen and (orientation:
landscape)" href="/apple_startup1.png">
```

其中 portrait 表示在设备竖屏时使用的图片，landscape 指横屏。

4．meta

meta 元素有多种功能，比如可以用来设置文档的字符集：

```
<meta http-equiv="content-type" content="text/html; charset=utf8">
```

要注意的是，这种方法之所以能设置字符集，得益于 http-equiv 和 content 实际上是在设置 http 头部信息。http-equiv 里的 equiv 其实就是等价（equivalent）的简写，表示其值和 http 包的头部是等价的。因此任何合法的 http 的头部字段都可以写在 meta 标签里面，如 5 秒后刷新页面：

```
<meta http-equiv="refresh" content="5" />
```

或者设置 cookie：

```
<meta http-equiv="set-cookie" content="key=x;path=/" />
```

在 HTML 5 中简化了设置字符集的方式，毕竟记 http 包头格式还挺烦人的：

```
<meta charset="utf8" />
```

此外，meta 还可以使用 name 和 content 两个属性来定义一系列的功能或者行为的预编译指令（pragma directives），标准的 name 值有如下六个。

- ❑ application-name：文档名或者应用名，整个文档只能包含一个值。
- ❑ author：文档作者。
- ❑ description：文档描述。
- ❑ generator：生成文档的程序。
- ❑ keywords：网页关键字，用英文逗号分隔。

注意：author、description 和 keywords 通常在 SEO 的时候发挥着重要作用，不过目前 Google 已经不再使用他们作为评价网页内容的要素，但是百度依然使用他们，因此如果你要做 SEO，可以更加有针对性的使用这些 meta 标签。

除了标准的 name 值以外，有的厂商（如苹果）和标准工作组还注册了许多扩展的元数据名，如 iOS 6 之后推出了 smart banner 功能，页面中，再使用 safari 访问时弹出下载应用的提示：

```
<meta name="apple-itunes-app" content="app-id=123456789">
```

再比如，在移动设备中一个十分重要的 viewport 选项：

```
<meta  name="viewport"  content="user-scalable=no,  width=device-width,
initial-scale=1.0, maximum-scale=1.0"/>
```

该指令使得页面将不能被手动缩放，并且初始缩放比例和最大缩放比例都为 1.0。针对移动设备特别优化过的 CSS 样式再配合这个指令会使你的网站用户体验更好。

2.3.5　区块（sections）

这个世界显然不止是有 DIV 的存在的，HTML 5 中的区块元素们便是让你清晰认识到这一点的存在。

区块元素是 HTML 中很重要的部分，绝大部分文档的结构都应由区块元素们来定义，这部分同时也是 HTML 5 相对于之前版本新增标签最集中的地方，这些标签如下。

- body：文档的主体部分。
- article：定义文章。
- section：定义节，表示专题。
- nav：定义导航结构。
- aside：定义附属结构。
- h1~h6 和 hgroup：定义标题和标题组。
- header、footer：定义头部和尾部。
- address：联系人信息。

接来下详细讲解在 HTML 5 中这些标签的适用范围和注意事项。

1．article

article 可用来定义独立的文档、页面、应用甚至站点，使用 article 的标准是判断其内的内容是否可以单独发布或重用。因此，一篇帖子或者文章，一篇用户评论甚至一个页面交互组件，都可以使用 article 来定义：

```
<article>
  <header>
    <h1>专家分析习近平重走南巡路：坚定走改革道路</h1>
    <p><time> 3 天前</time></p>
  </header>
  <p>
    专家认为，在邓小平"南巡"20 周年之际，习近平此次深圳行寓意深刻，
    不仅表达坚定改革的信心，更重要的是为实现十八大深化改革目标寻找突破口。
  </p>
  <p>...</p>
  <footer>
    <a href="?comments=1">查看评论...</a>
  </footer>
</article>
```

如果这时我们要定义这篇新闻的用户评论，理所当然的可以嵌套使用 article 元素：

```
<article>
  <header>
    <h1>专家分析习近平重走南巡路：坚定走改革道路</h1>
    <p><time> 3 天前</time></p>
  </header>
  <p>
    专家认为，在邓小平"南巡"20 周年之际，习近平此次深圳行寓意深刻，
    不仅表达坚定改革的信心，更重要的是为实现十八大深化改革目标寻找突破口。
  </p>
  <p>...（省略五千字）</p>
  <section>
    <h1>评论</h1>
    <article id="c1">
      <footer>
        <p>
            by：<span>匿名网友</span>
        </p>
        <p>
          <span>10 天前</span>
        </p>
      </footer>
      <p>伟大的中国在习主席的坚强领导下，大显公正公平，内斗内耗全无，一致发展前进!</p>
    </article>
    <article id="c2">
      <footer>
        <p>
            by：<span>又一个匿名网友</span>
        </p>
        <p>
          <span>5 分钟前</span>
        </p>
      </footer>
      <p>更幸福的明天已现曙光！</p>
    </article>
  </section>
</article>
```

2．section

如果我们按主题将内容分“组”，那么这一个个“分组”我们便可以用 section 来定义。这些分组实际上就是我们前面提到的章节或者说区块，通常这些区块也会带上一个标题（heading）。因为 section 会影响整个文档大纲的生成，因此切忌将 section 理解为一个语义化的 div。

```
<article>
  <hgroup>
    <h1>苹果</h1>
    <h2>可口而诱人！</h2>
  </hgroup>
  <p>苹果是接在苹果树上的一种苹果状的水果。</p>
  <section>
    <h1>红富士</h1>
    <p>
      红富士是着色系富士的总称。在富士推广栽培过程中，
```

```
    由于其具有较活跃的遗传性变异特点。
   </p>
  </section>
  <section>
   <h1>红将军</h1>
   <p>
    日本引进，结果早，果个大，丰产，单果重 450 克，果面全红，
    9 月中旬成熟，国庆节和中秋节上市。是中熟苹果的首选良种
   </p>
  </section>
</article>
```

上面这个例子里，article 定义了一篇关于苹果的文章，section 里定义的是整个文章的各个小节，小节拥有自己的标题。同理书籍章节目录也可以使用 section 来表示：

```
<article class="book">
  <header>
   <hgroup>
    <h1>HTML 5 移动应用开发</h1>
    <h2>用心写好书</h2>
   </hgroup>
   <p>
    <small>人民英雄文学出版社出版</small>
   </p>
  </header>
  <section class="chapter">
   <h1>第一章</h1>
   <p>移动时代，唯 HTML5 独尊</p>
  </section>
  <section class="chapter">
   <h1>第二章</h1>
   <p>HTML 基础牢实，方能百战不殆</p>
  </section>
  <section class="appendix">
   <h1>附录 A: jQuery 简明教程</h1>
   <p>Write Less, Do more.</p>
  </section>
</article>
```

是该用 section 还是其他标签有一个简单易行的判断标准：你所要定义的内容如果需要出现在文档的提纲中时，用 section 是合适的。

3. nav

nav 元素从字面上就能看出定义的是导航（navigation）区块，nav 元素的重要作用就是帮助用户快速导航，尤其是对于盲人用户，屏幕阅读器可以在初始化页面的时候就先阅读 nav 元素里的链接内容。

例如这个页面里，nav 用来表示最重要的导航：

```
<body>
 <header>
  <h1>小明的日记本</h1>
  <p><a href="news.html">新闻</a> -
     <a href="blog.html">博客</a> -
     <a href="forums.html">论坛</a></p>
```

```
  <p>上次修改：<span>2013-04-01</span></p>
  <nav>
   <h1>导航</h1>
   <ul>
    <li><a href="articles.html">存档</a></li>
    <li><a href="today.html">今日热门</a></li>
    <li><a href="successes.html"></a></li>
   </ul>
  </nav>
 </header>
 <div>
  <article>
   <header>
    <h1>今天好伤心</h1>
   </header>
   <div>
    <p>今天一天都没有出太阳，真不好，爸爸买回两条金鱼，养在水缸淹死一条，我很伤心。.</p>
    ......
   </div>
   <footer>
    <p>Posted <time datetime="2009-10-10">Thursday</time>.</p>
   </footer>
  </article>
  ...more blog posts...
 </div>
 <footer>
  <p>Copyright ©
   <span>2012</span>
   <span>某神奇有限公司</span>
  </p>
  <p><a href="about.html">关于</a> -
     <a href="policy.html">隐私权</a> -
     <a href="contact.html">联系我们</a></p>
 </footer>
</body>
```

nav 元素里主要用来放置页面上相对重要的导航链接区块，这就意味着并不是页面上所有的导航链接都需要放在 nav 里面。例如，很多页面都会在 footer 里面放一些版权声明、用户协议和联系信息等的链接，对于这些链接，虽然依然可以使用 nav，但由于 footer 元素本身已经足够表达“底部”这样的信息，因此 nav 元素会显得不是很必要。上面这个例子，就包含多处导航链接，但是只有最重要的地方使用了 nav 元素。

总之，虽然 nav 的使用限制不多，所有 ul 和 ol 元素都给套上 nav，更何况 nav 其实里面不一定需要放置列表元素：

```
<nav>
 <h1>逛逛我的网站</h1>
 <p>我的网站里有丰富多彩的内容，你可以看看<a href="/blog">我的博客
 </a>，如果你想雇佣我，也可以看看我的<a href="/resume">简历</a>和
 <a href="/works">作品</a>，</p>
 <p>同时，作为一个摄影爱好者，我也有许多<a href="/photos">照片</a>
  希望你能喜欢这个网站。
</nav>
```

为何 nav 里面要放置标题元素？nav 也是区块元素中的一员，从级别上来说，和 section 元素是一样的，只是它还表达了导航的语义。对于 article 和 section 是必须要加上标题的，

nav 和 aside 则建议加上标题。因为这样才有助于机器去生成“大纲视图”这样的最终产物。

4．aside

aside 元素一般用来定义和 aside 周围的内容有关的内容——即你需要定义和你当前已有内容相关的内容时，就用 aside。要注意的是，aside 里的内容要和它所关联的内容相互独立，也就是说，他们虽然相关，但是关系不太密切，谁缺了谁都不影响各自文本含义的理解。一篇文章出现的相关广告、相关背景和引述内容等等都可以使用 aside，但是像文中本该出现在括弧里的内容就不适合用 aside，因为这种内容是属于文档主要内容的一部分。

比如在一篇介绍苹果公司的文本中可以嵌入一段关于 iPhone 的介绍：

```
<aside>
  <h1>iPhone</h1>
  <p>iPhone 5 如此纤薄，如此轻盈，却配备了更大的显示屏、更快的芯片、更新的无线技术、
  800 万像素 iSight 摄像头及更多精彩功能。</p>
</aside>
```

再比如我们经常在书籍排版中看到的引述（pull quote），如图 2.15 所示。

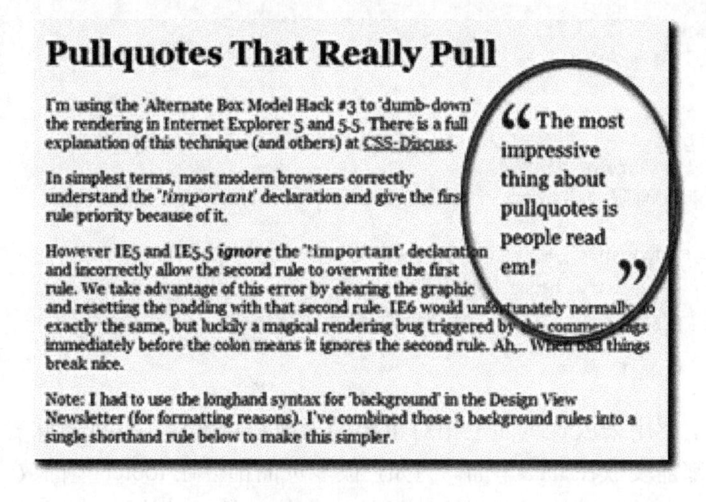

图 2.15　pull quote

它的代码可能形如：

```
......
<p>He later joined a large company, continuing on the same work.
<q>I love my job. People ask me what I do for fun when I'm not at
work. But I'm paid to do my hobby, so I never know what to
answer. Some people wonder what they would do if they didn't have to
work... but I know what I would do, because I was unemployed for a
year, and I filled that time doing exactly what I do now.</q></p>
<aside>
  <q> People ask me what I do for fun when I'm not at work. But I'm
  paid to do my hobby, so I never know what to answer. </q>
</aside>
<p>Of course his work - or should that be hobby? -
isn't his only passion. He also enjoys other pleasures.</p>
......
```

博客网站中的边栏可以用 aside，边栏里面友情链接也可以使用 aside——这意味着

aside 也可以嵌套使用（实际上表示区块的元素几乎都可以嵌套）。下例是一个结合了 aside 和 nav 等元素的博客代码：

```
<body>
<header>
  <h1>我的博客</h1>
  <p>一个神奇的地方</p>
</header>
<aside>
  <!-- 这两个 nav 区块都和页面主内容非密切相关 -->
  <nav>
    <h1>My blogroll</h1>
    <ul>
      <li>
        <a href="http://blog.xiaoming.com/">朋友小明的博客</a>
      </li>
    </ul>
  </nav>
  <nav>
    <h1>文章存档</h1>
    <ol reversed>
      <li>
        <a href="/last-post">最后一篇</a>
      </li>
      <li>
        <a href="/first-post">第一篇</a>
      </li>
    </ol>
  </nav>
</aside>
<aside>
  <!-- 另一个博客里常见的边栏区块：微博插件 -->
  <h1>来自微博</h1>
  <blockquote cite="http://weibo.com/2656274875/z9oc4cvT7">【小行星"战神"下
午 2 点到达近地点】今天下午 2 点左右，一颗名为"战神"的小行星将运行到与地球最近位置，这个
"最近"的距离也有 690 万公里，相当于地球与月球距离的 18 倍。</blockquote>
  <blockquote cite="http://weibo.com/1195031270/z9ODPoFU7">2012 年 12 月 14
日是全球儿童悲伤日。世界排名前两位的经济体美国和中国在同一天发生了惨绝人寰的针对儿童的
杀戮惨案</blockquote>
</aside>
<article>
  <!-- 博客主区域 -->
  <h1>4 月 2 日，今天天气好</h1>
  <p>然后我就不知道写什么了</p>
  <footer>
    <p>
      <a href="/last-post" rel=bookmark>固定链接</a>
    </footer>
  </article>
  <article>
    <h1>4 月 1 日，过愚人节咯！</h1>
    <p>谁看到谁傻 X </p>
    <aside>
      <!-- 如果这个 aside 标签里面是友情链接，那显然是错误的，
          但是如果是这篇博文的相关内容，那就是可以的。 -->
      <h1>关于日记</h1>
      <p>
```

```
        写日记真的是件有趣的事儿，你一定会喜欢上它的。
      </p>
    </aside>
    <footer>
      <p>
        <a href="/first-post" rel=bookmark>固定链接</a>
      </footer>
    </article>
    <footer>
      <nav>
        <a href="/archives">存档</a>
        –
        <a href="/about">关于</a>
        –
        <a href="/copyright">Copyright</a>
      </nav>
    </footer>
</body>
```

关于 aside 典型的的误用是将 sidebar 的内容一股脑儿全部改成 aside。

5. h1～h6，hgroup

h1～h6 都用来表示区块的标题，h 后面跟的数字表示标题的级别，h1 级别最高，h6 级别最低。

尤为要注意的是，h 标签表示的是区块的标题，而不是文档的标题，这意味着标题的级别实际上会是相对于它所在的区块元素的，而且根据区块的嵌套情况，标题的级别也会相应的变化，比如这段代码：

```
<body>
  <h1>标题 1</h1>
  <h2>标题 2</h2>
  <h2>标题 3</h2>
  <h2>标题 3</h2>
  <h3>标题 5</h3>
  <h2>标题 6</h2>
</body>
```

和这段代码：

```
<body>
  <h1>标题 1</h1>
  <section>
    <h1>标题 2</h1>
  </section>
  <section>
    <h1>标题 3</h1>
  </section>
  <section>
    <h1>标题 4</h1>
    <section>
      <h1>标题 5</h1>
    </section>
  </section>
  <section>
    <h1>标题 6</h1>
```

```
  </section>
</body>
```

它们在语义上是完全等价的。选择何种风格的编写方式完全可以根据你自己的需要来安排。

hgroup 这个新增元素则用于组合标题，只在区块需要有多个级别的标题时使用——副标题和标语（tagline）等。前面关于苹果的例子便定义了一个标语：

```
<article>
  <hgroup>
    <h1>苹果</h1>
    <h2>可口而诱人！</h2>
  </hgroup>
  …
</article>
```

hgroup 本身作为区块时，它的级别和它包含的最高级别的标题子元素一样，比如上例中 hgroup 的级别就和 h1 是一样的。

```
<hgroup>
 <h1>三体</h1>
 <h2>"地球往事"三部曲之一</h2>
</hgroup>
<hgroup>
 <h1>三体 Ⅱ</h1>
 <h2>黑暗森林</h2>
</hgroup>
```

在这个例子中，你可以理解为这个代码片段有两个标题，每个标题都包含主标题和副标题。

6．header & footer

header 理所当然用来放“头部”和“顶部”的内容，比如目录、搜索框和 logo 等东西。footer 与 header 对应，用来定义“尾部”和“底部”。

前面很多例子其实已经用到了 header 和 footer，这些情况下 header 的用法都是正确的。不过要注意的是，header 并不定义区块内容（section content）——即不具备产生大纲视图的特性。

注意：我们在这个小节所说的区块标签和区块内容并不是一个东西，区块内容标签只有 article、aside、nav 和 section 四个，它们会在文档大纲中产生级别。

header 和 footer 可以定义整个文档级别的头尾部，也可以定义区块级别的头尾部，而且 footer 不一定非得出现在区块的结尾部分：

```
<body>
  <!-- 这里的 footer 和文档结尾的 footer 内容相同，均定义了站点级别（side-wite）的
  尾部 -->
 <footer>
  <nav>
    <a href="/">回到首页</a>
    <a href="/about">关于</a>
```

```
  </nav>
 </footer>
 <hgroup>
  <h1>Lorem ipsum</h1>
  <h2>The ipsum of all lorems</h2>
 </hgroup>
 <article>
   <h1>article 1</h1>
   <p>A dolor sit amet, consectetur adipisicing elit, sed do eiusmod
 tempor incididunt ut labore et dolore magna aliqua. Ut enim ad minim
 veniam, quis nostrud exercitation ullamco laboris nisi ut aliquip ex
 ea commodo consequat.</p>
   <footer>
     <p><time dataime="2012-10-21T18:26-07:00">2012/10/21 6:26pm</time></p>
   </footer>
 </article>
 <article>
   <h1>article 2</h1>
   <p>Duis aute irure dolor in reprehenderit in
 voluptate velit esse cillum dolore eu fugiat nulla
 pariatur. Excepteur sint occaecat cupidatat non proident, sunt in
 culpa qui officia deserunt mollit anim id est laborum.</p>
 </article>
 <footer>
   <p><time dataime="2012-10-22T21:26-07:00">2012/10/22 9:26pm</time></p>
 </footer>
 <p> </p>
 <footer>
  <nav>
    <a href="/">回到首页</a>
    <a href="/about">关于</a>
  </nav>
 </footer>
</body>
```

7. address

address 元素专门用来表示和它最近的父级 article 或者 body 元素里内容相关联的联系信息。比如在 body 里出现的 address 就用来表示与这个文档相关的联系信息：

```
<body>
  ……
  <footer>
    <!-- address 通常会出现在 footer 元素里面 -->
    <address>
      <a href="/people/bill">Bill Gates</a>
      <a href="/people/jobs">Steve Jobs</a>
    </address>
  </footer>
</body>
```

可能到说到这儿你依然无法准确地判断该使用何种区块元素，没关系，看看下面的大杀器，你或许会变得豁然开朗，如图 2.16 所示。

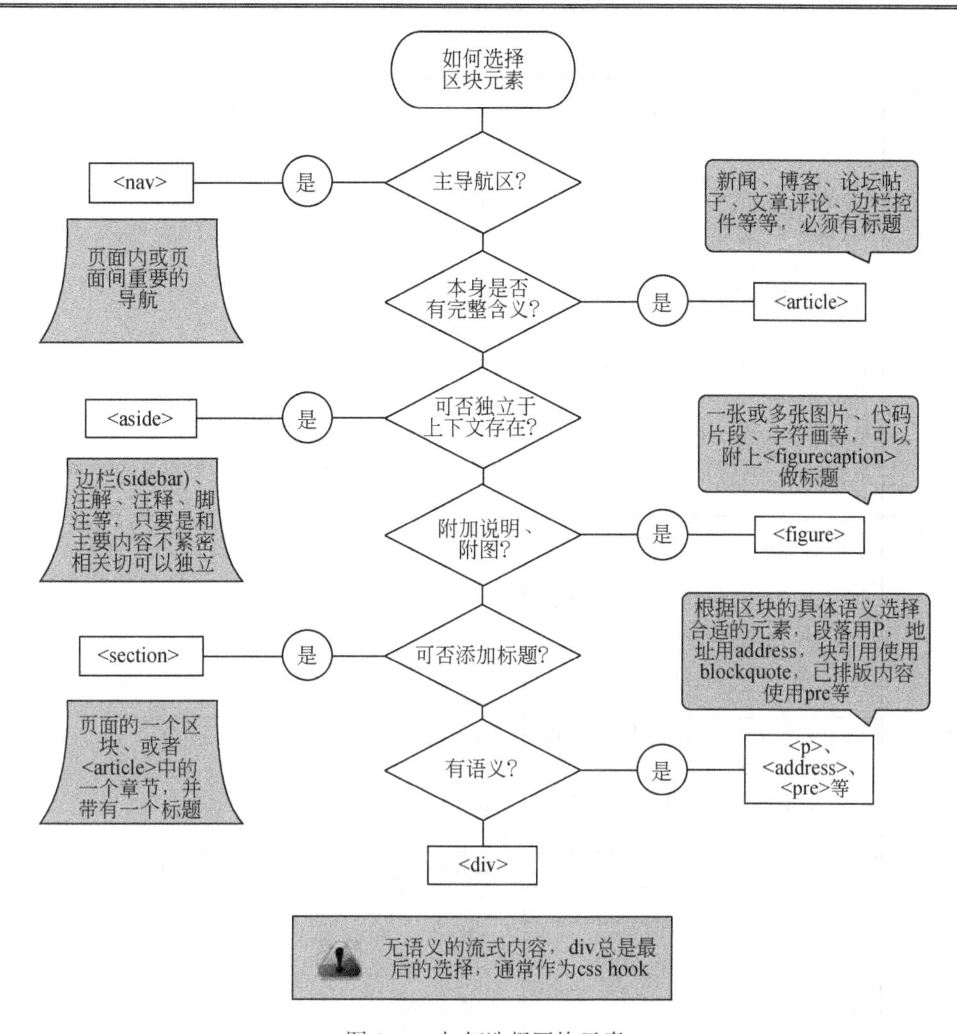

图 2.16　如何选择区块元素

2.3.6　分组内容（grouping content）

很多内容我们都是希望对它们分组来进行描述，如列表里的项目和相册中的图片等等。这些内容通常而言都是成“块”的，通过表 2-2，你可以大致了解到用于分组内容的元素有哪些，以及它们的基本用法。

表 2-2　分组内容元素总览

元　素	用　途	示　例
p	定义段落。 段落不一定是文章里面的段落，这里的“段落”指的是主题相近的若干句子组成的文本块	<p> 陈某某因为父亲为高级公务员，有机会利用政府津贴到英国读书， 故中学和大学时光均在英国渡过。大学时期曾修读建筑学及 4 年音乐课程。 </p>

续表

<table>
<tr><th>元　素</th><th>用　途</th><th>示　例</th></tr>
<tr><td>hr</td><td>HTML 4 时用于定义水平线（horizontal rule）。HTML 5 重新定义它为不同主题内容间的分隔符。
注：区块内容之间不需要使用 hr 进行分割</td><td><section>
<h1>Food</h1>
<p>All food at the project is rationed:</p>
<dl>
<dt>Potatoes</dt>
<dd>Two per day</dd>
<dt>Soup</dt>
<dd>One bowl per day</dd>
</dl>
<hr>
<p>Cooking is done by the chefs on a set rotation.</p>
</section></td></tr>
<tr><td>pre</td><td>通常表示已排版的内容，比如代码块和字符画等等</td><td><pre>
___ _
/ __|___ ___ __ _| |___
| (_ / _ V _ V _` | -_)
______/___/__, |____|
</pre></td></tr>
<tr><td>blockquote</td><td>引用来自其他来源的内容，cite 属性表示来源 url。
注：引用的署名必须在引用外部定义</td><td><blockquote>
<p>横眉冷对千夫指，俯首甘为孺子牛。</p>
</blockquote>
<p>——鲁迅</p></td></tr>
<tr><td>ol</td><td>定义有序列表</td><td rowspan="3"><p>我曾经去过的城市（按拼音排序）：</p>
<ol>
<li>北京</li>
<li>成都</li>
<li>深圳</li>
<li>郑州</li>
</ol></td></tr>
<tr><td>ul</td><td>定义无序列表</td></tr>
<tr><td>li</td><td>定义列表项</td></tr>
<tr><td>dl</td><td>定义列表</td><td rowspan="3"><dl>
<dt lang="en-US"> <dfn>color</dfn> </dt>
<dt lang="en-GB"> <dfn>colour</dfn> </dt>
<dd> A sensation which (in humans) derives from the ability of
the fine structure of the eye to distinguish three differently
filtered analyses of a view. </dd>
</dl></td></tr>
<tr><td>dt</td><td>定义的项目</td></tr>
<tr><td>dd</td><td>定义的描述。
注：dt 和 dd 的数目不一定要一致，一个 dt 可以对应多个 dd，反之同理</td></tr>
<tr><td>figure*</td><td>定义媒介内容的分组，以及它们的标题</td><td rowspan="2">详细见后文</td></tr>
<tr><td>figcaption*</td><td>定义 figure 元素的标题</td></tr>
<tr><td>div</td><td>div 通常会被认为是区块元素，但实际上 div 是不包含语义的分组内容元素。无论是区块也好，分组内容也好，在语义层面上，div 都是最后被考虑的元素</td><td>详细见后文</td></tr>
</table>

注：加*号为 HTML 5 新增标签。

表 2-2 中展示了所有分组内容元素的基本用法，分组内容元素中两个新进成员可能需要你注意一下，figure 和 figcaption。

figure 通常是比较独立、被主要内容引用的部分，可以用来定义插图注解、图表、照片和代码列表等，通常会配合 figcaption 元素定义其标题或者说明：

```
<figure>
 <img src="beautiful-girl.jpeg"
     alt="a beautiful girl sitting on a chair">
 <figcaption>青春美女一枚</figcaption>
</figure>
```

当然，figure 也可以嵌套使用：

```
<figure>
 <figcaption>The castle through the ages: 1423, 1858, and 1999 respectively.
 </figcaption>
 <figure>
  <figcaption>Etching. Anonymous, ca. 1423.</figcaption>
  <img src="castle1423.jpeg" alt="The castle has one tower, and a tall wall
  around it.">
 </figure>
 <figure>
  <figcaption>Oil-based paint on canvas. Maria Towle, 1858.</figcaption>
  <img src="castle1858.jpeg" alt="The castle now has two towers and two
  walls.">
 </figure>
 <figure>
  <figcaption>Film photograph. Peter Jankle, 1999.</figcaption>
  <img src="castle1999.jpeg" alt="The castle lies in ruins, the original
  tower all that remains in one piece.">
 </figure>
</figure>
```

上例嵌套的 figure 也可以被简写成下例的形式：

```
<figure>
 <img src="castle1423.jpeg" title="Etching. Anonymous, ca. 1423."
     alt="The castle has one tower, and a tall wall around it.">
 <img src="castle1858.jpeg" title="Oil-based paint on canvas. Maria Towle,
 1858." alt="The castle now has two towers and two walls.">
 <img src="castle1999.jpeg" title="Film photograph. Peter Jankle, 1999."
     alt="The castle lies in ruins, the original tower all that remains in
     one piece.">
 <figcaption>The castle through the ages: 1423, 1858, and 1999 respectively.
 </figcaption>
</figure>
```

ol 表示有序列表，这个几乎人人都知道，另外你可能不知道的是，在 HTML 5 中，ol 还可以拥有 start 和 reversed 属性。start 只能是整数，表示这个列表从多少开始，每个 li 上可以有 value 属性，表示这是列表中的第几个：

```
<ol start="122" reversed>
  <li>z</li>
  <li>y</li>
  <li value="98">b</li>
  <li>a</li>
</ol>
```

这个例子在 chrome 中的最终效果如图 2.17 所示。

注：reversed 属性截止到本稿撰写时，仅有 chrome 支持 reversed 属性。

122. z
121. y
98. b
97. a

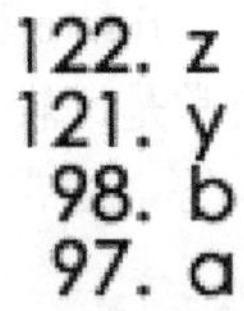

图 2.17　reverse 和 value 属性

2.3.7　文本级语义（text-level semantics）

分组内容和区块内容元素通常在文档中充当容器和包含块等角色，因此浏览器在显示他们时也会默认以块框（block-level box）方式显示（在 CSS 中即 display:block），而这些框里面填充的内容，会有一整套文本级别的元素任君挑选，他们通常以行框（inline-level box）方式显示（CSS 中即 display:inline 或 display:inline-block），如表 2-3 所示。

表 2-3　文本级语义

元　素	用　途	示　例
a	超链接 下文将详细介绍	单击<a href="detail.html">此处</a>查看后文
em	侧重点的强调。可嵌套使用，嵌套个数越多，强调级别越高	我想说的是，我<em>喜欢</em>宫崎骏的动画
strong	表示内容重要性。和 em 一样可以嵌套递增重要性级别	今天天气<strong>好冷</strong>
small	旁注（Side comments），可应用在免责声明、使用条款和版权信息等需要小字体的场景	These grapes are made into wine. <small>Alcohol is addictive.</small> <small>请以实物为准，图片仅供参考</small>
s	有误文本（Inaccurate text），一般 UA 会为其加上删除线的样式	京东价：<s>￥1280</s> ￥998！
cite	作品标题的引用，可以是书、影、音和画作等	我最喜欢的电影是<cite>千与千寻</cite>
q	短引用，可以是某人的一句话。 注：用引号也可以表达等价语义	The judge said <q>You can drink water from the fish tank</q> but advised against it.
dfn	定义的实例，通常用来定义术语	The term <dfn>organic food</dfn> refers to food produced without synthetic chemicals.
abbr	缩写词，可以配合 dfn 元素定义术语	<p>The <dfn><abbr title="Garage Door Opener"> GDO</abbr></dfn> is a device that allows off-world teams to open the iris.</p>
data*	为元素赋予机器可读的数据	常年有售！ <data value="EAN-13: 6901234567890 > 杜某斯<small>超薄版</small></data>
time*	data 标签的时间格式版本	iPhone5 将于<time datetime="2012-12-14">明日凌晨</time>开售！
code	计算机代码	运行<code>ls</code>命令查看当前目录
var	定义变量	If there are <var>n</var> fruit in the bowl, at least <var>n</var>÷2 will be ripe.
samp	计算机程序的输出	<samp>Unknown error -3</samp>
kbd	用户输入（按键）	Press <kbd>Enter</kbd> to continue.

续表

元　素	用　途	示　例
sub	上标文本	Water is H₂O. Water is H_2O.
sup	下标文本	f(<var>x</var>, <var>n</var>) = log₄<var>x</var>^{<var>n</var>} $f(x, n) = \log_4 x^n$
i	另一种叙述方式（斜体）	Lemonade consists primarily of <i>Citrus limon</i>
b	关键文字（粗体）	Take a <b>lemon</b> and squeeze it with a <b>juicer</b>.
u	标注。（下划线）	The mixture of apple juice and <u class="spelling">eldeflower</u> juice is very pleasant.
mark*	标记或者高亮文本	Elderflower cordial, with one <mark>part</mark> cordial to ten <mark>part</mark>s water, stands a<mark>part</mark> from the rest. chrome 中默认会以黄底黑字显示 mark 元素： Elderflower cordial, with one part cordial to ten parts water, stands apart from the rest.
ruby*,rt,rp	注音标示	<ruby> OJ <rp>(<rt>Orange Juice<rp>)</ruby>
bdi*	定义文本的文本方向，使其脱离其周围文本的方向设置。在双向文本排版中使用	The recommended restaurant is <bdi lang="">My Juice Café (At The Beach)</bdi>.
bdo	定义文本显示的方向	The proposal is to write English, but in reverse order. "Juice" would become "<bdo dir=rtl>Juice</bdo>" "Juice" would become "eciuJ"
span	本身无语义，用作其他情况下的文本。同样可以配合 class 等属性增加语义，类似于 div 的文本级版本	In French we call it <span lang="fr">sirop de sureau</span>.
br	换行	Simply Orange Juice Company Apopka, FL 32703 U.S.A.
wbr	规定在文本中的何处适合添加换行符。如果单词太长，或者您担心浏览器会在错误的位置换行，那么您可以使用 <wbr> 元素来添加 Word Break Opportunity（单词换行时机）	www.simply<wbr>orange<wbr>juice.com www.simplyorange juice.com

注：（1）加*号为 HTML 5 新增标签。

（2）双向文本是指某些 rtl 语言和 ltr 语言混用的场景。比如英文与希伯来文字混用时。

1. 链接

链接可能是我们写 HTML 用得最多的场景了。a 元素是用来定义显式链接的利器，相比于非显式链接的 link 元素，a 元素通常会出现在可感知内容（Palpable content）里面。a 一般会带有 href 属性，当 a 元素带有 href 时，我们称其为超链接（hyperlinks）：

```
<a href="/">Home</a>
```

如果没有指定 href 属性，那么相应的 target、download 和 rel 等属性也不能出现，这时候这个 a 元素代表了一个链接占位符：

```
…
<li><a>Examples</a></li>
…
```

src 与 href 的区别：在使用标签时很多人会搞不清 src 与 href 属性的使用，实际上，只要理解这两个属性所表示的本意就很容易区分了。href（hypertext reference）指超文本引用，表示当前页面引用了别处的内容；src（source）表示来源地址，表示把别处内容引入（或嵌入）到当前页面。即引用和引入的区别。所以，img、script 和 iframe 等应该使用 src 来引入内容，超链接则只是引用了别处内容。

除了 a 标签外，area 标签也可以创建超链接。map 元素用于定义图像映射区域；area 则用于定义图像映射内部的区域（图像映射指的是带有可单击区域的图片），area 只能出现 map 元素的内部。area 的 coords 属性用于指定可单击的区域：

```
<!-- usemap 属性与 map 元素中的 name 相关联，以创建图像与映射之间的关系 -->
<img src="planets.gif" alt="Planets" usemap ="#planetmap" />
<map name="planetmap">
 <area shape ="rect" coords ="0,0,110,260" href ="sun.htm" alt="Sun" />
 <area shape ="circle" coords ="129,161,10" href ="mercur.htm" alt="Mercury"
 />
 <area shape ="circle" coords ="180,139,14" href ="venus.htm" alt="Venus" />
</map>
```

运行后的效果如图 2.18 所示。

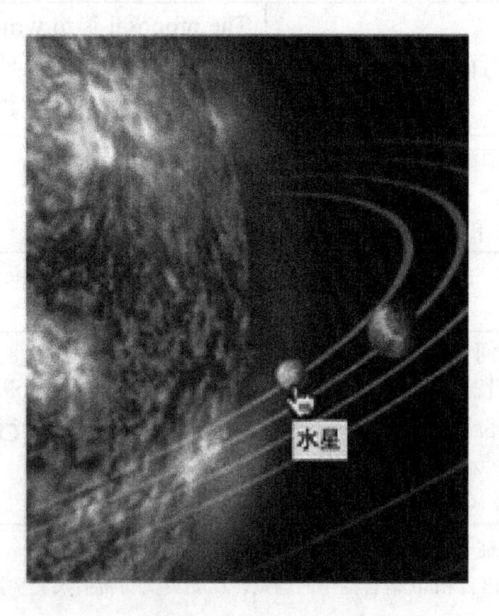

图 2.18　area 示例

作为链接元素，表示链接间关系类型的 rel 自然是一个很重要的属性。HTML 5 支持多达 14 种链接类型（Link Types），每一种链接类型都有各自不同的含义。前文在讲解 link 元素时已经接触到一些链接类型，对于全部链接元素而言，这 14 种类型的 rel 有的通用，有的则只对部分元素有效，详细参见表 2-4 所示的内容。

表 2-4　链接类型

链接类型	对元素的影响（使链接变为什么类型）		含　义
	link 元素	a 和 area 元素	
alternative	超链接	超链接	相较于当前文档可替换的呈现
author	超链接	超链接	链接到当前文档或文章的作者
bookmark	不可用	超链接	链接最近的父级区块的永久链接（permalink）
help	超链接	超链接	与当前上下文相关的帮助链接
icon	外部资源	不可用	当前文档的图标
license	超链接	超链接	当前文档的许可证
next	超链接	超链接	后一篇文档
prev	超链接	超链接	前一篇文档
nofollow	不可用	注解	当前文档的原始作者不推荐超链接指向的文档。（如不可信赖的内容和付费链接等，搜索引擎不会追踪指定了 nofollow 的链接。）
noreferer	不可用	注解	访问链接时不发送 referer 字段
prefetch	外部资源	外部资源	预加载链接指向的页面
search	超链接	超链接	用于搜索当前文档或相关文档的资源
stylesheet	外部资源	不可用	样式表
tag	不可用	超链接	给当前文档打上标签——标签由链接项的文档所指定

当 rel 为 next 或者 prev 时，表示该链接指向的文档相较于当前文档是“前一篇”还是“后一篇”：

```
<p>
  这是当前文档，
  这是 <a href="prev.html" rel="prev">前一篇文档</a>，
  这是 <a href="next.html" rel="next">后一篇文档</a>
</p>
```

使用 prev 和 next 属性值的同时也指明了当前文档并不是一篇完整的文档，而仅仅是一整篇文档中的一个部分——这同样意味着，如果你的文档已经是完整的了，就没必要再为其加上 rel 为 prev 或 next 的链接。

prev 和 next 在某些场景下可以为其他程序所利用。例如，safari 新增的阅读列表功能就利用了 prev 和 next 来抓取前后的文章。

prefetch 是 HTML 5 提供的一个非常有趣而且实用的功能，使用它可以大大提升网站的可感知速度。在页面上添加一行：

```
<link rel="prefetch" href="http://www.example.com/">
```

浏览器就会自动预先加载 http://www.example.com/这个页面，这样用户在真正访问这个页面时就会非常迅猛了。当你有一篇篇幅很长的文章需要多页显示时，再配合 next 或 prev 可以实现前后页面导航的预加载（没错，rel 属性的值可以指定多个，用空格分割）：

```
这是 <a href="prev.html" rel="prev prefetch">前一篇文档</a>，并且会被预加载。
```

prefetch 还可以用于预加载其他类型的资源，比如图片：

```
<link rel="prefetch" href="/photos/rock-roll.png">
```

对于 chrome 而言，使用 prerender 属性替代 prefetch：

```
<link rel="prerender prefetch" href="http://example.org/index.html">
```

注意：提升页面的可感知速度是一种性价比十分高的提升网站性能的方式，具体做法包含预加载和即时响应 Ajax 等。

2．数据元素

data 元素是 HTML 5 中的新成员，和 data-*属性的作用类似，都是定义数据，不过这两者也有一定的区别。data 元素主要用来定义机器可读的数据格式，例如图书的 ISBN 和商品的条码等数据，而 data-*主要用来定义自定义数据——简单的说，一个是给机器用，一个是给程序员用：

```
<table sortable>
 <thead> <tr> <th> Game <th> Corporations <th> Map Size
 <tbody>
  <tr> <td> 1830 <td> <data value="8">Eight</data> <td> <data value="93">
  19+74 hexes (93 total)</data>
  <tr> <td> 1856 <td> <data value="11">Eleven</data> <td> <data value="99">
  12+87 hexes (99 total)</data>
  <tr> <td> 1870 <td> <data value="10">Ten</data> <td> <data value="149">
  4+145 hexes (149 total)</data>
</table>
```

data 元素的 value 值是必选的属性，机器程序会读取此值进行数据处理。

注意：上面这段代码并不是正确的 XHTML 代码，因为其标签没有正确闭合，但它却是正确的 HTML 5 代码，HTML 4.01 和 HTML 5 的标准中下列标签是可以不闭合的：

```
<html>
<body>
<colgroup>
<thead>
<tr>
<tbody>
<td>
<p>
<dt>
<dd>
<li>
<option>
<tfoot>
```

从此例也能看出 HTML 5 在代码编写上有很大的自由度和灵活度。

time 元素可以理解为 data 元素的特例，同样用来定义机器可读的数据，只不过只能赋予其时间相关的值：

```
<time>2011-11-12</time>
```

由于必须让机器可读，因此 time 元素里的文本或者其 datetime 属性的值必须是预定义的格式，这样机器程序才能够顺利解析：

```
<time>14:54:39</time>
<time>2012-12-12T14:54+0000</time>
<time datetime="2005-10-01">7年前的国庆节</time>
```

🔔注意：时间格式全部可用格式参见：http://www.w3.org/html/wg/drafts/html/master/text-level-semantics.html#datetime-value。

3. i、b、u 和 s

在 HTML 5 之前，i、b、u 和 s 四个标签的含义和它们的样式紧密关联，这在实践中是很不可取的，因此很多时候你会看到各种教程文档中都不建议在 HTML 中使用它们。可事实情况是，这些和表现层未分离的标签满世界都是，根本没有人理那些“最佳实践”。HTML 5 标准的制定者们显然看到了这一现状，他们选择了一种非常聪明的方式去处理这个棘手的问题——给这四个标签附上相应的语义和建议的呈现样式。

i 标签相比于 HTML 4，不再单纯表示斜体（italic），而且可表示“另一种叙述方式”（Alternative voice）。常见应用场景有外来语、分类学名词和技术术语等。

```
<p>The <i class="taxonomy">Felis silvestris catus</i> is cute.</p>
<p>术语<i>HTML</i>已在上文中定义。</p>
<p>There is a certain <i lang="fr">je ne sais quoi</i> in the air.</p>
```

b 和 i 一样，不再仅仅表示粗体（bold）文本，还可以定义一些需要引起注意但是却没有额外语义的内容，比如摘要中的关键字和文章导语的加粗等等。

下面这种用法是错误的：

```
<p><b>警告！</b>该路限速 50 公里。</p>
```

因为引入了额外的语义，应该使用 strong 才对。

同理，u 也不再仅仅是带下划线的文本，而用来表示显式呈现非文本的标注（Annotations），典型的比如拼写错误和中文中的专名号等。

拼写错误：

```
<p>This is an <u>appple</u>.</p>
```

专名号：

```
<dl>
  <dd>
    <u>万里长城</u>位于<u>中国</u><u>北京</u>。</dd>
</dl>
```

s 则用来表示有误文本，常见的使用场景有价格变动等。

🔔注意：如果要表示文档的增删改记录，则应该使用 ins 和 del 元素。

4. ruby

<ruby>标签定义注音标示，多用于 CJK 文字，比如汉语中的拼音可以这样：

```
<ruby>
  汉
  <rp>(</rp>
  <rt>hàn</rt>
  <rp>)</rp>
  语
```

```
  <rp>(</rp>
  <rt>yǔ</rt>
  <rp>)</rp>
  拼
  <rp>(</rp>
  <rt>pīn</rt>
  <rp>)</rp>
  音
  <rp>(</rp>
  <rt>yīn</rt>
  <rp>)</rp>
</ruby>
```

在 Chrome 中的显示效果如图 2.19 所示。

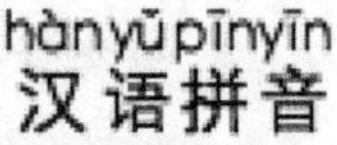

hànyǔpīnyīn
汉语拼音

图 2.19　ruby 元素

ruby 元素由一个或多个字符（需要一个解释或者发音）和一个提供该信息的 rt 元素组成，除此之外，还包括可选的 rp 元素，定义当浏览器不支持“ruby”元素时显示的内容，这样在不支持 ruby 元素的浏览器里依然能得到较好的显示效果，如图 2.20 所示。

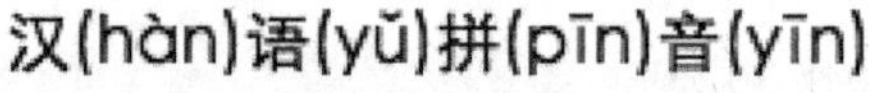

汉(hàn)语(yǔ)拼(pīn)音(yīn)

图 2.20　降级显示

注意：所谓 CJK 文字（中日韩统一表意文字），即指 Chinese（中文）、Japanese（日文）和 Korean（韩文）文字，当然也包括其他类似的表意的象形文字，如越南文。

2.3.8　修改记录（edits）

ins 和 del 俩标签表示对当前文档进行的修改记录（增删）。比如知乎网的问题日志里面便用到 ins 和 del：

```
<p>
  ......
  现代意义上的婚姻，没有那么多"圣洁"的东西，说白了就是法律对于一种社会关系的保护。
  <br>
  别人 <del>行的就是夫妻之实</del> <ins>想要进入这种社会关系</ins>
  ， <del>为</del> <ins>担负责任和义务，有</ins>何不
  <del>能受法律保护。</del>
  <ins>可？</ins>如果你要说"同性恋不能在教堂举行婚礼。"......
</p>
```

对于增删标签浏览器通常有默认的样式，如图 2.21 所示。

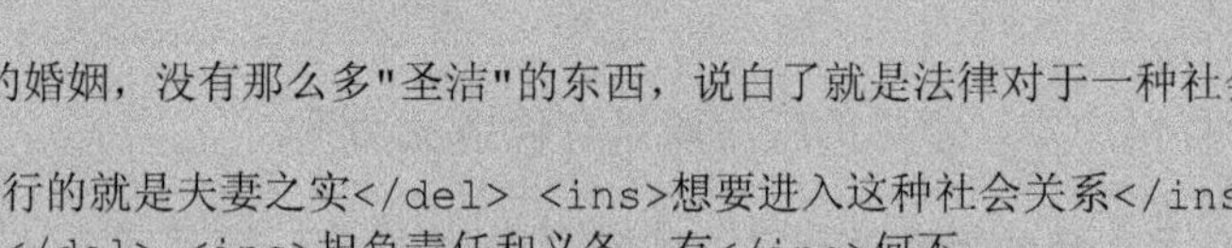

...... 现代意义上的婚姻，没有那么多“圣洁”的东西，说白了就是法律对于一种社会关系的保护。
别人 行的就是夫妻之实 想要进入这种社会关系， 为 担负责任和义务，有何不 能受法律保护。 可？如果你要说“同性恋不能在教堂举行婚礼。” ......

图 2.21　Chrome 默认的增删样式

不过建议你在使用时，加上背景色，这样对于修改记录可以一目了然，如图 2.22 所示。

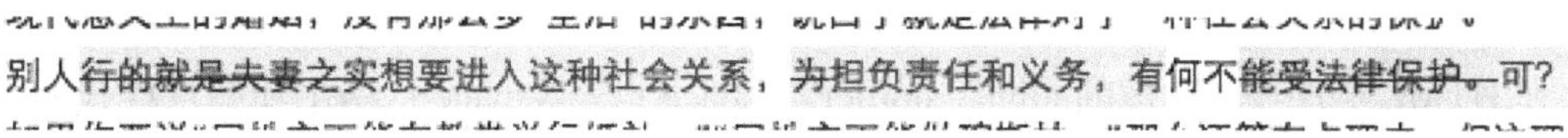

别人行的就是夫妻之实想要进入这种社会关系，为担负责任和义务，有何不能受法律保护。可?

图 2.22 类 diff 的增删样式

另外，ins 和 del 还可以指定 datetime 属性，用以表示了修改发生的时间，cite 属性用以指向对某个修改的说明信息（只能是 URL）。

```
<aside>
 <!-- don't do this -->
 <ins datetime="2005-03-16 00:00Z">
  <p> I like fruit. </p>
  Apples are <em>tasty</em>.
 </ins>
 <ins datetime="2007-12-19 00:00Z">
  So are pears.
 </ins>
</aside>
```

注意：datetime 属性和 time 元素一样，要遵循相同的格式规则。

前文我们提到，之所以不能使用 s 元素替代 del 元素，除了标签语义这个很重要的原因以外，另一个的原因是 ins 和 del 不属于文本级（text-level）的元素，也不受到文本级元素的某些制约——比如要遵循一定的嵌套条件。这意味着 ins 和 del 里面可以出现几乎任何元素诸如列表和段落等等：

```
<section>
 <ins>
  <p>
   This is a paragraph that was inserted.
  </p>
  This is another paragraph whose first sentence was inserted
  at the same time as the paragraph above.
 </ins>
 This is a second sentence, which was there all along.
</section>
```

2.3.9 嵌入内容（embedded content）

由于 HTML 本身提供的元素的表达能力有限，允许嵌入内容成为了浏览器开发者们不得不做的事情，HTML 可以嵌入几乎所有类型的外部资源，而其中某几种嵌入资源几乎席卷整个互联网。排在首位的，自然是图像——没错，图像也是嵌入资源。另外广为人知的就是 Flash、Java Applet 和 iframe 等资源了，HTML 5 新增了 video 和 audio 相关元素，嵌入音视频资源不用再依赖其他插件（如 Flash），使得 Web 在媒体方面的能力大大提升，浏览器原生跨平台也能做得更好，而 canvas 的加入则让整个浏览器生动起来，“真正的”网页游戏也在逐渐变成现实。接下来我们细数一下这些嵌入内容元素。

1. img

我相信很多人就是因为这个元素而开始学习 HTML 的——任何言语也难以形容图片

给互联网带来了怎样的繁荣盛世。HTML 5 进一步完善了 img 元素，并为其提供了一些新特性。

在 HTML 4.01 中，图像的 align、border、hspace 以及 vspace 这四个和图片样式相关的属性不赞成使用。而在 HTML 5 中，将不再支持这些属性。

此外 HTML 5 为了应对满世界的视网膜屏幕，还为 img 增加了 srcset 属性，它允许作者指定一组不同的图片资源，以适配不同尺寸和像素密度的屏幕：

```
<h1><img alt="The Breakfast Combo"
        src="banner.jpeg"
        srcset="banner-HD.jpeg 2x, banner-phone.jpeg 100w, banner-phone-
        HD.jpeg 100w 2x"></h1>
```

srcset 的值由一组逗号分割的值组成，每个值又由一个图片的 url 和一个或多个描述符组成，描述符是形如 100w、100h 和 2x 这样的值。100w 表示“最大视口宽度是 100 个 CSS 像素”，100h 和 100w 类似，不过表示的是高度，2x 表示“每一个 CSS 像素对应两个物理像素的最大像素密度”。当浏览器检测设备的屏幕属性匹配 srcset 指定的描述符时，就会加载对应的图像。

注意：更多关于响应式设计的内容，请参考后续章节。

另外，img 还增加了一个 crossorigin 属性，使得在 canvas 中使用图片资源时可以突破跨域限制。

```
<img alt="The plane" src="http://www.other-site.com/res.jpeg" crossorigin=
"anonymous">
```

注意：更多关于 CORS（跨域资源共享）的内容，请参考后续章节。

2. iframe

iframe 为创建框架式网页获取嵌入外部网页提供了巨大的便利。从最初 IE 中的私有标签到写入 HTML 标准，一路说明了其流行的历史，HTML 5 继续保留了这一标签，并增加了几个新的属性。

iframe 曾因安全问题而臭名昭著，这主要是因为 iframe 常常被用于嵌入第三方内容，而第三方内容则可能会执行某些恶意操作。iframe 的 sandbox 属性是 HTML 5 安全性方面重要的一环，它为页面的 iframe 增加了一些安全限制。sandbox 在不添加 sandbox 属性时：

```
<iframe src="http://alibaba.com" sandbox>
```

将会启用默认全部的安全策略：iframe 将会被视为独立的源，且不能提交表单也不能执行 JavaScript，无法控制父页面的导航行为，插件也不能被启用。

如果你想要修改安全策略，可以在 sandbox 属性中使用几个预定义的字符串。

- allow-same-origin：允许嵌入内容访问遵循同源策略的资源，如本地存储、cookie 和 XHR 等。
- allow-top-navigation：允许嵌入的页面对顶层页面进行导航。
- allow-forms：允许嵌入内容提交表单。
- allow-scripts：允许嵌入页面执行脚本代码（但不能新弹出窗口）。

比如下面这个例子中，http://alibaba.com 这个页面可以将顶层页面导航至其他位置，也可以在其内提交表单：

```
<iframe src="http://alibaba.com" sandbox="allow-top-navigation allow-forms">
```

seamless 可以使 iframe 和顶层页面融为一体（去掉边框和背景色等）。srcdoc 属性则可以指定文档中的内容：

```
<iframe seamless srcdoc="<p>我是框架</p>"> </iframe>
```

iframe 虽然可以很方便地创建框架，但由于很耗费资源（创建一个框架意味着要创建一个完整的页面环境），因此如果可以不使用 iframe，那么就尽量不要使用，对于网络资源和计算资源都是捉襟见肘的，移动设备则更是如此。

3．embed

embed 是 HTML 5 中的新标签，用来定义嵌入（embed）的内容——比如 Flash 插件：

```
<embed src="helloworld.swf" />
```

可以通过属性的方式为嵌入内容传入参数：

```
<embed src="helloworld.swf" quality="high" />
```

也可以嵌入视频：

```
<embed type="video/quicktime" src="movie.mov" width="640" height="480">
```

此时将调用系统的 quicktime 播放器播放视频。

由于移动设备对 Flash 等浏览器插件支持比较差（未越狱的 iOS 设备完全不支持），因此不建议使用 Flash，如果需要播放音视频，可以使用 video 和 audio 来调用浏览器原生的播放器。

4．object 和 param

object 和 embed 类似，也用来引入嵌入资源，不过其方式和 embed 有点不一样：

```
<object data="move.swf" type="application/x-shockwave-flash"></object>
```

object 添加参数的方式是在里面使用 param 元素：

```
<object data="move.swf" type="application/x-shockwave-flash">
  <param name="foo" value="bar">
</object>
```

注意：HTML 5 中已经废弃了大部分 object 的属性，如果可以请尽量使用 embed 来替代 object。

5．video 和 audio

浏览器原生支持音视频无疑是一件大事——尤其对于移动设备而言。不依赖 Flash，意味着更加省电、安全和快速的播放体验，而且只需要引入一个标签，就能播放自如：

```
<video src="320x240.ogg" controls />
```

仅仅一行代码，就可以实现一个带控件（controls 属性）的视频播放器，如图 2.23 所示。

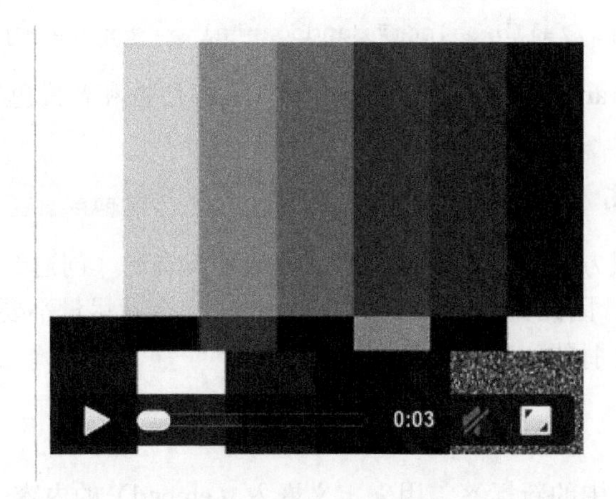

图 2.23　video 元素

如果浏览器不支持 video 元素，你可以在 video 标签中嵌入提示文字来实现 fallback：

```
<video src="320x240.ogg" controls>
  你的浏览器不支持<code>video</code>元素，是时候升级了！
</video>
```

音频播放也是类似的：

```
<audio src="/audio.ogg">
<p>没声音，再好的戏也出不来。</p>
</audio>
```

指定 autoplay 属性可以使音频或者视频在加载页面时自动播放，loop 属性则可以让其循环播放：

```
<video src="320x240.ogg" controls autoplay loop>
```

poster 属性可以为视频指定一张海报（播放开始前会显示它）：

```
<video src="320x240.ogg" controls autoplay loop poster="life_of_pie.jpg">
```

对于较大的文件还可以指定 preload 属性进行预载入：

```
<audio src="忐忑.mp3" preload="auto" controls></audio>
```

preload 可以从三个值中指定。

- ❑ none：不缓冲（buffer）此文件。
- ❑ auto：缓冲整个媒体文件。
- ❑ metadata：只缓冲部分元数据（比如该媒体的时长）。

由于不同浏览器支持的文件格式不同，HTML 5 提供了 source 元素让你可以提供多种格式编码的文件以兼容这些浏览器：

```
<video controls>
  <source src="foo.ogg" type="video/ogg">
  <source src="foo.mp4" type="video/mp4">
  <source src="foo.webm " type="video/webm">
```

```
  你的浏览器不支持<code>video</code>元素，是时候升级了！
</video>
```

上面的代码在支持 ogg 格式的浏览器里会直接播放 foo.ogg 文件，如果不支持 ogg，浏览器会依次检测 mp4 和 webm 格式的支持情况。要注意浏览器会根据 type 里的 MIME 值和服务器最终返回的值来判断文件是否可以播放，src 里的文件扩展名并不是判断格式的依据。

由于专利许可的问题，浏览器在 video 和 audio 元素上对音视频编码格式尚无一个统一的标准，通常而言，你只需提供如下几种媒体格式便可以覆盖主流现代浏览器。

- WebM：由 Google 资助的开源项目，浏览器会识别 video/webm 和 audio/webm 类型的媒体文件。目前已被 Gecko（FireFox）、Chrome 和 Opera 原生支持，IE 和 Safari 需要安装相应的插件。
- Ogg Theora Vorbis：以 Ogg 为容器格式并以 Theora 视频编码器或 Vorbis 音频编码器编码的媒体文件，建议优先支持 WebM，然后再考虑 Ogg。它的 MIME Type 是 audio/ogg、video/ogg 和 application/ogg，application/ogg 是在未明确指定格式是音频还是视频时可以使用。
- Ogg Opus：Ogg 容器格式也可以封装 Opus 编码的文件，目前仅 Firefox 15 以上的版本支持。
- MPEG H.264（AAC 或 MP3）：MPEG 也是一种著名的容器格式，H.264 视频编码、AAC/MP3 音频编码被 IE、Safari 和 Chrome 原生支持，可惜 Chromium 和 Opera 却不支持。Firefox 将会在近期支持，但是需要第三方解码器。
- WAVE PCM：PCM 编码的 WAVE 文件。

注意：虽然 Chromium 是支撑 Chrome 的开源项目，但并不代表 Chromium 就是 Chrome。

你甚至可以在 video 或 audio 的 type 属性里指定浏览器使用什么解码器来解码文件：

```
<video controls>
  <source src="flower.ogg" type="video/ogg; codecs=dirac, speex">
  你的浏览器不支持<code>video</code>元素，是时候升级了！
</video>
```

除了标签本身提供的这些功能，还可以使用 JavaScript 更加细致地控制媒体文件，比如 play 和 pause 方法可以控制媒体的播放与暂停：

```
var video = document.getElmentsByTagname("video")[0]
video.play() // 立刻播放视频
//  两秒后暂停
setTimeout(function(){
  video.pause()
}, 2000)
```

甚至你可以写一个简单的 MP3 播放器，以控制播放暂停以及声音大小：

```
<audio id="demo" src="audio.mp3"></audio>
<div>
  <button onclick="document.getElementById('demo').play()">Play the Audio
  </button>
  <button onclick="document.getElementById('demo').pause()">Pause the
  Audio</button>
```

```
  <button onclick="document.getElementById('demo').volume+=0.1">Increase
  Volume</button>
  <button onclick="document.getElementById('demo').volume-=0.1">Decrease
  Volume</button>
</div>
```

HTML 5提供了暂停接口却并没有提供停止接口，而且即便是暂停后浏览器依然会继续下载媒体文件，如果想提供停止功能，简单的做法是将src置为空：

```
var mediaElement = document.getElementById("mediaElementID");
mediaElement.pause();
mediaElement.src = "";
```

媒体元素（video&audio）本身还提供了非常强大的控制功能，你可以控制播放的进度：

```
var mediaElement = document.getElementById('mediaElementID');
mediaElement.seekable.start(0);      //返回开始时间（单位为秒，通常都会返回0）
mediaElement.seekable.end(0);        //返回结束时间，通常是媒体文件的时长
mediaElement.currentTime;            //返回当前播放到多少时间
mediaElement.currentTime = 122;      //跳转到第122秒
mediaElement.played.end(0);          //返回浏览器已经播放了多长的时间
mediaElement.buffered.end(0);        //返回浏览器已经缓冲了多长的时间
mediaElement.muted = true;           //静音
mediaElement.volume = 1;             //将音量调至最大
```

媒体元素上的seekable、played和buffered属性都是一个TimeRanges类型的对象，表示一个时间范围，可以通过访问它的start和end方法来确定开始和结束时间。currentTime表示当前时间，它是可读可写的值。一个媒体的开始时间和结束时间通常是固定的，但是你也可以通过hash mark（#）的方式来设置，语法是：

```
#t=[starttime][,endtime]
```

如你只想播放某视频的第10到20秒，则可以：

```
<video src="video.ogg#t=10,20" autoplay>
```

这样视频将自动从第10秒开始播放，并在20秒时停止。

时间的设置也可以是用冒号分割的形式，诸如1:04:00：

```
<video src="video.ogg#t=1:04:00" autoplay>
```

对于不支持video的浏览器，也可以使用Flash作为降级策略：

```
<video src="video.ogg" controls>
   <object data="flvplayer.swf" type="application/x-shockwave-flash">
     <param value="flvplayer.swf" name="movie"/>
   </object>
</video>
```

注意：在Android或iOS设备上，HTML 5视频元素将会调用设备内置的播放器来播放音视频，定制的播放器外观将失去效用。

6. canvas

canvas标签表示一块画布。作为HTML 5中最重要的元素之一，canvas承担了非常多

的工作：整个 HTML 5 游戏都将以 canvas 为基石，无论是 3D 还是 2D，透过 canvas 我们还可以为传统网页增加许多很炫的效果，制作动态图表，甚至是开发类似 PhotoShop、CorelDraw 这样的图形处理或者绘图软件。

canvas 元素涵盖的内容广而且深，本书将不做过多的讲解。本小节将修改一个来自 what 工作组 HTML 5 官方标准文档中的例子，通过该例子来简单介绍 canvas 2D API 的基本使用，这个例子将绘制一些彩色随机渐隐的曲线：

```
<!DOCTYPE html>
<html>
<head>
  <meta charset=utf-8 />
  <title>JS Bin</title>
</head>
<body>
  <canvas width="800" height="450"></canvas>
  <script>
  // 调用 canvas 元素的 getContext('2d') 方法获取绘图上下文
  var context = document.getElementsByTagName('canvas')[0].getContext('2d');

  var lastX = context.canvas.width * Math.random();
  var lastY = context.canvas.height * Math.random();
  var hue = 0;
  // line 函数用来绘制一条曲线
  function line() {
    // save() 方法把当前状态的一份复制压入到一个保存图像状态的栈中
    // 这就允许您临时地改变图像状态，然后，通过调用 restore() 来恢复以前的值
    context.save();
    // translate() 方法重新映射画布上的远点坐标(0,0)位置
    // 此例中将原点从 canvas 的左上角移动到了中心
    context.translate(context.canvas.width / 2, context.canvas.height / 2);
    // scale() 方法缩放当前绘图，更大或更小
    context.scale(0.9, 0.9);
    context.translate(-context.canvas.width / 2, -context.canvas.height / 2);
    // beginPath() 方法开始一条路径，或重置当前的路径
    // 配合使用 moveTo()、lineTo()、quadricCurveTo()、bezierCurveTo()、arcTo()
    以及 arc() 这些方法来创建路径
    context.beginPath();
    // lineWidth 属性设置或返回当前线条的宽度，以像素计
    context.lineWidth = 5 + Math.random() * 10;
    // moveTo() 将以相对于圆点左边(lastX, lastY) 的位置移动当前画笔笔触
    context.moveTo(lastX, lastY);
    lastX = context.canvas.width * Math.random();
    lastY = context.canvas.height * Math.random();
    // bezierCurveTo() 为一个画布的当前子路径添加一条三次贝塞尔曲线
    // 语法是：bezierCurveTo(cpX1, cpY1, cpX2, cpY2, x, y)
    // 这条曲线的开始点是画布的当前点，而结束点是 (x, y)
    // 两条贝塞尔曲线控制点 (cpX1, cpY1) 和 (cpX2, cpY2) 定义了曲线的形状
    // 当这个方法返回的时候，当前的位置为 (x, y)
    //
    context.bezierCurveTo(
      context.canvas.width * Math.random(), context.canvas.height * Math.
      random(),
      context.canvas.width * Math.random(), context.canvas.height * Math.
      random(),
      lastX, lastY);
```

```
    // 选取一个随机色调（hue）
    hue = hue + 10 * Math.random();
    // strokeStyle 属性设置或返回用于绘图笔触的颜色、渐变或模式
    // 此处使用 hsl 格式将笔触设置为一个饱和度和亮度都为 50%的随机颜色
    context.strokeStyle = 'hsl(' + hue + ', 50%, 50%)';
    // 给笔触加上阴影和高斯模糊，实现光晕的效果
    context.shadowColor = 'white';
    context.shadowBlur = 10;
    // 绘制整条路径
    context.stroke();
    // 恢复绘图上下文
    context.restore();
  }
  // 每隔五十毫秒绘制一条线
  setInterval(line, 50);
  // 绘制背景
  function background() {
    // 填充样式设置为半透明黑色
    context.fillStyle = 'rgba(0,0,0,0.1)';
    // 填充整个画布
    context.fillRect(0, 0, context.canvas.width, context.canvas.height);
  }
  // 每隔四十毫秒以半透明的笔触重绘整个画布，这样可以实现已绘制的线条渐隐的效果
  setInterval(background, 40);
  </script>
</body>
</html>
```

最终效果非常漂亮，如图 2.24 所示。

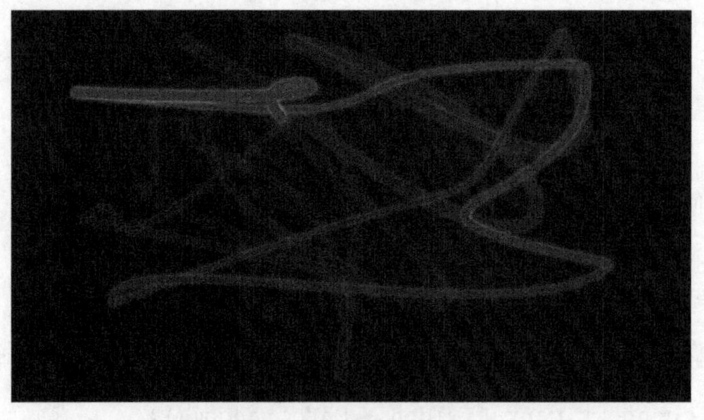

图 2.24　动态曲线效果

7．MathML

math 元素并不是标准的 HTML 元素，它来自 MathML 的命名空间，属于 HTML 嵌入的扩展，主要用来表达数学领域里的公式、方程和算式等。下面是一个简单的公式例子：

```
<!DOCTYPE html>
<html>
 <head>
  <title>The quadratic formula</title>
 </head>
 <body>
```

```
  <h1>The quadratic formula</h1>
  <p>
   <math>
    <mi>x</mi>
    <mo>=</mo>
    <mfrac>
     <mrow>
      <mo form="prefix">-</mo> <mi>b</mi>
      <mo>±</mo>
      <msqrt>
       <msup> <mi>b</mi> <mn>2</mn> </msup>
       <mo>-</mo>
       <mn>4</mn> <mo>□</mo> <mi>a</mi> <mo>□</mo> <mi>c</mi>
      </msqrt>
     </mrow>
     <mrow>
      <mn>2</mn> <mo>□</mo> <mi>a</mi>
     </mrow>
    </mfrac>
   </math>
  </p>
 </body>
</html>
```

最终在 safari 下的渲染效果如图 2.25 所示。

The quadratic formula

$$x=\frac{-b\pm\sqrt{b^2-4ac}}{2a}$$

图 2.25　math 元素

由于 math 元素各大浏览器支持还不够好，对于代码编写者而言也不够友好，如果有数学方面的需求建议使用 Latex 来作为公式的目标源码，使用开源项目 MathJax 来渲染最终结果，它能兼容主流的各大浏览器。

注意：http://www.mathjax.org/。

8．SVG

和 math 一样，svg 元素也不是标准的 HTML 元素。SVG 是使用 XML 来描述二维图形和绘图程序的语言。SVG 可以单独编写也可以嵌入 HTML 中使用：

```
<!DOCTYPE html>
<html>
<head>
  <meta charset=utf-8 />
  <title>JS Bin</title>
</head>
<body>
  <svg width="100%" height="100%" version="1.1" xmlns="http://www.w3.org/
  2000/svg">
    <circle cx="100" cy="50" r="40" stroke="black" stroke-width="2"
    fill="red"/>
```

```
  </svg>
</body>
</html>
```

最终效果渲染效果如图 2.26 所示。

图 2.26　svg 示例

注意：MathML 和 SVG 均不属于本书的讲解范畴，读者有需要可以自行阅读其他资料。

2.3.10　表格数据（tabular data）

表格是用来表示二维数据的绝佳工具，不过正确使用 table 也不是一件易事儿。表 2-5 列出了表格元素的一些基本用法。

表 2-5　表格元素的用法

元　素	用　途
table	定义表格
caption	定义表格标题，通常会出现在表格的顶部
colgroup	对表格中的列进行组合，以便对其进行格式化。比如 <colgroup span="2" style="background-color:red" /> 选中了表格的前两列并将背景色改为红色
col	表示列，和 colgroup 的作用类似： <colgroup> 　<col class="vzebra-odd"> 　<col class="vzebra-even"> 　<col class="vzebra-odd"> 　<col class="vzebra-even"> </colgroup> 分别为奇数列和偶数列应用不同的样式
tbody	定义一段表格主体，一个表格可以有多个主体，类似于 colgroup 标签，tbody 可以将表格按照行来分组
thead	定义表格表头，通常表现为标题行
tfoot	定义表格的脚注（页脚），通常表现为总计行。 thead、tfoot 以及 tbody 元素使你有能力对表格中的行进行分组。这种划分使浏览器有能力支持独立于表格标题和页脚的表格正文滚动。当长的表格被打印时，表格的表头和页脚可被打印在包含表格数据的每张页面上
tr	定义表格中的行
td	定义表格中的单元格
th	定义表格表头中的单元格

下面来看几个例子，以熟悉如何使用 table。

例子 1，数独游戏：

```
<section>
 <style scoped>
  table { border-collapse: collapse; border: solid thick; }
  colgroup, tbody { border: solid medium; }
  td { border: solid thin; height: 1.4em; width: 1.4em; text-align: center;
  padding: 0; }
 </style>
 <table>
  <caption>Today's Sudoku</caption>
  <colgroup><col><col><col>
  <colgroup><col><col><col>
  <colgroup><col><col><col>
  <tbody>
   <tr> <td> 1 <td>   <td> 3 <td> 6 <td>   <td> 4 <td> 7 <td>   <td> 9
   <tr> <td>   <td> 2 <td>   <td>   <td> 9 <td>   <td>   <td> 1 <td>
   <tr> <td> 7 <td>   <td>   <td>   <td>   <td>   <td>   <td>   <td> 6
  <tbody>
   <tr> <td> 2 <td>   <td> 4 <td>   <td> 3 <td>   <td> 9 <td>   <td> 8
   <tr> <td>   <td>   <td>   <td>   <td>   <td>   <td>   <td>   <td>
   <tr> <td> 5 <td>   <td>   <td> 9 <td>   <td> 7 <td>   <td>   <td> 1
  <tbody>
   <tr> <td> 6 <td>   <td>   <td>   <td> 5 <td>   <td>   <td>   <td> 2
   <tr> <td>   <td>   <td>   <td>   <td> 7 <td>   <td>   <td>   <td>
   <tr> <td> 9 <td>   <td>   <td> 8 <td>   <td> 2 <td>   <td>   <td> 5
 </table>
</section>
```

这个表格定义了一个 9×9 的表格，colgroup 和 col 将整个表格按列分成了三组，tbody 则将其按行分成了三组，并分别对 colgroup 和 tbody 应用样式。caption 定义了其标题，最终的显示效果如图 2.27 所示。

Today's Sudoku

1		3	6		4	7		9
	2			9			1	
7								6
2		4		3		9		8
5			9		7			1
6				5				2
				7				
9			8		2			5

图 2.27　表格的应用—数独

例子 2，展示表格：

```
<table>
 <caption>Specification values: <b>Steel</b>, <b>Castings</b>,
 Ann. A.S.T.M. A27-16, Class B;* P max. 0.06; S max. 0.05.</caption>
 <thead>
  <tr>
   <th rowspan=2>Grade.</th>
   <th rowspan=2>Yield Point.</th>
   <th colspan=2>Ultimate tensile strength</th>
```

```
   <th rowspan=2>Per cent elong. 50.8mm or 2 in.</th>
   <th rowspan=2>Per cent reduct. area.</th>
  </tr>
  <tr>
   <th>kg/mm<sup>2</sup></th>
   <th>lb/in<sup>2</sup></th>
  </tr>
 </thead>
 <tbody>
  <tr>
   <td>Hard</td>
   <td>0.45 ultimate</td>
   <td>56.2</td>
   <td>80,000</td>
   <td>15</td>
   <td>20</td>
  </tr>
  <tr>
   <td>Medium</td>
   <td>0.45 ultimate</td>
   <td>49.2</td>
   <td>70,000</td>
   <td>18</td>
   <td>25</td>
  </tr>
  <tr>
   <td>Soft</td>
   <td>0.45 ultimate</td>
   <td>42.2</td>
   <td>60,000</td>
   <td>22</td>
   <td>30</td>
  </tr>
 </tbody>
</table>
```

表格使用了 thead 定义表头，并使用了 rowspan 和 colspan 来合并行和列，最终的效果如图 2.28 所示。

Specification values: **Steel, Castings,** Ann. A.S.T.M. **A27-16,** Class B;* P max. 0.06; S max. 0.05.

Grade.	Yield Point.	Ultimate tensile strength		Per cent elong. 50.8 mm or 2 in.	Per cent reduct. area.
		kg/mm²	lb/in²		
Hard	0.45 ultimate	56.2	80,000	15	20
Medium	0.45 ultimate	49.2	70,000	18	25
Soft	0.45 ultimate	42.2	60,000	22	30

图 2.28　合并单元格

例子 3，数据统计：

```
<table>
 <thead>
  <tr>
   <th>
   <th>2008
```

```
  <th>2007
  <th>2006
 <tbody>
  <tr>
   <th>Net sales
   <td>$ 32,479
   <td>$ 24,006
   <td>$ 19,315
  <tr>
   <th>Cost of sales
   <td>  21,334
   <td>  15,852
   <td>  13,717
 <tbody>
  <tr>
   <th>Gross margin
   <td>$ 11,145
   <td>$  8,154
   <td>$  5,598
 <tfoot>
  <tr>
   <th>Gross margin percentage
   <td>34.3%
   <td>34.0%
   <td>29.0%
</table>
```

在数据统计的表格里使用 tfoot 时，通常将其作为统计行，最终的效果如图 2.29 所示。

	2008	2007	2006
Net sales	$ 32,479	$ 24,006	$ 19,315
Cost of sales	21,334	15,852	13,717
Gross margin	$ 11,145	$ 8,154	$ 5,598
Gross margin percentage	34.3%	34.0%	29.0%

图 2.29　数据统计表格

2.3.11　HTML 5 表单

表单作为网页与用户之间最重要的交互工具已经存在很长一段时间了，虽然表单为获取用户输入提供了巨大的便利，但同时也暴露出很多的问题。首当其冲的就是数据验证的问题了。

想象某个用户在填写了一大堆的表单数据后单击“提交”按钮，结果服务器却告诉他说 Email 的格式不正确，瞬间导致其他表单项都白填了——这是多么让人抓狂的事情，还好我们有 JavaScript 可以稍微地缓解这一问题。利用 Form 相关的 DOM 接口，可以用 JavaScript 在提交数据到服务器之前进行数据格式的验证。例如下面这个表单页面：

```
<!DOCTYPE HTML>
<html>
<head>
  <meta charset="UTF-8">
  <title>测试表单</title>
</head>
<body>
  <form id="userinfo" action="/url/to/server">
```

```
    告诉我你的用户信息吧，亲~
    <br>
    <label>
      Email:
      <input name="email" type="text" ></label>
    <br>
    <label>
      电话:
      <input  name="phone" type="text" ></label>
    <br>
    <input type="submit"  value="提交"></form>
</body>
</html>
```

这个页面的表单包含了两个字段，我们如果希望这两个字段对用户来讲都是必填项，而且要保证格式正确，我们可能会加上这样一段代码：

```
<!DOCTYPE HTML>
<html lang="en-US">
  ……
  <script type="text/javascript">
    // 在提交表单前检测
    document.getElementById('userinfo').onsubmit = function (e) {
      var shouldSubmit = true
      // 提交表单时获取表单字段的值
      var email = this.elements.namedItem('email').value.trim()
      var phone = this.elements.namedItem('phone').value.trim()

      // 我们要确保每个字段用户都必须填写非空白值
      if ( email === '' ) {
        alert('Email 是必填项! ')
        shouldSubmit = false
      }
      if ( phone === '') {
        alert('电话 是必填项! ')
        shouldSubmit = false
      }
      // 必须保证表单值的格式正确
      // email 必须是 xx@xx 的形式
      if ( !/\w+@\w/.test(email)) {
        alert('Email 格式不正确! ')
        shouldSubmit = false
      }
      // phone 必须是数字
      if ( !/\d+/.test(phone)) {
        alert('电话 格式不正确')
        shouldSubmit = false
      }

      if(!shouldSubmit) {
        // 阻止表单默认的提交事件
        e.preventDefault()
      }
    }
  </script>
</body>
</html>
```

虽然完成了任务，但是却多了一大堆代码，警告框的提醒方式对用户也不是很友好，更可怕的是，如果用户在浏览器上禁用了 JavaScript，那么我们的验证功能就完全失去功效了。还好我们有 HTML 5。

表单可能是 HTML 5 各种特性中最令广大开发者振奋的部分之一了，增加了数种类型的输入框，以及更加丰富的属性，以前要写一大堆 JavaScript，引入一堆库或者插件才能实现的功能，现在都交由浏览器来帮你做了，你只需要写几行 HTML 代码便可搞定。比如上面的例子，只需要修改其中两行代码，并且不费一行 JS 代码，便可以实现相同的功能：

```
<body>
  <form id="userinfo" action="/url/to/server">
    告诉我你的用户信息吧，亲~
    <br>
    <label>
      Email:
      <input required name="email" type="email" ></label>
    <br>
    <label>
      电话:
      <input required name="phone" type="number" ></label>
    <br>
    <input type="submit"  value="提交"></form>
</body>
```

required 属性是一个 bool 值，表示该字段必须要填写，否则表单无法提交。浏览器自己实现的验证提示体验也会很友善，比如在桌面 Chrome 下，效果如图 2.30 所示。

桌面 Firefox 下，如图 2.31 所示。

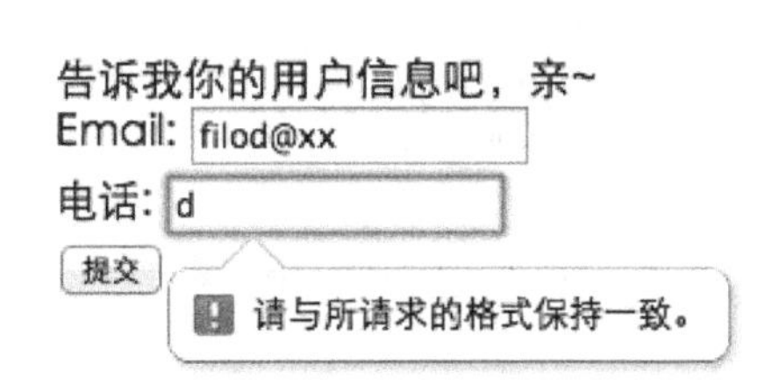

图 2.30　Chrome 的表单提示

图 2.31　FireFox 的表单提示

在 Opera 下，提示的弹出层甚至还有一个“摇晃”的动画效果，如图 2.32 所示。

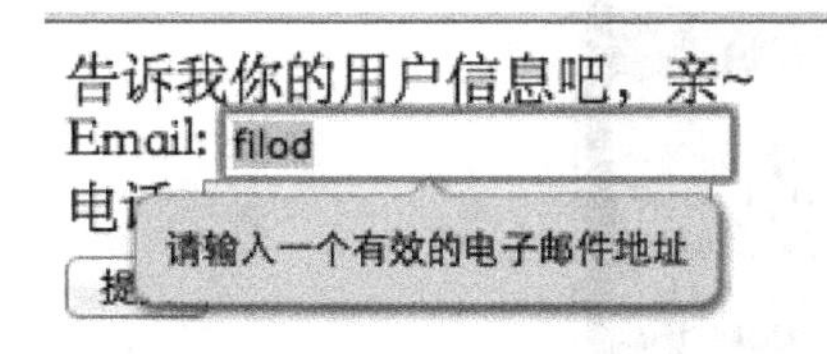

图 2.32　Opera 的表单提示

选择不同的浏览器意味着用户不同的口味，不费多一行的代码就能迎合所有用户的口味，这是多么功在千秋的一件事儿啊，不过 HTML 5 表单的威力可远不止此，下面让我们细细道来。

2.3.12　input 元素和其属性

input 元素是表单中最核心的元素，用于响应和验证用户的输入。HTML 5 为 input 元素新增了多种类型，用以接受各种类型的用户输入，它们是 email、tel（电话）、url、serach、color、number、range 和 date 等。这些类型的 input 会在浏览器中呈现出不同的形态，以方便用户输入。

```
<input type=email>
```

email 可能是最常见的用户输入类型了，登录账号、订阅地址和找回密码等各种场合都会用到它，在 HTML 5 中成为 input 首要新类型也是很自然的事儿。email 类型会自动验证用户输入的内容格式是不是 email，并给出响应的提示。而在移动设备上，浏览器也可以针对 email 类型做优化，比如在 iOS 设备上，类型为 email 的输入框在获取用户输入时弹出的虚拟键盘也会有所不同，比如前文的例子如果是在 iPhone 上访问。

可以从图 2.33 中看到键盘变成了输入 email 更方便的形式（多了@和.符号）。

另外，email 类型（包括其他 text 相关类型）还支持 autocomplete 属性以实现自动完成功能（某次输入提交后，下次再遇到同样的表单浏览器将会自动提示上次的输入）：

```
<input type="email" autocomplete="on">
```

placeholder 属性也是十分有用的属性，用来实现文本框占位符（同样支持所有 text 相关类型）：

```
<input type="email" placeholder="在这里输入邮件">
<input type="text" placeholder="在这里输入用户名">
<input type="password" placeholder="在这里输入密码">
<input type="search" placeholder="搜索你想要的">
```

运行效果如图 2.34 所示。

图 2.33　email 类型的 input

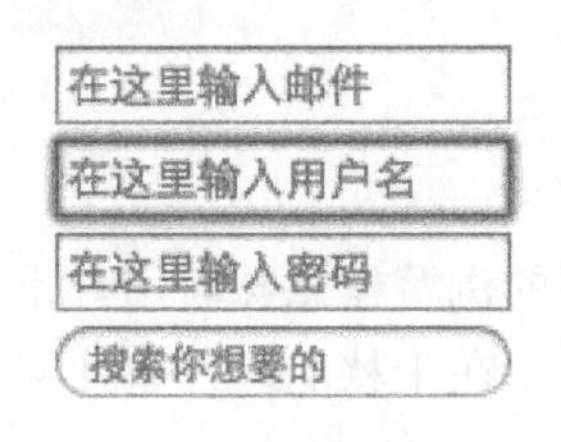

图 2.34　placeholder（Chrome）

对于不支持 placeholder 的浏览器（如 IE8-），你可以使用一些 polyfill 插件。例如，jquery-placeholder（https://github.com/mathiasbynens/jquery-placeholder），其实现的基本原理是检测是否原生支持 placeholder 属性，如果不支持，则取出响应元素 placeholder 的内容新建一个标签并绝对定位到 input 或者 textarea 所在的位置。

如果你需要进行额外的数据验证，还可以使用 pattern 属性：

```
<!-- 仅 zhihu.com 结尾的邮箱可以通过验证-->
<input type="email" pattern="\w*zhihu.com" >
```

pattern 属性的值是一个正则表达式，如果用户的输入匹配正则成功则该字段能够提交。

```
<input type=number>
```

number 类型只能接受用户输入数字，Chrome 下此种类型的 input 的旁边会多出两个调整数字大小的按钮，如图 2.35 所示。

在 iPhone 上其键盘也会有相应的变化，如图 2.36 所示。

如果你要在 JavaScript 里面取得表单的数字，可以直接访问 valueAsNumber 来得到 Number 对象：

```
typeof document.getElementById('id-of-input').valueAsNumber //number
```

如果你要限制输入数字的最大值或最小值，还可以通过 min 和 max 属性来设置：

```
<input type=number min=10 max=100>
```

小数同样可以：

```
<input type=number min=10.1>
```

运行后的效果如图 2.37 所示。

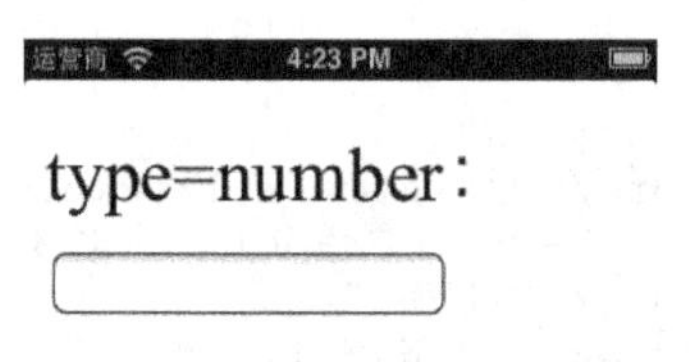

type=number:

10　提交

值必须大于或等于 10.1。

图 2.35　number 类型　　图 2.36　type=number　　图 2.37　min&max 属性

通过设置 step 属性，还可以设置那两个小按钮在调整数字时的步长：

```
<input type=number step=2>
```

1. <input type=tel>

和 number 相类似的是 tel 类型，tel 类型用于输入电话号码，这在手机上尤为有用，键盘会直接变成拨号键盘，如图 2.38 所示。

2. <input type=url>

url 也是很常见的输入类型，iOS 的虚拟键盘会出现“.com”和“\”等快捷输入按键，如图 2.39 所示。

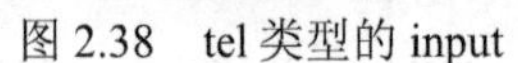

图 2.38　tel 类型的 input

图 2.39　type=url

使用 list 属性，配合 datalist 元素，url 类型的 input 可以方便地实现自动提示功能（这个功能同样适用于 email 和 search 等文本输入框）：

```
<input type="url" name="location" list="urls">
<datalist id="urls">
  <option label="MIME: Format of Internet Message Bodies"
  value="http://tools.ietf.org/html/rfc2045">
  <option label="HTML 4.01 Specification" value="http://www.w3.org/TR/
  html4/">
  <option label="Form Controls"
  value="http://www.w3.org/TR/xforms/slice8.html#ui-commonelems-hint">
  <option label="Scalable Vector Graphics (SVG) 1.1 Specification"
  value="http://www.w3.org/TR/SVG/">
  <option label="Feature Sets - SVG 1.1 - 20030114"
  value="http://www.w3.org/TR/SVG/feature.html">
  <option label="The Single UNIX Specification, Version 3"
  value="http://www.unix-systems.org/version3/">
</datalist>
```

最后的效果如图 2.40 所示。

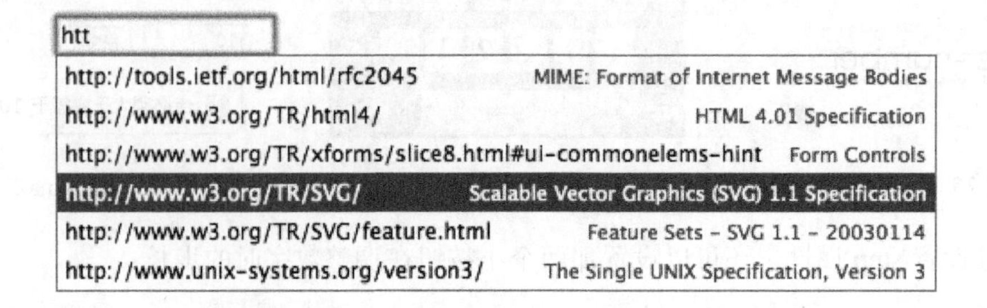

图 2.40　配合 datalist 实现自动完成

注意：目前再依赖浏览器验证 url 方面不是很可靠，比如省略 http 协议的 url 在 Chrome 里就无法通过验证，如图 2.41 所示。

因此，如果有输入 url 的需求，一定要注意这一点，可以通过 type=text 的 input 并自己提供验证 pattern 的方式来实现：

```
<input type=text pattern="\w+\.(com|cn|org)">
```

3. <input type=search>

search 类型和 text 类型很类似，不过在浏览器中的样式中会有一些变化，一般会呈现成一个圆角矩形，如图 2.42 和图 2.43 所示。

图 2.41　Chrome 下验证 url　　图 2.42　iOS 上的效果　　图 2.43　桌面 Chrome 的效果

如果你希望页面在加载完成后自动聚焦到搜索框内，可以使用 autofocus 属性：

```
<input type=search autofocus>
```

由于 autofocus 并不是所有浏览器都支持，你可以使用类似如下的 polyfill：

```
<form name="f">
  <input id="q" autofocus>
  <script>
    // 检测 autofocus 的支持，如果没有原生支持，则使用我们的 polyfill
    if (!("autofocus" in document.createElement("input"))) {
      // 自动聚焦
      $("input[autofocus]").focus();
    }
  </script>
  <input type="submit" value="搜索">
</form>
```

4. <input type=color>

选取颜色一直是 Web 上的难题之一，人们通过 JavaScript 制作了各式各样的颜色选择器。比如，jQueryUI 的 themeroller 中包含的颜色选择器（color picker），如图 2.44 所示。

不过为了输入一个颜色值引入一大堆 JS 可真是个麻烦事儿。HTML 5 中的颜色选取表单则会调用浏览器或者操作系统自带的颜色选择器，如图 2.45 和图 2.46 所示。

选取的颜色值将以十六进制的字符串格式存在 input 元素的 value 属性中，默认值一般是“#00000”：

```
console.log(colorEl.value) // #000000
```

5. <input type=range>

range 用来定义范围输入，如图 2.47 所示。

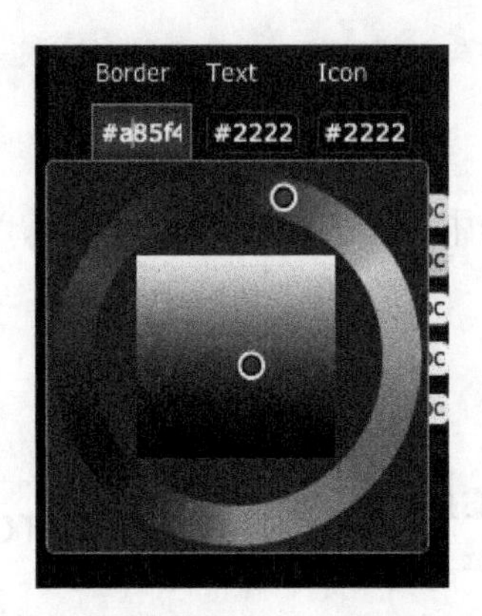

图 2.44　color picker

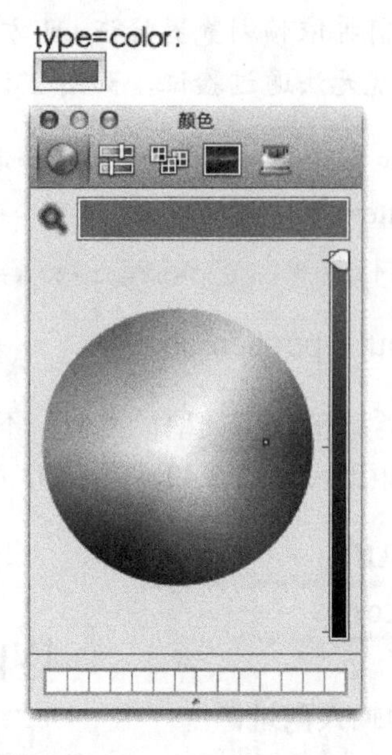

图 2.45　Chrome 中的 type=color 的 input

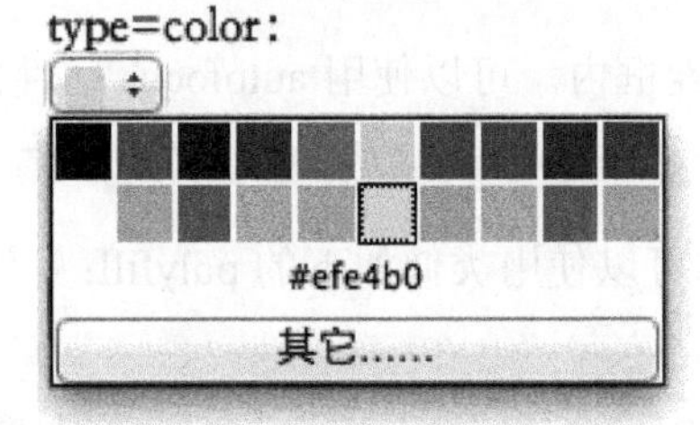

图 2.46　Opera 中的 type=color 的 input

图 2.47　Chrome 中的 type=range 的 input

通过 CSS 设置元素的-webkit-appearance 属性可以将默认的水平滑动选择条变成垂直的：

```
input[type=range] {
  width: 20px;
  height: 50px;
  /* 默认的取值是 slider-horizontal */
  -webkit-appearance: slider-vertical;
}
```

运行后的效果如图 2.48 所示。

默认情况下，range 的表单值只能取从 0～100 的整数，不过和 number 类型一样，可以通过 min 和 max 属性来改变其取值范围的最大值和最小值：

```
<input type="range" min="5" max="15" value="6">
```

也可以通过 step 属性调整取值的精度：

```
<input type="range" min="0" max="10" step="2" value="6">
```

负的最大和最小值自然也是支持的：

```
<input type="range" min="-100" max="100" value="0" step="10">
```

小数也没问题：

```
<input type=range min=100 max=700 step=9.09090909 value=509.090909>
```

甚至可以通过 list 属性和 datalist 给滑动条加上刻度：

```
<input type="range" min="-100" max="100" value="0" step="10" name="power"
list="powers">
<datalist id="powers">
 <option value="0" />
 <option value="-30" />
 <option value="30" />
 <option value="++50" />  <!-- 无效的值不会产生刻度 -->
</datalist>
```

如图 2.49 所示。

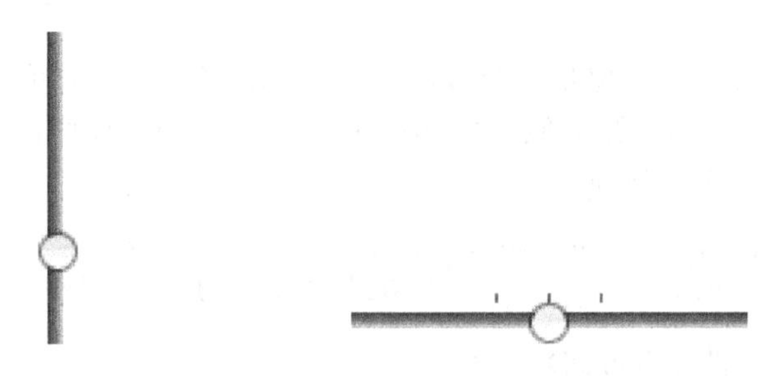

图 2.48　slider-vertical　　　　图 2.49　带刻度的 range（Chrome）

注意：list 属性目前浏览器的支持情况不算乐观，使用时要谨慎。

如果想通过程序来调整 range 的值，还可以访问对象的 stepDown 和 stepUp 方法：

```
rangeEl.value              //50
rangeEl.stepUp()           //往上加一
rangeEl.value              //51
rangeEl.stepDown (5)       //往下减五
rangeEl.value              //46
```

在指定了 step 的情况下，stepX 方法会按照 step 的值成倍增加（指定了 step 值的 input 一定只能是 step 值的倍数）：

```
rangeEl.value              //50
rangeEl.step = 5
rangeEl.stepUp()           //往上加 5
rangeEl.value              //55
rangeEl.value = 61         // value 值会被设置为 60，因为 60 是 step 的倍数且最接近 61
rangeEl.stepDown(2)        //往下减 10
rangeEl.value              //50
```

6. <input type=date>、<input type=time >、<input type=datetime>和<input type=datetime-local>

这三种 input 都是输入和时间相关的内容，在过去 date picker 也是一种非常常见的自定义组件，在实现上也是比较复杂的。还好，现在终于也得到了 HTML 5 的原生支持，如图 2.50 和图 2.51 所示。

图 2.50　Chrome 中 type=date 的 input

图 2.51　Opera 中 type=datetime 的 input

通过 date 表单选择得到的值是一个日期字符串，其格式和当前系统使用的语言相关。比如在中文环境下，得到的就是类似“2013-01-04”的值，如果你要在 JavaScript 中获取到 Date 对象，可以利用这个值新建一个对象：

```
var dateEl = document.getElementById('date-id-123')
new Date(dateEl.value)              //得到选择日期的 Date 对象
```

或者访问这个元素的 valueAsDate 属性：

```
dateEl.valueAsDate
```

date 相关的表单同样也支持 max 和 min，不过它们的值应该被指定为合法时间格式：

```
<input type=datetime min='2013-01-04' max='2013-01-14'>
```

运行后的效果如图 2.52 所示。

step 属性也支持，其单位为天，如果设置小数则取其近似值：

```
<input type=datetime min='2013-01-04' max='2013-01-14' step=2.4>
```

运行后的效果如图 2.53 所示。

图 2.52　从 4 号到 14 号以外的日期都无法选择

周日	周一	周二	周三	周四	周五	周六
30	31	1	2	3	4	5
6	7	8	9	10	11	12
13	14	15	16	17	18	19

图 2.53　仅偶数日可选择

time、datetime 和 datetime-local 类型与 date 类型也相似，不过 time 仅指定时间，datetime

指定两者（Chrome 目前不支持），datetime-local 则指定本地时间（不包含时区）。它们同样支持 min、max 和 step 属性，只不过含义略有不同。

7. <input type=week>、<input type=month>

week 和 month 两种类型的值和其他 date 相关值也相似，不过只能选择周或者月，Chrome 没有实现它们，但 Opera 实现了，如图 2.54 和图 2.55 所示。

图 2.54 Opera 中 type=week

图 2.55 Opera 中 type=month

截止到目前这两者浏览器支持不算很好，选用的时候要慎重。

8. <input type=file >

文件在过去一直是 HTML 的一个短板，无法选择多个文件、不支持 Ajax 上传和安全问题等等。现在多文件上传只需要指定一个 multiple 属性便可以做到：

```
<input type=file multiple>
```

运行后的效果如图 2.56 所示。

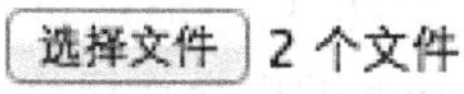

选择文件 2 个文件

图 2.56 多文件选择（Chrome）

你也可以通过指定 accept 属性过滤文件域接受的文件类型，其值可以是 MIMEType 或者文件扩展名：

```
<input type=file accept=".doc,.docx, image/gif" >
```

HTML 5 新增了三种类型可以过滤文件更加方便。audio/* 表示音频文件，video/* 表示视频文件，image/* 表示图片文件：

```
<!-- 只接受图片文件 -->
<input type=file accept="image/*" >
```

注意：Ajax 上传也得到了原生支持。更多关于文件 API 的内容，请参考后续章节。

除了这些新元素，HTML 5 依然向下兼容所有的 HTML 4 的表单类型，诸如 image 按钮和 reset 按钮等。

2.3.13　表单操作

表单操作是前端程序员的必修课，也是我们会在实际工作中遇到的最频繁的部分，即便在 HTML 5 时代也是一样——只不过 HTML 5 让它变得更简单了。

相比于过去，代表表单本身的 form 元素并无太大变化，不过增加了 autocomplete 和 novalidate 两个属性，前者用于指定整个 form 关联的表单元素是否可以自动完成，后者则指定整个 form 在提交时不用被验证。

```
<form action="path/to/action" novalidate>
  <input type="text" required>
  <button>提交</button>
</form>
```

除了取消验证，你也可以在代码中调用 checkValidity()方法手工验证：

```
if(!form.checkValidity()) {
  alert("验证表单失败！");
}
```

比较有趣的是，以前通常必须作为 form 子元素才能与 form 的 action 和 method 关联的表单元素现在可以独立出来了：

```
<form id="form-1" action="path/to/action">
  <input type="text" required>
</form>
<button form="form-1">提交</button>
```

这意味着你的 form 元素本身可以解放了，甚至可以隐藏起来。form 属性可以应用到大多数表单元素上，包括 select、textarea、output、keygen 和 fieldset 等。

与 form 属性类似，HTML 5 还为用于提交表单的元素（button、image button 和 input[type=submit]）提供了更大的控制权，可以通过如下几个属性覆盖 form 的对应的属性。

（1）formaction：指定了 formaction 的提交按钮将覆盖与之关联 form 的 action 值。

（2）formenctype：指定了 formenctype 的提交按钮将覆盖与之关联 form 的 enctype 值。enctype 的取值有如下几种。

- application/x-www-form-urlencoded：默认值，表示按 url 编码方式提交表单，用于普通的提交方式。
- multipart/form-data：通常在提交文件时使用。
- text/plain：纯文本方式。

（3）formmethod：指定了 formmethod 的提交按钮将覆盖与之关联 form 的 method 值。可取的值有 get 和 post（你没看错，form 不支持 put 或 delete 这样的提交方法）。

（4）formtarget：指定了 formtarget 的提交按钮将覆盖与之关联 form 的 target 值。用于规定在何处打开 action URL。可以指定_blank、_parent、_self 和_top 四个值，或者 iframe 的 name（利用这一点可以实现伪 Ajax 上传）。

除了新增的 input 类型，HTML 5 还增加了几个表单相关的元素，它们是 meter、progress、

output 和 keygen。keygen 用于生成密钥时，不属于本书讲解内容，已忽略。

1. meter

meter 本意是米、计量，不难猜出 meter 标签是用来定义度量衡的工具。且仅用于已知最大和最小值的度量。比较常见的使用场景有磁盘使用量、内存占用量、匹配程度和投票率等。例如：

```
<meter min="0" value="6" max="10"></meter>
```

在 Chrome 下 meter 被渲染成如图 2.57 所示的样式。

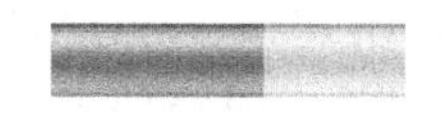

图 2.57　meter 元素

除了使用 min 和 max 定义最大值和最小值，meter 还可以使用下面这样几个属性。

- low：定义低值区。
- high：定义高值区。
- optimum：定义最佳值（可以高于高值区）。

下例表示一个学生的成绩，40 分属于低分，90 属于高分，最佳和最高都是 100 分：

```
<p>
  你的数学成绩是:
  <meter value="91" min="0" max="100" low="40" high="90" optimum="100">
  A+</meter>
</p>
```

2. progress

和 meter 非常相似的是 progress 标签，后者表示“进度”：

```
<p>
  <progress>没有具体进度值的进度条</progress>
  <progress max=100 value=50>50%</progress>
</p>
```

在浏览器中也会被渲染为和系统进度条一样的外观，如图 2.58 所示。

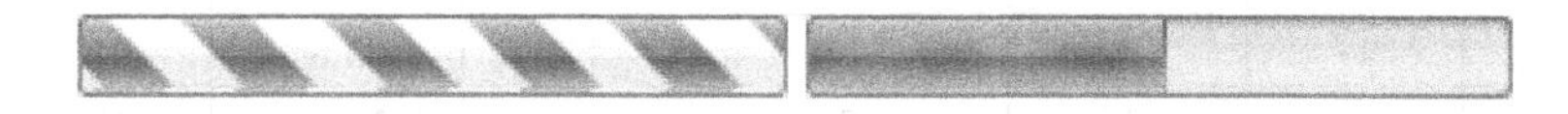

图 2.58　进度条

进度可以使用在文件上传和表单填写等场景，对提升用户体验有着非常大的帮助。

progress 元素还有一个 position 属性，返回的值为当前值除以最大值的商：

```
console.log(progressEl.position)                //对于上例而言为 0.5
```

3. output

output 元素用来展示计算结果，一个简单的例子就能理解如何使用它：

```
<form  onsubmit="return  false"  oninput="o.value  =  a.valueAsNumber  +
```

```
b.valueAsNumber">
 <input name=a type=number step=any> +
 <input name=b type=number step=any> =
 <output name=o></output>
</form>
```

在这个例子中，output 中的值会随着 a 和 b 的值的变化而变化（自动求和）。

2.3.14　HTML 5 表单兼容性

在生产环境使用 HTML 5 表单，首先要警醒的就是它的兼容性。就在不久前（2012 年 12 月 17 日），W3C 才宣布 HTML 5 标准定稿（WHATWG 的标准依然在继续演进），这意味着浏览器对于它的完全支持依然有很长一段路要走，尤其是 form 相关的规范，截止到本书撰写时各浏览器对其的支持仍旧支离破碎。input 类型的兼容性如表 2-6 所示。

表 2-6　input新类型兼容性

type=?	Firefox	Safari	Safari Mobile	Chrome	Opera	IE	Android
email	4+	5~	3.1+	10+	10.6+	10+	2.3-
tel	4+	5+	3.1+	6+	10.6+	10+	2.3+
url	4+	5+	3.1+	10+	10.6+	10+	2.3-
search	4+	5+	4+	6+	10.6+	10+	2.3-
color	11-	5.2-	5-	20+	11+	10-	2.3-
number	11-	5.2+	4+	10+	11~	10-	2.3+
range	11-	4+	5+	6+	9+	10+	2.3-
date	11-	5~	5-	20+	10.6+	10-	2.3-

所有类型在所有浏览器中使用都不会遇到错误，如果不支持该类型浏览器将会自动降级为一个 text 类型的表单，对于表单的新增属性，各浏览器支持也是各异，参见表 2-7。

表 2-7　Form相关属性支持

属性	Firefox	Safari	Safari Mobile	Chrome	Opera	IE	Android
placeholder	4+	4/5+	4+	10+	11.50+	10+	2.3+
autofocus	4+	5+	5-	6+	11+	10+	2.3-
maxlength	4+	5+	4+	6+	11+	10+	2.3+
list (datalist)	4+	5-	5-	20+	10.6+	10+	2.3-
autocomplete	4+	5.2+	N/A	17+	10.6+	10-	2.3-
required	6+	5-	5-	6+	10.6+	10+	2.3-
pattern	4+	5-	5-	10+	11+	10+	2.3-
spellcheck	3.6+	4+	5-	10+	11+	10+	N/A
novalidate	4+	5-	5-	6+	10.6+	10+	2.3-
formnovalidate	4+	5.2-	5-	6+	10.6+	10+	2.3-
formaction	4+	5.2+	5+	10+	10.6+	10+	2.3-
formmethod	4+	5.2+	5+	10+	10.6+	10+	2.3-
formtarget	4+	5.2+	5+	10+	10.6+	10+	2.3-
formenctype	?	?	?	?	?	?	?
multiple	3.6+	5+	N/A	6+	11+	10+	2.3-
min/max/step	11-	5+	5-	6+	10.6+	10+	2.3-

HTML 新增的其他表单元素支持情况在浏览器中也不一样，参见表 2-8。

表 2-8　新增表单元素兼容性

标签	Firefox	Safari	Safari Mobile	Chrome	Opera	IE	Android
Meter	11-	5.2+	5-	6+	11+	10-	2.3-
Progress	6+	5.2+	5-	6+	10.6+	10+	2.3-
Output	6+	5.1+	5+	13+	9.2+	10+	2.3+
Keygen	3.6+	4+	5-	6+	10.6+	10-	2.3+

注：4+表示该浏览器版本 4 以上完全支持该特性，5-表示截止到版本 5 部分支持此特性，2.3-则表示截止到版本 2.3 还不支持此特性，N/A 表示完全不支持。另外，Safari Mobile 指的是 iOS 系统版本而非浏览器版本。这些表格并不完整，但能够说明绝大部分可能遇到的情况。

看到这些可怕的表格，想人肉搞定这些兼容性疑难症即便不是难于上青天也肯定是愚公移山。还好，已经有很多前人帮我们做了许多事儿，我们需要做的——站在他们肩膀上就行了。许多的类库或者框架都提供了简化表单操作的方式，而且有许多专门用于操作表单的库也非常好用，Modernizr 的一个 wiki 页面里（https://github.com/Modernizr/Modernizr/wiki/HTML5-Cross-Browser-Polyfills）引用了一大堆针对 HTML 5 的 Polyfills。

注意：Modernizr 是一个专注于检测浏览器 HTML 5 和 CSS 3 特性的 JavaScript 库。

关于表单，如果你没有使用大型框架的话，可以选择一些基于 jQuery 的插件库，Webshims（http://afarkas.github.com/webshim/demos/index.html）会是一个很好的选择。它插件提供的 HTML 5 form 部分填平了浏览器之间的差异，在支持相关特性的浏览器里，你写的表单将按原样输出，而不支持的浏览器里将调用自定义的表单组件。图 2.59 是在 IE 8 中的效果。

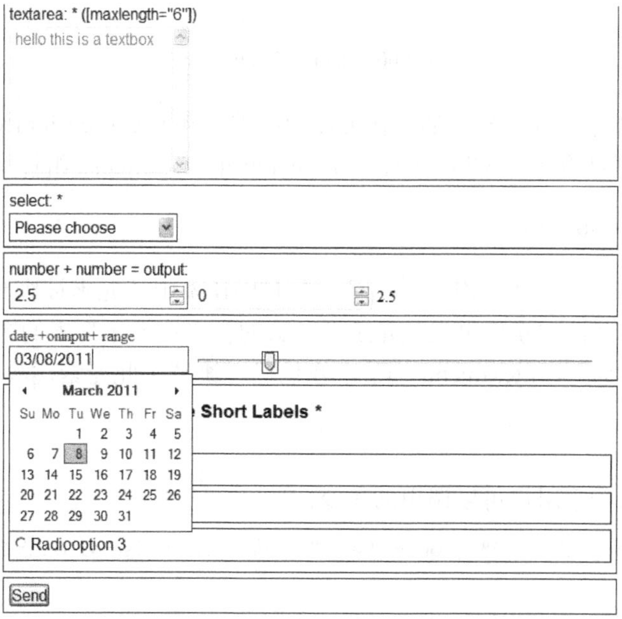

图 2.59　基于 Webshims 插件的表单（IE 8）

忘掉兼容性吧，HTML 5，从现在做起！

polyfill、shim 和 fallback：这三个词在前文中你可能已经看到过，可能也产生了一些迷惑，究竟他们之间有什么区别？polyfill 可译为填充物，用来填充浏览器之间的差异。而 shim 的本意是垫片，和 polyfill 做的事儿也类似，不过通常用来填平浏览器 API 的坑，将新的 API 引入到旧的浏览器环境中。fallback 则是另外的概念，简单的说，是指在现代浏览器中 100 分的功能，在老式浏览器中确保其能到达 60 分的及格线即可。

2.3.15　交互式元素（Interactive elements）

HTML 5 在交互式元素方面的增强并没有表单那样引人注目，目前提供的功能也比较简单。

1．details & summary

简介和展开详情是一种很常见的交互需求，details 和 summary 便是为此而生：

```
<details>
  <summary>我是摘要，点击我会展开显示全部内容</summary>
  <p>details 里的内容除了 summary 都会被折叠起来。 </p>
  <p>你看不见我看不见我~</p>
</details>
```

不过目前只有 webkit 系列的浏览器支持 details 元素（Chrome&Safari），如图 2.60 所示。

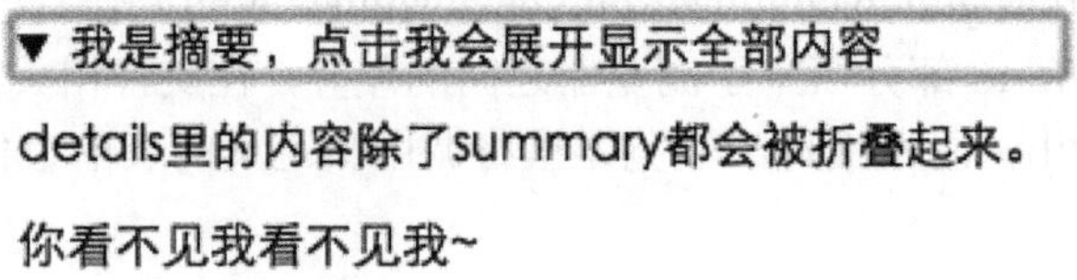

▼ 我是摘要，点击我会展开显示全部内容

details里的内容除了summary都会被折叠起来。

你看不见我看不见我~

图 2.60　details & summary

不过在许多 JS 库或者框架里都包含类似的组件，在 Closure Library 里有 zippy 组件，在 jQueryUI 里有类似的 Accrodion 组件，Bootstrap 里有 Collapse 组件……

2．menu & menuitem

menu 元素本来是来自 HTML 2 的元素，在 HTML 4 中该元素被废弃掉了，到了 HTML 5 时代，menu 元素又被重新扒出来，并赋予了新的含义：无序列表的容器，用于组合菜单选项或者命令。在前文 contextmenu 一节中我们已经讲解了此元素，故不再赘述。

3．command

command 表示一个用户可以调用的命令：

```
<command type="command" label="Save" icon="icons/save.png" onclick="save()">
```

注意：command 元素目前暂无任何浏览器支持。

4．dialog

dialog 用来表示当前程序的一个部分，用来一个完成一件任务，其形态可以是对话框、审查器（inspector）和弹出窗口等。和 command 元素一样，目前尚无浏览器支持，不过几乎所有的 JavaScript UI 框架都会自带对话框组件。

交互式元素目前还很稚嫩，无论是标准还是浏览器的实现都还停留在非常原始的地步，远远比不上在真正实践中人们对交互式组件的探索。在桌面端和移动端，五花八门的交互组件层出不穷，交互方式想要稳定下来成为标准也绝非易事，因此在设计页面交互时，建议读者遵循这样几个要点：

- 开发 Web App 时，桌面端要易于鼠标和键盘操作，手机端要考虑触摸屏操作。
- 尽量参考操作系统本身的控件，例如桌面端有右键菜单、下拉列表、选项卡和对话框等，手机端有 listview、slider 和 switch 等。
- 不要刻意设计新交互控件，考虑用户学习成本和可用性。

第3章　初探CSS 3

Web 世界的五彩缤纷，离不开 CSS 这门样式语言。会说 CSS 的人，如同画家一般，挥笔舞墨之间，小鸡变凤凰。会 CSS 3 的人，就如同有了 108 色水彩组合套装，可以尽情嘲笑那些只拥有 12 色的软包装水彩笔的小朋友，并给自己的凤凰点上金光闪闪的羽鳞。

3.1　关于 CSS 的那件小事

本书稍前的章节已经无数次地强调，HTML 标签被设计用来定义文档内容，文档如何展现则由用户代理（浏览器）来完成——这都是为了响应 Web 标准化的口号：分离、分离！文档、样式与行为的不断分离！CSS 语言本身的设计目标也不外乎此。

20 世纪 90 年代初 HTML 刚被发明的时候，样式表（stylesheet）就以各种各样的形式出现了，不同浏览器提供了他们各自的样式语言，终端用户可以自己撰写这些样式语言来改变浏览器中文档的最终外观（什么？上个网还要学一门语言？）。不过用户始终是最懒惰的，编写 HTML 文档的作者（开发者）逐渐承担起了文档显示的重任，而且，文档作者也应该对自己文档的展现负责。当年的两大浏览器（IE&Netscape）为了争取更多的用户和开发者也不断提供各种各样能改变表现层的标签和属性（比如 font 标签和 bgcolor 属性等），这一度导致了诸多混乱，创建内容清晰独立于表现层的文档变得十分困难。为了解决这一问题，伟大的标准组织 W3C 再次挺身而出，指着 IE 和 Netscape 的鼻子说，你们俩能不能消停消停？看我弄个样式语言给你们！于是——CSS 诞生了。

当然了，CSS 诞生绝非一日之功。关于 CSS 的最早的建议，是 1994 年由哈肯 •维姆 •莱（Håkon Wium Lie，此君来自挪威的森林，现任 Opera 的 CTO）在芝加哥的一次会议提出，当时他还在与李爵士在 CERN（欧洲核子研究组织）一起工作（瞧瞧这帮大牛！），与此同时，伯特 • 波斯（Bert Bos）正在设计一个叫做 Argo 的浏览器，于是两个人决定一起合作设计 CSS，并作为 W3C 组织 CSS 相关项目的技术负责人，最终推动 CSS 成为 W3C 的推荐标准。

通常，样式表语言的使用者有三种：读者（也就是用户）、作者（开发者）和用户代理（浏览器），如何很好的照顾这三者的需求却是一个难点。在 CSS 发明之初，有一些样式表语言已经存在或者有人建议了，比如 Netscape 曾向 W3C 提出的 JSSS（JavaScript-Based Style Sheets）标准：

```
with(tags) {
  contextual(UL, LI).color = "red";
  contextual(UL, UL, LI).color = "blue";
}
ids.z098y.letterSpacing = "0.3em"
```

```
classes.foo.H1.color = "red"
tags.EM.color = "red";  /* red, really red!! */
tags.B.color = "blue";  // blue, really blue
contextual(tags.DIV, tags.P).color = "green";
contextual(classes.reddish.all, tags.H1).color = "red";
contextual(ids.x78y, tags.CODE).background = "blue";
```

JSSS 采用了 JavaScript 的语法来撰写样式，对于很多用户而言，是很不友好的——只想改改字体，却要学习 JavaScript？这可不理想。同期的样式表语言还有 James Clark 的 DSSSL，Robert Raisch 的 Stylesheets for HTML 等，它们无一例外地被历史的洪流所淘汰了。

CSS（Cascading Style Sheets 的缩写，即层叠样式表）是第一个提出“层叠”概念的样式表语言。所谓层叠，就是一个文件的样式可以从其他样式表中继承下来，这样使得样式的编写非常灵活，文档最终呈现可以混合作者、读者以及用户代理各自的喜好。CSS 层叠的特性、强大的功能再加上其简单易学的语法，使其很快风靡于样式表最广大的使用者——设计师们。

1996 年 12 月，CSS 的第一个版本正式发布，1998 年第二版发布，这两个版本的规范通常被称为 CSS 1 和 CSS 2。

按照 W3C 的说法，CSS 没有传统意义上的版本号，而是通过级别（level）来定义的，后一级别的规范建立在前一级别之上。每一个高级别的 level 都包含低级别的全部内容，这样使得解析高级别 CSS 代码的解析器也能完美兼容解析低级别的 CSS 代码。

CSS level 1 对应着 CSS 1 规范，CSS 1 已经被工作组视为废弃（obsolete）标准，我们也不做过多考究。CSS level 2 最初对应着 CSS 2 规范，不过在 CSS 2 规范实施的过程中，发现的问题都被写进了勘误表（Errata list），而各种问题又层出不穷，使得勘误表变得笨重不堪，W3C 决定新增一个修正版的 CSS 2，　CSS Level 2 Revision 1，也就是最广为人知，应用也最为广泛的 CSS 2.1 规范。因此，可以说 CSS 2.1 规范定义了 CSS Level 2。CSS 2.1 来自 CSS 2，并替换了 CSS 2。CSS 2 中的一些内容仍然在 CSS 2.1 中保留，一些内容则被修改或者移除了。这些移除的部分也许会在未来 CSS 3 规范中实现，而未来 CSS Level 3 将以 CSS 2.1 的基础上定义。这意味着 CSS 2.1 有着更好的兼容性。关于 CSS 的核心概念、惯用法和学习路线几乎都是围绕 CSS 2.1 展开。学习 CSS 3，也离不开 CSS 2.1，而且严格的说，CSS 3 也包含 CSS 2.1 的全部内容。

CSS Level 3 依然是在 CSS Level 2（CSS 2.1 规范）基础上定义的，但 CSS 3 在定义方式上做了很大的改变，采用了模块化的方式（module by module）。以前的规范是一个规范涵盖全部内容，而现在的规范是在之前规范的基础之上通过模块化来定义，每一个模块都为 CSS 2.1 添加或者替换某些功能。这样子意味着 CSS 的不同功能完全分离了，你可以在任何时候学习它们的任意一个部分（CSS 的基础依然是必须的），浏览器也可以选择在合适的时候实现它们中的某些部分。当然，本章的内容将着重讲解现代浏览器已经实现的部分。

3.2　CSS 的核心概念

正所谓万丈高楼平地起，在学习 CSS 3 的新特性之前，有些 CSS 的核心概念是非常值得我们去深入挖掘的，它们对我们实际使用和继续学习 CSS 这门设计语言都非常有帮助。

本节内容不会涉及CSS的最基础内容——诸如选择器的使用和样式属性的含义等——而

会讨论更多不容易理解或者容易导致误解的内容，如浮动和格式化上下文等。也许过去你经常使用它们，但你的理解可能还有偏差或者模糊不清的地方，这些内容在CSS知识体系里面处于核心地位。本节内容将为你探一探它们的究竟。

3.2.1　语法、层叠和特殊性（specificity）

CSS简单的语法使得CSS拥有着极其广泛的受众。CSS的核心语法用图3.1即可阐述殆尽：

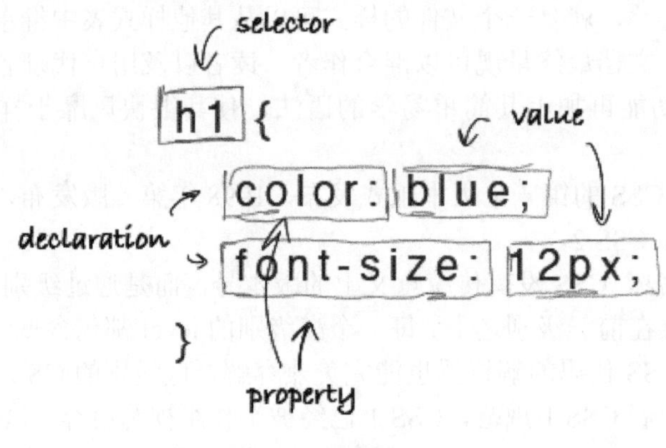

图3.1　CSS语法

CSS语法简单灵活，选择器（selector）直接与HTML代码对应，声明（declaration）非常人性化，绝大部分属性（property）名都是有含义的英文单词或词组，属性值（value）大部分也是直接用有意义的单词表示。例如，颜色值可以取yellow、red和orange，预设的border样式有solid和dashed等。

CSS语法有很高容错性——一条错误的语句并不会影响之后语句的解析：

```
h1{
  color: blue                    /* 这里没有分号，导致语法错误 */
  font-size: 20px                /* 这条声明不会被应用 */
}
h2 {
  _height: 200px;                /*对于不识别的属性名，将会自动忽略—这也是 IE6、7、8
hack 的基本原理 */
  color: yellow;                 /* 前面的语法错不会影响这条声明 */
}
```

注意：虽然CSS的容错性很高，但是在编写时也别忘了使用工具（CSS Lint等）检查CSS是否语法正确。

由于CSS继承的特性，编写样式将会异常省时省力：

```
#div1 {
  color: #FF0;
}
#div1 p {
  font-size: 20px;        /* div1 中的 p 元素的内容会变为黄色（#FF0），因为 color
```

```
这个属性是可以继承的，无须再单独设置 color 一次 */
}
```

除了单个样式表中样式继承的特性，不同来源样式表之间也会表现出层叠的特性。

样式表的来源有三种：作者、用户和用户代理，他们分别（通常情况下）对应着开发者或设计师，最终用户和浏览器。由于 CSS 层叠的特性，这三种来源的样式表都会起作用，以期在最大程度上满足所有人的显示需求。然而这三者之间层叠的优先级（权重）各有不同，默认情况下，他们之间优先级的大致顺序是：作者->用户->用户代理——只有一个例外，即指定了!important 的样式规则除外，它们将被提升到最高优先级。

提示 1： 在 IE、FifreFox 和 Safari 等浏览器上都可以设置用户 CSS 文件，但在 Chrome 上无法设置用户样式表，只能通过 chrome 扩展的方式来添加自定义样式，不过这也无可厚非——教爸爸妈妈上网已经够累了，难道还要教他们写 CSS 么？

提示 2： 对于 FireFox，你可以通过访问 resource://gre-resources/来查看浏览器的默认资源，其中包含了默认的 CSS 样式，webkit 系列的浏览器没有提供访问浏览器默认样式的接口，不过由于 webkit 本身是开源项目，你可以通过查看 webkit 中相关源码的方式来获知。

http://trac.webkit.org/browser/trunk/Source/WebCore/css/html.css 文件中包含了大部分原生的默认样式定义，如 hr 元素：？

```
hr {
    display: block;
    -webkit-margin-before: 0.5em;
    -webkit-margin-after: 0.5em;
    -webkit-margin-start: auto;
    -webkit-margin-end: auto;
    border-style: inset;
    border-width: 1px
}
```

最后被显示为块级元素，前后各有 0.5em 的 margin，并且采用了嵌入（inset）的边框样式，如图 3.2 所示。

图 3.2　webkit 下默认的 hr 样式（放大后）

除了样式表来源和属性的层叠性，选择器的特殊性（specificity）值也发挥着重要的作用，广为人知的“ID 选择器优先级高于 class 选择器优先级”规则便来自于特殊性计算原理。

```
<!DOCTYPE HTML>
<style type="text/css">
    div {
        width: 100px;
        height: 100px;
    }
    #c1 #c2 div.con {
        background-color: yellow;
```

```
    }
    div {
        background-color: black;
    }
    #c2 div {
        background-color: blue;
    }
    #c2 #content {
        background-color: red;
    }
</style>
<div id="c1">
    <div id="c2">
        <div id="content" class="con"></div>
    </div>
</div>
```

在前面的例子中，按照 CSS 的规则，多条 CSS 声明中的“background-color”都作用在 content 元素上，最终 content 的背景色取决于特殊性的加权结果。特殊性的值可以看作是一个由四个数组成的一个组合，用 a，b，c 和 d 来表示它的四个位置。依次比较 a，b，c 和 d 这四个数其特殊性的大小。比如，a 值相同，那么 b 值大的组合特殊性会较大，以此类推。不同的选择器对应的 a，b，c 和 d 四个值的权重不同，其基本规则：

- 在 html 标签的 style 属性中定义的样式（内联样式），a 值记为 1。
- CSS 代码中 ID 选择器，b 记为 1，多个选择器则累加 b 值。
- class 和伪类（:hover）选择器用 c 记。
- 元素（div）和伪元素（:before）用 d 记。

在这个规则下，容易计算出上面例子中各条声明的特殊性值：

```
<style type="text/css">
    div {
        width: 100px;
        height: 100px;
    }
    #c1 #c2 div.con {    /* a=0 b=2 c=1 d=1 -> specificity = 0,2,1,1 */
        background-color: yellow; /* 胜出 */
    }
    div {               /* a=0 b=0 c=0 d=1 -> specificity = 0,0,0,1 */
        background-color: black;
    }
    #c2 div {           /* a=0 b=1 c=0 d=1 -> specificity = 0,1,0,1 */
        background-color: blue;
    }
    #c2 #content {      /* a=0 b=2 c=0 d=0 -> specificity = 0,2,0,0 */
        background-color: red;
    }
</style>
```

因此，最终 ID 为 content 的元素背景会是鲜亮的黄色。

3.2.2　框模型（Box Model）

框模型又称盒模型，对于前端工程师而言可用人尽皆知来形容它，在浏览器漫长而不悠久的历史上有过两种框模型，其中一种是 W3C 标准的框模型，如图 3.3 所示。

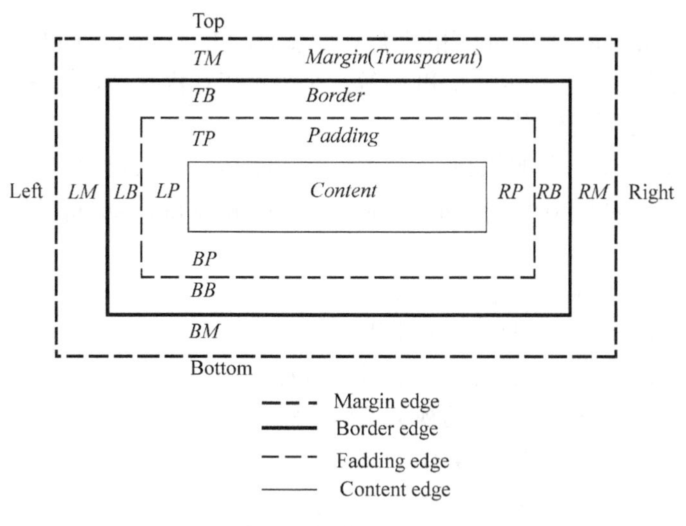

图 3.3　框模型示意图

HTML 中的每一个可感知元素都会在浏览器中生成框——一个矩形的区域，每个框都包含四个矩形组成部分，从外向内依次是：外边距（Margin）、边框（Border）、内边距（Padding）和内容（Content），这四个部分形成了四个框（box）。

对于一个定义了高宽的且高宽生效的元素，元素实际的尺寸来自于框中的四个值的计算结果。

```
#box {
  width: 70px;
  margin: 10px;
  padding: 5px;
}
```

这个例子中，最终生成框的实际尺寸可以参考下面的示意图（如果定义了 border 宽度值，最后的结果也是要包含 border 的）：

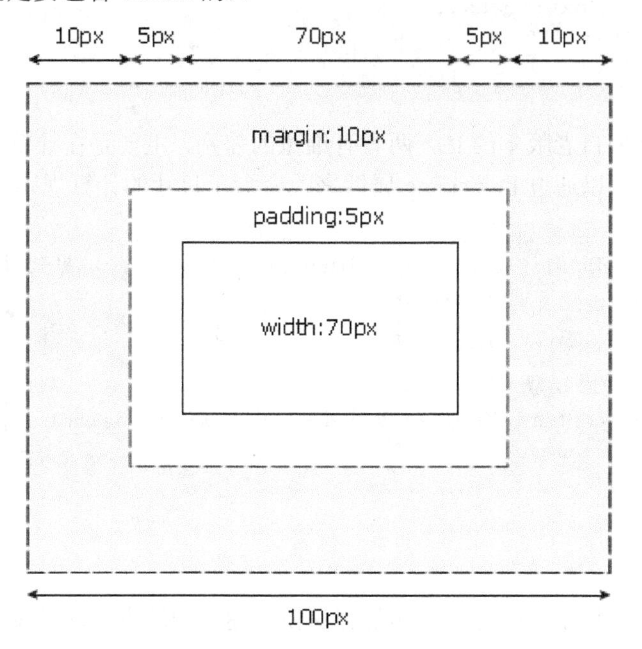

要注意的是，margin 对于 table 相关类型（除了 table-caption、table 和 inline-table 这 3 类）的元素是不起作用的，如 td、tr 和 th 等。另外对于行内非替换元素（如 span 元素），垂直方向的 margin 是不起作用的。

padding 属性也有一定的限制，它可以使用到除 display 值是 table-row-group、table-header-group、 table-footer-group、table-row、table-column-group 和 table-column 之外的所有元素。

margin 有一项非常独到的特性是可以为其指定负值，如果将正值理解为“推开”元素周围的其他元素，那么负值则表现为“拉近”元素周围的元素。利用负边距可以实现很多有趣的视觉效果，例如可以实现表单组的效果，如图 3.4 所示。

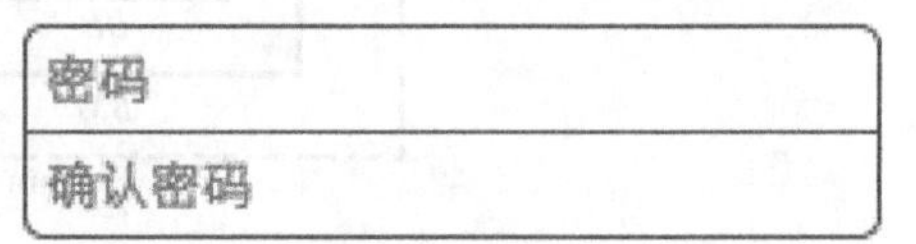

图 3.4　表单组

```
.input-group {
  width: 200px;
}
.input-group .text {
  -webkit-appearance: none;
  border: 1px solid gray;
  padding: 4px 4px;
  width: 200px;
  margin: 0;
}
.input-group .text:first-child {
  border-radius: 5px 5px 0 0;
  margin-bottom: -1px;
}
.input-group .text:last-child {
  border-radius: 0 0 5px 5px;
}
```

如果要使得上面的表单更完善，还应该处理 focus 情况下的 z-index：

```
.input-group .text:focus {
  position: relative;
  z-index: 1;
}
```

另一种框模型来自老版本的 IE，两者有细微的差别，主要是在计算框的尺寸时所用边界不同。一个元素可以通过 box-sizing 属性来改变盒子尺寸的计算规则：

```
#div1 {
  box-sizing: border-box; /*  width/height = 实际可见尺寸（包含 content, padding, border） + marigin  */
}
#div2 {
  /* 默认情况，W3C 模型 */
  box-sizing: content-box; /* 实际可见尺寸 = width/height + padding + border + margin */
}
```

1. 外边距折叠

在框模型中，外边距折叠是一个非常容易使人迷惑的地方，简单说来，外边距折叠指的是相邻的两个或多个外边距会合并成一个外边距。注意此处说的相邻是外边距相邻，而不是元素相邻，比如三个嵌套的元素他们的上边距都是相邻的，因此其边距会折叠：

```
<div style="border:1px solid red; width:100px;">
   <div   id="div1"   style="margin-top:50px;   background-color:green;
height:50px; width:50px;">
        <div id="div2" style="margin-top:100px;">B</div>
   </div>
</div>
```

在上面的例子中，div1 和 div2 的 margin-top 是相邻的，最后会折叠成一个 margin-top，其值为两者中较大的值，最后的结果如图 3.5 所示。

判断外边距是否“相邻”，其规则可以总结为以下两点：

- 这两个外边距没有被非空内容、padding、border 或 clear 属性所隔开。
- 这些 margin 都处于常规流（in-flow）中，他们可以是相邻的节点，也可以是父子节点。

满足这两个条件的 margin 我们称其为是相邻的（Adjoining）。那么它们分别表示什么意思呢？被隔开这个很好理解，对于上例，如果我们将代码改成下面这样：

```
<div style="border:1px solid red; width:100px;">
   <div   id="div1"   style="border:1px   solid   blue;margin-top:50px;
background-color:green; height:50px; width:50px;">
        <div id="div2" style="margin-top:100px;">B</div>
   </div>
</div>
```

运行后的效果如图 3.6 所示。

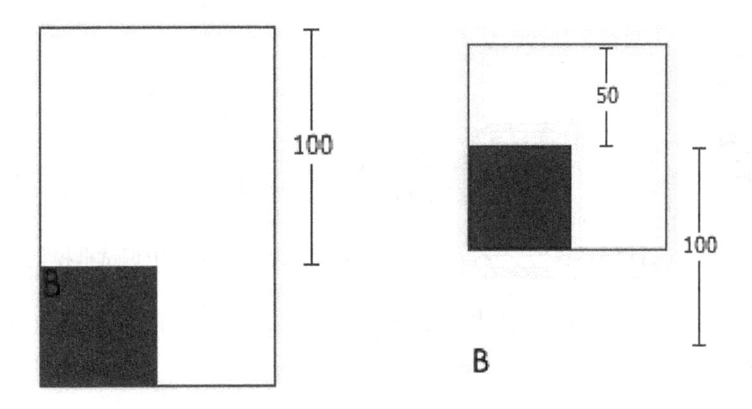

图 3.5　外边距折叠　　　　图 3.6　折叠边距条件

为 div1 加上边框后，div2 的上外边距就不再与 div1 发生折叠了，因此出现了图 3.6 中字母 B 所在 div 跑到最外层元素之外的效果。同样道理，如果为 div1 添加 padding-top 或者文字内容，都会使得折叠失效。

同样，由于浮动元素、inline-block 元素和绝对定位元素不属于当前普通流，因此它们也不会和垂直方向上的其他 margin 折叠：

```
<div style="margin-bottom:50px; width:50px; height:50px; background-color:
green;">A</div>
<div style="margin-top:50px; width:100px; height:100px;background-color:
```

```
green;display:inline-block">
    <div style="margin-top:50px; background-color:gold;">B</div>
</div>
```

运行后的效果如图 3.7 所示。

此时，B 的父 div 和 A 所在 div 不再属于同一个普通流，因此不会发生外边距折叠，同理可推至 B 本身所在元素。

2．关于外边距折叠的计算

多个 margin 在发生折叠时根据 margin 正负值的不同会出现不同的折叠效果，大致说来有如下几个规则：

- 当这些 margin 均为正值时，取 margin 中的最大值。
- 当 margin 中正负值都存在时，先取出负 margin 中绝对值最大的，然后，和正 margin 值中最大的 margin 相加。

深刻理解框模型离不开实践，如果你使用 Chrome 浏览器的开发者工具进行调试，可以方便地查看甚至编辑一个元素生成的框，如图 3.8 所示。

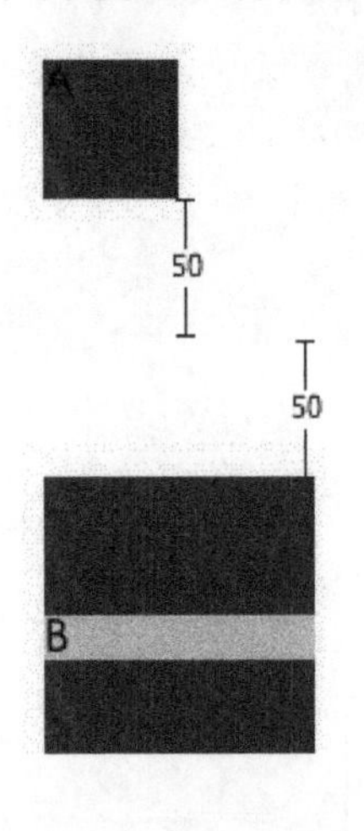

图 3.7　外边距折叠

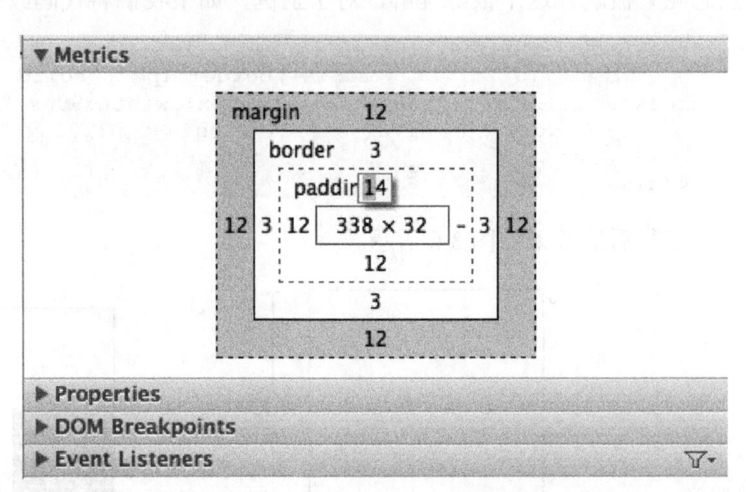

图 3.8　在 Chrome 中调试框模型

不过，记住这些关于边距的口诀还是远远不够的，可视化模型将会是对理解页面元素布局更加重要的内容。

3.2.3　可视化格式模型（visual formatting model）

可视化格式模型可谓是页面布局、元素与元素间关系遵循的基本规则了，掌握好这部分内容，基本上在各种浏览器“诡异”的兼容性问题就打遍天下无敌手了——甚至是 IE 6、7 和 8。不过本节内容不会去讲浏览器差异的细节，仅仅阐述核心概念的原理极其应用，这些概念无论是在桌面浏览器还是在手机浏览器都同样适用，且有助于你写出快而好的 CSS。动心了吧？

所谓可视化格式模型，指的是用户代理（浏览器）在可视化媒体（显示器）上处理文档树。在这个模型中，每一个文档中的元素都会根据框模型产生零个或多个框，这些框的布局受控于下面几个因素：

- 框的尺寸和类型（宽高几何？行内框还是块框？）。
- 定位模式（没有定位的常规流？浮动？还是绝对定位？）。
- 文档树中元素间的关系。
- 外部信息（视口大小？图片真实尺寸？）

以上四个因素共同决定了一个元素在页面上的最终显示，掌握了这四点，基本就掌握了 CSS 布局的精髓。

1．包含块（Containing block）

在 CSS 中关于框的很多定位尺寸的计算，都和其矩形边界有关，这个矩形我们称之为包含块——包含块是一个相对的概念，一个元素的父元素，通常就是这个元素以及其子孙元素的包含块。

包含块是一个很重要的概念，可视化格式模型中很多行为的理论都和它有关：宽高为 auto 时的计算、绝对定位元素和浮动元素的定位等等。

某个元素的包含块并不一定是这个元素的父元素，严格的包含块判定比较复杂，流程可以参见图 3.9 所示。

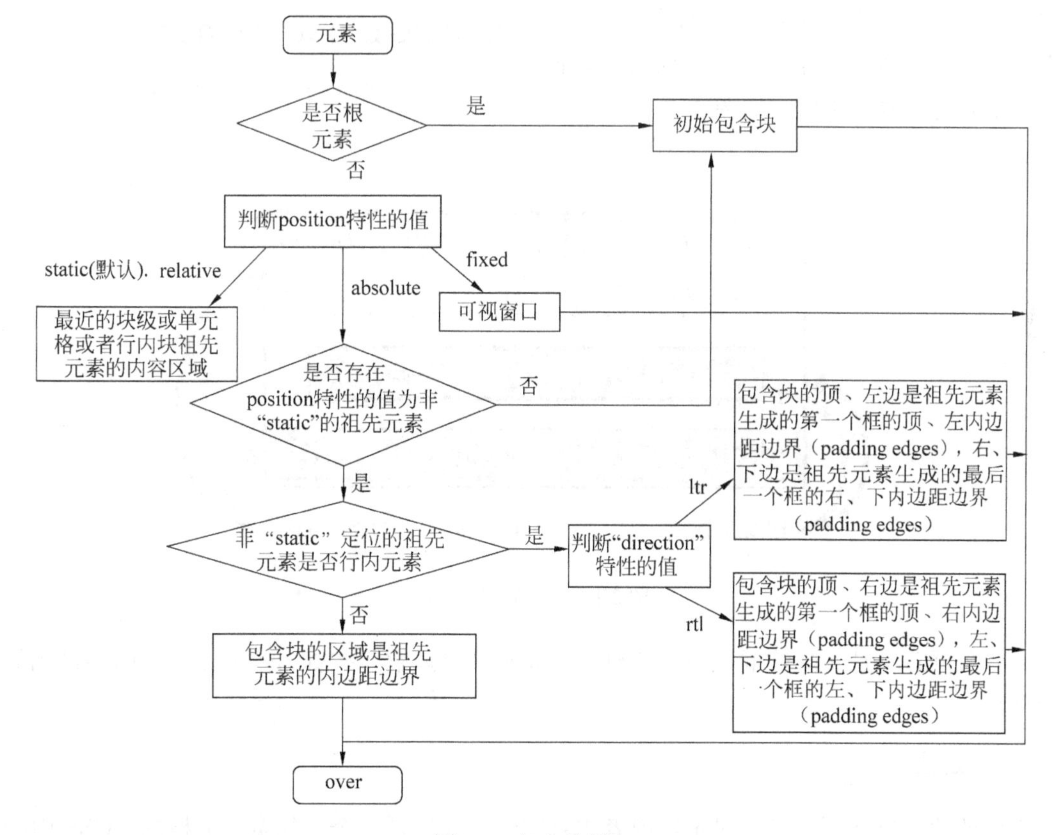

图 3.9　包含块判定

记忆判定包含块这图可能比较吃力，对于绝大部分情况，你可以简单地记为：一个元素的包含块边界是它最近的非 static 定位祖先的内容区域。

2．匿名块框（Anonymous block boxes）

你经常会听到行内元素生成行内框、块级元素生成块框这样的概念，但可能很少接触匿名块框这个名词，其实只要把握住一点——所有的元素都会生成框——就很容易理解匿名块框的构造过程了。例如下面这段代码：

```
<p>Somebody whose name I have
forgotten, said, long ago:
<q>a box is a box,</q>
and he probably meant it.</p>
```

我们加上样式：

```
p { display: block; }
q { display: block; margin: 1em }
```

最终浏览器中渲染的效果可能如图 3.10 所示。

p 和 q 元素本身会生成两个块框，其中每一行文本都会生成一个行框（line box）。上面例子一共生成了四个行框，p 中的块级 q 元素将上下行框分成了两个部分，此时会为这两部分生成两个匿名块框，如图 3.11 所示。

Somebody whose name I have
forgotten, said, long ago:

"a box is a box,"

and he probably meant it.

图 3.10　匿名框的渲染

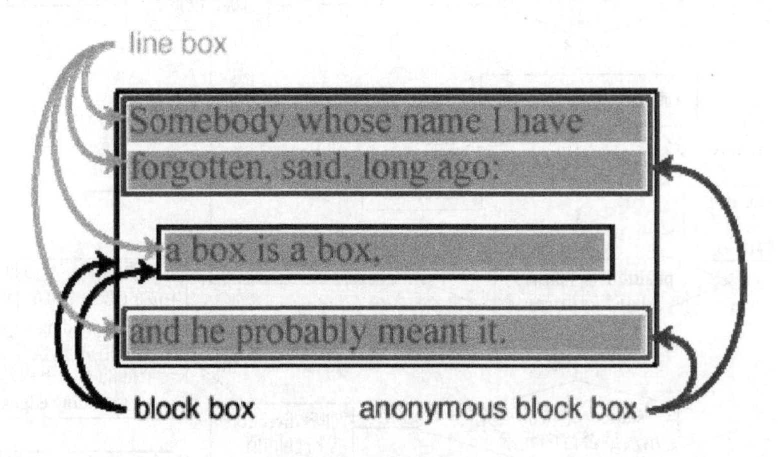

图 3.11　匿名框的生成

匿名框并不是实际的框，引入此概念将非常容易理解一些行为——比如后面要讲到的浮动。

3．定位

此处的定位并不是指绝对定位或者相对定位，这里是一个更加宽泛的概念。CSS 中的定位方案（Positioning schemes）包含这样几种。

- 常规流：即文档在默认情况下的定位，其中包含块框块级格式化规则、行内框的行内格式化规则和相对定位规则。

- 浮动：浮动元素将脱离常规流进行布局——元素将靠边站。
- 绝对定位：同样将脱离常规流，并根据包含块来计算具体位置。

浮动或者绝对定位的元素将被成为流外（out of flow）元素，反之则成为流内（in flow）元素。

这三种定位的大体规则你肯定也已经接触过许多，不过 display、position 和 float 这三者混用的时候也会使人迷惑：

```
div1 {
  position: absolute;
  display: inline;
  float: right;
  margin: 20px;
  width:200px;
}
```

对于这样一个 div 元素，它的最终渲染结果应该是怎样的呢？作为一个内联元素被绝对定位，并且只有左右有 20px 的边距？还是不绝对定位而基于包含块向右浮动？实际浏览器渲染结果应该是前者，并且最后作为块级元素渲染成 200px 宽度的盒子。

对于这三者的关系，可以参照图 3.12 来得出结论。

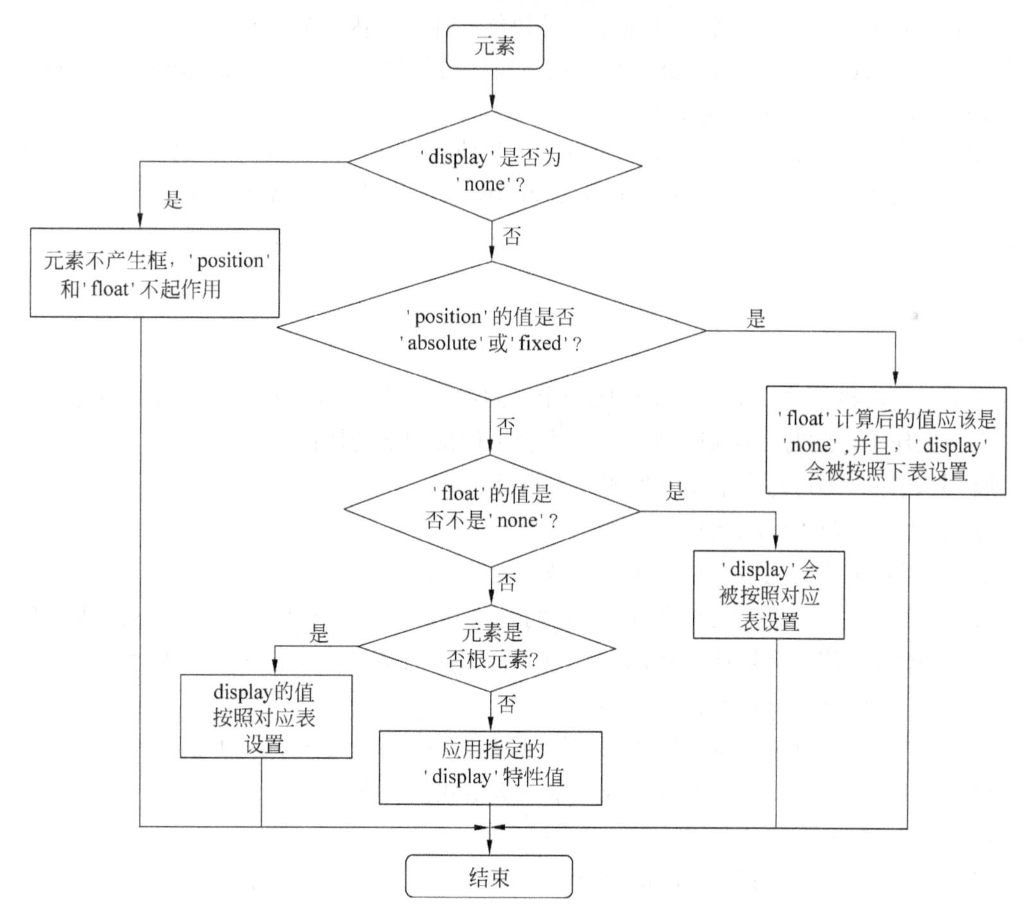

图 3.12　position、float 和 display 的关系

其中 display 属性的计算值参考表 3-1。

表 3-1　转换对应表

设 定 值	计 算 值
inline-table	table
inline, run-in, table-row-group, table-column, table-column-group, table-header-group, table-footer-group, table-row, table-cell, table-caption, inline-block	block
其他	同设定值

因此，上例实际最终的渲染结果将等价于：

```
div1 {
  position: absolute;
  display: block;
  float: none;
  margin: 20px;
  width: 200px;
}
```

4．常规流（Normal Flow）

常规流（有的文档里面称之为的普通流或者被广泛误称为文档流）是一个文档在被显示时最常见的布局形态。一个框（无论它是块级的还是行内的）在常规流中必须属于一个格式化上下文（Formatting Context），其中包含块级格式化上下文（Block Formating Context，简称 BFC）和行内（inline）格式化上下文。

块级格式化上下文可由一个元素来定义，其他元素在这个元素所定义的环境中必须满足一些特定的规则。比如一个 div，它在 overflow 被设置为 hidden 的情况下会产生一个块级格式化上下文：

```
div1 {
  overflow: hidden;
}
```

你可以将块级格式化上下文想象成一个密封的大箱子，箱子外边的元素将不与箱子内的元素产生作用，此时在该 div 中的元素将会呈现出如下的特征：

- 外边距将不再与上下文之外的元素折叠。
- 其内可以包含浮动元素。
- 可以阻止浮动元素被覆盖（也就是常说的清除浮动）。
- 框会一个接一个地被垂直放置，它们的起点是一个包含块的顶部。（这意味着 BFC 中的文字将不会环绕邻接的浮动盒子排布，而是竖直排布——因为行框将会一个接一个的垂直放置）。

那么，如何才能触发块级格式化上下文呢？大致说来有这样几种方式：

- 浮动元素（浮动元素本身形成一个块级格式化上下文）。
- 绝对定位元素。
- 行内块元素（display: inline-block）。
- 表格单元格和标题（display: table-cell 或 display: table-caption）。
- overflow 非 "visible"的元素（如上例中的 overflow: hidden）。

比如下面的例子：

```
<div id="sibling-box">sibling-box</div>
<div id="bfc-box">
  <div id="float-box">float-box</div>
</div>
```

以及 CSS：

```
#sibling-box {
  border: 1px dotted #333;
  margin-bottom: 10px;
  height: 10px;
}

#bfc-box {
  border: 1px solid #333;
  overflow: hidden;            /*清除浮动的作用*/
}

#float-box {
  float:left;
  margin-top: 20px;
}
```

渲染结果将如图 3.13 所示。

上例中即使这些 box 没有设置边框，且没有浮动，float-box 和 sibling-box 的边距也不会折叠，功劳也来自 BFC：

```
#sibling-box {
  border: 1px dotted #333;
  margin-bottom: 10px;
  height: 10px;
}

#bfc-box {
  overflow: hidden;            /*清除浮动的作用*/
}

#float-box {
  margin-top: 20px;
}
```

运行后的效果如图 3.14 所示。

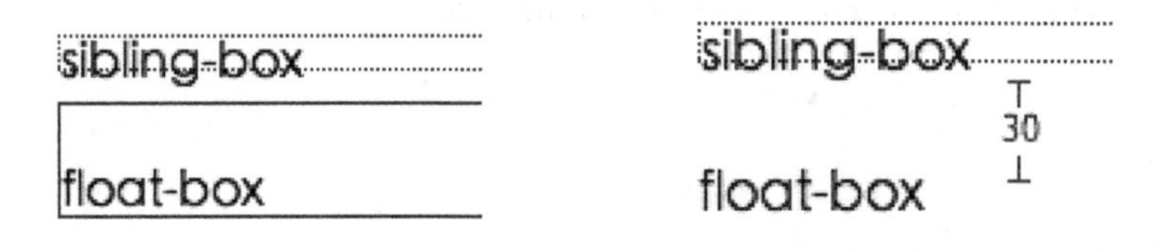

图 3.13　利用 BFC 清除浮动　　　　图 3.14　BFC 阻止边距折叠

块级格式化上下文的触发方式不太容易记忆，在 CSS 3 中对 BFC 的概念做了细微改动，重命名为 flow root。触发方式则简单而直白地描述为：在元素定位非 static 或 relative 的情况下触发。这种记法相对来说更加简单易懂——浮动其实也算一种定位方式。

5. 浮动（float）

浮动曾是一种神奇的布局技术，但在近些年来越来越被诟病，因为浮动往往会导致一些意料之外的结果，而且经常面临清除浮动的痛苦。而这一切的根源在于：浮动最初本不是一种用来布局的技术。

浮动框会脱离常规流在当前行向左或者向右漂移，浮动框外的行框可以沿着浮动框的边缘进行渲染——这一特性可以用来实现文字环绕图片这样的效果：

```
<div>
  <span>假设这是头像</span>
  <p>
     The IMG box is floated to the left. The content that follows is formatted
to the
     right of the float, starting on the same line as the float.
  </p>
</div>
```

CSS：

```
span {
  float: left;
  width: 50px;
  height: 50px;
  padding: 10px;
  margin: 10px;
  border: 1px dotted #333;
}
div {
  border: 1px solid red;
  width: 200px;
  padding: 10px;
}
```

运行后的效果如图 3.15 所示。

如果你想将右侧文字竖直排列，则可以通过触发 p 的块级格式化上下文来实现，因为对于 table 元素、块级替换元素或者在常规流中创建了块格式化上下文的元素，它们的 border box 在同一个块格式化上下文中不能覆盖任何浮动元素。在有足够的空间情况下，也可以把它紧临浮动元素放置，否者放置在浮动元素的下面：

```
p {
  overflow: hidden;
}
```

运行后的效果如图 3.16 所示。

浮动框在定位上还有非常多的细节。例如，同方向的浮动框间会堆叠，浮动框不能溢出包含块，浮动框不影响外边距折叠等。不过这些特性大多已被广大前端人士所熟知，本书的重点也不在于讲述这些细节。

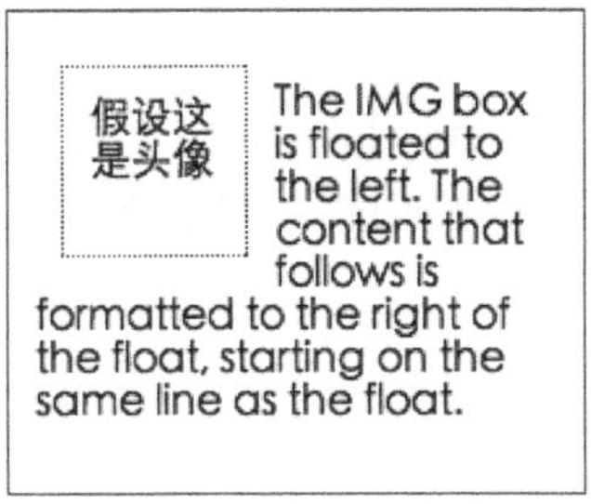

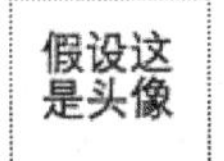

图 3.15　浮动

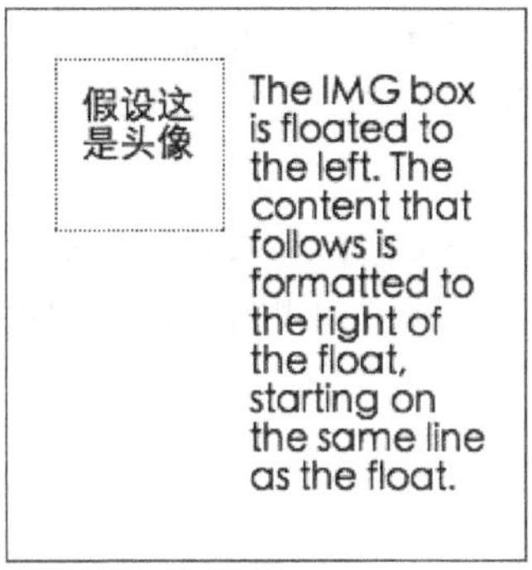

假设这是头像
The IMG box is floated to the left. The content that follows is formatted to the right of the float, starting on the same line as the float.

图 3.16　浮动与 BFC

和浮动一样，绝对定位也是一种脱离文档流的定位方式。掌握它的诀窍在于明白这句话：绝对定位元素基于包含块（不一定是父元素）进行定位。关于包含块的判定，前文已经做了详细叙述，下面来看一个简单的例子：

```
<div style="position:relative; width:300px; height:300px; background-color:silver; border:5px solid red;">
    <div style="width:100px; height:100px; background-color:blue;"></div>
    <div style="margin:0 0 0 100px; width:200px; height:200px; background-color:gold;">
        <div style="position:absolute; left:100px; top:100px; width:100px; height:100px; background-color:green;">
            A
        </div>
    </div>
</div>
```

运行后的效果如图 3.17 所示。

图 3.17　绝对定位

可以看到，A 框并没有相对于其父元素进行定位，而是相对于其爷爷级元素进行了定位，原因就在于它爷爷是 A 框第一个 position 为非 static 的祖先元素。

另外，fixed 定位其实是 absolute 定位的一个子类，它相当于是包含块为可视窗口的绝对定位。

可视化格式模型的内容还包括分层呈现（Layered presentation）、双向文本（bidi）和宽高值计算等内容，读者如果有兴趣可以阅读 CSS 2.1 文档中相关的章节。

3.2.4　表格

表格的可视化布局包含很多繁杂的内容，不过在落实到应用时，我们只需要记住这样三个要点便可以打遍天下无敌表。

1. 表格元素的匿名框机制

首先看下面一个表格代码：

```
<table>
  <td>1
</table>
```

这并不是一个完整的表格结构，它还缺失了行（tr）、行组（tbody）、头（th）和行头组（thead）等元素，但是这个非完整的表格会生成至少三层的完整结构：table>tr>td。这些生成的结构都是由匿名框构成（类似于前面讲到的行匿名框）。

对于一个完整的表格结构，它的渲染结构总是由 cell、row、row group、column、column group 和 table 这六个部分组成，并且在逻辑上和视觉上从上至下呈现出分层结构，如图 3.18 所示。

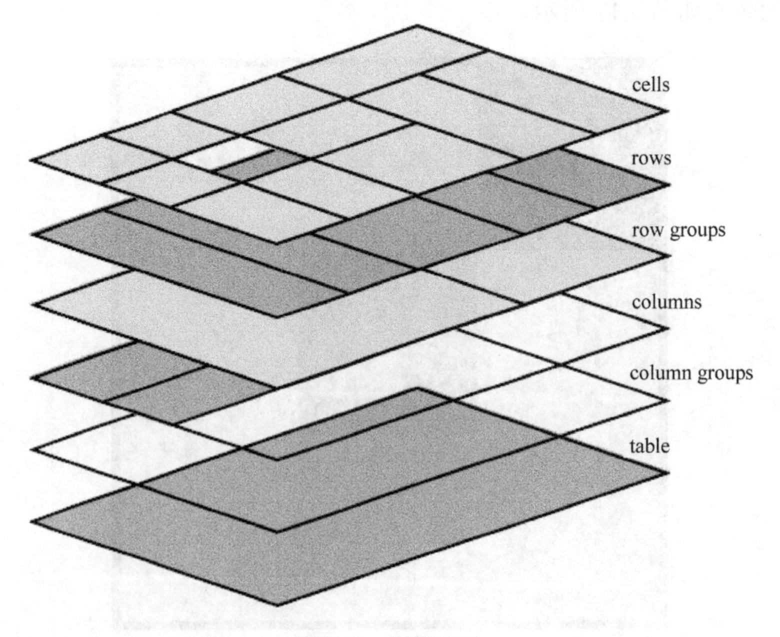

图 3.18　表格分层

每一层都由不同的匿名框构成，在指定背景时，位于底层的背景会相应穿过上层透明的元素。

2．表格的布局机制

表格的宽度布局算法有两种机制，一种是固定，一种是自动，可以使用 table-layout 属性指定（auto 或 fixed）。

所谓固定算法，是指的水平方向的布局（即列的宽度）不受具体内容的影响，而是可以通过表格宽度和列宽度来指定。而自动布局算法中，列的宽度是由列单元格中没有折行的最宽的内容设定的。

3．表格的边框

掌握表格边框的精髓在于掌握 border-collapse 属性。

border-collapse 可以指定两种表格边框模型，一种是边框分离模型（border-collapse: separate），在这种模式下每个单元格以及 table 本身的边框都是独立的，此时可以使用 border-spacing 属性指定单元格边框之间的距离（水平或者垂直）。

```
table      { border: outset 10pt;
             border-collapse: separate;
             border-spacing: 15pt }
td         { border: inset 5pt }
td.first-cell { border: inset 10pt }
```

这样的表格最终效果可能如图 3.19 所示。

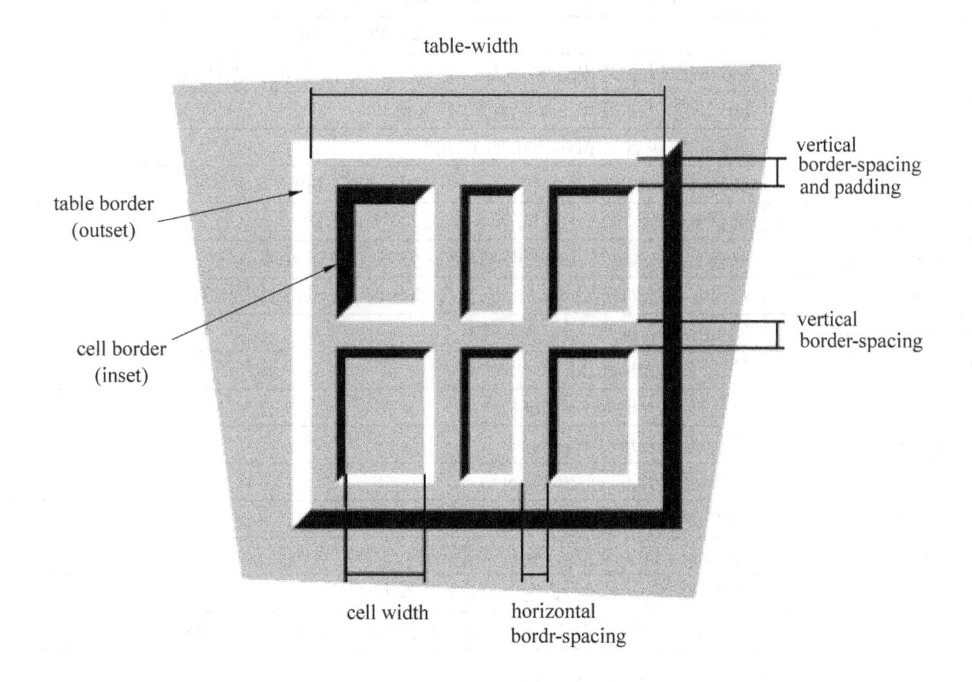

图 3.19　边框分离模型

另一种模型叫做边框合并模型，使用 border-collapse: collapse 来指定。顾名思义，合并模型就是邻接的单元格以及表格元素本身共享同样的边框。上例如果表格改为 collapse，则结果可能是这样的，如图 3.20 所示。

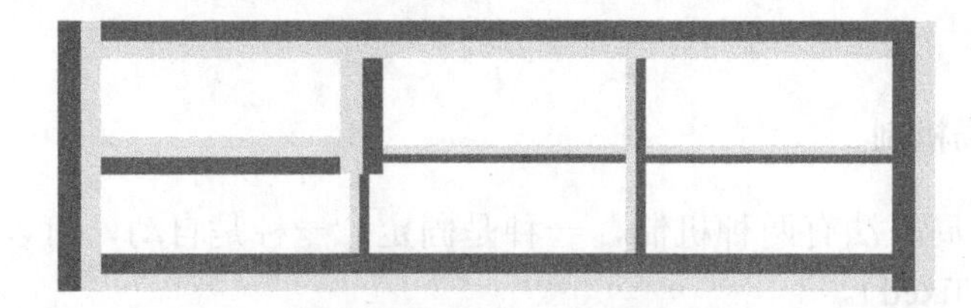

图 3.20　边框合并模型

可以看到，因为边框被合并，inset 和 outset 的边框将不再适用——因为这种类型的边框会更改上左和下右颜色的深浅，单元格边框设置的边框效果会互相覆盖，最终呈现出奇怪的效果。

3.3　CSS 3 选择器增强

CSS Selector Level 3 模块在 CSS 2.1 的基础上增加了很多选择器，这些选择器极大地增强了 CSS 选择器的表达力，简化了在许多场景下 CSS 开发人员的工作。

在详细讲解他们之前，我们先来看看有哪些新选择器被引入了。表 3-2 涵盖了所有 CSS 2.1 中没有而 CSS 3 中新增的选择器。

表 3-2　CSS Level 3 新增选择器一览

选择器模式	简 要 说 明
E[foo^="bar"]	foo 属性以字符串 bar 开头的 E 元素（来源于正则表达式语法）
E[foo$="bar"]	foo 属性以字符串 bar 结尾的 E 元素
E[foo*="bar"]	foo 属性包含字符串 bar 的 E 元素
E:root	文档根元素，大部分情况下只能用于匹配 html 元素本身
E:nth-child(n)	选择相对于其父元素的第 n 个 E 类型子元素
E:nth-last-child(n)	选择相对于其父元素的倒数第 n 个 E 类型子元素
E:nth-of-type(n)	与:nth-child()作用类似，但是在匹配时仅计算同种标签的元素
E:nth-last-of-type(n)	同:nth-of-type 类似，倒着数
E:first-child	等价于 E:nth-child(1)
E:last-child	等价于 E:nth-last-child(1)
E:first-of-type	等价于 E:nth-of-type(1)
E:last-of-type	等价于 E:nth-last-of-type(1)
E:only-child	当 E 是其父元素的唯一子元素时
E:only-of-type	和:only-child 类似，当 E 类型只有一个元素时匹配
E:empty	当 E 没有子元素时匹配（包含文本元素）
E:target	当 url 中使用锚点引用了页面的对象时，选择匹配 E 的对象
E:enabled E:disabled	启用或者禁用了的 UI 元素
E:checked	选择了的 UI 元素（比如 checkbox 或 radio button）
E:not(s)	不匹配某个选择器的 E 元素
E ~ F	匹配任何在 E 元素之后的同级 F 元素（E~F 和 E+F 的不同在于后者只能选择紧邻 E 的 F）

3.3.1　属性选择器的妙用

属性选择器是非常好用的设计工具，尤其是在组织代码方面，假设你要设计一套 icon，可能采用 sprite 技术：

```
.icon {
  background-image: url(icon.png)
  width: 16px;
  height: 16px;
}
.icon-close {
  background-position: 0px 20px;
}
.icon-open {
  background-position: 0px 20px;
}
```

此时你可能需要这样使用这些 class：

```
<span class="icon icon-close"></span>
```

但实际上，你可以使用属性选择器来让代码变得更简单：

```
[class^="icon-"] {
  background-image: url(icon.png)
  width: 16px;
  height: 16px;
}
```

这样 HTML 也会变得更简单：

```
<span class="icon-close"></span>
```

属性选择器也可以多个组合使用，已达到某些常见的目的：

```
/* 对某根域下所有安全链接增加安全标识 */
a[href^="https://"][href*="example.com"]:before {
  content: '[safe]'
  color: green;
}
```

3.3.2　强大的结构性伪类（Structural pseudo-classes）

结构性伪类非常实用，它的推出在开发人员和设计师们中大受欢迎。

```
/* 选择第五个列表项 */
li:nth-child(5){
  color: green;
}
```

nth-child(n)中的 n 不一定非得是数字，也可以是表达式：

```
/* 选择从第六个 li 起到最后一个 li */
li:nth-child(n+6) {
  background: #ccc;
}
```

```
/* 选择第 1、3、6、9…个元素*/
li:nth-child(3n) {
}
```

甚至还有预设的字符串：

```
/* 选择第偶数个元素*/
li:nth-child(odd) {
}
```

:nth-last-child 也是类似的用法，只不过是倒过来数，比较容易搞混淆的是:nth-child 和:nth-of-type 两个伪类。我们以下面这个例子来说明它们的区别：

```
<section>
  <h1>这里是 section 下第一个子元素</h1>
  <p>这里是 section 下第一个 p 元素</p>
  <p>这里是 section 下第二个 p 元素</p>
</section>
```

此时这样的选择器：

```
section p:nth-child(2) {              /* section 下的第二个子元素，且该元素为 p */
  text-decorate:underline;
}
section p:nth-of-type(2) {            /* section 下的所有 p 元素中的第二个 */
  font-size:1.2em
}
```

最终结果如图 3.21 所示。

结构性伪类选择器中和前面类似的还有:first-child 和:first-of-type 等，以及其相应的 last 版本。善用这些选择器能解决很多设计上的难题，也不必污染 html 代码，更好地践行内容和表现分离的思想。

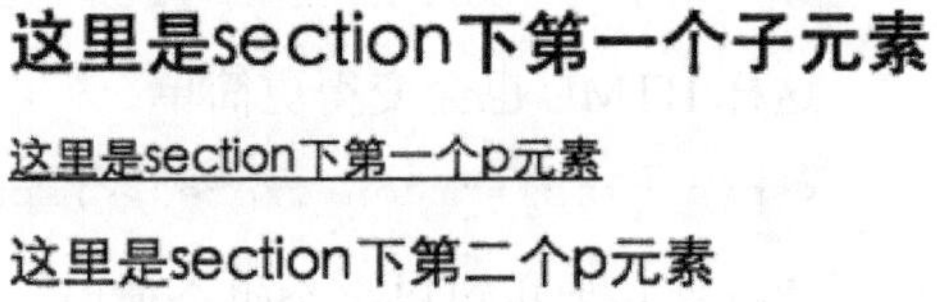

这里是section下第一个子元素

这里是section下第一个p元素

这里是section下第二个p元素

图 3.21　nth-of-type 与 nth-child 的区别

3.3.3　其他选择器

比较有趣的是:target 选择器，它会在锚定页面元素的时候起作用（即页面 hash 指定了页面某元素的 id 时）：

```
<section id="voters">
  Content
</section>
```

CSS：

```
:target {
  background: yellow;
}
```

此时如果访问该页面的 section 元素（如 http://www.example.com/#voters），则该 section 元素会呈现黄色的背景。

通常:target 选择器可以用于可视化页面内跳转行为、标识历史状态和高亮区块等场景。

3.3.4　CSS 4 中的选择器

即便在 CSS 2 尸骨未寒，CSS 3 尚处萌芽之时，CSS 4 的选择器就已经初见端倪了。CSS 4 选择器相较于 CSS 3 选择器功能更强，在 UI 组件方面，露出了对交互行为进行统一的野心，在可用性方面也进行了优化，如表 3-3 所示。

表 3-3　CSS 4 选择器

选择器模式	简 要 说 明
E:not(s1, s2)	相比 CSS 3，:not 选择器现在可以匹配多个子选择器了
E:matches(s1, s2)	:not 的反面——即仅选择匹配子选择器的 E 元素
E[foo="bar"i]	忽略大小写的属性选择器
E:any-link	所有链接行为的 E 元素（如<div src="xx" ></div>）
E:local-link	当前文档内的链接
E:local-link(0)	当前域内的链接
E:current E:past E:future	时间维（Time-dimensional）伪类，可以选择正在（或过去未来）被屏幕阅读器阅读的内容
E:indeterminate E:default E:in-range E:out-of-range E:required E:optional E:read-only E:read-write	UI 组件各种状态的选择器
E /foo/ F	选中的所有 F 里 ID 值与 E 元素的 foo 属性值相等的
E! > F	神奇的父选择器，这时候会选择 E，而非 F

CSS 4 的选择器截止到目前在 W3C 还处于工作草案阶段，截止到撰稿时也没有任何浏览器支持它们，因此这里只大致介绍一下它们。

幸运的是 CSS 3 选择已被绝大部分浏览器完美支持，尤其在移动设备上更是如此，因此你可以放心使用 CSS 3 的选择器，在绝大多数场景 CSS 3 选择器都是够用而且好用的。

3.4　和图片说再见

CSS 3 备受推崇的一个重要原因便是它解放了设计师，对于各种视觉效果甚至特效 CSS 3 处理起来都游刃有余。可以毫不夸张的说，有了 CSS 3，设计师（或者常年充当伪设计师的前端工程师们）可以和讨厌的图片说拜拜了。

在过去，使用图片进行 UI 设计是常见且别无他选的做法，那时候设备简单（就需要考虑桌面显示器），用户的需求也很简单。

随着时代变迁，用户对网站速度要求越来越高，用户访问网页的设备也越来越丰富。由于图片非常消耗网络资源（一个小小的按钮图片就可能重达几十 KB），自然容易拖累整个页面的加载速度，在桌面版还好，但对于寸流量寸金的移动版网页，你不得不精简每一处网络和资源开销，加上 retina 屏幕的大热，使用图片来做 UI 设计还得做两套甚至多套不同分辨率的图片来进行适应，给工程师和设计师都带来了不小的麻烦。CSS 3 中出现的很多新功能在近两年极大降低了图片在 UI 设计中的使用率，背景、控件和图标都可以使用非图片技术来完成，而且能做到更好的适应性，更好的网站性能。

3.4.1 背景和边框

每一个盒子都可以拥有一个背景，依靠背景，我们可以为网页点缀怡人的花色，为重要区块标上醒目的高亮，制作漂亮的控件等等。在过去，类似图 3.22 的圆角按钮设计一度层出不穷（直到现在也是）：

通常的实现方式是让设计师制作一张固定大小的图片，然后将 a 标签 display 为 block（或者 inline-block），设置其宽高，并设置背景为这张图片——这种做法的缺点是很明显的，按钮的大小没法改变，如果要装别的字儿按钮就又得重新设计一张图。后来人们又发明了更加聪明的做法，将按钮分割成如图 3.23 所示的三个部分。

图 3.22　Web 1.0 时代的按钮

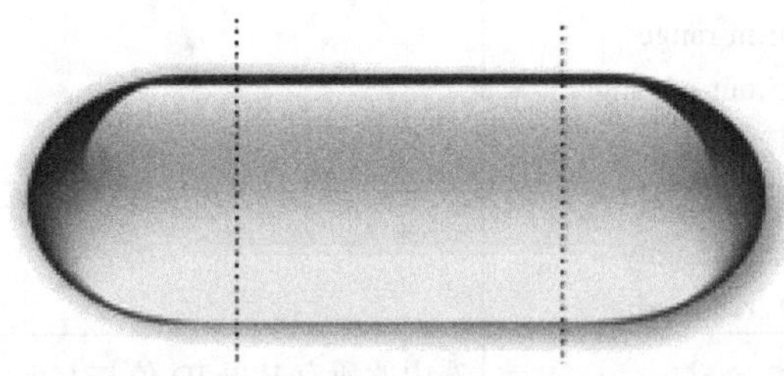

图 3.23　分割图片以自适应

左右两个部分使用两个单独的标记（如 span），并分别设置它们的背景，中间的部分在水平方向是重复的，因此可以垂直切出一绺一像素的图，然后使用 background-repeat:repeat-x 将中间部分重复堆叠，这样其内的文字可以实现自适应。背景重复技术被广泛用于网页顶栏、背景纹理和按钮进度条等设计需求。这种方法的缺点也很明显，你得使用三个标签才能实现一个按钮。

iPhone 出现后，圆角矩形的设计更是泛滥了整个 UI 设计界。按钮、图片框和文本框……我们所能见到的网页处处充斥着圆角。还好 CSS 3 提供了 border-radius 这个强大的属性，让圆角变得如此简单：

```
div {
  border: 1px solid #aaa;
  border-radius: 12px;              /* 指定圆角半径 为 12px */
  width: 71px;
```

```
  height: 71px;
}
```

一个标准的 72×72（不要忘了边框的 1 像素）iPad 图标诞生了，如图 3.24 所示。

图 3.24　border-radius

可以看到 border-radius 用法非常简单。和 padding 等属性类似，border-radius 也可以指定多个值以分别对左上、右上、右下和左下的圆角半径进行设置：

```
border-top-left-radius: 2px;
border-top-right-radius: 20px;
border-bottom-right-radius: 50%;
border-bottom-left-radius: 2em;
```

和 padding、margin 一样，可以简写为：

```
border-radius: 2px 20px 50% 2em;
```

如图 3.25 所示。

更加有趣的是，border-radius 不仅仅可以指定圆角半径，还可以在前面的值的基础上，以斜线分割指定第二组值（也是 1～4 个值构成），进而得到一段椭圆的弧（第二组值仅指定垂直方向上的半径）：

```
border-radius: 2px / 20px;
```

如图 3.26 所示。

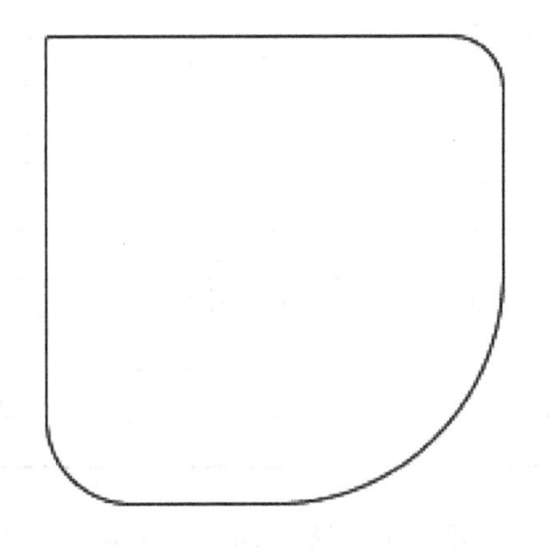

图 3.25　border-radius 分别设值

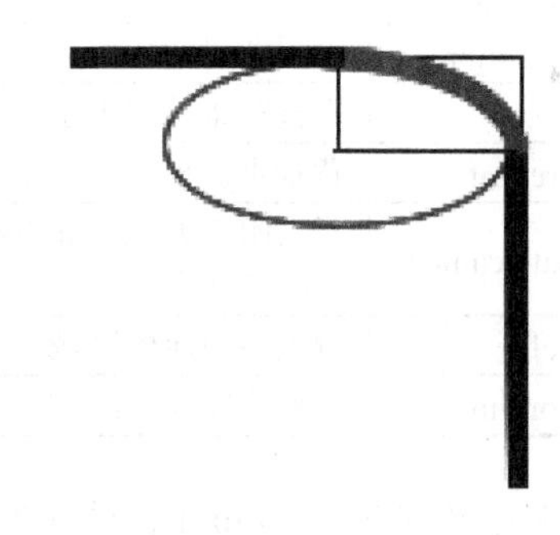

图 3.26　以椭圆弧度设置圆角

看一个复杂点的例子：

```
border-radius: 10px 20px 60px 100px / 40px 20px 30px 50px;
```

运行效果如图 3.27 和图 3.28 所示。

善用圆角值可以搭配出各种类型的边框效果。

在背景方面（background），CSS 3 也有许多人性化的增强，background 是网页设计中最重要的技术，利用它可以将设计元素（颜色、光影和图像）与页面元素连接起来。background 可以设置多达八个种类的值，可以将它们简写至 background 属性之中：

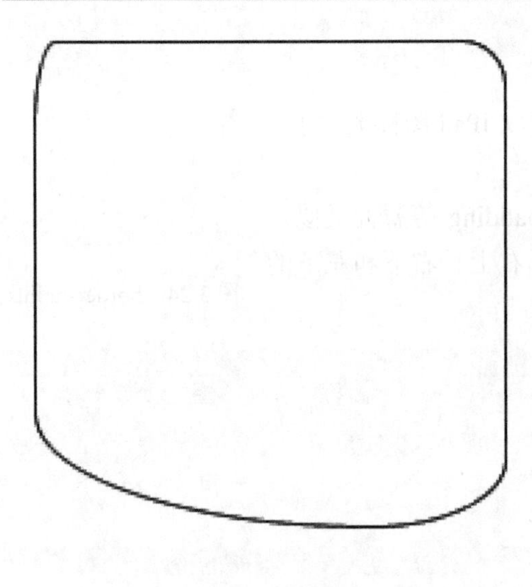
图 3.27　椭圆圆角

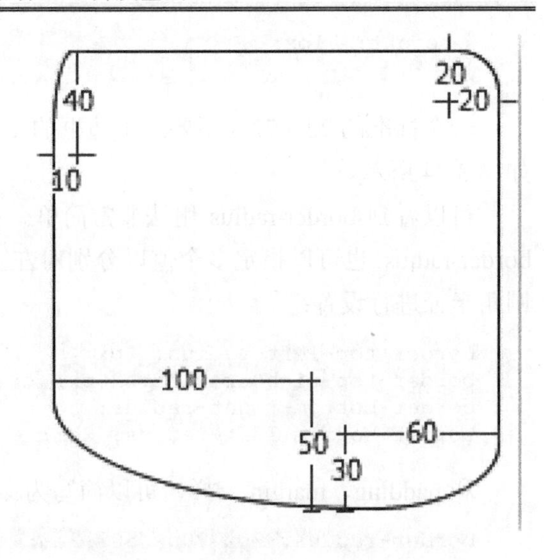

图 3.28　两组值的详细标注

```
.topbanner {
 background: url("topbanner.png") #00D repeat-y -10px -40px fixed;
}
```

这八个种类的详情可以看表 3-4 所示。

表 3-4　8 个种类的属性

属　　性	功　　能	CSS 3 新增？
background-color	设置背景色	
background-image	设置背景图片	
background-position	设置背景图片位置	
background-size	设置背景缩放大小	是
background-repeat	背景重复模式	
background-attachment	背景附着方式（如 fixed 表示背景固定不动，scroll 则随页面滚动而滚动）	
background-clip	背景裁剪起始区域	是
background-origin	背景绘制起始区域	是

CSS 2 中定义的 background 属性我们应该都很熟悉了，现在我们着重讲一下 CSS 3 新增的几个属性。

background-size 是一个非常棒的功能，它可以方便地设置背景图的大小以实现图片拉伸效果：

```
.div1 {
 background-size: 300px 100px;      /* 设置背景为固定大小，不管背景图原始大小 */
}
.div2 {
 background-size: 40% 80%;          /* 宽度和高度分别是容器元素的 40%和 80% */
}
```

background-size 属性还有两个非常有用的关键字预设值：cover 和 contain。cover 用于等比扩展图片来填满元素，即用图片覆盖（cover）住元素。contain 则是等比缩小图片来适应元素，即让元素容纳（contain）整个图片。图 3.29 展示了两者的区别。

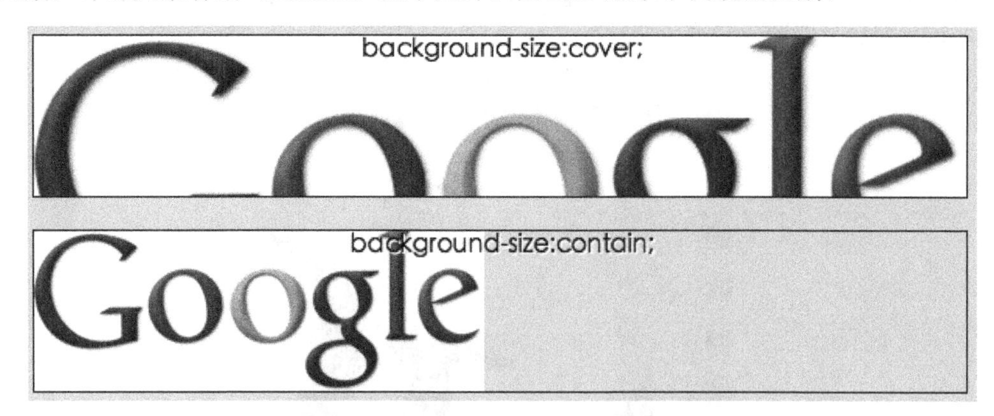

图 3.29　background-size 预设关键字

background-origin 和 background-clip 是一对不能分割的情侣，甚至他们的取值选项都是一样的。background-origin 用于指定背景绘制时的起始区域，它可以指定 border-box、padding-box 和 content-box 这几个值：

```
div{
  background: url('logo4w.png') no-repeat;
  width:800px;
  height:100px;
  padding: 20px;
  border:10px dotted #aaa;
}
```

与框模型对应，border-box 指从边框开始计算背景起始位置，其效果如图 3.30 所示。

```
background-origin: border-box;
```

content-box（排除所有边框和内边距）的效果，如图 3.31 所示。

图 3.30　background-origin:border-box　　图 3.31　background-origin:content-box background-clip 则用于指定背景从何处裁剪，取值也是 border-box、content-box 和 padding-box。前面关于 background-origin 的第一个例子如果将 background-clip 设置为 content-box 则会呈现图 3.32 的效果。

图 3.32　background-clip 示意

background-origin 和 background-clip 在很多场景下都是非常方便的工具。例如，指定控件（如按钮）的背景时，因为行高的原因，你可能并不想背景覆盖住元素 padding。

3.4.2　渐变和阴影

渐变和阴影可能是 PhotoShop 软件中最火的两种设计元素了。得益于 CSS 3，渐变和阴影终于被落实在了标准文档里——更重要的是，现代浏览器都支持它们！

1．渐变

在 PhotoShop 中，渐变工具提供了五种类型的渐变，分别是线性渐变、径向渐变、角度渐变、对称渐变和菱形渐变。在 CSS 中，渐变没有 PhotoShop 里那么复杂，但是通过适当的组合依然可以获得非常惊艳的效果。

CSS 3 中渐变数据类型（和颜色 rgba 等函数类似）是以函数形式实现的。例如，线性渐变就是一个名为 linear-gradient()的函数，该函数会返回一个<gradient>数据类型（同时可以看作是 CSS 中 image 的子类型），如：

```
background: linear-gradient(to bottom, black, white)
```

就构建了一个从上至下，从黑到白的线性渐变，如图 3.33 所示。

图 3.33　linear-gradient

截止到本书撰写时，webkit 内核的浏览器还没有去掉其前缀-webkit-，语法也和新标准语法不太一样。要在 Chrome 或 Safari

中实现上面的渐变效果，需要如下的代码：

```
background: -webkit-linear-gradient(top, black, white);
```

在 webkit 中，to 方向的语法被简洁地实现为（from）方向，除了 top 这个关键字外，聪明的你应该很容易想到还有 bottom、left 和 right 几个值，如图 3.34 所示。

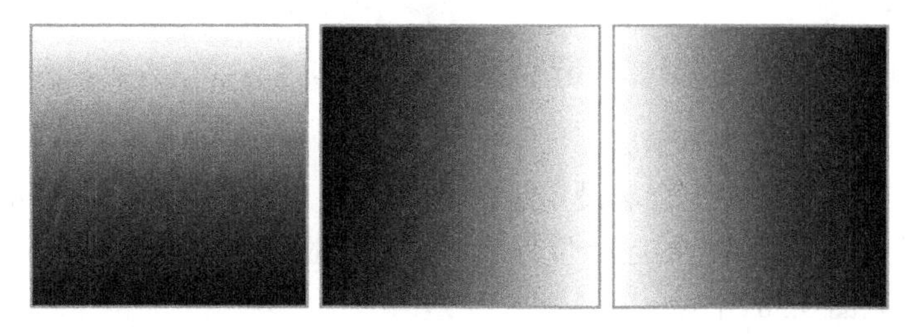

图 3.34　bottom、left 和 right 的渐变

除了这四个方向，也可以通过指定具体的角度数，单位为 deg（度），如图 3.35 所示。

图 3.35　指定角度的渐变

```
#div1 {
  background: -webkit-linear-gradient(45deg, black, white);
}
#div2 {
  background: -webkit-linear-gradient(-45deg, black, white);
}
#div3 {
  background: -webkit-linear-gradient(120deg, black, white);
}
```

第一个参数省略时渐变默认从上往下渲染，同时你也可以指定两种以上的颜色，如图 3.36 所示。

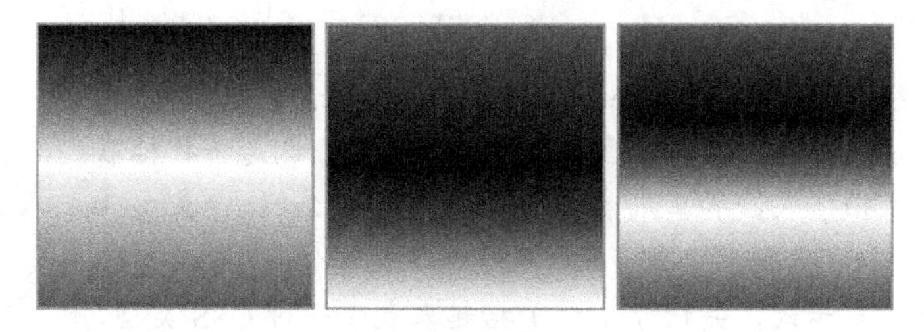

图 3.36　多颜色渐变

```
#div1 {
  background: -webkit-linear-gradient(black, white, gray);
}
#div2 {
  background: -webkit-linear-gradient(gray, black, white);
```

```
}
#div3 {
  background: -webkit-linear-gradient(gray, black, white, gray);
}
```

每一个逗号分割开来的颜色值也可以紧跟一个颜色终止值（color stops），通常可以指定为一个百分比：

```
background: -webkit-linear-gradient(top, black 20%, white 80%);
```

运行后的效果如图3.37所示。

如果没指定，则颜色终止会取设定颜色的中位值（即颜色变化均匀分布的），如果为矩形渐变设置了角度，则颜色的起始位置和终止位置的计算将进行相应的变化，变化过程具体如何可以参见图3.38所示。

图3.37　color stops

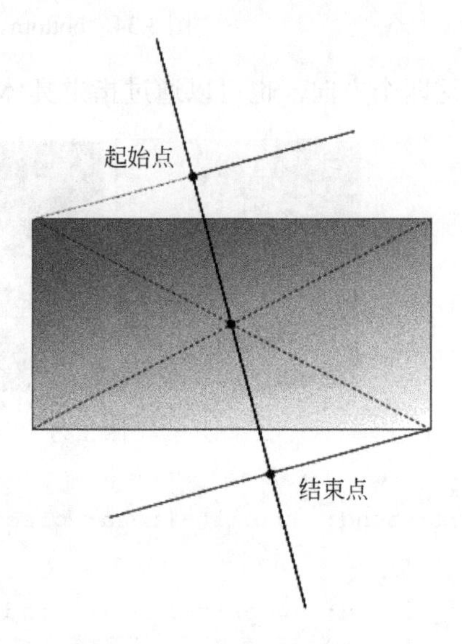

图3.38　带角度渐变的计算

附上线性渐变的语法：

```
linear-gradient(  [ <angle> | to <side-or-corner> ,]? <color-stop> [,
<color-stop>]+ )
<side-or-corner> = [left | right] || [top | bottom]
<color-stop>    = <color> [ <percentage> | <length> ]?
```

注意：如果你经常使用mozilla developer network或者查阅W3C的文档，你会发现上文这种语法格式非常常见，这是一种标准的语法文档格式，和正则表达式的文法非常类似：*表示0个或多个，+表示1个或多个，?表示0或一个，[]表示可选的分组，|表示或，尖括号（<>）括起来表示一种CSS类型，否则表示字面量。

图3.39　径向渐变

CSS 3中的另一种渐变是径向渐变。径向渐变是以圆心为起始点，向外发散的一种渐变，如图3.39所示。

```
background-image: -webkit-radial-gradient(circle, black, white);
```

径向渐变和线性渐变类似，也可以指定不同的方向和多个颜色（及终止值）：

```
.div1 {
  background-image: -webkit-radial-gradient(top, circle, black, white);
}
.div2 {
  background-image:  -webkit-radial-gradient(circle,  black,  white  20%,
gray);
}
.div3 {
  background-image: -webkit-radial-gradient(bottom, circle, black, gray 20%,
black 40% ,white 60%);
}
```

运行后的效果如图 3.40 所示。

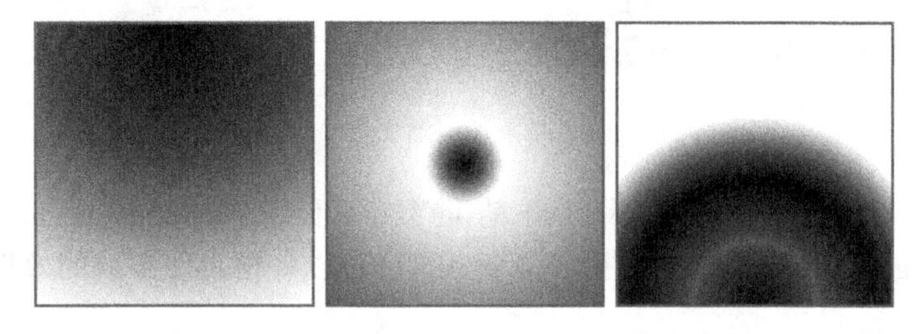

图 3.40　径向渐变

circle 类型的径向渐变表示渐变呈正圆，相应的也有 ellipse 类型的渐变，适合在非正方形的盒内使用：

```
.div1 {
  background-image:  -webkit-radial-gradient(ellipse,  red,  yellow  10%,
#1E90FF 50%, white);
}
.div2 {
  background-image:  -webkit-radial-gradient(circle,  red,  yellow  10%,
#1E90FF 50%, white);
}
```

运行后的效果如图 3.41 所示。

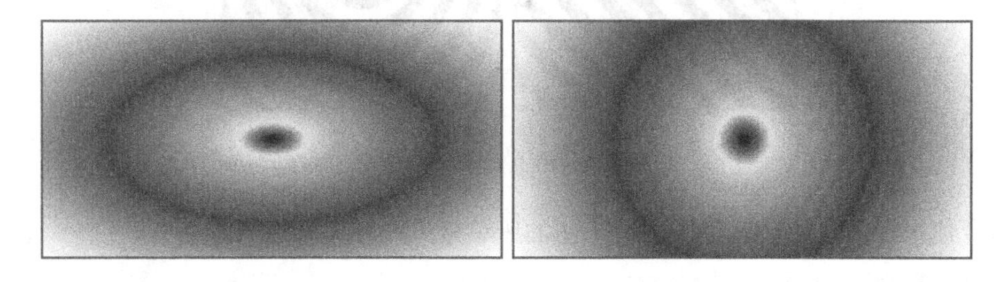

图 3.41　ellipse 和 circle

此外，径向渐变的尺寸还可以用 farthest-corner（最远的角）和 closest-side（最近的边）两个关键字来控制：

```
.div1 {
  background-image: -webkit-radial-gradient(circle farthest-corner, red,
```

```
yellow 10%, #1E90FF 50%, white);
}
.div2 {
 background-image: -webkit-radial-gradient(circle closest-side, red,
yellow 10%, #1E90FF 50%, white);
}
```

运行后的效果如图 3.42 所示。

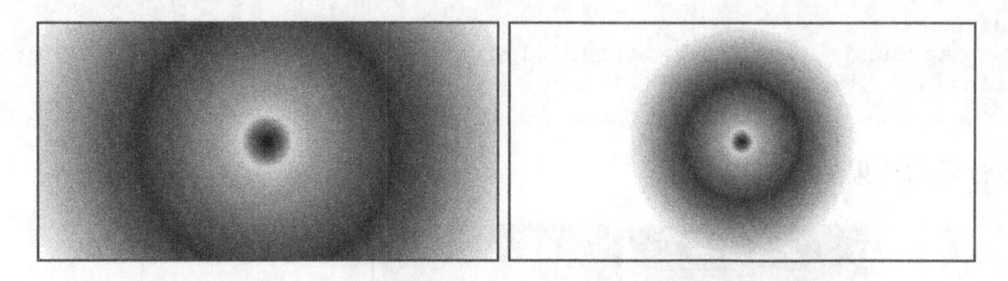

图 3.42　径向渐变尺寸

径向渐变和线性渐变都不会自动重复，还好有 repeating-linear-gradient 和 repeating-radial-gradient 属性提供了重复渐变，这样可以轻松实现条纹的效果：

```
.div1 {
 background-image: -webkit-repeating-linear-gradient(-45deg, black,
black 5px, white 5px, white 10px);
}
.div2 {
 background-image: -webkit-repeating-radial-gradient(circle, black,
black 5px, white 5px, white 10px);
}
```

运行后的效果如图 3.43 所示。

图 3.43　利用重复渐变实现条纹

组合使用多个渐变甚至可以实现华丽的床单效果：

```
background-image:
-webkit-repeating-linear-gradient(90deg, transparent, transparent 50px,
     rgba(255, 127, 0, 0.25) 50px, rgba(255, 127, 0, 0.25) 56px, transparent
56px, transparent 63px,
     rgba(255, 127, 0, 0.25) 63px, rgba(255, 127, 0, 0.25) 69px, transparent
69px, transparent 116px,
     rgba(255, 206, 0, 0.25) 116px, rgba(255, 206, 0, 0.25) 166px),
-webkit-repeating-linear-gradient(0deg, transparent, transparent 50px,
rgba(255, 127, 0, 0.25) 50px,
```

```
    rgba(255, 127, 0, 0.25) 56px, transparent 56px, transparent 63px,
rgba(255, 127, 0, 0.25) 63px,
    rgba(255, 127, 0, 0.25) 69px, transparent 69px, transparent 116px,
rgba(255, 206, 0, 0.25) 116px,
    rgba(255, 206, 0, 0.25) 166px)),
-webkit-repeating-linear-gradient(-45deg, transparent, transparent 5px,
rgba(143, 77, 63, 0.25) 5px,
    rgba(143, 77, 63, 0.25) 10px),
-webkit-repeating-linear-gradient(45deg, transparent, transparent 5px,
rgba(143, 77, 63, 0.25) 5px,
    rgba(143, 77, 63, 0.25) 10px);
```

运行后的效果如图 3.44 所示。

图 3.44　条纹床单

2. 阴影

说完渐变，再来说说阴影。CSS 阴影一般说来包括两类，一类是文字阴影，另一类是盒阴影。文字阴影由 text-shadow 属性来设置，白色的字套上简单的一层带高斯模糊的黑色阴影就可以产生常见的立体字效果：

```
text-shadow:1px 1px 4px gray;
```

运行后的效果如图 3.45 所示。

其中，第一和二个值表示阴影在 X 和 Y 方向上的位移，第三个值表示模糊（blur）的半径，最后一个表示阴影的颜色。

同样的文字可以设置多个阴影，每组阴影值由逗号隔开，通过多个阴影的配合，可以实现一些有趣的效果。比如组合四个不同方向的阴影，可以实现空心字的效果：

```
text-shadow:-1px 0px 0px gray,
            1px 0px 0px gray,
            0px 1px 0px gray,
            0px -1px 0px gray;
```

运行后的效果如图 3.46 所示。

立体的字　　带框的字

图 3.45　text-shadow　　　　图 3.46　多个 text-shadow

除了文本阴影，还有一种阴影是盒阴影（box-shadow）。盒阴影和文本阴影非常类似，不过它的作用对象不是文字而是页面中的框（可以是行内框也可以是块框）：

```
.div1 {
  display: inline;
  box-shadow:3px 2px gray;
}
.div2 {
  box-shadow:3px 2px 5px gray;
}
```

运行后的效果如图 3.47 所示。

盒阴影的形状与盒子的形状有关，而且加上 inset 关键字可以实现内阴影：

```
border-radius: 5em/2em;
box-shadow: 1px 1px 5px gray, -1px -1px 5px gray inset;
```

运行后的效果如图 3.48 所示。

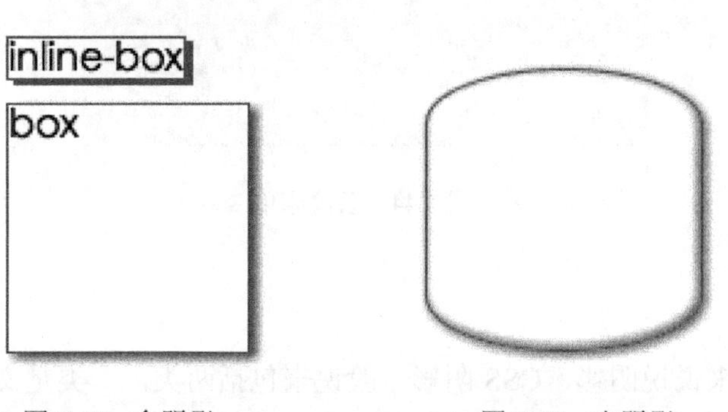

图 3.47　盒阴影　　　　图 3.48　内阴影

光说不练假把式，还是来一个使用渐变和阴影的真实案例吧！渐变在视觉上可以产生强烈的透视感和空间感，被广泛用在各种设计场景中，比如最最常见的立体按钮：

```
.btn {
  /* 渐变函数返回 css image 类型 */
  background-image: -webkit-linear-gradient(top, #adda4d, #86b846);
  text-shadow: 0 1px 0px rgba(255,255,255,.3); /* 加上亮色的半透文字阴影，可以
让文字有内凹感 */
  border: 1px solid #6d8f29;
  color: #3e5e00 !important;
  min-width: 56px;
  width: auto;
  border-radius:8px;
  -webkit-appearance: none;                /* 去掉 webkit 内核预定义的控件样式 */
  display:inline-block;
  padding:4px 8px;
}
```

运行后的效果如图 3.49 所示。

如果为按钮加上一点内外阴影，立体效果会更加显著：

```
box-shadow: 0 1px 0 rgba(255,255,255,.5) inset,0 1px 0 rgba(0,0,0,.2);
```

为了确保它在尽可能多的浏览器中，如图 3.50 所示。

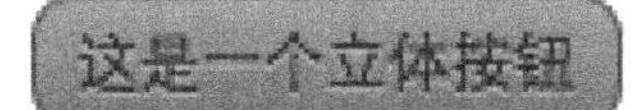

图 3.49　按钮

图 3.50　按钮

一个能被按下的按钮的设计自然不应少了被按下的状态：

```
.btn:active {
  /* 在背景颜色上变深，渐变幅度变小，以及一定程度的内阴影可以实现按钮被按下的光影效果 */
  background: -webkit-linear-gradient(top, #9ac244, #78a53e);
  box-shadow: 0 1px 2px rgba(0,0,0,.3) inset;
}
```

运行后的效果如图 3.51 所示。

图 3.51　按钮状态

注意：渐变和阴影虽然在移动设备上被广泛支持，但是由于阴影和渐变的渲染非常的耗费 CPU 资源，因此对于移动应用应该尽量少用这些设计元素。

3.4.3　自定义字体

之所以把自定义字体单独拿出来讲，是因为现在自定义字体除了能丰富网站阅读体验，更重要的是可以很大程度上替代图片的使用。

早几年间，无论是软件还是网站的图标设计都走的是拟物化和卡通化路线，如图 3.52 所示。

近两年图标设计界中流行元素越来越趋向于简洁和扁平化，如图 3.53 所示。

图 3.52　早年间的图标设计

图 3.53　近两年的图标设计

正是这样的流行趋势使得自定义字体能在网页设计中大放异彩，比如 github 所有的图标都是使用自定义字体实现的，如图 3.54 所示。

图 3.54　github 的图标

用自定义字体实现图标有几个明显的好处：

- 字体文件小，相比图片更省网络资源。
- 字体是矢量元素，且尺寸和颜色都可以使用 CSS 控制，可以更加高效方便地构建皮肤系统。同是矢量的原因，图标缩放自如，完美适配 retina 屏幕。
- 兼容性好（甚至包括 IE 6）。

那么如何实现呢？绘制图标和制作字体的过程你可能需要用到 PhotoShop、illustrator 和 FontLab 等软件，这是属于设计师们的工作，在这里不做更多详细说明。假设我们现在有这样一个 ttf 格式的 icon.ttf 字体文件，那么我们先要利用@font-face 规则（rule）声明一种字体：

```
@font-face {
  /* 指定字体的名字 */
  font-family: 'myfont';
  /* 指定字体文件的路径 */
  src: url('/icon.ttf');
}
```

声明好字体后，便可以在各种地方使用它了：

```
h2 {
  font-family: 'myfont';
}
```

如果元素中出现了定义的字体中没有的字符，那么会 fallback 到系统默认字体进行显示。自定义字体在用作图标时，更多是配合伪元素 content 属性来实现：

```
.icon-home {
  display: inline-block;
  width:16px;
  height:16px;                        /* 元素本身设置宽高用于占位 */
}
.icon-home:after {
  font-family: 'myfont';
  width:16px;
  height:16px;                        /* 元素本身设置宽高用于占位 */
  margin-left: -16px;                 /* 向左移动 16px,使得字符正好填充原始元素 */
  content: '\f24f';                   /* 这里可以使用 unicode 编码，也可以使用具体的字
符，这取决于你字体文件中字形的具体字符是什么 */
}
```

对于大部分前端工程师而言，并没有太多功夫或者能力去设计和制作自己想用的字体图标，得益于开源世界的馈赠。几乎绝大部分在开发一个网站或应用所会用到的图标，都有合适的且免费的方案，在这里推荐一个 github 上热门的字体项目 Font Awesome，它包含了所有 bootstrap 项目中的图标和其他额外总计 249 个图标，甚至还包含附赠一些带有动画效果的字体样式，如图 3.55 所示。

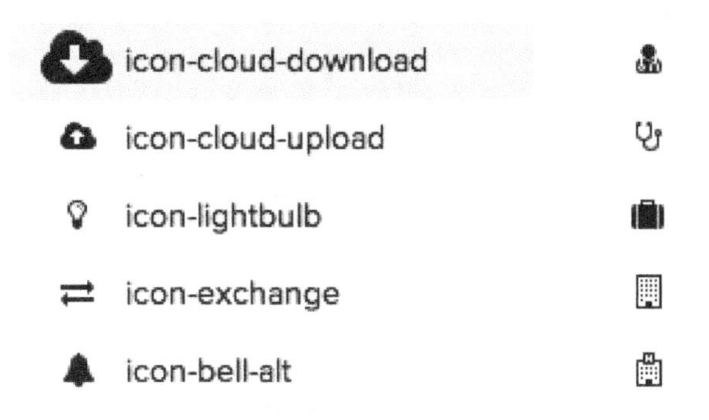

图 3.55　font awesome 项目

更多关于 font awesome 的内容可参见 http://fortawesome.github.com/Font-Awesome。

注意：自定义字体的文字多用于广告海报、艺术字和标题字等设计场景，欧美国家在字体设计方面有着先天的优势——英文字母一共就 26 个，即便算上大小写数字特殊字符也才一共 100 来个字形（其他西欧文字也类似）。而对于以咱们国家（以及其他使用 CJK 文字的国家）为代表的象形文字因为字符集庞大，动辄上万字的字符量使得开发一种新字体的工作量会异常巨大，所以时至今日中文字体也没有太多品种可供选择，万幸的是现在已经有越来越多的能人志士认识到字体排印工作的重要性并投身到其中来，中文字体的兴盛相信也指日可待。

3.5　CSS 3 布局之道

布局是 CSS 中经久不衰的话题，从过去的 table 布局到浮动布局再到而今的响应式布局，这些布局技术或者技巧的研究总是能掀起网页开发的一股股潮流。随着移动互联网的发展以及和传统互联网的进一步融合，掌握多环境下的布局技术对前端开发人员越来越重要。CSS 3 自然不会逆着历史洪流而行，CSS 3 中提供了许多新技术用于页面（乃至其他媒体）的布局。

3.5.1　炒冷饭——负边距与浮动

浮动布局大概是 Web 世界最被广泛使用的布局方式了，配合负边距的使用，能实现许多自适应强易扩展的效果——著名的有“双飞翼布局”（又称“圣杯布局”）：

```
<div id="page">
    <div id="hd">
        <p>Header</p>
    </div>
    <div id="bd">
        <div class="main">
            <div class="main-wrap">
                <p>Main</p>
            </div>
        </div>
```

```
        <div class="sub">
            <p>Sub</p>
        </div>
        <div class="extra">
            <p>Extra</p>
        </div>
    </div>
    <div id="ft">
        <p>Footer</p>
    </div>
</div>
```

对于上面的文档结构，要实现的效果是 sub 和 extra 区域固定宽度，main 区域出现在中间且随窗口尺寸自动变化。双飞翼布局的基本思路是让三个盒子都向左浮动，同时将 sub 盒向左“移动”距离（即 margin-left: -100%），这样 sub 将会重叠在 main 盒上面并紧贴父元素左边缘，extra 盒也做同样的处理，不过只向左“移动”230px，这样就让 extra 紧贴父元素的右边缘放置，main-wrap 盒再施以合适的左右边距，便可以实现图 3.56 所示的布局效果。

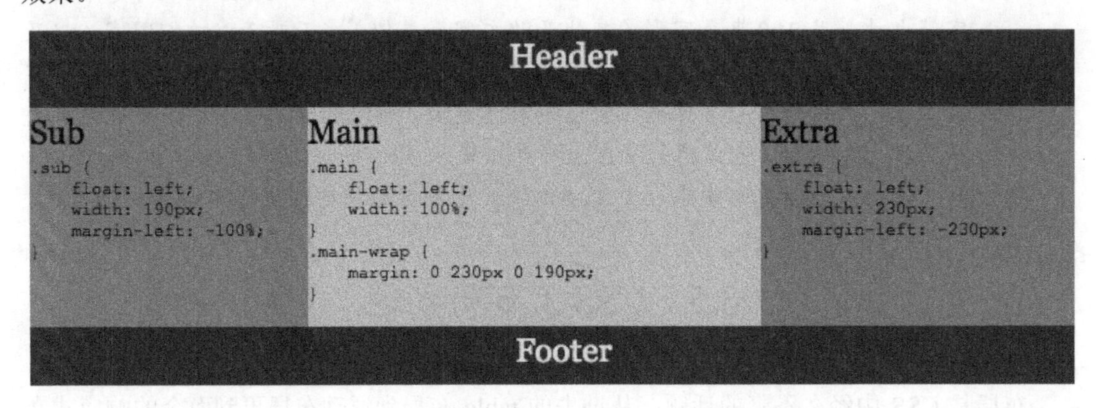

图 3.56　双飞翼布局

这种布局可以保证主要内容（main）在整个文档中靠前出现，这样在网速比较慢时重要内容也能率先渲染出来。此外，该布局能够随屏幕尺寸变化自动伸缩主区域，而且其布局思想也可以轻易扩展到左右两栏的场景。

3.5.2　栅格系统与多列布局

从上面的例子可以看出，利用浮动可以很方便地实现栅格系统，进而实现多列布局。比如一个简单的 960 像素宽的 4 列栅格系统：

```
.row {
  width: 960px;
}
.row:after {
  clear: left;
  content: '';
  display: table;              /* 清除行中浮动 */
}
[class^="col"] {
  float: left;
```

```
}
.col1 {
  width: 25%;
}
.col2 {
  width: 50%;
}
.col3 {
  width: 75%;
}
```

很简单对吧？使用它也非常简单：

```
<div class="row">
  <div class="col1"> .col1 </div>
  <div class="col2"> .col2 </div>
  <div class="col1"> .col1 </div>
</div>
```

最终效果类似于图 3.57 所示。

图 3.57　简单栅格系统

同样的原理，可以轻易扩展到 8、12 列甚至 16 列的栅格系统。

栅格系统虽然可以实现按列布局，但是却不能实现分栏布局，分栏布局多见于纸质出版物。CSS 3 中提出了多列布局模块（Multi-column Layout Module）可以满足这一需求：

```
#paragraph {
  /* 列数 */
  -webkit-column-count: 2;
  /* 指定每列固定宽度，但列的实际宽度和容器宽度也有关系 */
  -webkit-column-width: 10em;
  /* 列与列中间的空隙 */
  -webkit-column-gap: 5em;
  /* 列中间的分割线，类似 border 的值 */
  -webkit-column-rule: 6px solid blue;
}
```

放在段落里的内容最后的布局如图 3.58 所示。

我说道：“爸爸，你走吧。”他望车外看了看说：“我买几个橘子去。你就在此地，不要走动。”我看那边月台的栅栏外有几个卖东西的等着顾客。走到那边月台，须穿过铁道，须跳下去又爬上去。父亲是一个胖子，走过去自然要费事些。我本来要去的，他不肯，只好让他去。我看见他戴着黑布小帽，穿着黑布大马褂，深青布棉袍，蹒跚地走到铁道边，慢慢探身下去，尚不大难。可是他穿过铁道，要爬上那边月台，就不容易了。他用两手攀着上面，两脚再向上缩；他肥胖的身子向左微倾，显出努力的样子。

图 3.58　多列布局

CSS 3 多列布局模块在一定程度上增强了 HTML 文档的表现力，也使得 HTML 相关技术能应用在更广的场景，如电子出版领域。

3.5.3　弹性盒布局（Flexible Box）

Flexible 在英文中的本意是“可弯曲的、柔韧的”。不得不赞叹的是，CSS 3 中 Flexible Box 所呈现出的特性无比契合它柔韧的本意。

先试想这样一种再常见不过的需求：在一个页面的 header 里存在一些导航按钮，页面要适应各种屏幕分辨率（包括手持设备），要求这些按钮能均匀排满整个页面（且只有一行）。

```
<div class="header">
  <a class="A" href="/home">主页</a>
  <a class="B" href="/about">关于</a>
  <a class="C" href="/archive">存档</a>
</div>
```

可能你的脑海里会立马蹦出来浮动两字儿。嗯，没错，利用浮动加上相对父元素百分比的宽度可以实现这一点：

```
.header {
  .clearfix; /* 伪代码，清除 header 的浮动 */
}
a {
  /* 浮动加百分比宽度 */
  float: left;
  width: 33.33%;
  display: block;
  text-align: center;
  outline: 1px solid gray;
}
```

运行后的效果如图 3.59 所示。

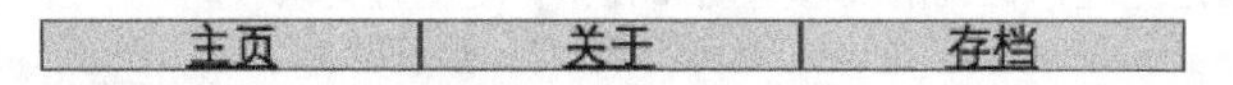

图 3.59　浮动实现

这时候棘手的问题来了，要是这些导航按钮的数目不是固定的，怎么办？仔细想想，似乎可以将 A 标签 display 为 inline-block，然后 text-align:justify？思路不错，可惜 jusify 本来是用来做文字排版，对于单行的情况，将失去分散对齐的作用，即便使用伪元素硬生生在其后插入一行，也不能解决容器高度增长的问题。纯 CSS 已经没辙了，看来只能借助于 JavaScript，当导航栏里面的按钮数目变化时，动态计算其 width 应该是多少。但用 JavaScript 来做排版用总归有点麻烦，要是这时候再提出需要鼠标 hover 时自动按比例增长相应条目……愿上天保佑你的产品经理想象力贫乏不堪。

不过也不要怕，救星来了，看看用 flexible box 怎么实现上面这些“奇葩”需求：

```
.header {
  /* 容器 */
  display: -webkit-flex;
}
a {
  text-align: center;
```

```
  -webkit-flex: 1;
}
a:hover {
  /* 鼠标移入时变宽一点点 */
  width: 160px;
}
```

运行后的效果如图 3.60 所示。

主页　关于　存档

图 3.60　弹性盒实现

什么？已经好了？没错，已经完美实现上面的需求——弹性盒就是这样神奇的东西，且听我在下文细细道来。

弹性盒和表格、定位、块（display:block）等一样是一种针对元素框的布局模式（layout mode），它专为不同尺寸和不同设备的元素排布而设计，可以说它就是为移动而生的强大技术。弹性盒利用弹性盒实现以往需要多种技术配合才能实现的常规布局将变得异常容易，也无须考虑浮动塌陷和边距折叠等恼人的问题。

从上例可以看到，弹性盒非常易于使用，利用 display:flex 可以定义一个弹性盒（flexbox）容器，在这个容器内的子元素能够以水平方向排列，其子元素的 flex 属性设置为 1 表示每个子元素都占据父元素水平方向的一份空间，这样其尺寸能够自动填充适应其可显示的空间，也可以单独为每个子元素设置它所占父元素的比例：

```
.A, .C {
  -webkit-flex: 1;
}
.B {
  -webkit-flex: 2;
}
```

这种情况父元素将被分成四等分，B 元素占两份，如图 3.61 所示。

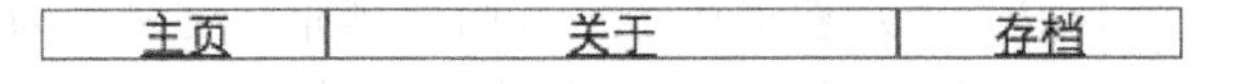

图 3.61　弹性盒的空间划分

当然，弹性盒能做的远不止此，容器内的子元素其实可以按任意方向（水平或者垂直）分布，宽高的比例也可以自由调整，甚至元素显示的顺序也可以随意指定——真正做到最终渲染与源码无关。可以大言不惭的说，几乎所有能够用大脑想到的页面布局弹性盒都能胜任，而且在代码层面可以做到十分优雅。

要深刻理解弹性盒，必须先将弹性盒与其他盒子完全分开来对待，它和 inline 和 block 元素都不再是一路人，各种文档流浮动定位规则也都不再适用于它，如图 3.62 所示。

对照这幅图需要理解这样几个核心概念。

1. 弹性容器（flex container）

display 属性为 flex 或者 inline-flex 的元素将会变成一个弹性容器。如果是 flex，那么对于容器外的元素它将表现得和 block 类似，占据一整行空间，边距也会与其他元素发生折叠，而 inline-flex 则表现得和 inline-block 类似。

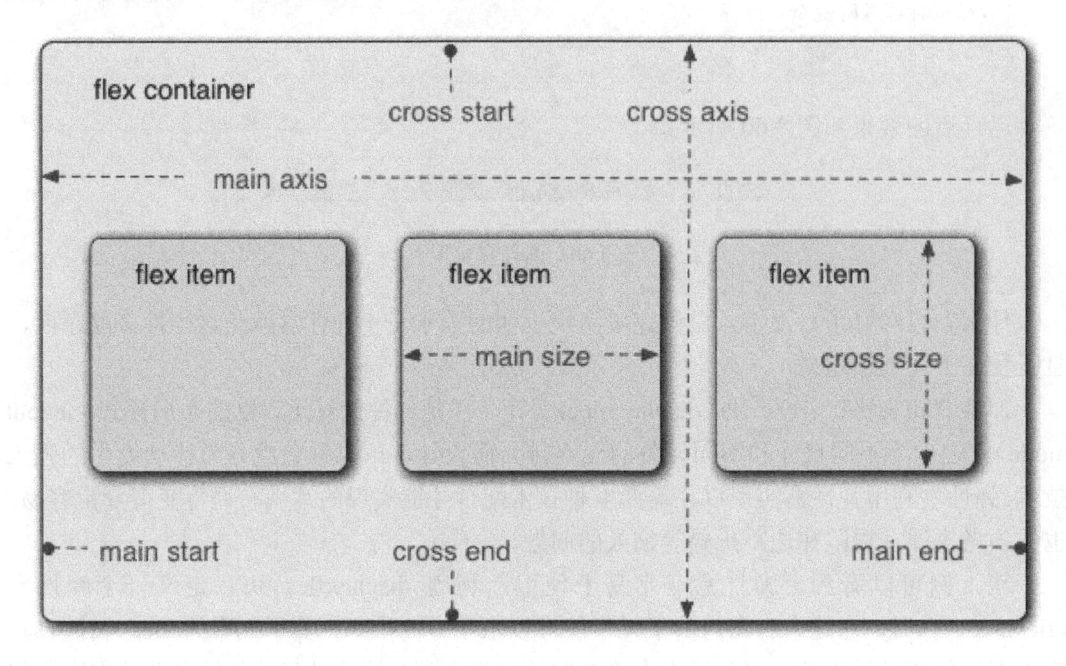

图 3.62　弹性盒核心概念

2．弹性项（flex item）

弹性容器内的子元素将自动成为可供布局的弹性项，如果弹性容器中包含子文本节点，则这些文本节点会被包裹进匿名弹性项中（和匿名行框类似）。

3．轴线（Axis）

默认情况下弹性容器中的子元素将在水平方向上排布，这是因为弹性容器的主轴线（main axis）在未指定的情况下是基于行（row）的，与主轴线垂直相交的自然是副轴线（cross axis）。主轴线可以通过给弹性容器设置 flex-flow 属性来改变：

```
<div class="flex-box">
  <div class="A"> A </div>
  <div class="B"> B </div>
  <div class="C"> C </div>
</div>
```

虽然源码中是按 A、B、C 排列，通过将 flex-flow 设置为 column-reverse 实现按列逆序排列：

```
.flex-box {
  display: -webkit-flex;
  /* flex-flow 可以被设为 row、row-reverse、column 和 column-reverse 四种值 */
  -webkit-flex-flow: column-reverse;
}
```

运行后的效果如图 3.63 所示。

元素在弹性容器里的排布和轴线方向是一致的，对于从左至右的书写环境（wrting mode），主轴线若被设置为 row，则其开始方向（main start）是容器的左边缘。结束方向（main end）在右边缘。如果是 column-reverse，则开始方向将变成容器下边缘。副轴线类似的也有开始方向（cross start）和结束方向（cross end）。

图 3.63　按列逆向排布

除了定义弹性项的排布方向，轴线对弹性项在轴线方向上的对齐（align）也有很大影响。

- flex-direction：实际上 flex-flow 属性是 flex-direction 和 flex-wrap 的快捷方式，flex-direction 定义了排布是按行还是按列——也就是说定义了主轴线的方向。flex-wrap 可以控制在弹性项宽度（或者高度）超过主轴线长度时是否折行。
- justify-content：对于弹性项没有填满弹性容器的情况，justify-content 定义了弹性项们在主轴线上如何对齐，可以左右对齐（flex-start 或 flex-end），也可以居中（center），分散对齐有两种情况，一种是 space-around，元素会均匀分布：

- 另一种是 space-between，两边的元素会紧靠边缘：

- align-content：justify-content 控制元素在主轴线的排布，align-content 则控制元素在副轴线上排布——当然前提是容器的高度要大于子元素高度才会生效，可取的值有 flex-start | flex-end | center | space-between | space-around | stretch。相比于

justify-content 多了一种 stretch，此时会将元素拉伸成和容器一样高：

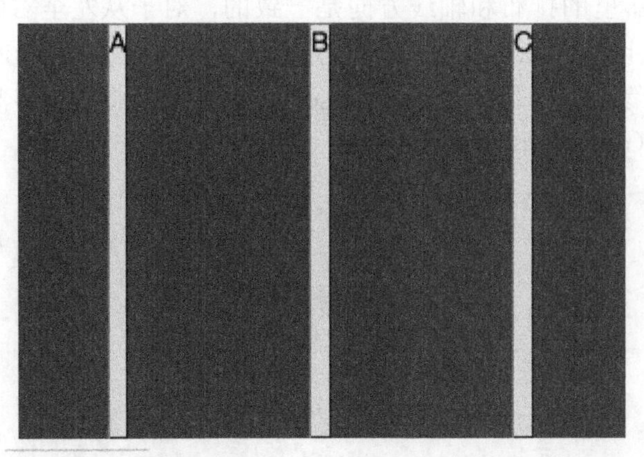

- ❑ align-items：在元素高度不一致时（或者说在副轴线方向的尺寸不一致时）的对齐方式。

4．方向（Directions）

除了 flex-direction 可以指定主轴线的方向（*-reverse 反向），对每个弹性项应用 order 属性可以指定一个元素在主轴线上出现的顺序：

```
.A {
  -webkit-order: 2;
}
.B {
  -webkit-order: 3;
}
.C  {
  -webkit-order: 1;
}
```

运行后的效果如图 3.64 所示。

图 3.64　指定顺序显示

5．尺寸（Dimensions）

弹性项的具体尺寸通常来讲是不可知的，且不再被成为“宽”和“高”，而是成为主尺寸（main size）和副尺寸（cross size）。对具体弹性项应用 flex 属性可以调整该项的尺寸。flex 属性实际是下面三个属性的简写。

- ❑ flex-basis：指定弹性项的基准尺寸，可以是任意长度单位，默认情况下是 auto，这时弹性项的具体尺寸由 flex-grow、flex-shrink 属性和容器的尺寸共同决定。
- ❑ flex-grow：指定一个自然数，以容器主轴线的“份数”来定义弹性项的主尺寸。
- ❑ flex-shrink：同样是自然数，指定弹性项的收缩因子（flex shrink factor），这意味着，当指定了弹性项的基准尺寸但容器的尺寸却小于所有弹性项基准尺寸的和时，就以flex-shrink指定的份数来分配空间，反之则使用flex-grow的值来分配空间（如果没有指定flex-basis的值，flex-shrink的值不会起作用）。

由于弹性盒是一种全新的布局模式，因此应用了flex相关属性的元素将不再受float、clear、vertical-align等和定位相关属性的影响（也包括column-*相关属性），这一点请务必切记。

此外，截止到撰稿时弹性盒被大多数现代浏览器（不包括IE 9）部分支持，如果你想要在iOS和Android平台使用都是没有问题的，但是记得加-webkit-前缀，对于实现了老版本弹性盒的浏览器，CSS的写法可能会有些许不同（-webkit-flex属性可能会写作-webkit-box属性）。

3.6 动 起 来

jQuery如此广泛流行的一个重要原因就是其功能强大而使用简单的动画方法，然而网页设计对动画要求越来越高，基于JavaScript的动画效果无论从实现上还是性能上对于开发者来讲都是巨大的考验。CSS 3动画相关模块的提出解放了JavaScript程序员，配合CSS 3的变形模块，设计人员可以轻易实现复杂绚丽的动画效果。本节内容将简单介绍CSS变形和动画相关的内容。

3.6.1 CSS变形（CSS transform）

对于最终显示在浏览器中的HTML元素（文字或者图片）而言，它们本质上都是绘制到屏幕上的图形，CSS 3变形模块提供了对页面上文字和图片进行旋转、缩放、倾斜和移动的能力。

transform和transform-origin是CSS变形最主要的两个属性，transform指定要对元素进行哪些变形，transform-origin则指定变形的起始位置。

最基本的变形是旋转（rotate）：

```
#div1 {
  background: yellow;
  width :200px;
  -webkit-transform: rotate(20deg);
}
```

运行后的效果如图3.65所示。

除了rotate函数，变形函数还有skewx（倾斜）、translate(位移)和scale（缩放）几种基本变形函数，他们的效果如图3.66所示。

通过设置transform-origin可以指定元素变形基于的原点，比如：

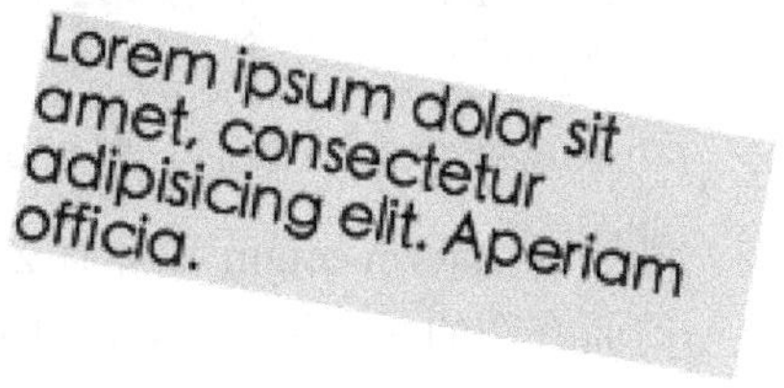

图3.65　基本变换——旋转

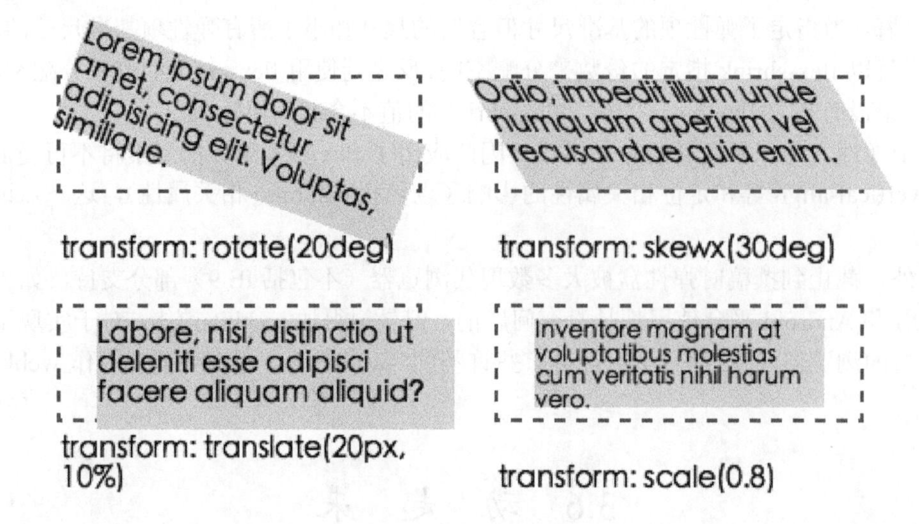

图 3.66　常见变形函数

```
#div1 {
  -webkit-transform-origin: top left;
}
#div2 {
  -webkit-transform-origin: center 140px;
}
```

运行后的效果如图 3.67 所示。

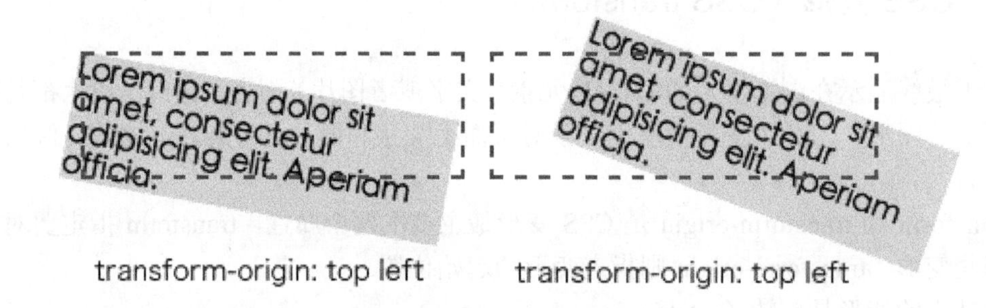

图 3.67　改变变形的默认原点

transform-origin 最多接受三个值，分别是 x、y 和 z 三个轴向的偏移量，其语法是：

```
transform-origin: [ <percentage> | <length> | left | center | right | top
| bottom] |
  [ [ <percentage> | <length> | left | center | right ] &&
    [ <percentage> | <length> | top | center | bottom ] ] <length>?
```

既然 transform-origin 都拥有 z 轴偏移，那 transform 自然没理由不支持 3D 变形——相比与前面介绍的 2D 变形函数，其实也就多了 3d 的后缀而已：

```
body {
  -webkit-perspective: 100px;
}
.div1 {
```

```
  /* 参数前三个值分别表示旋转时基于的 x、y 和 z 轴的坐标，取值为 number */
  -webkit-transform: rotate3d(1, 2.0, 3.0, 10deg);
}
.div2 {
  /* 三个参数表示元素基于 x、y 和 z 轴移动的长度值，其中 z 轴上的移动在视觉上依赖于页面透视空间的深度 */
  -webkit-transform: translate3d(10px, -20px, -10px);
}
.div3 {
  /* 同样针对 x、y 和 z 轴进行缩放，要注意 z 轴的缩放和元素在 z 轴上的位置相关 */
  -webkit-transform: scale3d(0.8, 1.2, 2) translateZ(5px);
}
```

运行后的效果如图 3.68 所示。

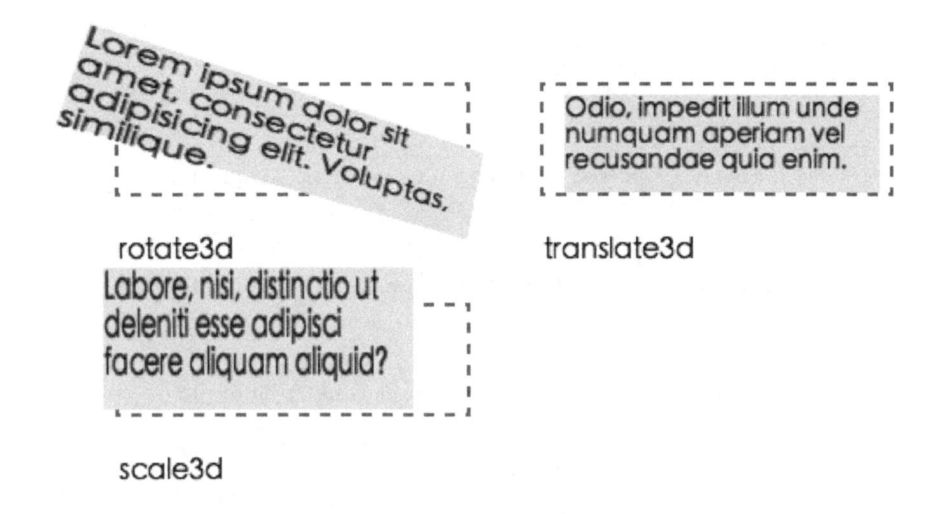

图 3.68　3d 变形

1．透视（perspective）

要理解 3d 变形，关键是理解透视这个概念。在上面的例子中，我们给 body 设置了 perspective 属性，它表示了某元素的深度，比如现在要实现一个六面体：

```
<div class="cube">
  <div class="middle"></div>
  <div class="front">1</div>
  <div class="back">2</div>
  <div class="right">3</div>
  <div class="left">4</div>
  <div class="top">5</div>
  <div class="bottom">6</div>
</div>
```

然后对六个面进行变形：

```
.cube > div {
  display: block;
  position: absolute;
  width: 100px;
  height: 100px;
```

```
  line-height: 100px;
  font-size: 60px;
  color: white;
  text-align: center;
}
.middle {
  /* middle 用来展示基准面 */
  border: 1px dashed black;
  background: transparent;
}
.front {
  border: none;
  background: rgba(   0, 0, 0, 0.3 );
  -webkit-transform: translateZ( 50px );
}
.back {
  background: rgba(   0, 255,   0, 1 );
  -webkit-transform: translateZ( -50px );
}
.right {
  background: rgba( 196,   0,   0, 0.7 );
  -webkit-transform: rotateY( 90deg) translateZ( 50px );
}
.left {
  background: rgba(   0,   0, 196, 0.7 );
  -webkit-transform: rotateY(-90deg) translateZ( 50px );
}
.top {
  background: rgba( 196, 196,   0, 0.7 );
  -webkit-transform: rotateX( 90deg) translateZ( 50px );
}
.bottom {
  background: rgba( 196,   0, 196, 0.7);
  -webkit-transform: rotateX( -90deg) translateZ( 50px );
}
```

如果我们没有设置任何透视属性，那么最终的结果是没有结果，如图 3.69 所示。

图 3.69　失败的六面体

2. 为 cube 元素加上透视

现在我们为 cube 元素加上透视：

```
.cube {
  width: 200px;
  height: 200px;
  /* 透视深度*/
```

```
  -webkit-perspective: 250px;
  /* preseve-3d 指定元素的子元素在 3d 空间内定位 */
  -webkit-transform-style: preserve-3d;
  /* 指定用户从哪个方向看过来的 */
  -webkit-perspective-origin: -100% -50%;
}
```

运行后的效果如图 3.70 所示。

图 3.70　成功的六面体

注意：无论是 3D 还是 2D 变形，其实从本质上而言都是矩阵变换（matrix transform）的结果。CSS 中也提供了更加底层的 matrix 和 matrix3d 函数，skew、translateh 和 translate3d 等函数其实都是 matrix 和 matrix3d 函数的特例，理解矩阵变换如何作用于元素需要一定的线性代数和三角函数相关知识，囿于篇幅和主题原因本书也不再展开讲解，有兴趣的读者可以自行研究。

3.6.2　CSS 过渡（CSS Transitions）

页面动画在很长一段时间里都是 JavaScript 的专利，写一个 div 在 hover 时向右移动 100px 的动画效果可能得这样：

```
<html>
<head>
  <title></title>
  <style>
    #div1 {
      width: 40px;
      height: 40px;
      position: relative;
      background: #ccc;
      padding: 5px;
    }
  </style>
</head>
<body>
<div id="div1">
  hover
```

```
  右移
</div>
<script>
var div = document.getElementById('div1'), timer1, timer2
div.onmouseover = function (e) {
  clearInterval(timer2)
  timer1 = setInterval(function () {
    var curLeft = parseInt(div.style.left) || 0
    if (curLeft > 100) {
      clearInterval(timer1)
    } else {
      div.style.left = curLeft + 1
    }
  }, 2)
}
div.onmouseout = function (e) {
  clearInterval(timer1)
  var timer2 = setInterval(function () {
    var curLeft = parseInt(div.style.left) || 0
    if (curLeft <= 0) {
      clearInterval(timer2)
    } else {
      div.style.left = curLeft - 1
    }
  }, 2)
}</script>
</body>
</html>
```

代码冗长不堪，不支持动画时长和缓动等效果，而且还有潜在的性能问题。利用 jQuery，代码可以简化许多，最终可能是这样：

```
$('#div1').mouseenter(function (e) {
  $(this).stop().animate({'left': 100})
}).mouseleave(function (e) {
  $(this).stop().animate({'left': 0})
})
```

而利用 CSS 3 transition，可以不写一行 JavaScript 代码实现上面的动画，而且效果完美：

```
#div1 {
  transition: all 0.8s;
}
#div1:hover {
  left: 100px;
}
```

transition 动画的关键在于元素状态的变迁，如果没有设置 transition 动画，则两个状态的变迁是瞬时的，如果设置了 transition 动画，则两个状态之间的中间状态将会被自动计算，并以动画形式进行状态变迁。举例来说，我们给一张图片设置如下 CSS：

```
img {
  /* 匹配的 img 元素在 width 或 height 发生改变时会以动画形式变化，且动画时长为一秒 */
  transition: width 1s, height 1s;
}
```

如果它在起始状态下的尺寸是 200×100，我们通过 JavaScript 将其尺寸的结束状态设置为 180×90：

```
var img = document.getElementById('img1')
img.style.width = 180
img.style.height= 90
```

这时候图片会动态改变其尺寸大小，如图 3.71 所示。

图 3.71　CSS transition 原理示意

可以应用 transition 的属性非常多，width、margin、color、background-color、opacity……甚至 transform 属性也可以被动画化：

```
.box {
  width: 100px;
  height: 100px;
  background-color: #0000FF;
  -webkit-transition:width 2s, height 2s, background-color 2s,
-webkit-transform 2s;
}
.box:hover {
  /* 鼠标 hover 时放大并变色，同时旋转 180 度*/
  width:200px;
  height:200px;
  background-color: #FFCCCC;
  -webkit-transform:rotate(180deg);
}
```

如果配合 3D transform，用 CSS 就可以实现 3D 动画了。

transition 是一个复合属性，由以下属性构成。

- transition-property：应用动画的属性，如果使用关键字 all，那么只要支持动画的属性在状态变迁时都会以动画过渡。
- transition-duration：动画过渡的时长，使用秒（s）或者毫秒（ms）作单位。
- transition-timing-function：缓动函数，默认是 ease（先慢后快然后再慢），你也可以设置 ease-in（先慢后快）、ease-out（先快后慢）和 linear（线性）等等预设函数，甚至还有 steps 函数可以对动画设置固定数量的关键帧。如果你熟悉三次贝塞尔曲线（cubic Bezier curve）的基本原理，还可以使用强大的 cubic-bezier 函数创作出更复杂缓动效果。
- transition-delay：动画开始前的延迟时间。

如果你想对应用了动画的元素进行更多的控制，可以在 JavaScript 侦听元素事件来实现。目前只有一个 transitionend 事件在动画结束后触发，且需要加上 webkit 前缀：

```
el.addEventListener("webkitTransitionEnd", updateTransition, true);
```

配合 JavaScript，实现一些有趣的效果也变得非常容易，下面给出一个小球跟随鼠标单击的示例：

```
<html>
<head>
  <style>
  #foo {
    border-radius:50px;
    width:50px;
    height:50px;
    background:#c44;
    position:absolute;
    top:0;
    left:0;
    -webkit-transition: all 1s;
  }
  </style>
</head>
<body>
<div id="foo"></div>
<script>
var f = document.getElementById('foo');
document.addEventListener('click', function(ev){
    f.style.left = (ev.clientX-25)+'px';
    f.style.top = (ev.clientY-25)+'px';
},false);
</script>
</body>
</html>
```

3.6.3　CSS 动画（CSS Animations）

transition 动画固然方便，但它也有一些难以克服的缺点。由于 transition 只针对两个状态之间的变化进行动画，超过两个状态就无力再续。如果你想要实现一个元素按某个路径或者序列进行变化，transition 就无法实现你的需求。还好 CSS 3 中提供了 Animations 模块，同样用于实现动画效果，但提供了相比 transition 更加强大的功能。

一个完整 CSS Animations 由两部分组成，一部分是一组定义的动画关键帧，另一部分是描述该动画的 CSS 声明。来看一个元素滑动入场的动画：

```
@-webkit-keyframes slidein {
  from {
    margin-left: 100%;
  }
  to {
    margin-left: 0%;
  }
}
/* div1 会在页面加载好后自动从屏幕右侧滑入 */
#div1 {
  -webkit-animation: slidein 3s;
}
```

可以看到我们使用@keyframes 规则（at-rule）定义了一个名为 slidein 的动画，使用了它的元素的状态会从左边距 100%变迁到 0%。@keyframes 也可以使用百分比来控制动画的时间轴状态：

```
@-webkit-keyframes slidein {
  /* from 和 to 关键字其实就是 0%和 100%的"字母版" */
```

```
  from {
    margin-left: 100%;
  }
  70% {
width: 60px;
height: 60px;
    font-size: 150%;
  }
  to {
    margin-left: 0%;
  }
}
```

@keyframes 可以设置多个关键帧，这样动画的绚丽程度只受制于想象力而不受制于技术了。animation 属性用于指定具体的动画以及动画的时长等行为。和 transition 属性类似，animation 也是 N 多子属性的简写版，这些子属性大部分和 transition 也类似。

- animation-delay：动画开始前的延迟。
- animation-direction：动画方向，设置为 reverse 的话就会从 to 移动到 from，如果设置为 alternate 则会往复运动，类似还有 alternate-reverse。
- animation-duration：动画时长。
- animation-iteration-count：动画重复的次数，设置为 infinite 可以无限地动下去。
- animation-name：要使用的动画名。
- animation-play-state：通常这个属性用于查询元素的动画状态是 paused 还是 running 的，当然也可以用 JavaScript 直接设置这个属性以暂停或恢复动画。
- animation-timing-function：缓动函数，和 transition 一样，可以设置任意合法的 timing-function 类型。
- animation-fill-mode：正常情况下动画结束后元素会恢复至动画开始前的初始状态，通过将 animation-fill-mode 设置为 forwards、backwards 和 both 可以将元素最终状态设置为动画的起始或结束状态（forwards 等属性的具体效果还要依赖于 animation-direction 和 animation-iteration-count 的值）。

比如上面的例子如果这样写，那么会使元素滑入后又滑出：

```
#div1 {
  -webkit-animation-name: slidein;
  -webkit-animation-duration: 2s;
  -webkit-animation-iteration-count: 2;
  -webkit-animation-direction: alternate;
  -webkit-animation-fill-mode: forwards;
}
```

注意： CSS transition、CSS Animations 和其他 CSS 技术一样，仅仅用文字和图片来描述是难以让读者领会其精髓的，古人有云：实践出真知，这话在计算机技术相关领域尤其不假，建议读者多多在真实的浏览器环境里实验这些技术，体会各种差异。

和 transition 类似，animation 也提供了一些事件用以控制动画，不过相对而言 animation 的事件种类更加丰富。

- animationstart：动画开始时触发。
- animationend：动画结束时触发。
- animationiteration：动画每迭代一次触发一次该事件。

这三种类型的事件对象中都有一个 elapsedTime 属性，它表示距离动画开始已经过去了多少时间。

```
<html>
<head>
  <style type="text/css">
  ......
  .slidein {
    -webkit-animation-duration: 3s;
    -webkit-animation-name: slidein;
    -webkit-animation-iteration-count: 3;
    -webkit-animation-direction: alternate;
  }
  @-webkit-keyframes slidein {
    from {
      margin-left:100%;
    }
    to {
      margin-left:0%;
    }
  }
  </style>
</head>
<body>
  <div id="div1">
    飘动
  </div>
  <ul id="output">
  </ul>
  <script>
    function listener(e) {
      var l = document.createElement("li");
      switch(e.type) {
        case "webkitAnimationStart":
          l.innerHTML = "Started: elapsed time is " + e.elapsedTime;
          break;
        case "webkitAnimationEnd":
          l.innerHTML = "Ended: elapsed time is " + e.elapsedTime;
          break;
        case "webkitAnimationIteration":
          l.innerHTML = "New loop started at time " + e.elapsedTime;
          break;
      }
      document.getElementById("output").appendChild(l);
    }

    function setup() {
      var e = document.getElementById("div1");
      e.addEventListener("webkitAnimationStart", listener, false);
      e.addEventListener("webkitAnimationEnd", listener, false);
      e.addEventListener("webkitAnimationIteration", listener, false);
      e.className = "slidein";
    }
    setup()
  </script>
</body>
</html>
```

这个页面最终输出结果如图 3.72 所示。

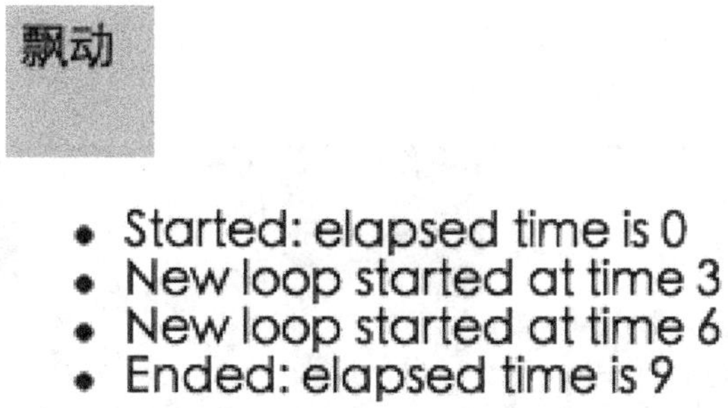

飘动

- Started: elapsed time is 0
- New loop started at time 3
- New loop started at time 6
- Ended: elapsed time is 9

图 3.72　Animation Events

何时使用何时不用？相比于传统的 JavaScript 动画，基于 CSS 的动画有这样一些优点。

（1）易于使用：transition 和 animation 的用法都非常简单，创建动画甚至都不需要学习 JavaScript。

（2）效果平滑：使用 JavaScript 产生的动画通常都表现不佳，容易产生掉帧卡顿等现象，而 CSS 动画即便在较低的系统负载下也可以运行的平滑，而且渲染引擎还可以使用跳帧（frame-skipping）等技术来进一步优化动画效果。

（3）性能优异：交由浏览器控制的动画序列意味着浏览器本身可以针对动画做更多的优化——比如在标签页没有被显示的情况下，浏览器可以降低动画的 fps 甚至暂停 DOM 重绘来节省系统开销。

虽然 CSS 动画优点多多，但在使用 CSS 一定要谨慎：

（1）即便性能优异，但在计算资源捉襟见肘的移动设备上，能不用动画就尽量不用。

（2）Android 设备尤其要注意，浏览器整体的渲染性能都远差过 iOS 设备。

（3）即使在桌面上，动画也不能滥用，诸如背景整体移动这样的动画效果很可能会导致页面的滚动和鼠标的移动有延迟现象。

（4）CSS 动画适宜用在一些页面细节设计或者转场设计上面，比如高亮链接、LOGO 特效和翻页转场等等，如果有复杂的长时间的动画的需求，应该采用绘图效率更优的 canvas 技术。

注意： 3.6 节介绍的所有技术截止到撰稿时都还在实验阶段，相关标准还处于比较早期的阶段，但是浏览器厂商们的跟进速度非常快，因此不用担心支持问题，唯一要担心的是恼人的前缀（-o-、-webkit-和-moz-），无论是属性还是事件在使用时都不要忘了加上它们。

3.7　响应式设计基础

过去有人说，一个人如果连 IE 6 都能兼容，那么世界已经阻止不了他了。而今，面对下面一大桌设备的时候，兼容 IE 6 恐怕已经算不得什么了，如图 3.73 所示。

响应式 Web 设计（Responsive Web Design）是 ethan marcotte 在 2010 年五月提出的一个概念，他在 Responsive Web Design 一文中阐述了在不同尺寸的屏幕下如何做不同的布局，从此以后响应式设计一发不可收拾。近几年整个前端开发领域这个概念被炒了又炒，持续不断的成为前端开发与网页设计上的热点。

图 3.73　纷繁的移动设备

对于大部分开发者来讲，响应式设计可能只停留在“桌面版和移动版共享一套代码”这个层面，但这几年移动 Web 的飞速发展产生了非常多的最佳实践，我认为广义上的响应式设计其实包含非常多的内容，从前端技术角度而言，通常包含这样一些内容：

- 使用流式布局（fluid layout）或响应式栅格（Responsive fluid grid）以适应不同屏幕宽度。
- 使用 CSS 3 media queries 技术针对不同尺寸甚至不同类型屏幕实现一套代码多套布局或者进行样式微调。
- 使用流式图片（fluid images）以充分利用屏幕空间。
- 配合后端抽象出 HTML 模块，输出针对不同类型设备适配后的模板、CSS、JavaScript 或者其他资源。

接下来让我们来详细看看这些技术分别都是些什么，能做什么。

3.7.1　从两栏布局开始说起

六年前，两栏或三栏布局可能是这个星球上使用最广泛的页面布局方式了。当 iPhone 席卷地球六年后的今天，网页的布局方式已经是一栏和多栏布局平分天下了，那么依然纠缠于两栏布局的你，应该思考下怎么向一栏布局转化了。

对同一套 HTML 代码在不同宽度的屏幕上实现图 3.74 中两套布局可能是响应式布局中最最基础的示例了，要做到这一点关键在于媒体查询（media queries）的使用——针对不同设备应用不同的 CSS。

不过，在讲 media queries 之前，有些可能你并不陌生但却有不甚清楚的概念我们需要重新审视，这样对深刻理解媒体查询大有益处。

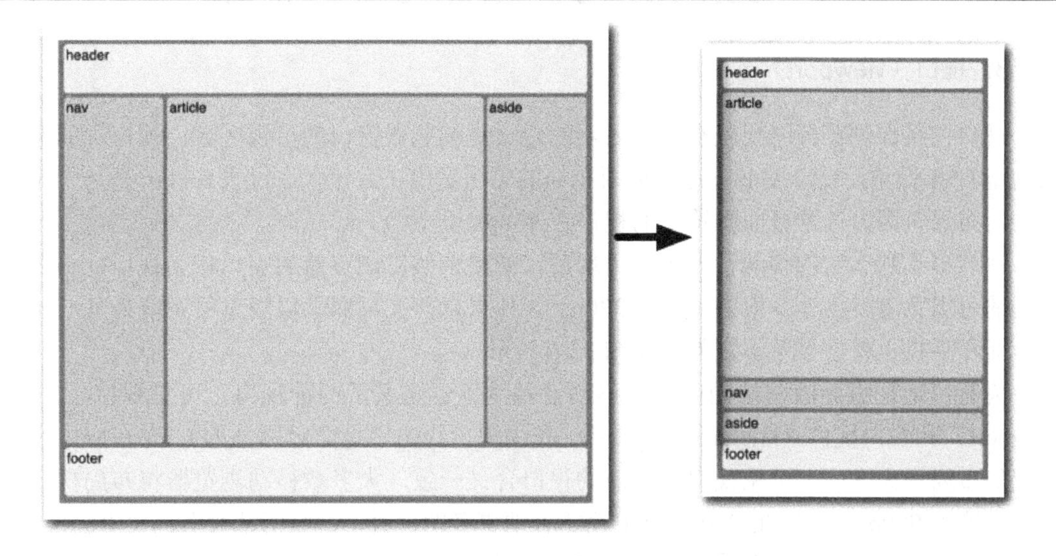

图 3.74　布局的变换

1. CSS 像素（CSS pixel）与设备像素（device pixel）

像素就是我们在写 CSS 时经常见到的 px，随着 retina 屏幕的兴起，设备像素和 CSS 像素已经不像过去那样即便混为一谈也不会导致任何问题。设备像素通常指的是屏幕上最小的发色单元，比如在普通的 LCD 屏幕上，任意一个发色单元都由红绿蓝三个发光液晶单元构成。而 CSS 像素通常与屏幕分辨率有关，比如在一块 1920×1080（设备像素点数）的 24 英寸屏幕上，我们假设屏幕的设备像素点是正方形的，那么一个像素点的边长 x 与屏幕尺寸有这样的关系，如图 3.75 所示。

$$(1920x)^2 + (1080x)^2 = 24^2$$

图 3.75　计算设备像素点大小

计算得出一个像素点 x 的边长大约为 0.011 英寸（换算成 mm 大概是 0.28mm），如果在这块屏幕上运行的操作系统的分辨率设置为 1280×720（即 1920÷1.5×1080÷1.5），那么此时一个 CSS 像素的尺寸应该是：0.011*1.5=0.0165 英寸。

2. PPI 和设备像素比（Device Pixel Ratio）

PPI 通常被翻译成像素密度，其原意是 Pixels per inch，即每英寸像素数，这里的像素指的是设备像素，对于前文提到的例子，每一个像素的大小是 0.011 英寸，那么每英寸的像素数大概就是 90 个，即其 PPI 为 90。对于 iPhone 4 以及后续产品，其 PPI 达到了 326，此时如果 CSS 像素再和设备像素保持一一对应，人眼将很难看清较小的字体或者图案，因此类似 iPhone 4 这样的 retina 设备，在系统上采取了折中的办法，将系统逻辑分辨率调整为物理分辨率的 1/2 或者 2/3，或者说使物理分辨率是逻辑分辨率的 2 倍或 1.5 倍，这样就能使肉眼既能得到很好的视觉体验，也不会因为视觉单元太小而疲劳。此时的 2 或者 1.5 被称为设备像素比。通过设备像素比可以简单地判断设备是否是 retina 设备，在 JavaScript 里面可以通过访问 window.devicePixelRatio 的值来确定。

3．视口（viewport）

视口在桌面浏览器时代就有，它表示的含义是浏览器窗口的可视区域。视口中的像素指的是 CSS 像素，视口大小决定了页面布局的可用宽度（为什么在过去 960px 是一个比较安全的布局？因为通常桌面浏览器的视口在 960px 以上。）。

在屏幕不那么宽的移动设备大量出现后，如果依然以浏览器的窗口作为视口，那么其布局的可用宽度就会变少很多（比如 320px），如果以前在桌面上以较宽的宽度为基准布局的页面在手机上就会显示不完整，如图 3.76 所示。

为解决适配桌面版网站的问题，移动设备浏览器定义了两种视口：可见视口（visual viewport）和布局视口（layout viewport）。布局视口决定了桌面版网站的 CSS 在应用时所设置的布局最大宽度，可见视口和之前的视口含义一致。大多数移动浏览器将布局视口的宽度设置为 980px，这样在可见视口中就能容纳更多的内容，桌面网站的布局也不会乱掉，用户可通过放大的方式来浏览其中的文字，如图 3.77 所示。

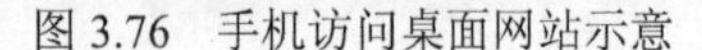
图 3.76　手机访问桌面网站示意

图 3.77　布局视口和可见视口

浏览器布局视口宽度可以通过设置 meta 标签来覆盖：

```
<meta name="viewport" content="width=320px" />
```

此时整个页面的最大 CSS 宽度将是 320px，你的 CSS 布局代码将都会基于这个基础值来进行计算。

viewport 元标签可以设定多项用于配置视口的可选属性。

- width：布局视口宽度，可以设置为一个具体的长度，也可以设置为 device-width 这样的关键字，此时布局视口和可见视口的宽度相同（注意，这里的 device-width 并不是屏幕实际物理像素的宽度，而是指 CSS 像素宽度）。
- height：布局视口高度。
- initial-scale：初始缩放比例，取值范围是（0~10.0）。
- minimum-scale：最小缩放比，取值同样是（0~10.0）。
- maximum-scale：最大缩放比，取值同上。
- user-scalable：设定用户是否可以缩放，取值为 yes/no，默认为 yes。

注意：在 CSS 里通过@viewport 规则同样可以设置视口相关属性，只不过关键字稍有变化。

来看一个应用 viewport 元标签的例子：

```
<meta name="viewport" content="width=320">
```

此时页面将假设屏幕的宽度就是 320px，无论是大屏、小屏、横屏和竖屏都会这样渲染，因此最终的效果可能是这样，如图 3.78 所示。

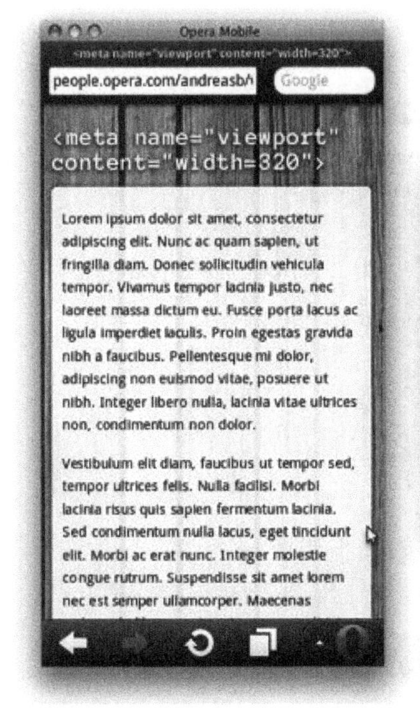

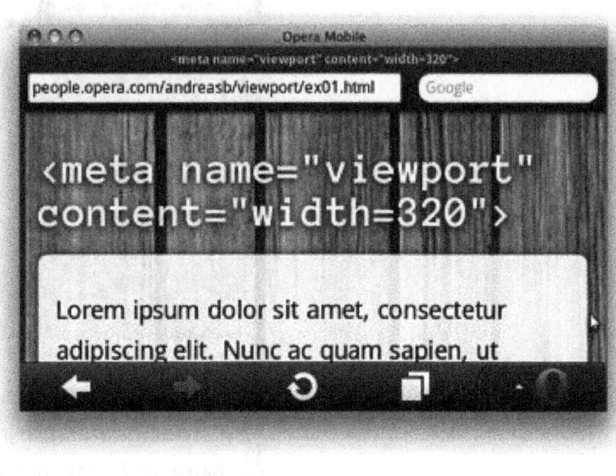

图 3.78　固定的布局视口宽度值

可以看到，页面的文字随着屏幕的宽度变化也变大了，如果希望文字大小不受 viewport 影响，那么可以将 width 设置为 device-width，运行后的效果如图 3.79 所示。

```
<meta name="viewport" content="width=device-width" />
```

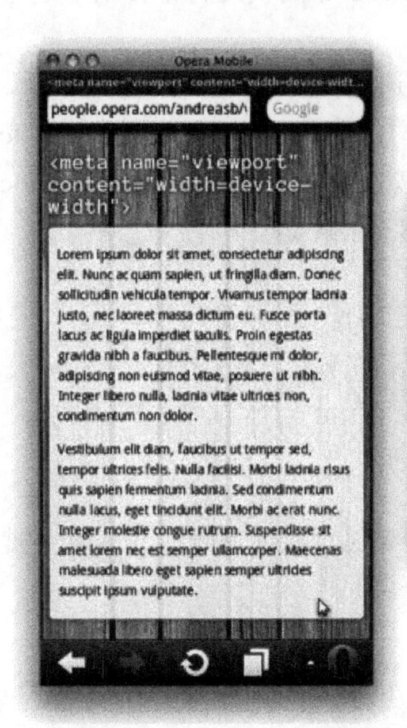

图 3.79　布局视口与可见视口相同

通过设置 initial-scale 的值可以使页面在刚渲染时就放大，运行后的效果如图 3.80 所示。

```
<meta name="viewport" content="width=device-width, initial-scale=2">
```

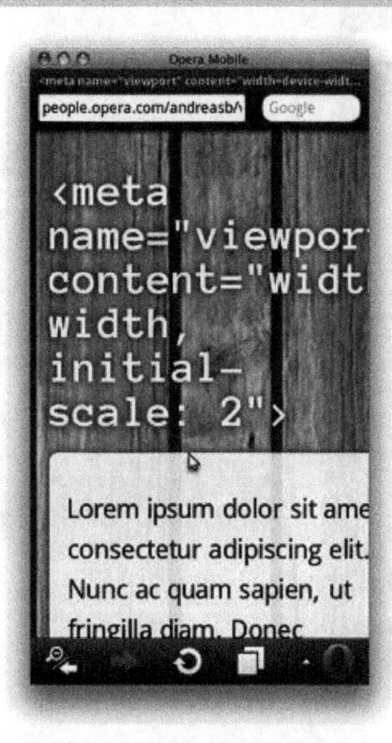

图 3.80　initial-scale 为 2 时

不过一个优化良好的网站，是不应该让用户需要缩放才能正常阅读的，因此推荐的元标签是类似这样的：

```
<meta  name="viewport"  content="user-scalable=no,  width=device-width,
initial-scale=1.0, maximum-scale=1.0" />
```

上面这个 meta 标签如果应用到 iPhone 这样的移动设备中，用户将无法用双指来缩放页面，且布局视口的宽度将和可见视口（即屏幕宽度）相等，这时候很适合使用非固定宽度的布局。这个模式对于较小的屏幕非常有优势。

了解了设备视口等的基本知识，我们来看看 media queries 如何帮助我们实现响应式设计。

3.7.2　从 media 到 media queries

从原理上来说，media queries 并不是什么新东西，早在 CSS 2.1 时代，就已经有@media 规则了，不过那时候@media 属性只是用来区分媒体的类型，它支持下面这些类型的媒体。

- braille：盲文。
- embossed：浮雕排印。
- handheld：手持设备。
- print：普通打印机。
- projection：投影仪。
- screen：屏幕。
- speech：语音合成器（非视觉）。
- tty：电话。
- tv：电视机。
- all：适用于所有情况。

可以看到 CSS 2.1 支持非常多的媒体类型，比如针对打印机我们可能需要在 footer 加上一行版权信息：

```
@media print {
  .footer:after {
    content: "版权所有，翻版不一定究"
  }
}
```

这样只有在打印的时候会出现这行字。

可以看到媒体类型里面其实是有一个 handheld 来识别移动设备的，但是早期手持设备多数都没有支持这个属性，直接使用了 screen 类型，后来虽然有的浏览器开始支持 handheld 类型，但由于市面上割裂的支持导致没什么人专门为 handheld 类型写样式表，所以干脆也废掉了 handheld 类型，直接支持 screen，这样导致了@media 其实没有办法区分移动设备和桌面设备。

CSS 3 的 media queries 模块扩展了@media 的应用范围，使其不仅能识别媒体类型，也能识别媒体特征——比如屏幕宽度，像素比甚至设备色彩等参数。

media queries 的语法很简单，@media 关键字后跟一个媒体类型，然后再跟一个或多个媒体识别条件的表达式，每个条件用 and 来连接，如果设备满足这些条件，那么最后就应用其中的 CSS 代码。比如识别 iPhone 4 的一段代码可能是这样的：

```
@media all and (max-width:320px) and (-webkit-min-device-pixel-ratio:2){
  /* 在这里编写针对 iPhone retina 屏幕的代码 */
}
```

除了直接写入 CSS 代码这种方式以外，media queries 规则还可以直接写到 link 元素的 media 属性中，这样做的好处是可以按需加载 CSS 文件：

```
<link    rel="stylesheet"    href="wide.css"    media="screen    and
(min-width:1024px)" />
```

此外还可以使用 not 关键字对查询结果取反：

```
@media not screen and (color) {
  /* 非显示器屏幕且是彩色的（比如彩电） */
}
```

only 关键字本身没什么特别的用，但是在不支持 only 的用户代理（浏览器）中，可以用来隐藏样式表：

```
<link rel="stylesheet" media="only screen and (color)" href="example.css"
/>
```

除了用 and 来连接表达式，表达式之间也可以由逗号来分割，这时候其语义等价于 or：

```
@media (min-width: 700px), handheld and (orientation: landscape) { ... }
```

就这个例子而言，如果使用一个有显示屏的设备，且其显示屏的视口宽度是 800px，那么逗号前的第一个表达式的查询结果将会是 true，整个语句也就是 true 了，因此代码将会应用。同样的，如果是横屏使用一个视口宽度为 400 的手持设备时，media 声明的第一部分会返回 false，而第二部分会返回 true，因此整个查询会返回 true。

从上面的例子中可以看到，许多 media 特征都会有“min-”或“max-”前缀，之所以不用>符号是为了避免和 HTML 或者 XML 混淆。下面是一些常见的可供查询 media 的特性。

- color：设备色彩，如果有表示彩色设备，如果想进一步查询色彩深度，可以通过 min-color 来指定，比如 min-color: 4。
- color-index：使用索引色的设备，可以通过 min-color-index 指定查询索引色的色数。
- device-width：设备宽度，有 max-和 min-版本，如果使用 px 作为单位，则指的是设备的物理像素，这和 viewport 中的 device-width 含义是不一样的。
- device-height：设备高度。
- width：布局视口宽度，同样有 max-和 min-版本。
- height：类似 width。
- resolution：解析度，依然是有 max-和 min-版本，单位是 DPI（dots per inch）或者 DPPX（dots per px unit）。DPI 和 PPI 是类似的单位，大部分情况下两者是等价的。在基于 webkit 的浏览器上，可以使用非标准的-webkit-min-device-pixel-ratio 来实现同样的查询，而且更方便——1 表示普通解析度的屏幕，2 表示 retina 屏幕。当使用 dppx 单位时，和 device-pixel-ratia 是等价的。

- orientation：屏幕方向，有 landscape（横屏）和 portrait（竖屏）两种选择。

除了上面介绍的这些常用的媒体特性外，CSS 3 media queries 模块还提供了很多其他特性：针对电视机的扫描方式（scan）、monochrome（单色）屏幕、grid（位图）设备和 aspect ratia（屏幕宽高比）等，配合使用几乎能定位出任意两种不同设备的特征。

在 JavaScript 中也可以使用 media queries。DOM 中提供了 MediaQueryList 对象接口，通过该对象你可以检查媒体查询是否成功，甚至在查询结果变化时还能自动收到通知。在浏览器中，得到一个 MediaQueryList 实例的方式是调用 window.matchMedia 方法：

```
// 当前是否是竖屏状态
var mql = window.matchMedia("(orientation: portrait)");
```

一旦 MediaQueryList 对象被创建，你可以访问它的 matches 属性来查看媒体查询的结果是 true 还是 false：

```
if (mql.matches) {
  /* 此时设备是竖屏 */
} else {
  /* 此时设备是横屏 */
}
```

如果你想在横屏和竖屏切换时接收到通知，可以通过 MediaQueryList 对象的 addListener 方法来订阅事件（不用指定事件名），回调函数会传入 MediaQueryList 的实例：

```
function handleOrientationChange(mql) {
  if (mql.matches) {
    /* 此时设备的当前状态是竖屏 */
  } else {
    /* 此时设备的当前状态是横屏 */
  }
}
var mql = window.matchMedia("(orientation: portrait)")
mql.addListener(handleOrientationChange)
// 先调用一次查询代码，以便我们知道在代码执行时设备处于哪种状态
handleOrientationChange(mql)
```

去掉订阅者的方法是调用 removeListener 方法：

```
mql.removeListener(handleOrientationChange)
```

3.7.3　响应式栅格系统

在本章 3.5 节中已经介绍了流式栅格系统的原理，响应式栅格系统其实相比于多了一些媒体查询的功能而已，基本原理是没有变化的。在设计响应式栅格系统的时候，关键在于你需要“响应”哪些设备，可能会根据需要兼容的设备特性来设定一些宽度断点，基于这些断点来构建 media queries 的代码。

一个较为通用的断点设定如下：

```
/* 较大的显示器 */
@media (min-width: 1200px) { ... }

/* 通常是平板电脑 */
```

```
@media (min-width: 768px) and (max-width: 979px) { ... }

/* 横屏的手机或者竖屏的平板 */
@media (max-width: 767px) { ... }

/* 竖屏的手机 */
@media (max-width: 480px) { ... }
```

有了这些断点，那么就很容易基于之前的栅格系统来编写我们新的响应式栅格系统了：

```
/* 普通屏幕使用 960 的宽度 */
.row {
 width: 960px;
}
.row:after {
 clear: left;
 content: '';
 display: table;          /* 清除行中浮动 */
}
[class^="col"] {
 float: left;
}
.col1 {
 width: 25%;
}
.col2 {
 width: 50%;
}
.col3 {
 width: 75%;
}

/* 屏幕设备宽度大于 1200px 时 row 宽度固定为 1170px */
@media (min-width: 1200px) {
  .row {
   width: 1170px;
  }
}

/* 对于平板电脑每行宽度为 724px */
@media (min-width: 768px) and (max-width: 979px) {
  .row {
   width: 724px;
  }
}

/* 横屏的手机或者竖屏的平板将所有列按行排列 */
@media (max-width: 767px) {
  [class^="col"] {
   float: none;
   width: 100%;
  }
  .row {
   width: 100%;
  }
}
/* 竖屏的手机 */
@media (max-width: 480px) {
```

```
  /* 这里是可能一些微调 */
}
```

我们将上面的系统应用到一个简单的三栏布局当中去：

```
<div class="container">
  <div class="row">
    <div class="header">header</div>
  </div>
  <div class="row">
    <div class="col1"> nav</div>
    <div class="col2"> main </div>
    <div class="col1"> aside </div>
  </div>
  <div class="row">
    <div class="footer">footer</div>
  </div>
</div>
```

最终在不同宽度的视口下得到的结果如图 3.81 所示。

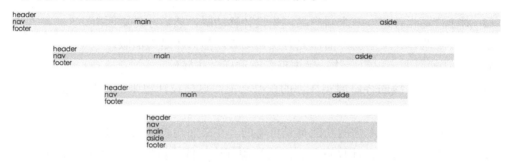

图 3.81　响应式栅格

著名的 bootstrap 框架中也实现了一个类似的 12 列响应式栅格系统。它的 responsive 相关代码除了布局栅格外，还考虑了非常多的细节，如果读者要在真实的项目中应用响应式栅格，bootstrap 无疑是一个非常好的选择。

3.7.4　移动优先（mobile first）理念

响应式栅格系统能解决部分的布局问题，但是不一定对所有场景都适用，在桌面网页设计中一些常见的元素，如固定的导航条、相册展示和被文字环绕的图片等等——这些应用在较小屏幕上应该如何显示，这些都是设计师以及前端工程师需要仔细考虑的问题。

在过去大多网站都是以传统的桌面为主，如果有兼容手机等移动设备的需求，也是先制作好桌面版，然后向小屏设备进行移植，如图 3.82 所示。

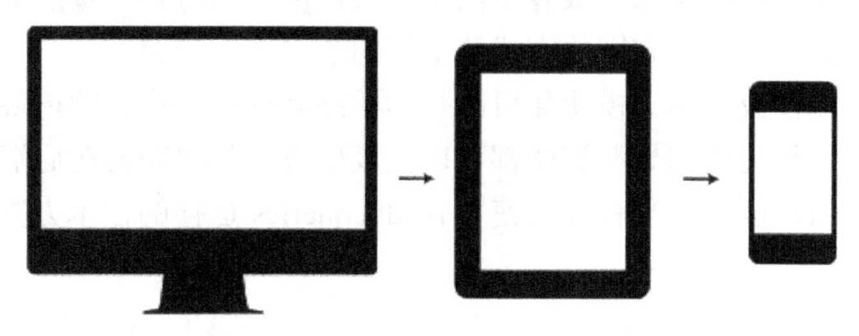

图 3.82　桌面优先（优雅降级）

然而这并不容易，很多时候你都得面对桌面版网站写出许多非常 hack 的代码，以砍掉各种在移动设备上用不上的部分。

如今互联网世界正在经历巨大的变革，移动端的浏览正在逐渐赶超桌面端，许多顶尖的公司和团队开始推行一种叫做移动优先的设计理念和工程理念，如图 3.83 所示。

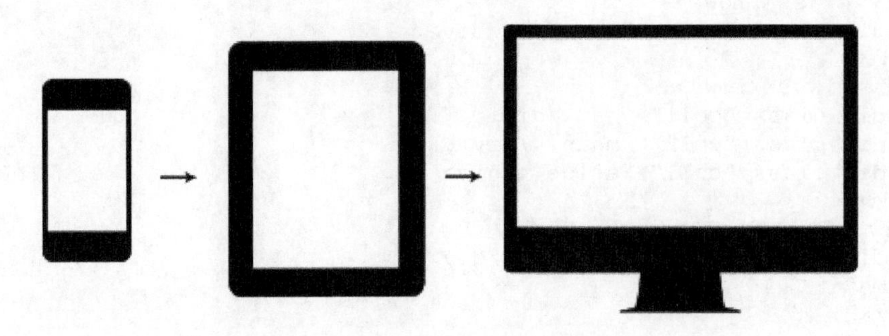

图 3.83　移动优先（渐进增强）

- 对于产品设计师，一个新产品，先设计移动版，然后才是桌面版。
- 对于工程师，一个新产品，先开发移动版，然后才是桌面版。

对于设计师或者工程师，移动优先理念有这样一些好处：

- 逼迫你在更瘦的客户端实现你的核心功能，这样设计出来的产品功能会更简洁，更少的冗余功能。
- 如果在移动设备上你的功能都是可用的，在桌面端没理由不可用。
- 从一开始就考虑在计算资源和网络资源都比较低的情况下程序的运行效率，有助于写出性能更好的程序。
- 在程序的世界里，加东西通常而言，是比删东西要容易的。

不同的实现，通常代表了不同的思想，最后通常也会导致结果巨大的不同。如今 Google、Facebook 和 Adobe 等等顶尖公司的程序员和设计师们都开始践行移动优先的理念了，作为时髦前端工程师的你，没理由坐以待毙。

3.7.5　另一种思路：后端模板输出的优化

无论是移动优先还是桌面优先，大多数人在实现时，都会选择 media queries 技术，但是使用 media queries 时，很多在移动设备上消减的功能，只能简单通过隐藏相应元素来实现。这样虽然可以解决样式问题，但是没法减少 HTML 的传输量，如果你只有一个 CSS 文件，CSS 本身也比单纯的移动版或者桌面版要大许多。面对各种资源捉襟见肘的移动设备，你不得不重新思考，是否有别的方式能更好的解决这一问题？

如果你使用后端模板，那么模块化可能是你的绝好选择。这里的模块化主要指的是可复用组件的模板，例如边栏和导航这些都可以做成模块。其次需要在后端判断是否是移动设备在访问你的网站，这时候没有办法使用 media queries 这样的技术去判断设备，只能通过 UA 来判断：

```
function is_mobile(ua) {
  var  rmobi  =  /(iphone|ipod|blackberry|android|palm|webos|psp|blazer
```

```
|opera mini|ucweb|windows\s+ce|windows\s+phone|iemobile|nexus 7|meego)/
  return rmobi.test(ua)
}
```

那么最后你的模板可能是类似这样的：

```
<html>
<head>
<link rel="stylesheet" href="common.css">
<% if (!is_mobile()) {%>
<link rel="stylesheet" href="desktop.css">
<% } else { %>
<link rel="stylesheet" href="mobile.css">
<% } %>
</head>
<body>
<div class="header"></div>
<div class="main">
  <div class="main-content"></div>
  <% if (!is_mobile()) {%>
    <div class="side"></div>
  <% } %>
</div>
<div class="footer"></div>
</body>
</html>
```

当然 JavaScript 也可以使用同样的方式输出，以便整个页面在移动设备中具备更优的性能。

3.7.6　其他细节

在针对移动设备——尤其是 Android 和 iPhone 这样的触摸屏手机进行设计时，还有许多细节值得前端工程师们注意。

1. 触摸和非触摸

在使用鼠标或者触摸板为主要页面交互方式的桌面网页，设计师们经常会设计许多 mouse hover 效果，但在触摸屏上面，通常是不会出现鼠标这样的东西。因此 hover 状态会显得非常多余，我们可以通过检测 window 中有无 ontouchstart 事件来判断设备是否触摸屏，然后为 html 元素加上相应的 class：

```
document.documentElement.className += ('ontouchstart' in window) ? ' touch' :
' no-touch'
```

在 CSS 中就可以利用这些 class 来禁用或开启禁用 hover 效果：

```
html.no-touch .item:hover {
  cursor: pointer;
  background-color: #ff9;
}
```

2. retina 屏幕的图片使用

因为 retina 屏幕的高解析度，普通图片在显示时总会有非常模糊的感觉。拿 iPhone 为例，这是因为图片的每个像素点被投射到四个物理像素点上进行显示，这样自然不会清晰，为了适配这样的屏幕，通常利用 CSS 的 media queries 在普通解析度的情况下加载普通图片，在高解析度情况下下载@2x 图片，然后使用 background-size 属性将图片缩小一倍可以解决背景图模糊的问题：

```
.icon {
  background-image: url(icon.png);
}
@media all and (max-width:320px) and (-webkit-min-device-pixel-ratio:2){
  .icon {
    background-size: 50% 50%;
  }
}
```

解决了背景图，内容图（img 标签）便成了个大问题，W3C 社区讨论组对于响应式图片的最新示例是这样：

```
<picture width="500" height="500">
  <source media="(min-width: 45em)" srcset="large-1.jpg 1x, large-2.jpg
2x">
  <source media="(min-width: 18em)" srcset="med-1.jpg 1x, med-2.jpg 2x">
  <source srcset="small-1.jpg 1x, small-2.jpg 2x">
  <!-- 不支持的浏览器将使用 img 标签-->
  <img src="small-1.jpg" alt="">
  <p>Accessible text</p>
</picture>
```

img 标签被新的 picture 标签替代，picture 内部可以指定多个 source，每个 source 可以匹配一条媒体查询，同时可以针对不同 dppx 指定不同图片（srcset）。与此同时，Apple 提出了一个不同的方案：

```
<img src="foo-lores.jpg"
    srcset="foo-hires.jpg 2x,
    foo-superduperhires.jpg 6.5x"
alt="decent alt text for foo.">
```

遗憾的是这两种方案没成为官方规范（Unofficial Draft），也没有浏览器完整支持它们。

响应式设计的内容远不是一节内容甚至一章内容能讲完讲透的，而且，作为还在不断发展的一门新技术，必将有更多的工具、技巧、规范和最佳实践会不断诞生。在设计和开发中多思考多动手多总结，只有这一点是永远不会变的。

第 4 章　从网页（Web page）到应用（Application）

如今应用（APP）这个词已经是遍地开花，尤其是在移动开发领域。做原生应用还是 Web 应用成为从业者们经常讨论的时髦问题。

本章将介绍类客户端 Web 应用的开发中会遇到哪些困难，HTML 5 提供的解决方式是什么。

4.1　Web 不能承受之重

Web 一词在英文中的本意是网络、结网，而这个网络的节点，便是网页（Web page），如图 4.1 所示。在过去，网页通常就是一篇文档（Document），通常来说是 HTML 文档，当然也可以是其他类型的文档（PDF、XML 和 SVG 等）。

一篇文档就像一张纸一样，轻而薄，它包含一定量的信息，通过互联网，这些信息被链接起来，供人分享和查阅——这便是最初的 Web，一个轻巧而单纯的网络。但人们发现互联网这个好东西不只是能用来交换信息，它还可以做更多的事儿。于是渐渐地 Web 被赋予了更多的职能：从学术论文的交流到普通人博客的撰写、从文献索引到网络购物、从邮件到论坛、从纯阅读到生产力工具……功能越来越多，网页也越来越复杂，越来越重，整个 Web 似乎都在朝着客户端软件的方向发展。

图 4.1　90 年代的 Yahoo

为了满足人们对 Web 日益增长的需求，浏览器的功能也变得越来越强大，从最初只能看看文档的“浏览”器，到如今已成为和操作系统平级的系统软件（Chrome OS 便是一个旗帜鲜明的例子），浏览器发展的迅猛与 Web 标准发展的迟滞形成了鲜明对比。而 HTML 5 则成为推动标准迅速演进的重要转折点，HTML 5 标准中提出的一些特性使得实现复杂用户界面的 Web 程序更加容易和高效。

例如，applicationcache、manifest 和 localStorage 等技术使基于浏览器的离线应用成为可能，定位 API（geolocation api）可以让你轻松获取设备的地理位置，触摸事件让用户在网页上也可以做出手势指令，File API 可以让你使用 JavaScript 操作本地文件……所有这一切技术似乎都意味着一件事情：Web APP 的时代，已经悄然到来，如图 4.2 所示。

图 4.2　Web APP 时代

4.2　本地存储升级

传统的网页和客户端软件之间的一个很大的区别便是后者会在用户的机器上存储数据，在以前，浏览器几乎不具备太多的本地存储能力，这使得在浏览器端迟迟没有出现诸如 Excel 和 Word 等数据型程序（没人喜欢写到一半的文档就消失了的情况）。HTML 5 在存储方面做了重大的改进，提供了 loacalStorage 和 sessionStorage 对象用于小型数据的存储，更提供了 Web Database 以存储大量数据。

4.2.1　cookie 和 cookie 的局限

HTTP 本身是一种无状态、无链接的协议，用户在浏览器上请求一个动作时，服务器不会知道用户上次动作做了什么，因此如果要存储诸如登录与否、已录入文本等状态信息是非常麻烦的，对于开发交互式的程序来说这很致命，而 cookie 技术的发明则满足了大部分的状态存储的需求。从根本上来讲，cookie 其实就是一段存储在客户端（浏览器）的文本，我们既可以在服务器响应返回时设置 cookie 的值，也可以在前端通过 JavaScript 进行修改。

1. cookie 是如何存储的

我们考虑一个最简单的登录场景来说明 cookie 是如何实现状态存储的。当你向百度服务器发送了你的用户名密码并且验证过你的身份之后，服务器端会在响应客户端时的 HTTP 包的包头中加上一个 Set-Cookie 字段，这个字段则可能是类似 uid=123 的值，是服务器分配给你的标识符，这段文本将存储在你的计算机磁盘中，当你继续浏览百度的其他页面时，每次 HTTP 请求都会带上 cookie 这个字段，这样服务器端就可以确认这个请求依然来自于登录后的你，从而从某种意义上来说“保存”了登录状态，这时读者可能要问了，不同网站登录时都会发送吗？那岂不是谷歌就可以知道我百度的账号了？当然不是，cookie 的使用是有限制的，这个限制便来自于域，不同域间的 cookie 是不会影响也不可访问的。

如图 4.3 所示，用户浏览器第一次向服务器发送请求（Request）时，服务器会返回 Set-Cookie:xxx，浏览器会记下 xxx，当浏览器再度请求服务器会带上 Cookie:xxx。

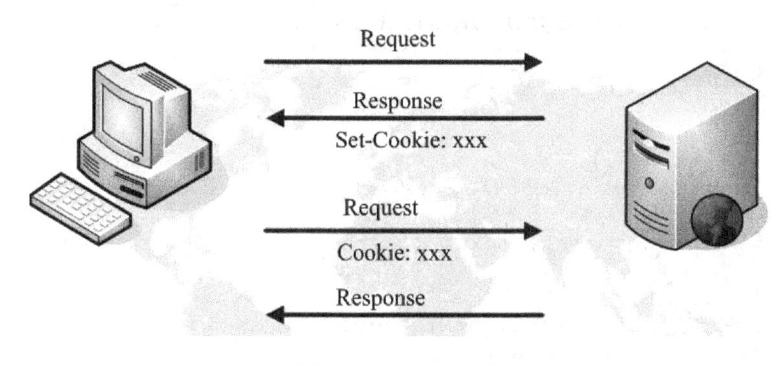

图 4.3　cookie 的原理

注意：域限制是 cookie 安全的基础，这个话题有很多值得深入讨论的点，如跨父域子域进行 AJAX 访问，多个域名时如何跨域进行身份验证等。

从上面的例子很容易理解，uid 是一个 cookie 的名称（name），用于唯一标识一个具体的 cookie，但 cookie 的名称是不区分大小写的。例如，uid 和 UID 标识了同一个 cookie；而 123 则是该 cookie 的值（value），除了名值外，cookie 还包含域、路径和失效时间等信息，所有这些信息都可以通过前端或后端两个途径进行设置。下面讨论浏览器端的 cookie 操作（服务器端如何设置 cookie 不是我们的重点）。

2. cookie 的基本操作

在浏览器上我们通过对 document.cookie 属性的存取来操作 cookie。随便打开一个网页，在 chrome 控制台中键入 document.cookie 后回车即可以看到此页面下可用的完整的 cookie 内容，会是个如下形式的值：

```
"xsrf=3779292c; uid=EPACMJGJBNKKLOFF; Serial=27EA"
```

可以看到 document.cookie 属性是一些由分号分割的名值对组成的字符串。如果要设置一个 cookie，我们可以这样做：

```
document.cookie="uid1=123"
```

这时我们创建了名为 uid1，值为 123 的 cookie。document.cookie 并不仅仅是一个普通的字符串，这个属性有着很奇怪的特性，虽然上面的语句看起来是赋值语句，但却不会覆盖 cookie 原来的值，而是会将新 cookie 添加到后面，创建完毕后的 document.cookie 会是这样：

```
"xsrf=3779292c; uid=EPACMJGJBNKKLOFF; Serial=27EA;uid1=123"
```

可以看到新创建的 cookie 添加到后面了，但由于直接访问 document.cookie 只能获取到完整的字符串，要进一步获取具体的键值对就必须得手工操作这个字符串。

3．简化 cookie 操作

为了方便地操作 cookie，我们可以封装名两个函数，名为 getCookie 和 setCookie：

```
function getCookie(name) {
  var cookieName = encodeURIComponent(name) + "=",
    cookieStart = document.cookie.indexOf(cookieName),
    cookieValue = null,
    cookieEnd;

  if(cookieStart > -1) {
    cookieEnd = document.cookie.indexOf(";", cookieStart)
    if(cookieEnd == -1) {
      cookieEnd = document.cookie.length
    }
    cookieValue                                                        =
decodeURIComponent(document.cookie.substring(cookieStart               +
cookieName.length, cookieEnd))
  }
  return cookieValue
}

function  setCookie(name,  value,  opt_expires,  opt_path,  opt_domain,
opt_secure) {
  var  cookieText  =  encodeURIComponent(name)  +  "="  +  encodeURICom
ponent(value)

  if(opt_expires instanceof Date) {
    //cookie 的过期时间只支持 GMT 格式
    cookieText += "; expires=" + opt_expires.toGMTString()
  }
  if(opt_path) {
    //path 表示 cookie 起作用的路径，比如 /path1 下设置的 cookie，path2 的页面则无
法访问
    cookieText += "; path=" + opt_path
  }
  if(opt_domain) {
```

```
    //只能设置子域，而不能跨根域
    cookieText += "; domain=" + opt_domain
  }
  if(opt_secure) { //安全标志，指定该标志后只有在使用 SSL 连接时才会发送 cookie（即发送到 https://开头的域）
    cookieText += "; secure"
  }
  document.cookie = cookieText
}
```

代码完整展示了如何存取一个具体的 cookie，之所以在每个过程都使用 encodeURIComponent 和 decodeURIComponent 对名值对儿进行编解码是为了确保 cookie 能被正确发送到服务器。setCookie()函数中只有 key 和 value 是必须的，domain 等参数可选且不会发送到服务器，比如现在要想获取名 uid 的 cookie 值，并在后面加上 4，我们可以这样做：

```
setCookie('uid', getCookie('uid') + 4)
```

如果要删除一个 cookie，我们只需要将 key 的值设置为空字符串，并将它的过期时间设置为过去的时间即可，由此可以得到下面这个 unsetCookie()函数：

```
function unsetCookie(name, path, domain, secure) {
  setCookie(name, "", new Date(0), path, domain, secure);
}
```

如此一来这个蹩脚的接口已经变得很方便开发人员操作了。

4. cookie 的其他限制

除了前面提到的域限制以外，cookie 还有一些其他的限制，其中比较重要的便是大小和数量限制。不同浏览器在实现 cookie 时，采用了不同的限制策略。常见浏览器在 cookie 数量上的限制如下：

- IE 6 及更低版本每个域最多 20 个 cookie。
- IE 7 及更高版本每个域最多 50 个 cookie。
- Firefox 每个域最多 50 个 cookie。
- Opera 为每个域 30 个 cookie。
- Webkit 内核（Safari & Chrome）没有对 cookie 数量做明确限制，但是如果 cookie 太大以至于超过了 HTTP 头部大小限制时，服务器将无法正确处理。

为了突破 cookie 个数限制，可以采用一种名为子 cookie 的技术，其基本原理是在一个 cookie 内存储多个名值对，限于篇幅，本书不再详述。

除了数量限制，浏览器对 cookie 的尺寸也做了限制，大多数浏览器都将 cookie 的尺寸限制在 4096B 左右。

虽然 cookie 会存在用户磁盘里，但严格地说 cookie 并不能算是本地存储技术。因为每次请求站点的所有 cookie 都会被发送到服务器，如果将太多数据存放在 cookie 当中会严重降低传输性能，加上 cookie 本身还有大小和数量限制，所以 cookie 并不适合在客户端存储数据。如果要在本地存储大量数据，还得另寻其他方式。

4.2.2　来自 HTML 5 的 Web Storage

相较于 Cookie 的各种限制而言，HTML 5 规范中的 Web Storage 更适合用作本地数据存储。Web Storage 的使用非常方便，速度更快，也更加安全，只会存储在浏览器中而不会随 HTTP 请求发送到服务器端。它可以轻松存储大量数据而丝毫不会影响你网站的性能。

1．Web Storage 使用

Storage 在浏览器中被实现为一个类型，但开发者是不被允许实例化 Storage 对象的，浏览器已经内置有两个已经实例化好的对象，一个是 sessionStorage，另一个是 localStorage。其中，sessionStorage 中存储的数据只在单个页面的会话期间有效，sessionStorage 更类似于一个页面上的全局变量；而 localStorage 的数据则会被持久化到客户端，而且永远不会过期（cookie 是可以设置过期时间的），并且其容量也不像 cookie 那样受限，因此 localStorage 成为了我们存储本地数据的不二之选。来看一个简单的例子以了解其基本使用方法：

```
if(window.localStorage) {                        //检测浏览器是否支持 localStorage
  //存储几个键值对
  localStorage['book'] = 'HTML5 移动开发'
  localStorage.setItem('author', 'filod lin')
  localStorage.setItem('2012', 'end of the world')

  //读取它们
  console.log(localStorage.getItem('book'))      //HTML 5 移动开发
  console.log(localStorage.author)               //filod lin
  console.log(localStorage['2012'])              //end of the world

  //删除它们
  delete localStorage['author']
  console.log(localStorage['author'])            //undefined
  localStorage.removeItem('2012')
  console.log(localStorage.getItem('2012'))      //null
  localStorage.clear()                           //删除所有的 key
}
```

可以看到使用 localStorage 读写数据很方便，既可以像操作普通 JavaScript 那样去存取，也可以使用 setItem、getItem 和 removeItem 方法来存、取和删除 key。要注意的是，localStorage 和普通对象的不同之处在于只能存储字符串，如果你试图存储其他类型的数据，将会被强制转换成字符串。下面的例子最后会在控制台打印出 [object Object]：

```
var author = {
  'name': 'filod lin'
}
localStorage['author'] = author
console.log(localStorage['author'])                    //[object Object]
```

如果要存储 JSON 对象，则可以先使用 window.JSON 对象提供的 stringify 和 parse 方法对 JSON 数据进行序列化和反序列化：

```
localStorage['author'] = JSON.stringify(author)
console.log(JSON.parse(localStorage['author']).name)        //filod lin
```

localStorage 对象的关键便在于持久化数据，当我们关闭浏览器再打开网站，依然可以访问到这个域存储的数据。

由于 localStorage 与 sessionStorage 都是 Storage 的实例，你可以完全使用和 localStorage 相同的方式去使用 sessionStorage，它们共享 Storage 接口提供的一组方法和属性：

- setItem(key, value)设置一个 key。
- getItem(key)获取一个 key。
- removeItem(key)移除一个 key。
- length 类似数组 length 属性，用于访问 Storage 对象中 item 的数量。
- key(n)用于访问第 n 个 key 的名称，如 local。
- clear()清除当前域下的所有 localStorage 内容。

而 sessionStorage 和 localStorage 不同之处在于存取数据生命周期不一样，只要一直在这个域内连续访问，存储在 sessionStorage 的数据会一直存在，而一旦关闭页面或者浏览器后所有存储的内容便消失了（这意味着 sessionStorage 不会将数据存入磁盘）。

2. storage 事件

对 Storage 对象进行的所有修改都会触发文档上的 storage 事件。其中事件对象会有以下属性。

- domain：发生变化的域名。
- key：发生修改的键。
- oldValue：修改前的值。
- newValue：修改后的值（如果是删除一个键，则为 null）。

下面的代码展示了如何监听该事件：

```
document.addEventListener("storage", function(e) {
  //截止到目前为止，尚无浏览器完整实现这些事件属性
  //console.log("Storage changed. Name '" + e.key + "' changed from '" +
e.oldValue + "' to '" + e.newValue + "'")
})
```

sessionStorage 和 localStorage 都会触发此事件，但无法区分究竟是谁触发的事件。而且这个事件现目前尚有兼容性问题，所以不建议使用此事件。

要注意，IE 8 中的 Web Storage 有 10MB 的存储容量限制，而 Firefox、Google Chrome 和 Opera 中每个域名可以存储 5MB 的数据，不过对于大多数的应用来说 5MB 已经足够了。另外，IE 提供了一个非标准的 remainingSpace 属性用于查看剩余多少可用空间（单位是字节）。下面这个函数可以获取剩余容量的百分比：

```
function getRemainingSpacePercent() {
  if(localStorage.remainingSpace) {
    return localStorage.remainingSpace / 5000000 * 100
  }
}
```

3. 应用 Web Storage 的示例

如果你想实现一些需要在本地存储数据的功能，比如记住用户偏好或个性化设置、恢复页面上次打开状态等等，Web Storage 会是一个绝佳的选择。下面我们来实现一个页面访问计数器的例子练练手：

```
本次访问已经查看过该页面 <span id="count1"></span> 次<br />
历史上你已经查看过该页面 <span id="count2"></span> 次<br />
<button id="btn">清零</button>
<script type="text/javascript">
  function updateCounter () {
    document.getElementById("count1").innerHTML = sessionStorage.pageLoadCount
|| 0;
    document.getElementById("count2").innerHTML = localStorage.pageLoadCount
|| 0;
  }
  //第一次进入页面时，将两个计数都置为 0
  if(localStorage.getItem("pageLoadCount") === null ) {
    localStorage.setItem("pageLoadCount", 0)
  }
  if(sessionStorage.getItem("pageLoadCount") === null ) {
    sessionStorage.setItem("pageLoadCount", 0)
  }
  //每次加载页面，把存储的数据取出后增 1
  localStorage.pageLoadCount = parseInt(localStorage.getItem("pageLoadCount"))
+ 1
  sessionStorage.pageLoadCount = parseInt(sessionStorage.getItem("pageLoad-
Count")) + 1
  updateCounter()
  document.getElementById("btn").onclick = function () {
    localStorage.clear()
    sessionStorage.clear()
    updateCounter()
  }
</script>
```

打开这个页面后，不断刷新，你会看到两个次数都会不断上涨，而关闭浏览器后再打开，则只有历史计数还存在。单击“清零”按钮则会将两个计数都置为零，另外在 Chrome 或 Safari 开发者工具的资源（Resources）面板中可以方便地查看、调试 localStorage 和 sessionStorage，如图 4.4 所示。

本次访问已经查看过该页面 8 次
历史上你已经查看过该页面 23 次
清零

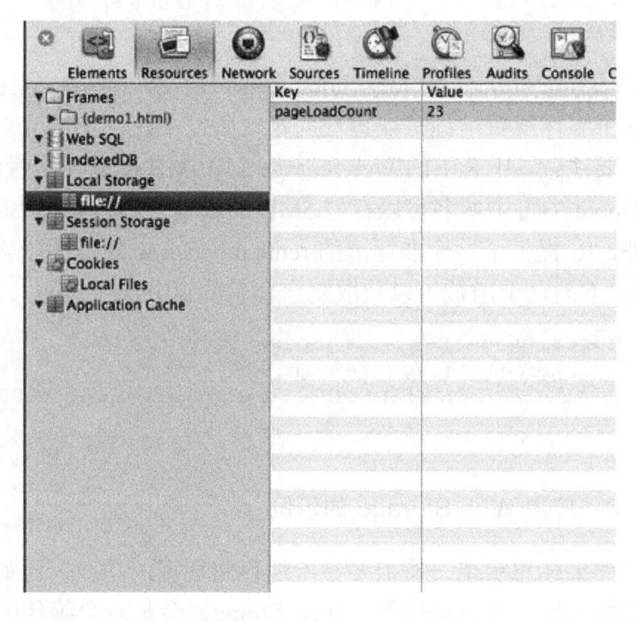

图 4.4　资源面板图

Web Storage 在桌面和移动设备的浏览器中都有很好的支持，除了 Opera Mini 和 IE 8 以下版本的浏览器外，基本上其他浏览器都可以完美支持。

4.2.3　IE 的 userData

在 Web Storage 出现之前很久的时候，IE 上面已经有一套本地存储的方案了，这便是 userData。下面简要介绍一下 userData 如何使用。

IE 里启用 userData 方式比较奇怪，需要为一个具体元素使用 CSS 指定用户数据存储行为而不是存储在一个对象里：

```
<input type="hidden" style="behavior:url(#default#userData)" id="dataTarget"
/>
```

指定了 userData 行为的元素将可以用来存储数据：

```
var dataStore = document.getElementById("dataTarget");

//使用 load 方法指定要加载的存储命名空间
dataStore.load('storeNS');

//使用 getAttribute 获取存储的数据
alert(dataStore.getAttribute('author'))

//使用 setAttribute 在元素上面保存数据
dataStore.setAttribute('author', 'filod');

//必须调用 save 方法来才能持久化数据到磁盘中
dataStore.save('storeNS');
```

上面的例子页面在第一次加载时，会弹出 null，刷新后则会弹出 filod。若需要删除数据，自然应该使用 removeAttribute 方法：

```
dataStore.removeAttribute('author')
//删除之后也必须调用 save 方法才能生效
dataStore.save('storeNS')
```

IE 提供的 userData 同样有大小限制——每个文档 128KB，每个域名 1MB，由于自 IE 8 起 IE 就已经较好地支持 Web Storage 了，所以笔者并不建议使用 userData 来存储数据。

4.3　离 线 应 用

长时间以来，你或许都能在各种地方听到关于一个应用是选用 CS（Client&Server）架构还是 BS（Browser/Server）架构的各种争论，其关于 CS 架构优点的中心思想无非这样几点：

- CS 架构的应用更适合构建高性能的程序，更能发挥客户端的计算优势。
- CS 架构用户界面响应更迅速，用户体验更好。
- CS 架构无需依赖网络，在没有网络的情况下你的程序依然可以继续使用，你的工作状态和结果都不会丢失。

然而，随着计算机性能的提升和浏览器功能的日益强大，CS 应用相较于 BS 应用的优点越来越失去了优势，或者说 CS 架构和 BS 架构之间的界限越来越模糊，浏览器相对用户越来越透明，谷歌甚至在 2009 年发布了基于 Chrome 浏览器的操作系统 Chrome OS，操作系统就是浏览器，应用程序就是网页。

时至今日，操作系统厂商之间的战争，已经变成了浏览器厂商之间的战争，基于浏览器的应用程序商店也是遍地开花，人们不再谈论“网站”还是“客户端”，时髦地讲，这是一个 APP 的时代。

HTML 5 显然也是在 APP 时代能够大显身手的技术流派，为了解决网络依赖和用户界面响应等问题，HTML 5 也提出相应的解决方案。

过去很长一段时间里，浏览器端软件无法完全和客户端软件媲美的一个重要原因就在于：一旦断了网，浏览器上就成了一个废物，一切工作将都进行不下去了。而 HTML 5，试图改变这一现状。

4.3.1　缓存和应用缓存

1．为何我们需要缓存

从根本上来讲，计算机满足了人们的计算需求，而缓存的目的则是为了节省计算量。缓存从来都是计算机工程领域解决疑难杂症的法宝，无论是 CPU 一级二级缓存，还是内存磁盘缓存……缓存在计算机里面几乎无处不在！

对于 Web 前端开发，缓存思想的应用也是随处可见——在内存中使用闭包缓存对象或者数据、在浏览器缓存 JS 或 CSS 文件、使用 CDN 分发静态文件……

不过闭包缓存结果和 CDN 分发等等不是我们的重点，现在要讲的是 HTML 5 提供的一种独特的缓存机制：Application Cache（应用缓存）。

2．应用缓存能做什么

应用缓存，顾名思义，是为应用程序而生的缓存机制。简单来说，它能将服务器端的资源文件缓存至本地，至少可以为你带来三个优点：

- 加速应用启动速度——省却了下载文件的时间。
- 离线访问——对于目前网络状况还不算好（尤其在中国）的移动设备而言，能够离线浏览存下来的页面或者继续未完成的工作。
- 节省服务器资源——更少的请求，就意味着更小的服务器压力。

是不是动心了？下面就来看看如何使用应用缓存。

4.3.2　应用缓存的基本使用

应用缓存顾名思义，是为应用（APP）设计的缓存策略，一般而言针对单页应用（Single Page Application）启用。

1．manifest 文件

在文档中开启应用缓存非常简单，只需要在 html 标签中添加一个 manifest 属性，并指定 manifest 文件即可：

```
<!DOCTYPE html>
<html manifest="/appcache.manifest">
  …
  这个 html 文件本身一定会被缓存
  …
</html>
```

appcache.manifest 其实就是一个文本文件，里面指定了需要浏览器缓存的资源。下面看一个简单的示例：

```
CACHE MANIFEST
index.html
stylesheet.css
images/logo.png
scripts/main.js
```

浏览器首次加载页面时会读取该文件，并下载和缓存它指定的资源，在本例中将缓存四个文件，由于缓存是一次性的，因此如果四个文件有任何一个文件不可用，整个缓存行为都将失败。对于上面的 manifest 文件，第一行的 CACHE MANIFEST 是必不可少的，紧跟其后每一行都标识了一个被缓存的文件路径，当然，指定了这个 manifest 文件的 HTML 文件本身是一定会被缓存的（即在离线状态下访问这个 URL 就会读取缓存里的 HTML 文件）。

要注意服务器在返回此文件时必须设置 MIME 类型为 text/cache-manifest，不同服务器指定 MIME 类型的方式各有不同，在使用基于 Nodejs 的 Web 服务器 Express 中设置 MIME 类型的方式如下：

```
res.type('text/cache-manifest')
res.sendfile(appcache.manifest 文件的路径')
```

manifest 文件还可以指定一些特别的缓存行为，下面是一个完整格式的示例：

```
CACHE MANIFEST

# 指定会被缓存的资源
CACHE:
/favicon.ico
images/logo.png
stylesheets/style.css
javascripts/app.js

# 必须在有网络时才能访问的资源
NETWORK:
/api
http://api.weibo.com

# 降级访问,
FALLBACK:
# 根目录如果不可用，则读取 offline.html 文件
/ /offline.html
# 所有 images/目录下的文件不可用时被请求，则读取 images/offline.jpg
images/ images/offline.png
```

任何一个 manifest 文件都可以包含 CACHE、NETWORK 和 FALLBACK 三个不同部

分，它们分别表示如下。

- CACHE：和紧跟 CACHE MANIFEST 后的文件一样，一定会被缓存，浏览器将会在首次加载页面时便下载其后的所有文件。
- NETWORK：这些文件属于“白名单资源”，无论是否处于离线状态，这些资源的访问都会绕过缓存。资源的 URL 可以使用通配符。
- FALLBACK：对于不可访问时的资源使用后备资源进行访问，两种资源以空格隔开，第一部分表示资源可用时的路径，第二部分则是备用资源缓存路径。资源的 URL 可以使用通配符。

这三个部分可以按照任意顺序和数量进行组合，例如：

```
CACHE MANIFEST
images/logo.png

FALLBACK:
*.html /offline.html

CACHE:
/favicon.ico

FALLBACK:
images/ images/offline.png
```

2. 缓存更新

著名程序员 Phil Karlton 曾说过：“在计算机科学领域，有两大难题，如何让缓存失效（cache invalidation）和如何给各种东西命名。”在使用 HTML 5 的应用缓存时，我们也面临着让缓存失效的难题。

一个简单的清单文件就可以缓存我们的程序，但是缓存一般来说，有如下三个方式进行缓存失效。

- 修改 manifest 文件：修改被缓存的文件本身并不会自动更新缓存——浏览器没那么聪明。但是更改 manifest 文件本身则会重新下载整个缓存列表。
- 通过 API 接口以编程方式进行缓存控制。
- 用户主动在浏览器中清除缓存数据。

我们无法控制用户行为，因此第三种更新缓存的方式对开发人员来说没有什么意义，但是在调试程序时这会带给我们很大的便利。在 Chrome 中清除缓存的方式是：菜单>工具>清除浏览数据>删除 Cookie，以及其他网站数据和插件数据。接下来着重讨论前两种缓存失效方式。

因为 manifest 文件支持注释，而注释的更改也可以使 manifest 文件变化从而导致更新缓存，我们可以利用这一特点来实现自动更新缓存。使用程序来生成一串随机值创建一行注释写入到 manifest 文件中，这串随机值可以是版本号、文件哈希值或时间戳等。下面给出一个基于 Nodejs 的简单的版本生成器：

```
var fs = require('fs'),
  mfPath = './public/appcache.manifest',
  mfOutputPath = './public/output.manifest'

function gernerateVersionHash() {
```

```
  //使用当前时间生成一段随机版本号，下面这行语句最终会生成类似 17p7gsba1 这样的值
  return (+new Date()).toString(32)
}
fs.readFile(mfPath, function(err, data) {
  if(err) throw err;
  var output = '# version=' + gernerateVersionHash() + '\n' + data
  fs.writeFile(mfOutputPath, output, function (err) {
    if(err) throw err;
    console.log('生成文件成功! 路径: '+ mfOutputPath)
  })
})
```

配置好路径后，每次在更新了应用程序时，只需要运行这个脚本即可更新缓存。当然也可以监视你要缓存的资源文件是否被修改来自动生成新版本的 manifest 文件以实现更新缓存——这样做在开发时会带来非常大的便利。

3．编程接口

更新缓存更好的方式是通过 JavaScript 访问离线缓存接口。window.applicationCache 对象定义了应用缓存的编程接口，比如调用 applicationCache.update()方法时，浏览器将先重新获取 manifest 文件，如果 manifest 文件有变化，那么就尝试更新用户的缓存。不过此时只是将需要缓存的文件下载下来，当下载完毕后，调用 applicationCache.swapCache() 即可将原缓存换成新缓存。不过什么时候才是“下载完毕”状态呢？这可以通过 applicationCache.status 属性查询缓存的当前状态来实现：

```
function getAppCacheStatus() {
  var appCache = window.applicationCache;
  //status 是一个整数，appCache 上定义了一系列常量表示缓存的状态
  switch (appCache.status) {
    //UNCACHED === 0，未缓存状态，表示应用缓存对象还没有初始化完成
    case appCache.UNCACHED:
      return 'UNCACHED';
      break;
    //IDLE === 1，空闲状态，应用缓存此时未处于更新过程中
    case appCache.IDLE:
      return 'IDLE';
      break;
    //CHECKING === 2，检查状态，清单已经获取完毕并检查更新
    case appCache.CHECKING:
      return 'CHECKING';
      break;
    //DOWNLOADING === 3，下载资源并准备加入到缓存中，这是由于清单文件变化引起的
    case appCache.DOWNLOADING:
      return 'DOWNLOADING';
      break;
    //UPDATEREADY === 4，更新就绪状态，一个新版本的应用缓存可以使用—此时可以调用
swapCache() 方法
    //该状态有一个对应的事件 updateready，当下载完毕一个更新，并且还未使用
swapCache() 方法激活更新时，该事件触发，而不会是 cached 事件
    case appCache.UPDATEREADY:
      return 'UPDATEREADY';
      break;
    //OBSOLETE === 5，废弃状态，应用缓存现在被废弃
    case appCache.OBSOLETE:
      return 'OBSOLETE';
```

```
      break;
    default:
      return 'UKNOWN CACHE STATUS';
      break;
  };
}
```

一般情况下，这些状态是不需要程序去主动查询的，因为浏览器会对下载进度、应用缓存更新和错误状态变更等情况触发一系列的事件，你可以使用 applicationCache 对象监听 updateready 事件来确定什么时候调用 update 和 swapCache 方法：

```
//load 事件后再进行监听
window.addEventListener('load', function(e) {

  window.applicationCache.addEventListener('updateready', function(e) {
    if (getAppCacheStatus() === 'UPDATEREADY') {
      //此时浏览器已经下载好了需要被缓存的文件
      //调用 swapCache()方法以填充
      window.applicationCache.swapCache();
      //在重新加载页面之前，最好提示用户
      if (confirm('本程序有更新，是否刷新？')) {
        window.location.reload();
      }
    } else {
      //此时 manifest 文件无更新
    }
  }, false);
}, false);
```

如你所料，除了 updateready 还有其他一系列的事件会触发：

```
function handleCacheEvent(e) {
  //...
}

function handleCacheError(e) {
  alert('Error: Cache failed to update!');
};

//manifest 第一次加载缓存时会触发
appCache.addEventListener('cached', handleCacheEvent, false);

//正在检查更新，这个事件永远是第一个触发的
appCache.addEventListener('checking', handleCacheEvent, false);

//有更新，浏览器正在下载资源文件
appCache.addEventListener('downloading', handleCacheEvent, false);

//当这些情况出现时会触发 error 事件：
//1. manifest 文件返回 404 或者 410 状态时
//2. 下载资源失败时
//3. 正在下载资源文件时却发现 manifest 文件更新了时
appCache.addEventListener('error', handleCacheError, false);

//第一次下载 manifest 文件之后触发
appCache.addEventListener('noupdate', handleCacheEvent, false);

//manifest 文件返回 404 或者 410 状态，此时缓存将会被删除
```

```
appCache.addEventListener('obsolete', handleCacheEvent, false);

//每一个资源文件在获取时都会触发一次 progress 事件
appCache.addEventListener('progress', handleCacheEvent, false);

//最近一次 manifest 资源被重新下载时触发
appCache.addEventListener('updateready', handleCacheEvent, false);
```

Application cache 的使用不算困难，但是在使用时一定要注意下面一些可能会碰到的陷阱：

- 访问页面时查询参数将会不起作用。如访问 index.html?page=1 这个 url，第一次加载时后端服务器可以取到 page=1 这个参数，可是当 index.html 被缓存后，无论如何调整查询参数都是不会向服务器发起请求的，因此要注意这一点。如果需要在 url 中传递参数，可以使用 hash，并用 JavaScript 处理 hash 内容。
- manifest 本身也有可能被缓存，设置过期 header 是个解决此问题的方法。

5. 工具

对于希望一键将网页转换为缓存版本的用户们来说，你们有福了。confess.js（https://github.com/jamesgpearce/confess）是一个基于 PhantomJs（http://phantomjs.org/）的 manifest 文件生成工具。利用它可以生成任意网站 manifest 文件，使用方法也非常简单（假设你已经安装了 PhantomJs）：

```
$ phantomjs confess.js http://baidu.com appcache
```

最终会生成类似这样的 manifest 文件：

```
CACHE MANIFEST

# Time: Mon Apr 29 2013 03:47:34 GMT+0000 (UTC)

CACHE:
http://s1.bdstatic.com/r/www/img/i-1.0.0.png
http://s1.bdstatic.com/r/www/cache/global/js/home-2.10.js
http://s1.bdstatic.com/r/www/cache/global/js/tangram-1.3.4c1.0.js
http://s1.bdstatic.com/r/www/cache/user/js/u-1.3.7.js
http://www.baidu.com/img/shouye_b5486898c692066bd2cbaeda86d74448.gif
http://www.baidu.com/cache/global/img/gs.gif
http://suggestion.baidu.com/su?wd=&cb=window.bdsug.sugPreRequest&sid=22
19_2358_1420_1944_1788_2250&t=1367207251679

NETWORK:
*
```

如果你还嫌安装 PhantomJs 和下载 confess.js 麻烦的话，那么还有一个在线工具（http://appcache.rawkes.com/）可以即时生成 manifest 文件，你需要做的仅仅是敲入你的目标 url，如图 4.5 所示。

注意：离线缓存在各大浏览器里面支持都很好（IE 10 以下不支持），加之即便在不支持的浏览器中使用 manifest 文件也不会有影响，只是在编程使用时记得检测 window.applicationCache 是否存在就行。

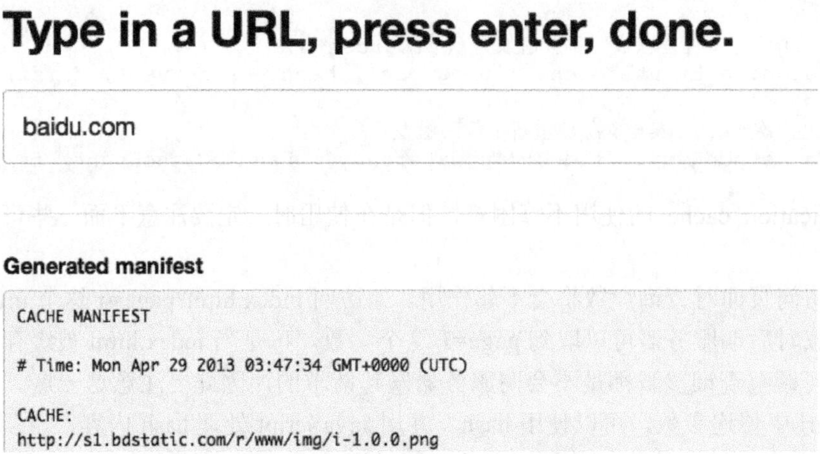

Type in a URL, press enter, done.

baidu.com

Generated manifest

```
CACHE MANIFEST

# Time: Mon Apr 29 2013 03:47:34 GMT+0000 (UTC)

CACHE:
http://s1.bdstatic.com/r/www/img/i-1.0.0.png
```

图 4.5　在线 appcache 生成工具

4.4　拖　　放

自鼠标被发明以来，拖放操作在计算机的世界里无处不在——操作系统中拖放文件和调整窗口位置，游戏中框选或放置单位，图片处理中移动和调整图层——几乎和“移动”相关的操作，都离不开拖放。即便是如此流行的操作，但过去很长一段时间里，在 Web 世界只能通过模拟方式来实现拖放操作。

而 HTML 5 千呼万唤始出来的原生拖放在很大程度上简化了开发拖放交互的难度。不过在知道 HTML 5 原生拖放的好之前，有必要看看模拟拖放的坏。

4.4.1　模拟拖放

在没有拖放 API 的情况下，实现拖放的思路其实也不算太难。首先通过监听 document 的 mousedown 事件，如果有 mousedown（没有 mouseup）则说明当前进入待拖曳的状态，通过事件对象的 target 的属性可以确定当前是哪一个元素将被拖动，此时再监听 mousemove 事件，随着鼠标的移动，动态更改被拖曳元素的位置，等 mouseup 事件触发时，再释放拖曳状态：

```
<div id="myDiv1" class="draggable"
style="background:red;width:100px;height:100px;position:absolute"></div
>
<div id="myDiv2" class="draggable"
style="background:blue;width:100px;height:100px;position:absolute;left:
100px"></div>
<script type="text/javascript">
var DragDrop = function() {
  var dragging = null                //利用 dragging 保存正在被拖动的元素

  function handleEvent(event) {
    var target = event.target
```

```
    switch (event.type) {
      case "mousedown":
        //页面所有带有 draggable class 的元素都可以被拖动
        if (target.className.indexOf("draggable") > -1) {
          dragging = target
        }
        break
      case "mousemove":
        if (dragging !== null) {
          //事件对象的 clienX 和 clientY 表示鼠标指针相对于浏览器页面的坐标
          dragging.style.left = event.clientX + "px"
          dragging.style.top = event.clientY + "px"
        }
        break

      case "mouseup":
        //释放拖放状态
        dragging = null
        break
    }
  }

  //公开的接口，启用/禁用拖动只需要调用一个方法
  return {
    enable: function() {
      document.addEventListener("mousedown", handleEvent)
      document.addEventListener("mousemove", handleEvent)
      document.addEventListener("mouseup", handleEvent)
    },

    disable: function() {
      document.addEventListener("mousedown", handleEvent)
      document.addEventListener("mousemove", handleEvent)
      document.addEventListener("mouseup", handleEvent)
    }
  }
}()
DragDrop.enable()
</script>
```

此时两个 div 已经可以拖动起来了，不过这个 DragDrop 对象并不是特别完善，还有许多细节问题没有处理。

比如每次拖动，元素左上角都会“跳动”到鼠标的指针处，在拖动开始前应该计算鼠标相对于元素的偏移量 x 和 y，在更新元素位置时，应该减去偏移量：

```
var diffX = 0, diffY = 0
…
//mousedown 事件时计算出偏移量
case "mousedown":
  if (target.className.indexOf("draggable") > -1){
    dragging = target
    //target 的 offsetLeft 和 offsetTop 是元素的左边界到它的包含块（本例中是页面）的
左边界的偏移量
    diffX = event.clientX - target.offsetLeft
    diffY = event.clientY - target.offsetTop
…
//mousemove 事件时减去偏移量
```

```
case "mousemove":
  if (dragging !== null){
    dragging.style.left = (event.clientX - diffX) + "px"
dragging.style.top = (event.clientY - diffY) + "px"
…
```

再比如，拖曳时依赖了 document 作为其包含块，在比较复杂的页面中，应该首先将元素挪动到 body 下，再进行拖动：

```
case "mousemove":
  if (dragging !== null) {
    document.appendChild(dragging)
    ...
  }
```

如果不希望拖曳时影响拖曳前的布局，还应该生成一个占位元素：

```
case "mousemove":
  if (dragging !== null) {
    if (dragging.parentNode) {
      var clone = dragging.cloneNode()
      dragging.parentNode.insertBefore(clone, dragging)
      document.appendChild(dragging)
    }
    ...
  }
```

如果你使用了自定义事件，理想状况下应该为元素触发自定义的拖放事件：

```
//dndEventTarget 是一个事件目标对象，该类对象拥有注册和发布事件的能力
var dndEventTarget = new EventTarget()
…
switch (event.type) {
  case "mousedown":
    //页面所有带有 draggable class 的元素都可以被拖动
    if (target.className.indexOf("draggable") > -1) {
      dragging = target
    }
    //dndEventTarget 是一个事件目标对象，DragDrop 对象最终将会是该对象本身
    dndEventTarget.fire({type:"dragstart", target: dragging})
    break
  case "mousemove":
    if (dragging !== null) {
      dragging.style.left = event.clientX + "px"
      dragging.style.top = event.clientY + "px"

      dndEventTarget.fire({type:"drag", target: dragging})
    }
    break

  case "mouseup":
    dragging = null
    dndEventTarget.fire({type:"dragend", target: dragging})
    break
}
…
//DragDrop 对象最终将会是该对象本身
return dndEventTarget
```

外部或者 DragDrop 自己应该是都可以监听 DragDrop 对象的相应事件。

```
DragDrop.enable()

DragDrop.addEventListener("dragstart", function(event){
   console.log("Started dragging " + event.target.id)
})

DragDrop.addEventListener("drag", function(event){
   console.log("dragged " + event.target.id)
})

DragDrop.addEventListener("dragend", function(event){
   console.log("drag end !")
})
```

拖放拖放，有拖曳操作，自然少不了放置操作。前面的例子中放置操作是随意的——拖哪儿就放哪儿，理想情况下被拖曳的对象应该是只能放置到属于自己或者公用的目标上，如果放置失败，则将元素放回原处。下面给出一个基于 jQuery 实现的 drag&drop 示例：

```
<script src="../jquery.js"></script>
<div  id="myDiv1"  class="draggable"  style="background:red;width:100px;
height:100px;float:left;"></div>
<div  id="myDiv2"  class="dropzone"  style="background:gray;width:200px;
height:200px;margin-left:200px;"></div>
<script type="text/javascript">
var DragDrop = function() {
  var $dragging = null
  var $zone = $('.dropzone')
  //检测当前鼠标是否在 dropzone 区域
  function inDropzone (mouseEvent) {
    return ($zone.offset().top < mouseEvent.clientY &&
            mouseEvent.clientY <  $zone.height() + $zone.offset().top) &&
           ($zone.offset().left < mouseEvent.clientX &&
            mouseEvent.clientX <  $zone.width() + $zone.offset().left)
  }
  function handleEvent (event) {
    var target = event.target

    switch (event.type) {
      case "mousedown":
        if ($(target).hasClass("draggable")) {
          $dragging = $(target)
          $dragging.css('position', 'absolute')
        }
        break
      case "mousemove":
        if ($dragging !== null) {

          $dragging.css({
            'left': event.clientX + "px",
            'top': event.clientY + "px"
          })
        }
        break

      case "mouseup":
        if (inDropzone(event)) {
          $zone.append($dragging)
        }
```

```
        $dragging.css('position', 'static')
        $dragging = null
        break
    }
  }

  //公开的接口，启用/禁用拖动只需要调用一个方法
  return {
    enable: function() {
      $(document).on("mousedown mousemove mouseup", handleEvent)
    },
    disable: function() {
      $(document).off("mousedown mousemove mouseup", handleEvent)
    }
  }
}()
DragDrop.enable()
</script>
```

上面的例子是非常残废的一种拖放实现，只是用来说明模拟拖放的原理，要在生产环境使用拖放还得考虑非常多的细节问题。幸运的是几乎所有的 JavaScript UI 框架都包含有相应的拖放解决方案，读者可以按需选用而非重造轮子：

- jQueryUI 中包含有 Draggable 和 Droppable 组件，从其中派生的还有 Sortable 组件。
- Dojo、YUI 和 ExtJs 这些老牌框架也有自己的 Dnd 实现，使用方式大同小异。
- Closure Library 中也包含一套 Dnd 实现，它的特点是抽象程度高，具有普适性。

虽然现今在 Web 上模拟拖放已经是一种非常成熟的技术，但模拟拖放仍然有这样一些无法规避的缺陷：

- 只能拖页面内的元素，无法与浏览器外部环境进行交互——比如拖曳文件到浏览器窗口。
- 元素在被拖曳时，会触发大量的 mousemove 事件，从而产生大量的重绘操作，时刻要注意性能问题，别忘了采用 throttle 模式来减少重绘。
- 编码复杂，常规任务也需要引入大量的库代码。

要克服这些缺陷，就要请出我们的 HTML 5 原生拖放了。

4.4.2　原生拖放

说来有趣的是，在 Web 中原生拖放的先驱者其实是备受诟病的 IE 浏览器。早在 IE 5 时，拖放的 API 就已经基本成型，待 HTML 5 将拖放写入标准之时，其 API 变化也非常的小。

而说拖放功能兼容性，其实所有浏览器都支持——页面上的链接和图片等元素从最开始默认就是可以拖曳的，比如拖动图片，如图 4.6 所示。

默认情况下，像图片和文字这样的元素可以拖放到浏览器地址栏、输入框和桌面甚至其他程序中。HTML 5 所做的只是将拖放操作扩展到了所有元素上罢了。

拖放是 HTML 5 标准中非常重要的部分，它规定了基于事件机制的 API 和标签属性（draggable），应用拖放的第一步，是检测浏览器是否支持拖放功能：

图 4.6　拖曳页面上的图片

```
var div = createElement('div');
var supportDnd = ('draggable' in div) || ('ondragstart' in div && 'ondrop'
in div);
```

如果你使用 Modernizr 这样的特性检测库，则只需要访问 Modernizr.draganddrop 属性：

```
if (Modernizr.draganddrop) {
  //浏览器支持 HTML 5 拖放
} else {
  //使用 UI 库来实现拖放吧
}
```

早在第 2 章时我们就说过，为元素添加上 draggable=true 属性，就可以为元素启用拖曳功能——图片、链接、文件或其他任何 DOM 元素都可以：

```
<div draggable=true>拖我！</div>
```

当然，也可以禁用默认可拖曳元素的拖曳行为：

```
<img draggable=false src="test.png" />
```

启用拖曳元素在被拖曳时和图片被拖曳时一样，浏览器会为它创建一个半透明的重影，比如这个例子：

```
<div class="box" draggable="true"><header>A</header></div>
<div class="box" draggable="true"><header>B</header></div>
<div class="box" draggable="true"><header>C</header></div>
```

我们加上一些样式：

```
<style>
[draggable] {
  /* 防止可拖曳元素的文字被选中 */
  -webkit-user-select: none;
  user-select: none;
  /* 可以拖曳的元素通常鼠标是十字形 */
  cursor: move;
}
.box {
  height: 150px;
  width: 150px;
  float: left;
  border: 2px solid #666666;
  background-color: #ccc;
```

```
  margin-right: 5px;
  border-radius: 10px;
  text-align: center;
}
.box header {
  color: #fff;
  text-shadow: #000 0 1px;
  box-shadow: 5px;
  padding: 5px;
  background: #999;
  border-bottom: 1px solid #ddd;
  border-top-left-radius: 10px;
  border-top-right-radius: 10px;
}
</style>
```

最后得到的效果可能如图 4.7 所示。

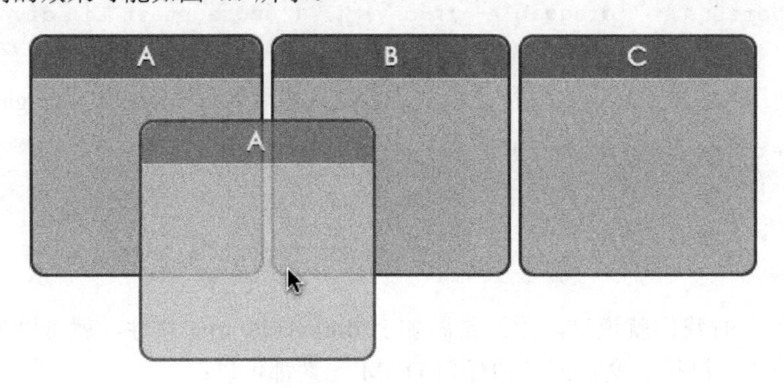

图 4.7　半透明重影

这种行为在拖曳中很常见，如果你想使用模拟的方式创建这个半透明重影，需要耗费很大的功夫：克隆节点、克隆事件和加透明度等等——想想都觉得头皮发麻，而 HTML 5 里面只需要一个属性就可以搞定。

光拖动元素是没有什么实际意义的，更重要的是被拖动的元素要与其他元素交互才会产生价值。拖放事件是拖放过程中非常重要的部分，通过监听这些事件可以编程控制拖放的整个流程。先来看看拖放流程中都有哪些事件。

（1）dragstart：当一个元素开始被拖曳的时候触发。用户拖曳的元素需要附加 dragstart 事件。在这个事件中的事件处理程序中，你可以设置与这次拖曳相关的信息。

比如，你可以在拖曳开始时将被拖曳元素设置为半透明，好让用户清楚地知道哪个元素正在被拖动：

```
function handleDragStart(e) {
  this.style.opacity = '0.5' //this 或者 e.target 是源节点（source node)
}
var boxes = document.querySelectorAll('#columns .box');
[].forEach.call(boxes, function(box) {
  box.addEventListener('dragstart', handleDragStart, false)
})
```

你也可以通过 dataTransfer 对象为这次拖曳设置附加的额外的数据：

```
function handleDragStart(e) {
  e.dataTransfer.setData('text/plain', 'Drag Me……')
}
```

在完成拖放后，自然要把透明度给改回来，这需要用到我们待会儿要讲的 dragend 事件，在这之前我们先看看在拖动过程中会触发哪些事件。

（2）dragenter：当处于拖曳状态中的鼠标第一次进入某个元素（非被拖曳的元素）的时候触发。这个事件的监听器需要指明是否允许在这个区域释放鼠标。如果没有设置监听器，或者监听器没有进行操作，则默认不允许释放（即不能 drop）。当你想要通过类似高亮或插入标记等方式来告知用户该元素上可以释放，你需要在该元素上监听这个事件。

（3）dragover：当拖曳中的鼠标移动经过一个元素的时候触发。大多数时候，监听过程发生的操作与 dragenter 事件是一样的，只不过 dragenter 只在鼠标进入元素时触发一次，而 dragover 会持续触发（和 mousemove 类似）。

（4）dragleave：当拖曳中的鼠标离开某元素时触发。这时你可以在监听器里将“可放置”的高亮反馈去除。

对于前面的例子，可以通过监听上面三个事件来优化用户体验：

```
function handleDragStart(e) {
  this.style.opacity = '0.4';
}

function handleDragOver(e) {
  if (e.preventDefault) {
    //必须要阻止 dragover 的默认行为（即不可 drop），这样才能进行 drop 操作
    e.preventDefault();
  }
  //改变 drop 的效果，后文详解
  e.dataTransfer.dropEffect = 'move';

  return false;
}

function handleDragEnter(e) {
  //为鼠标所在当前元素加上表示 hover 状态的 class
  this.classList.add('over');
}

function handleDragLeave(e) {
  //this / e.target 此时是前一个 target 元素（鼠标离开这个元素后必然会进入另一个元素，此时另一个的 dragenter 将被触发）
  //鼠标离开元素时去除 hover 状态的 class
  this.classList.remove('over');
}

var boxes = document.querySelectorAll('#columns .box');
[].forEach.call(boxes, function(box) {
  box.addEventListener('dragstart', handleDragStart, false);
  box.addEventListener('dragenter', handleDragEnter, false);
  box.addEventListener('dragover', handleDragOver, false);
  box.addEventListener('dragleave', handleDragLeave, false);
});
```

在这个例子中有几点要值得我们注意：

每一个事件监听器里的 this/e.target 各不相同，具体指向什么内容取决于事件触发状态处于 DnD 事件模型哪个位置——通常来说你的直觉在猜测目标元素上都是很准的。比如 dragover 时的 this 自然应该指向鼠标所 hover 的元素。

再次强调，dragover 会不断触发，这也是我们将操作 hover 状态变更的代码写到 dragenter 事件监听器中的原因。基于这个原因，dragover 在使用时一定要小心，注意不要在监听器里做太多计算或者渲染工作。

当在拖曳元素时，被拖曳的元素自己也会触发一系列的事件。

（1）drag：这个事件在拖曳源上触发。即在拖曳操作中触发 dragstart 事件的元素。该事件表示该元素正在被拖动，和 dragover 类似，这个事件也会持续不断地触发。

（2）drop：这个事件在拖曳操作结束释放时，在释放元素上触发。监听器用来响应接收被拖曳的数据并插入到释放之处。这个事件只有在需要时才触发。当用户强行取消了拖曳操作时本事件将不被触发，例如按下了 Escape（ESC）按键，或鼠标在非可释放目标上释放了按键。

（3）dragend：不管拖曳操作成功与否，拖曳源在拖曳操作结束后都将触发 dragend 事件。

```
...
function handleDrag(e) {
  console.log('drag', this)
}
function handleDrop(e) {
  //this / e.target 此时是成为放置目标的元素

  if (e.stopPropagation) {
    //drop 事件是会往父元素冒泡的，通常我们不需要父元素监听到此事件，因此阻止它冒泡上去
    e.stopPropagation();
  }
  console.log(this)
  return false;
}

function handleDragEnd(e) {
  //this/e.target 是被拖曳的元素
  console.log(this);
  [].forEach.call(boxes, function (box) {
    box.classList.remove('over');
  });
}

var boxes = document.querySelectorAll('#columns .box');
[].forEach.call(boxes, function(box) {
  box.addEventListener('dragstart', handleDragStart, false);
  box.addEventListener('dragenter', handleDragEnter, false);
  box.addEventListener('dragover', handleDragOver, false);
  box.addEventListener('dragleave', handleDragLeave, false);
  box.addEventListener('drag', handleDrag, false);
  box.addEventListener('drop', handleDrop, false);
  box.addEventListener('dragend', handleDragEnd, false);
});
```

对于链接图片等元素而言，拖动可能会在当前标签打开这个链接或者重定向——在 drop 事件中调用 e.stopPropagation 能有效防止因事件冒泡导致的奇怪行为。

到目前为止，我们的拖动和放置元素都已经有了拖曳时高亮，但是在放置时还没有产生任何实际的行为。接下来要介绍的 DataTransfer 对象将为拖曳操作赋予灵魂。

DataTransfer 对象通常是挂载在 drag 系列事件的事件对象上的一个属性，前面我们已

经抛出过一个小例子，在 dragstart 事件中通过 setData 方法可以为本次拖曳设置数据：

```
function handleDragStart(e) {
  this.style.opacity = '0.4';
  //setData 第一个参数表示设置数据的 MIME 类型，第二个是具体 Data 值（只能是字符串）
  e.dataTransfer.setData('text/html', this.innerHTML);
}
```

有 setData 自然少不了 getData。在 drop 事件发生时，你可以通过 getData 获取到之前设置的数据：

```
function handleDrop(e) {
  if (e.stopPropagation) {
    e.stopPropagation();
  }
  //此时你可以做
  console.log(e.dataTransfer.getData('text/html'));
  return false;
}
```

除了读写数据，dataTransfer 对象还可以在拖动过程中为用户提供可视化反馈。dataTransfer 的 effectAllowed 属性用于初始化 dragenter 和 dragover 事件中的允许的鼠标效果（dropEffect），可以设置的值有 none、copy、copyLink、copyMove、link、linkMove、move、all 和 uninitialized。通常你不用设置该属性，或者直接设置为 all（允许所有类型的鼠标效果），因为真正决定鼠标形状的应该是 dataTransfer.dropEffect 属性：

```
function handleDragStart(e) {
  ...
  e.dataTransfer.effectAllowed = 'all';
}

function handleDragOver(e) {
  ...
  e.dataTransfer.dropEffect = "link"
  return false;
}
```

dropEffect 只有四个取值类型，分别是 copy、move、link 和 none。在 MAC OS 上 link 的最终效果如图 4.8 所示。

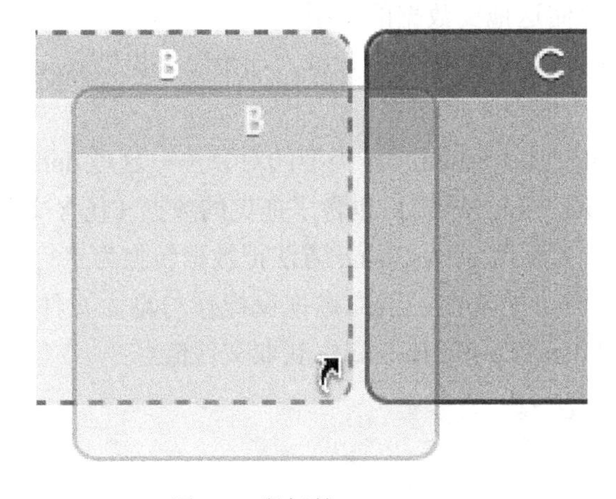

图 4.8　鼠标的 dropEffect

除了悬停可放置区域的鼠标样式，甚至还可以通过 setDragImage 方法设置拖曳时跟随鼠标显示的图片：

```
function handleDragStart(e) {
  ...
  e.dataTransfer.effectAllowed = 'all';
  var dragIcon = document.createElement('img');
  dragIcon.src = 'http://www.w3.org/html/logo/img/mark-word-icon.png';
  dragIcon.width = 100;
  dragIcon.height = 100;
  //后两个参数表示图片相对于鼠标的偏移量
  e.dataTransfer.setDragImage(dragIcon, -10, -10);
}
```

效果如图 4.9 所示。

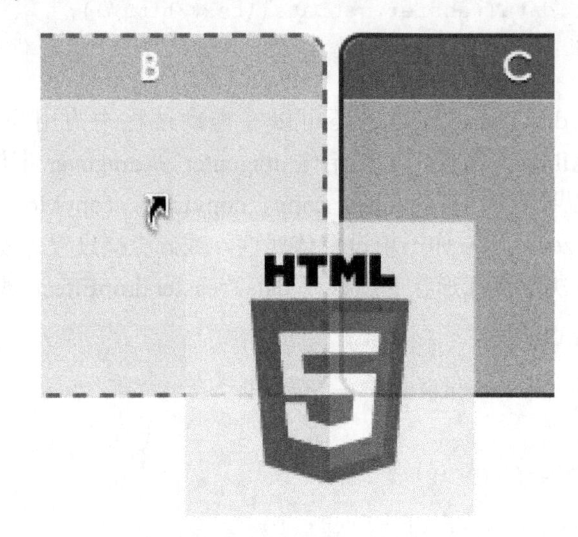

图 4.9　效果图

除了上文提到的以外，dataTransfer 还有这样一些属性或者方法（标准的）。

- files：包含拖曳的一个或多个文件，如果没有拖曳文件则该属性为空列表。
- types：按顺序存储这拖曳数据的类型。
- clearData(type)：清除给定类型的数据，如果没有提供 type 参数，所有类型的数据都将被清除。
- items：一个 DataTransferItemList 类型的对象——这是 dnd 较新版本提出的接口，目前已被 Chrome 支持。该接口包含了拖曳的数据（包含文件），并且可以对它们进行一些操作（如利用 getAsString 方法把数据转换为字符串）。

原生拖放最大的优点可能就在于能通过拖曳操作与桌面文件进行交互了，在元素的 drop 事件里面可以访问 dataTransfer.files 属性获取文件信息：

```
function handleDrop(e) {
  e.stopPropagation()
  e.preventDefault()
```

```
  var files = e.dataTransfer.files
  for (var i = 0, f; f = files[i]; i++) {
    //此处进行文件操作
  }
}
```

注意：在接下来的章节我们将详细讲解如何在拖曳时进行文件内容读取等操作。

既然可以从桌面拖曳文件到浏览器，那么从浏览器拖曳文件到桌面自然也是可以的。Gmail 在邮件里实现拖曳下载的功能时的确是惊艳一方，下面我们自己来实现一个拖曳链接到桌面以下载文件的功能。

在 MAC OS 下，拖曳链接到桌面默认会自动生成一个苹果的 plist 文件（XML 格式），打开这个文件会调用默认浏览器跳转到链接所在页面。如果要想更改拖曳链接时的默认行为，关键点在于调用 dataTransfer.setData 设置 DownloadURL 的值为操作系统可识别的格式，并提供正确的下载地址：

```
<a href="#" id=" filelink " draggable="true" data-downloadurl="
   application/octet-stream
   :SavedFileName.png
   :https://www.google.com.hk/images/srpr/logo4w.png">drag me to download
</a>
```

可以看到 downloadurl 由冒号分割的三部分组成，第一部分是文件的 MIME Type，第二部分是保存到桌面的文件名，第三部分是下载的路径，对应的 JavaScript 代码：

```
var filelink = document.getElementById("filelink");
//在链接拖曳开始时
file.addEventListener("dragstart", function(e){
  e.dataTransfer.setData("DownloadURL", DownloadURL);
},false);
```

当然，也不一定非得用路径，用 base64 编码过的 data:image 字符串也可以：

```
<a href="#" id="filelink2" draggable="true" data-downloadurl="
   application/octet-stream
   :SavedFileName.png
   :data:image/png;base64,iVBORw0KGgoAAAANSUhEUgAAABAAAAAQAQMAAAAlPW0iA
AAABlBMVEUAAAD///+l2Z/dAAAAM0lEQVR4nGP4/5/h/1+G/58ZDrAz3D/McH8yw83NDDeN
Ge4Ug9C9zwz3gVLMDA/A6P9/AFGGFyjOXZtQAAAAAElFTkSuQmCC">DragMeToDownload
Pic</a>
```

关于文件操作的更多内容，我们将在接下来的章节中学习。

4.5　文件操作

过去 Web 程序不能替代桌面程序的一个重要原因就在于浏览器对于文件操作 API 的缺失。照片处理中的裁剪、滤镜，二维码的读取与识别，文档的查看和编辑……这些功能无一不依赖文件的操作，HTML 5 赋予了浏览器几乎和本地程序同等强大的文件操作能力。

File API 是 HTML 5 在 DOM 标准中添加的功能，它允许 Web 内容在用户授权的情况下选择本地文件并读取它们的内容——通过 File、FileList 和 FileReader 等对象共同作用来实现。

4.5.1　选择文件

由于 Web 环境的特殊性，浏览器不允许 JavaScript 直接访问文件系统（试想一下，你可不希望一打开一个网页就开始疯狂扫描你的磁盘然后上传敏感隐私文件到某个不知名的基地组织吧），但可以通过 file 类型的 input 元素或者拖放的方式进行选择文件操作：

```
<input type="file" id="file1">
```

file 表单可以让用户选取一个或者多个文件（multiple 属性），通过 File API，可在用户选择文件后访问到代表了所选文件列表的 FileList 对象，FileList 对象是一个类数组的对象，其中包含着一个或多个 File 对象。如果没有 multiple 属性或者用户只选了一个文件，那么只需要访问 FileList 对象的第一个元素：

```
//files 是一个 FileList 的实例
var filelist = document.getElementById('file1').files
var selectedFile = filelist[0]
```

使用 input 元素时，用户在选择文件后会触发其 change 事件：

```
var inputElement = document.getElementById("file1")
inputElement.addEventListener("change", handleFiles, false)
function handleFiles() {
  var fileList = this.files
}
```

和其他类数组对象一样，FileList 也有 length 属性，可以轻松遍历其 File 对象：

```
for (var i = 0, numFiles = files.length; i < numFiles; i++) {
  var file = files[i]
  …
}
```

File 对象有三个很有用的属性，它们囊括了关于该文件的许多有用信息。

- name：文件名，不包含路径信息。
- size：文件大小，以 byte 为单位。
- type：文件的 MIME type。

要注意这三个属性都是只读的。

有时候你可能觉得浏览器自带的文件选择控件不好看，这时你可以提供自己的按钮，并将原始的 input 隐藏掉，通过 JavaScript 在按钮的 click 处理函数里面手动触发文件选择控件的 click 事件：

```
<input type="file" id="fileElem" multiple accept="image/*"
style="display:none" onchange="handleFiles(this.files)">
<a class="btn" href="#" id="fileButton">选择文件</a>
```

此 HTML 片段对应如下代码：

```
var fileSelect = document.getElementById("fileButton"),
  fileElem = document.getElementById("fileElem")
```

```
fileSelect.addEventListener("click", function (e) {
  if (fileElem) {
    fileElem.click()
  }
  e.preventDefault()                //如果是链接应该阻止其默认行为
}, false)
```

这种方式在大多数浏览器都可以工作，但是某些浏览器里面会因为安全原因被禁用（IE 虽然可以触发 click 事件，但是选择文件后在 change 事件中调用表单的 submit 方法会报错，因此自动上传无法成功），此时可以通过一个更 tricky 的方式来实现自定义按钮。基本原理是将 input[file]表单的透明度设置为 0，然后外层用 label 标签覆盖里层 input，按钮样式写在 lable 当中，如：

```
.transparent-file{
    opacity: 0;
    -moz-opacity: 0;
    filter:alpha(opacity=0);
    position: absolute;
    width:88px;
    height:32px;
    top:0;
    left:0;
}
.file-lable{
    position: relative;          /* 使用定位让 lable 和 input 重合 */
}
.button{
    /* 具体 button 的样式 */
}
```

HTML 可能是这样：

```
<label for="" class="file-lable btn">
    <input type="file" class="transparent-file" name="picture"  />
    单击上传
</label>
```

除了单击，更炫的方式自然是通过拖曳来选择文件，前面的章节已经简单说过，需要通过访问 dataTransfer 的 files 属性来访问。下面给出一个拖曳文件显示文件详情的例子：

```
<style>
  .dropzone {
    width: 200px;
    height: 100px;
    border: 2px dashed #ddd;
    text-align: center;
    padding-top: 100px;
    color: #999;
  }
</style>
<div id="dropzone" class="dropzone">
  拖曳文件到此处
</div>
<div id="output" class="output">

</div>
<script>
function getFileInfo(file) {
```

```
  var aMultiples = ["KB", "MB", "GB", "TB", "PB", "EB", "ZB", "YB"], sizeinfo
  var info = '文件名：' + file.name ;
  //计算文件大小的近似值
  for (var nMultiple = 0, nApprox = file.size / 1024; nApprox > 1; nApprox
/= 1024, nMultiple++) {
    sizeinfo = nApprox.toFixed(3) + " " + aMultiples[nMultiple] + " (" +
file.size + " bytes)";
  }
  info += "；大小：" + sizeinfo
  info += "；类型：" + file.type

  return info + '<br>'
}

var dropzone = document.getElementById('dropzone')
dropzone.addEventListener('drop', function (e) {
  var html = '您一共选择了 ' + e.dataTransfer.files.length + '个文件，文件信
息如下：<br>';
  [].forEach.call(e.dataTransfer.files, function (file) {
    html += getFileInfo(file)
  })
  document.getElementById('output').innerHTML = html
  e.preventDefault()
  e.stopPropagation()
}, false)
dropzone.addEventListener('dragover', function (e) {
  if (e.preventDefault) {
    //必须要阻止 dragover 的默认行为（即不可 drop），这样才能进行 drop 操作
    //否则不会触发 drop 事件
    e.preventDefault()
  }
  return false
}, false)
</script>
```

运行后的效果如图 4.10 所示。

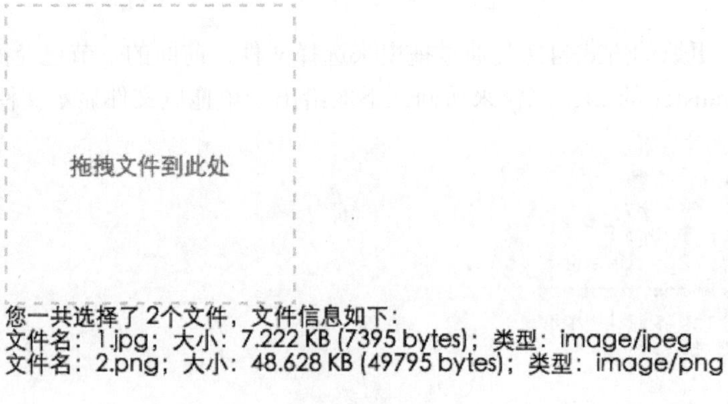

拖拽文件到此处

您一共选择了 2个文件，文件信息如下：
文件名：1.jpg；大小：7.222 KB (7395 bytes)；类型：image/jpeg
文件名：2.png；大小：48.628 KB (49795 bytes)；类型：image/png

图 4.10　拖曳文件获取文件信息

4.5.2　操作文件

前面讲到表单或者 dataTransfer 对象中的 File 类型的实例代表着这个文件，但是这个

文件对象只能访问到一些基本的信息（大小和文件名等），如果要访问文件的具体内容，还得借助 FileReader 对象。

1．FileReader 对象

FileReader 对象可以将文件对象转换为字符串、DataURL 对象或者二进制字符串等对象，以进行进一步操作。例如，在做图片上传功能时，可以先对选择的图片进行预览或者裁剪，待用户确认无误了再进行上传，可以节省许多不必要的带宽。以前文的拖曳文件例子为基础，加上拖曳图片预览功能：

```
function handleFiles(files) {
  var preview = document.getElementById('preview')
  for (var i = 0; i < files.length; i++) {
    var file = files[i]
    //用来过滤非图片类型
    var imageType = /image.*/

    if (!file.type.match(imageType)) {
      continue
    }
    //只能动态创建 img 对象来进行预览
    var img = document.createElement("img")
    //将文件对象存起来
    img.file = file
    //新建 FileRead 对象—是不是很简单
    var reader = new FileReader()
    //FileReader 在读取文件时是异步执行的（JS 中许多对象都有类似 API），因此需要通过绑定其 load 事件来访问文件读取的结果
    //要注意，这里使用了闭包，因为 img 只保存当前函数（handleFiles）内的引用，for 循环并不会创建新的作用域
    //因此要通过一个闭包的形式复制一份 img 的引用，否则 img 在 for 循环结束后将只引用最后一次创建的 img 元素
    reader.onload = (function(aImg) {
      return function(e) {
        //e.target.result 包含读取到的 dataURL 信息
        aImg.src = e.target.result
        //将图片插入当前文档
        preview.appendChild(aImg)
      }
    })(img)
    //readAsDataURL 方法将 file 对象读取为 dataURL
    reader.readAsDataURL(file)
  }
}
var dropzone = document.getElementById('dropzone')
dropzone.addEventListener('drop', function (e) {
  handleFiles(e.dataTransfer.files)
  e.preventDefault()
  e.stopPropagation()
}, false)
```

从上面例子可以看到 FileReader 的基本用法。readAsDataURL 方法用于读取文件，它接受一个 File 或者 Blob 对象的实例作为参数，并将文件内容转换为一个 base64 编码的 URL 字符串，并通过 load 事件将结果传递到 e.target.result 上。FileReader 对象除了

readAsDataURL 方法外，还有其他几个方法用于进行读取文件内容的操作。

- readAsArrayBuffer(Blob|File)：读取文件，最后 result 属性将包含 ArrayBuffer 对象以表示文件内容。ArrayBuffer 对象是用来表示固定长度二进制数据的缓冲区。
- readAsBinaryString(Blob|File)：读取文件，result 属性包含文件的原始二进制数据。每个字节均由一个 [0..255] 范围内的整数表示。
- readAsText(Blob|File, encoding)：以文本方式读入文件，并可以指定返回数据的编码，默认为 UTF-8。
- abort()：终止正在进行的读取操作。如果 FileReader 对象没有进行读操作，调用此方法会抛出 DOM_FILE_ABORT_ERR 异常。

2．Blob 对象

以上读取文件操作的方法有两个共同点，一是都接受一个 Blob 或 File 类型的对象。说到这里不得不多说两句关于 Blob 的事儿。

一个 Blob 对象就是一个包含有只读原始数据的类文件对象——其实 File 类型就派生自 Blob 类型，并且扩展了支持操作用户本地文件的功能。Blob 对象可以直接调用构造函数来生成：

```
var fileParts = ['<a>hey man</a>']
//Blob 构造函数接受两个参数，一个是 parts 数组，数组可以是任意多个 Blob、DOMString
和 ArrayBuffer 对象—这意味着 Blob 本质上就是任意数据的片段。另一个参数是一个对象，用
于设置 Blob 对象的一些属性
var myBlob = new Blob(fileParts, { "type" : "text/xml" })
```

Blob 对象还支持 slice 方法，用于对数据进行切割：

```
//切割第 10 到第 20 个字节，返回新的 Blob 对象
var yourBlob = myBlob.slice(10, 20)
```

File 对象同样继承了 Blob 的 slice 方法，你可以利用此方法对 File 对象预先进行分割，然后再读取、上传，最后在服务器端进行组装——异步上传的原理就是这样。如果再记住分割点，这样即便网络中途断掉，也可以在下次传输时从断点续传。

注意：File 虽然派生自 Blob，但是 File 对象却不能直接构造。

除了都接受 Blob/File 对象，这些方法另外一个共同点是，由于 JavaScript 本身基于事件驱动，这些和平台相关的方法都是异步方法。即调用时立即返回，读取文件操作完成后再触发相应的 load 事件。

除了 load 事件，FileReader 对象还会调用这样一些事件处理程序。

- onabort：当读取操作被终止时调用（调用 abort 方法）。
- onerror：当读取操作发生错误时调用。
- onload：当读取操作成功完成时调用。
- onloadend：当读取操作完成时调用，不管是成功还是失败，该处理程序在 onload 或者 onerror 之后调用。
- onloadstart：当读取操作将要开始之前调用。
- onprogress：在读取数据过程中周期性调用。

onprogress 这可能是最有用的事件了，在加载较大的文件时，你可以提供一个进度条让用户知道当前加载进度，不让用户产生焦躁感。

```
reader.onprogress = function (e) {
  //e.total 存储着当前文件的总大小（字节），e.loaded 表示当前文件已经加载了多少
  console.log('当前文件已加载：' + (e.loaded / e.total * 100).toFixed(2) + '%')
}
```

要想将图片文件转换成可以直接在 HTML 里引用的 URL，除了前文提到的 readAsDataURL 方法，还可以使用 window.URL.createObjectURL()方法：

```
//objectURL 最后会得到一个类似 blob:null/a672ae4c-f84e-45d2-87ae-f45dc
986d601 的字符串，这个字符串可以直接被 IMG 等元素引用。
var objectURL = window.URL.createObjectURL(fileObj);
```

objectURL 和 dataURL 一样可以直接被 img 的 src 属性引用，就像 Windows 平台下的文件句柄或者 Linux 下的文件描述符，在使用完之后通常还要调用 window.URL. revokeObjectURL()方法进行释放，如果不显示调用该方法，objectURL 将会在文档卸载（unload）时自动释放。对于前文的例子可以简单修改为 URL 对象版本：

```
function handleFiles(files) {
  var preview = document.getElementById('preview')
  for (var i = 0; i < files.length; i++) {
    var file = files[i]
    ...
    var img = document.createElement("img")
    img.src = window.URL.createObjectURL(file)
    img.onload = function(e) {
      //图片 onload 之后已经存在于内存之中，此时无须再引用文件句柄（或描述符）
      window.URL.revokeObjectURL(this.src)
    }
    preview.appendChild(img)
  }
}
```

有了操作文件的利器，你可以干非常多而有趣的事情，比如实现类似 PhotoShop 中图片处理的滤镜或者读取 PDF 文档并转换为 HTML 格式等等。

第5章 指尖下的浏览器

苹果的 iPhone 和 iPad 等设备将人类的手指从鼠标键盘这些设备中解放了出来，先进的电容屏幕上的多点触控手势重新定义了与计算设备进行人机交互的方式。在很长一段时间里，Web 开发者们一度眼红于 Object C 社区的“高富帅”们——因为在浏览器里面，多点触控似乎跟我们关系不大。

实际上，苹果从一开始就在 iOS 的浏览器 Safari 上提供了访问手指的方式，这些访问触摸行为的 API 也顺理成章延伸到了 Android 设备中，最后也写进了 HTML 5 相关标准。

5.1 基本 touch 事件

由于类似 iPhone 这样的移动设备默认情况下没有鼠标，因此基于鼠标的事件模型无法完整地发挥它的能力。一方面在失去了鼠标的情况下，对于一些简单的手指交互情况还可以用鼠标事件来模拟的方式，比如用户在用手指点击的情况下会触发 click 和 mousedown 事件，另一方面对于复杂一点的触控操作，比如点触（tap）、滑动（slide）、捏合（pinch）和旋拧（rotate）等，这些操作场景无法用鼠标事件进行模拟，这时候我们需要一套新的事件模型。

touch 事件模型现阶段规定了很多种类型的触摸事件，而以下三种是应用最广泛的。

- touchstart：手指刚放到屏幕上某个 DOM 元素里的时候该元素触发。
- touchmove：手指紧贴屏幕移动的时候连续触发。
- touchend：手指从屏幕上抬起的时候触发。

这些个事件都会顺着 DOM 树向上冒泡，并产生一个触摸事件对象，触摸事件对象包含这样一些共通的事件属性。

- touches：表示当前位于屏幕上的所有手指动作的列表，是一个 TouchList 类型的对象，TouchList 是一个类数组对象，它里面装的是 Touch 对象。
- targetTouches：位于当前 DOM 元素上的手指动作的 TouchList 列表。
- changedTouches：涉当前事件的手指动作的列表。例如，在一个 touchend 事件中，这将是移开的那根手指。

从这些事件属性中可以看到，touchstart 等事件在触发时是允许多个手指同时触摸屏幕的，每一根手指都会产生一个 Touch 对象。Touch 对象和鼠标事件的事件对象非常类似，包含以下属性。

- identifier：一个数字，用于唯一标识触摸会话中的当前手指。
- target：作为动作目标的 DOM 元素。
- 坐标相关，该手指动作在屏幕上发生的位置，有以下几点。
  - clientX / clientY：触摸点相对于浏览器窗口 viewport 的位置。

- pageX / pageY：触摸点相对于页面的位置。
- screenX / screenY：触摸点相对于屏幕的位置——通常来说和 clientX / clientY 在计算时的区别就是少了一个状态栏和地址栏。

- 半径坐标和 rotationAngle：可以用这个属性画出与手指形状类似的椭圆形，但是一般情况下用不到。

有了这些基本的事件和其事件对象几乎可以实现所有的手势。不过我们先来看一个简单的例子，这个例子要实现的功能是，当你将手指放置到屏幕上时，屏幕上就会出现一个“光点”，随着手指移动，光点也随之移动，如果手指移开，光点也随之消失：

```
<html>
<head>
  <meta charset="utf8">
  <!-- 在触屏一定记得禁止缩放，否则 touch 事件会很混乱，难以管理 -->
  <meta name="viewport" content="width=device-width, initial-scale=1,
  maximum-scale=1, user-scalable=no">
  <style>
  body {
    color:white;
    background-color: #222;
  }
  /* 给光点加上像光点的样式 */
  .spot {
    position: absolute;
    width: 70px;
    height: 70px;
    border-radius: 35px;
    box-shadow: 0px 0px 40px #fff;
    background-color: #fff;
    opacity: .7;
  }
  </style>
</head>
<body>
  这里有一些不怎么重要的文字
  <script>
  var spot = null
//touch 所有类型事件都会冒泡，在 document 上绑定 touch 事件是一种简单粗暴的处理方式
document.addEventListener('touchstart', function (e) {
  //如果阻止了 touchstart 的默认行为，后续的 mousedown 和 click 事件将不会触发
  e.preventDefault()
  //如果已经生成小光点了，就直接返回
  if (spot) {
    return
  }
  spot = document.createElement('div')
  spot.classList.add('spot')
  //减去 35 是让"光点"能够位于手指的中间
  spot.style.top = e.touches[0].pageY - 35
  spot.style.left = e.touches[0].pageX - 35
  document.body.appendChild(spot)

}, false)

document.addEventListener('touchmove', function (e) {
  //如果阻止了 touchmove 的默认行为，后续的 mousemove 事件将不会触发
  e.preventDefault()
```

```
  if (spot) {
    spot.style.top = e.touches[0].pageY - 35
    spot.style.left = e.touches[0].pageX - 35
  }
})
document.addEventListener('touchend', function (e) {
  //如果阻止了 touchend 的默认行为，后续的 mouseup 和 click 事件将不会触发
  e.preventDefault()
  if (spot) {
    //删除这个"光点"
    document.body.removeChild(spot)
    spot = null
  }
})
</script>
</body>
</html>
```

可以看到，上面的代码里无时无刻都在阻止默认的鼠标事件，在正常情况下，一次触摸会按这样的顺序触发事件：

```
touchstart ->
mousedown ->          //如果 touchstart 中没有 preventDefault 的话
touchmove ->
mousemove ->          //如果 touchstart & touchmove 中没有 preventDefault 的话
touchend ->
mouseup ->
click
```

在 iOS 上 click 事件会有大概 300ms 的延时触发机制，因为用户有可能会连续轻触两次屏幕来触发一个缩放事件以放大/缩小整个网页（这也是禁止网页缩放的原因之一），如果轻触屏幕就立即触发 click 事件，可能会产生非预期的行为。因此即便是浏览器模拟了 click 和 mousedown 等事件，在移动设备上使用时效果也会很差，而对于 mouseover、mousemove 包括 drag 系列的事件，则几乎根本无法触发。基于这些原因不建议在要兼容移动设备的 Web 应用中使用这些原本为鼠标设计的事件。如果你为了在桌面版有更好的体验使用了它们，那也务必要在移动设备中提供对应的 fallback 策略。

iOS 或者 Android 的设备几乎都配备了多点触控的屏幕，这也是为什么 touch 事件对象里的 touches 属性是一个类数组对象。对上面的例子简单改一改，我们可以得到产生多个“光点”的程序：

```
<script>
var spots = {}, touches, timer
document.addEventListener('touchstart', function (e) {
  e.preventDefault()
  ;[].forEach.call(e.targetTouches, function (touch) {
    //对每一根触摸在屏幕上的手指都生成一个元素，并且用 touch.identifier 作为该元素
      的唯一标识，以在触摸结束后清除引用的元素
    if (spots[touch.identifier]) {
      return
    }
    var spot = spots[touch.identifier] = document.createElement('div')
    spot.classList.add('spot')
    spot.style.top = touch.pageY - 35
    spot.style.left = touch.pageX - 35
    document.body.appendChild(spot)
  })
```

```
  //任何一根手指的移动都会导致 touchmove 事件触发很多次
  //这里使用一个 timer 来减少渲染光点的开支
  //使用 16ms 是因为 1000 ÷ 16 ≈ 60fps
  timer = setInterval(function() {
    renderTouches(touches);
  }, 16);
}, false)

document.addEventListener('touchmove', function (e) {
  e.preventDefault()
  touches = e.touches
})
function renderTouches (touches) {
  if (!touches) {
    return
  }
  ;[].forEach.call(touches, function (touch) {
    var spot = spots[touch.identifier]
    if (spot) {
      spot.style.top = touch.pageY - 35
      spot.style.left = touch.pageX - 35
    }
  })
}
document.addEventListener('touchend', function (e) {
  e.preventDefault()
  //changedTouches 存储变化了的指头，在 touchend 事件代表着离开屏幕的指头
  ;[].forEach.call(e.changedTouches, function (touch) {
    var spot = spots[touch.identifier]
    if (spot) {
      document.body.removeChild(spot)
      delete spots[touch.identifier]
    }
  })
  if (e.changedTouches.length === 0) {
    clearInterval(timer)
  }
})
</script>
```

最后在 iPhone 上的效果如图 5.1 所示。

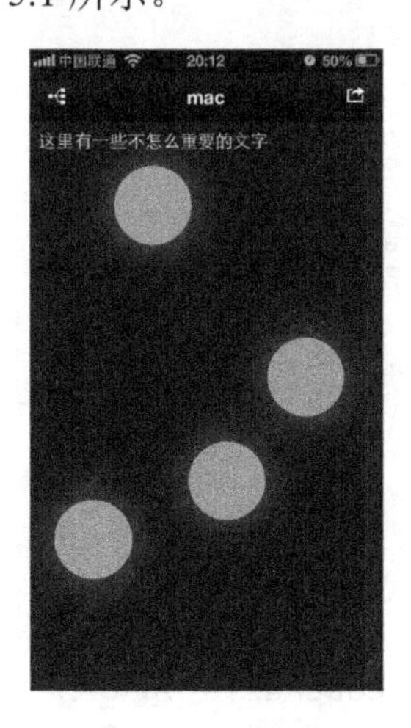

图 5.1　多点触控

注意：（1）在 iPhone 的浏览器里面，最多只支持五点触摸。

（2）上例如果要获得更好的绘图性能可以使用 canvas。

5.2　模拟手势事件

仅仅使用原生的 touch 系列事件在实际开发时难免有点捉襟见肘，因为大多数我们需要的是手势——比如手指开合或者滑动。

如果我们要实现向左滑动的手势，思路可能是这样的：

（1）在 touchstart 事件触发时记录手指的位置，并绑定 touchmove 事件。

（2）touchmove 事件根据当前手指的位置计算手指移动的距离，若大于某个值，便认为触发了 swipe 手势。

有了思路，实现就简单了：

```
<meta charset="utf8">
<meta name="viewport" content="width=device-width, initial-scale=1,
maximum-scale=1, user-scalable=no">
<style>
  .touch-box {
    background-color: #444;
    color: white;
    width: 200px;
    height: 200px;
  }
</style>
<div id="touch-box" class="touch-box">
  滑动进行变色！
</div>

<script>
var bgColors = ['#BB0D0D', '#189135', '#1173C0']
var idx = 0
var el = document.getElementById('touch-box')
var startX, startY

function handleStart(e) {
  //如果不是一根指头就跳过不处理
  if (e.touches.length !== 1) return

  startX = e.touches[0].pageX
  startY = e.touches[0].pageY

  //在 touch 开始后再绑定 touchmove 事件会节省一些不必要的开销
  el.addEventListener('touchmove', handleMove, false)
}

function handleMove(e) {
  var touches = e.touches
  if (touches && touches.length) {
    //记录手指在 X 和 Y 方向移动的值
    var deltaX = startX - touches[0].pageX
    var deltaY = startY - touches[0].pageY
```

```
    //如果横着向左移动超过 50，便记为一次 swipeLeft 操作
    if (deltaX >= 50) {
      console.log('swipeLeft')
      idx = (idx + 1) % 3
      //随机给方框设置一个颜色
      el.style.backgroundColor = bgColors[idx]
    }
    if (deltaX <= -50) {
      console.log('swipeRight')
      //倒着来变色
      idx = idx >= 1 ? idx - 1 : 2
      el.style.backgroundColor = bgColors[idx]
    }
    if (deltaY >= 50) {
      console.log('swipeUp')
    }
    if (deltaY <= -50) {
      console.log('swipeDown')
    }
    //当任何一个方向的阈值大于 50 了就移除事件处理函数，以免重复触发 swipe 操作
    if (Math.abs(deltaX) >= 50 || Math.abs(deltaY) >= 50) {
      el.removeEventListener('touchmove', handleMove)
    }
  }
  event.preventDefault()
}

el.addEventListener('touchstart', handleStart)
</script>
```

更好的做法是为元素触发 swipe 事件，以解耦事件与处理逻辑（如果你使用 jQuery 或者其他带有自定义事件模块的框架则应该使用它们各自提供的派发事件的接口）：

```
function handleMove(e) {
  var touches = e.touches
  if (touches && touches.length) {
    //记录手指在 X 和 Y 方向移动的值
    var deltaX = startX - touches[0].pageX
    var deltaY = startY - touches[0].pageY

    if (deltaX >= 50) {
      //CustomEvent 构造函数用于新建事件对象,
      //第二个参数是一个对象，其中可以指定事件是否冒泡（bubbles）、是否可以取消
      （bubbles）和额外数据（detail）
      el.dispatchEvent(new CustomEvent('swipeLeft', { bubbles:true }))
    }
    if (deltaX <= -50) {
      el.dispatchEvent(new CustomEvent('swipeRight', { bubbles:true }))
    }
    if (deltaY >= 50) {
      el.dispatchEvent(new CustomEvent('swipeUp', { bubbles:true }))
    }
    if (deltaY <= -50) {
      el.dispatchEvent(new CustomEvent('swipeDown', { bubbles:true }))
    }
    //当任何一个方向的阈值大于 50 了就移除事件处理函数，以免重复触发 swipe 操作
    if (Math.abs(deltaX) >= 50 || Math.abs(deltaY) >= 50) {
      el.removeEventListener('touchmove', handleMove)
    }
```

```
  }
  event.preventDefault()
}

function handleSwipe(e) {
  console.log(e)
  switch (e.type) {
    case 'swipeLeft':
      idx = (idx + 1) % 3
      e.target.style.backgroundColor = bgColors[idx]
      break;
    case 'swipeRight':
      idx = idx >= 1 ? idx - 1 : 2
      e.target.style.backgroundColor = bgColors[idx]
      break;
    default:
      break;
  }
}

el.addEventListener('touchstart', handleStart)
el.addEventListener('swipeLeft', handleSwipe)
el.addEventListener('swipeRight', handleSwipe)
document.documentElement.addEventListener('swipeRight', handleSwipe)
```

上面的滑动手势虽然基本上能使用了，但是体验还非常不好，具体表现在这几个方面：

（1）一般的 swipe 操作都是非常畅快的，但我们的 swipe 无论滑动速度快还是慢都会触发事件。

（2）往斜上方滑动会触发两个 swipe 事件，理想情况下应该是只触发其中一个事件。

要修缮这些体验不好的地方我相信对于聪明的你都不成问题，但对于如此常见的需求，更聪明的做法显然不是重造轮子而是借用他山之石。

5.3　hammer.js

在开源社区里有很多用于增强 touch 事件或手势的库，而我们将要介绍的 hammer.js（github.com/EightMedia/hammer.js/）是其中的佼佼者之一。hammer.js 不像其他重量级框架，hammer 仅仅提供了一组模拟多点触摸手势，并且不依赖其他任何库，cdnjs.com 已经收录了 hammer.js。在你的 Web 程序里引入它只需一步：

```
<script src="http://cdnjs.cloudflare.com/ajax/libs/hammer.js/1.0.5/
hammer.min.js"></script>
```

hammer.js 支持几乎所有常见手势，包括 Tap、DoubleTap、Swipe、Drag、Pinch 和 Rotate 等，其中 Swipe 和 Pinch 又有 SwipeLeft、PinchIn 和 PinchOut 等子手势。

hammer.js 的基本用法和 jQuery 非常类似：

```
var el = document.getElementById('touch-box')
Hammer(el).on('swipeleft', function(e) {
    alert('左滑成功!')
});
```

是不是比自己写 swipe 事件简单了许多？比如前文提到的 300ms 的 click 事件延迟，我们可以用 hammer 实现一个 fastClick 事件：

```
function fastClick(el, handler) {
    el.addEventListener("click", function(e) {
            //必须阻止元素的 click 的默认行为
            e.preventDefault()
    }, false)
    //tap 事件就是在触摸屏上的 click 事件
    //doubletap 自然就是 doubleclick 事件的触屏版了
    //hammer 绑定事件时和 jQuery 一样，可以用空格分割来绑定多个事件
    Hammer(el).on("tap doubletap", handler)
}
```

hammer 有一些选项可以通过第二个 option 参数传入，你可以使用它对默认设置进行覆盖：

```
var hammertime = Hammer(element, {
    drag: false,                        //不允许拖曳行为
    transform: false                    //transform 规定
})
```

hammer 的触摸事件对象提供了丰富强大的数据，利用这个事件对象你可以实现许多功能，下面来看它提供了哪些好用的属性。

- timestamp：事件发生时的时间戳。
- target：事件目标。
- touches：原始事件的 touches 对象。
- pointerType：检测指针类型，可能是 touch 或者 mouse。
- center：指针坐标（包含 pageX 和 pageY）。
- deltaTime：手指处于屏幕的总时间（以 ms 计算），对于 tap 这样的操作，deltaTime 必须要限定在一定时间（默认 250ms）内才会触发，而 hold 事件 deltaTime 则必须大于某个阈值（默认 500ms）。
- deltaX / deltaY：手指在 X 和 Y 方向移动的距离。
- velocityX / velocityY：手指在 X/Y 方向移动的速度，对于 swipe 事件来说，速度必须大于某个阈值（默认 0.7）才会触发。
- angle：表示手指初始点与当前点构成直线的角度。
- direction：angle 的文字版，有 left、right、up 和 down 四种值。
- distance：手指移动的距离。
- scale：在双指触摸时的缩放比例，transform 事件触发时有用。
- rotation：在双指触摸时的旋转，transform 事件触发时有用。

看了这些属性，相信读者脑海中已经闪过了许多有趣好玩儿的念头。那就让我们先来实现一个双指缩放图片的功能吧。思路很简单，绑定图片容器的 touch 和 drag 事件，根据 scale 属性的大小动态改变图片的大小，根据 deltaX 和 deltaY 属性改变图片的位置，根据 rotation 属性改变图片的旋转程序：

```
<!DOCTYPE html>
<html>
<head>
  <meta name="viewport" content="user-scalable=no, width=device-width,
```

```
  initial-scale=1, maximum-scale=1">
  <script src="http://cdnjs.cloudflare.com/ajax/libs/hammer.js/1.0.5/
  hammer.min.js"></script>
  <style>
  body {
    padding: 0;
    overflow: hidden;
  }
  #pinchzoom {
    overflow: hidden;
    width: 300px;
    height: 300px;
    background-color: #eee;
  }
  </style>
</head>
<body>
  <div id="pinchzoom">
    <img id="img" src="http://pr.bdimg.com/static/princess/img/
    misc/baidu_logo_c352a179.gif" ondragstart="return false" alt="" />
  </div>
  <script>

  var hammertime = Hammer(document.getElementById('pinchzoom'), {
    transform_always_block: true,
    transform_min_scale: 0.5,                    //最小只到原图的 1/2
    drag_block_horizontal: true,
    drag_block_vertical: true,
    drag_min_distance: 0
  })

  var img = document.getElementById('img');
  //初始值
  var posX = 0,
    posY = 0,
    scale = 1,
    last_scale,
    rotation = 1,
    last_rotation

  hammertime.on('touch drag transform', function(e) {
    switch (e.type) {
      //当 touch 开始时记录下当前的缩放量、旋转量和位移量
      case 'touch':
        last_scale = scale
        last_rotation = rotation
        last_posX = posX
        last_posY = posY
        break
      //拖曳时改变位移量
      case 'drag':
        posX = last_posX + e.gesture.deltaX
        posY = last_posY + e.gesture.deltaY
        break
      //hammer 提供的 transform 事件非常好用
      case 'transform':
        rotation = last_rotation + e.gesture.rotation
        scale = Math.min(last_scale * e.gesture.scale, 10)
        break
    }
```

```
    //使用 CSS3 transform 进行图片的变换
    var transform =
      "translate3d(" + posX + "px," + posY + "px, 0) " +
      "scale3d(" + scale + "," + scale + ", 0) " +
      "rotate(" + rotation + "deg) "

    img.style.webkitTransform = transform
  });
  </script>
</body>
</html>
```

现在我们已经可以对这个百度标志进行右倾和膨胀的改造了，如图 5.2 所示。

图 5.2　右倾的百度 logo

hammer.js 也支持和 jQuery 绑定使用，hammer.js 的作者提供了一个 jQuery 的插件，配合使用可以实现 touch 事件代理：

```
//对于触摸事件必须调用 hammer()方法新建 hammer 对象，然后再调用 on 方法进行事件绑定
$('#test_el').hammer().on("tap", ".nested_el", function(e) {
    console.log(this, e)
})
```

在桌面 Web 上最常见的 UI 控件要数滑动门了（通常被称作 carousel 或 slider），在触摸设备上这一传统也得到了延续——无论是浏览图片还是右滑返回操作，滑动交互的场景层出不穷。不过这一炫酷的交互在移动版的 Web 中却不怎么常见，主要原因还是 touch 事件没有被大多数 Web 开发者熟知，而且原生的事件也没有足够好用。

好消息是，使用 hammer.js 的 swipe 和 drag 事件可以非常轻松地实现这一交互，我们先设计一套 HTML 作为数据的容器：

```
<div id="carousel">
  <ul>
    <li class="pane1"><h2>左滑下一页</h2></li>
    <li class="pane2"><h2>向左拖曳也可以</h2></li>
    <li class="pane3"><h2>右滑上一页</h2></li>
    <li class="pane4"><h2>凑页数</h2></li>
    <li class="pane5"><h2>再凑一页</h2></li>
```

```
  </ul>
</div>
```

和前文思路一致，我们用 CSS 3 的 transform 和 transition 来进行版面间的切换，顺带加上一些样式：

```
<style>
/* 一些 reset css 代码 */
html, body, ul, li{
  padding: 0;
  margin: 0;
}
#carousel, #carousel ul, #carousel li  {
  min-height: 400px;
  position: relative;
}
#carousel {
  background: silver;
  overflow: hidden;
  width:100%;
  /*backface-visibility 的意思是在对元素进行变换时，如果元素的“正面”看不到了（比
  如使用 rotate 时），那么就隐藏整个元素。这在处理 flip 这样的翻转特效时有用 */
  -webkit-backface-visibility: hidden;
  -webkit-transform: translate3d(0,0,0) scale3d(1,1,1);
  /* preserve-3d 指定元素的子元素应该在 3D 空间中进行定位 */
  -webkit-transform-style: preserve-3d;
}

/* 增加一个额外的动画样式，在切换版面时使用
   使用 CSS 动画能在移动设备中获得比较好的性能 */
#carousel ul.animate {
  -webkit-transition: all .3s;
}

#carousel ul {
  -webkit-transform: translate3d(0%,0,0) scale3d(1,1,1);
  overflow: hidden;
  -webkit-backface-visibility: hidden;
  -webkit-transform-style: preserve-3d;
}

#carousel ul {
  box-shadow: 0 0 20px rgba(0,0,0,.2);
  position: relative;
}
#carousel li {
  float: left;
  overflow: hidden;
  -webkit-transform-style: preserve-3d;
  -webkit-transform: translate3d(0,0,0);
}

#carousel li h2 {
  color: #fff;
  font-size: 30px;
  text-align: center;
  /* 设置 li 中元素的 position 为 absolute，脱离文档流，
     因为 li 本身进行了浮动，而其内又没有在流中的元素，
     因此可以实现在初始化的时候先隐藏所有的 li 元素 */
```

```
  position: absolute;
  top: 40%;
  left: 0;
  width: 100%;
  text-shadow: -1px -1px 0 rgba(0,0,0,.2);
}
/* 加上一些背景色 */
#carousel li.pane1 { background: #42d692; }
#carousel li.pane2 { background: #4986e7; }
#carousel li.pane3 { background: #d06b64; }
#carousel li.pane4 { background: #cd74e6; }
#carousel li.pane5 { background: #9fe1e7; }
</style>
```

此时，我们的 HTML 代码和样式已经搞定，接下来要考虑如何设计我们的 carousel 组件了。一个朴素简单的想法是设计一个 Carousel 类，传入 dom 元素为参数，将内部 ul 的宽度设置为所有内部 li 宽度的和，为该元素绑定 dragleft 和 dragright 事件，在事件触发时改变 ul 的位移（CSS transform），释放时移动到下一个（上一个）面板（即 li），如果有 swipe 事件触发，则直接移动到相应的面板，所有移动面板的操作都以动画方式进行：

```
/**
 * Carousel 组件构造函数
 */
function Carousel(selector) {
  var self = this
  var element = $(selector)

  var container = $(">ul", element)
  var panes = $(">ul>li", element)

  var paneWidth = 0
  var paneCount = panes.length

  var currentPane = 0


  /**
   * 初始化方法
   */
  this.init = function() {
    setPaneDimensions()
    //重点在于 orientationchange 事件，它用来检测用户是否改变了屏幕方向
    //对于任何改变屏幕尺寸的行为，都重新设置整个面板的尺寸
    $(window).on("load resize orientationchange", function() {
      setPaneDimensions()
    })
  }

  /**
   * 将所有面板的宽度都设置为外部元素的宽度，
   * 然后再将容器（ul）的宽度设置为所有面板的宽度
   * 这样可以让所有面板横着一一排好
   * 当然这个步骤也可以使用 CSS 来实现
   */
  function setPaneDimensions() {
    paneWidth = element.width()
    panes.each(function() {
```

```
    $(this).width(paneWidth)
  })
  container.width(paneWidth * paneCount)
}


/**
 * 切换到某一面板
 */
this.showPane = function(index) {
  index = Math.max(0, Math.min(index, paneCount - 1))
  currentPane = index

  var offset = -((100 / paneCount) * currentPane)
  setContainerOffset(offset, true)
}

//
function setContainerOffset(percent, animate) {
  container.removeClass("animate")
  if (animate) {
    container.addClass("animate")
  }
  container.css("transform", "translate3d(" + percent + "%,0,0) scale3d
  (1,1,1)")
}

this.next = function() {
  return this.showPane(currentPane + 1, true)
}
this.prev = function() {
  return this.showPane(currentPane - 1, true)
}

function handleHammer(e) {
  console.log(e)
  //禁止浏览器默认的滚动行为
  e.gesture.preventDefault()

  switch (e.type) {
    case 'dragright':
    case 'dragleft':
      //让面板跟着手指移动
      var paneOffset = -(100 / paneCount) * currentPane
      var dragOffset = ((100 / paneWidth) * e.gesture.deltaX) / paneCount

      //第一个和最后一个面板无法再进行拖动，因此降低其"粘手"的感觉
      if ((currentPane === 0 && e.gesture.direction === 'right') ||
        (currentPane === paneCount - 1 && e.gesture.direction === 'left')) {
        dragOffset *= 0.4
      }

      setContainerOffset(dragOffset + paneOffset)
      break

    case 'swipeleft':
      self.next()
      //当触发了 swipe 后，调用 stopDetect 停止探测其他手势
      e.gesture.stopDetect()
      break
```

```
    case 'swiperight':
      self.prev()
      e.gesture.stopDetect()
      break

    case 'release':
      //在拖曳时，如果拖动幅度超过 50% 之后松手，那么这一次导航是有效的
      if (Math.abs(e.gesture.deltaX) > paneWidth / 2) {
        if (e.gesture.direction === 'right') {
          self.prev()
        } else {
          self.next()
        }
      } else {
        self.showPane(currentPane, true)
      }
      break
    }
  }

  element.hammer({
    drag_lock_to_axis: true
  }).on("release dragleft dragright swipeleft swiperight", handleHammer)
}
```

使用方式非常简单：

```
<script src="carousel.js"></script>
<script>
var carousel = new Carousel("#carousel")
carousel.init()
</script>
```

最终使用效果非常棒，几乎和原生应用毫无二致，如图 5.3 所示。

图 5.3　carousel

5.4　实例：精仿 iOS 的相册

有了前面两个例子，相信你已经开始跃跃欲试了，那我们来一剂强心的例子——模仿

iOS 自带相册，实现一个相册浏览器功能。

首先我们要想想一个触摸相册浏览的交互过程：

（1）左右滑动切换图片。

（2）双击放大图片。

（3）放大图片后进入单张图片浏览模式，此时可以双指开合缩放，旋转双指可旋转图片。

（4）再次双击缩小图片，此时可以继续滑动切换查看其他图片。

基本的交互就是这样，对于第一步，前面的 carousel 的例子只要稍微改一下便可以工作：

```
<div id="carousel">
  <ul>
    <li class="pane1"><img src="../assets/img1.jpg" alt=""></li>
    <li class="pane2"><img src="../assets/img2.jpg" alt=""></li>
    <li class="pane3"><img src="../assets/img3.jpg" alt=""></li>
    <li class="pane4"><img src="../assets/img4.jpg" alt=""></li>
    <li class="pane5"><img src="../assets/img5.jpg" alt=""></li>
  </ul>
</div>
```

HTML 几乎不需要变化，唯一需要注意的是，由于 li 里面装的是 img 元素，而 img 元素本身是可以被拖动的，因此我们需要简单处理一下：

```
//阻止图片本身的可拖曳行为
function Carousel(selector) {
  //保存相册的应用，后面可能会使用
  var element = $element.get(0)
  var $element = $(selector)
  …
  $('img', element).on('dragstart', function (e) {
    e.preventDefault()
  }
  …
})
```

为了区分，我们将前面例子中的 handleHammer 处理函数改名为 handleSwitchImg，代码也几乎不需要动，此时无论是触摸屏还是在桌面浏览器上，已经可以“拖动”图片进行切换了。

此时最重要的便是“浏览模式”，进入浏览模式需要双击（轻触两次），退出浏览模式也是双击，这是我们可以利用 hammer 提供的 doubletap 事件：

```
function Carousel(selector) {
  ……
  var hammerEl = Hammer(element)
  //zooming 用来指示当前是否进入了浏览模式
  var zooming = false
  hammerEl.on('doubletap', function (e) {
    //doubletap 事件可能在 img 元素上触发，也可能在其父元素上触发
    var img
    if (e.target.tagName === 'IMG') {
      img = e.target
    } else {
      img = $(e.target).find('img').get(0)
```

```
    }
    //轻触屏幕两次将图片放大 50% 并进入图片浏览模式
    //在浏览模式下，可以进行拖曳移动图片，pinch 缩放图片等
    viewMode(img, !zooming)
  })
}
```

viewMode 函数十分关键，在进入浏览模式时，我们需要放大图片并禁用掉切换图片的事件绑定上单独操作图片的事件处理代码，退出浏览模式时则相反：

```
function Carousel(selector) {
  ......
  //这些值依然是需要初始化的
  //默认让图片放大 1.5 倍
  var posX = 0, posY = 0,
    scale = 1.5, rotation = 0,
    last_scale, last_rotation,
    last_posX, last_posY
  //$img 保存当前被浏览的图片的引用
  var $img
  var zooming = false
  function viewMode(img, enable) {
    $img = $(img)
    zooming = !zooming
    if (enable) {
      zoomImg(enable)
      //进入浏览模式后便不再处理外部的事件
      hammerEl
        .off("release dragleft dragright drag swipeleft swiperight",
        handleSwitchImg)
        .on('touch drag transform', handleImgTouch)
    } else {
      zoomImg(enable)
      hammerEl
        .off('touch drag transform', handleImgTouch)
        .on("release dragleft dragright drag swipeleft swiperight",
        handleSwitchImg)
      //退出当前图片的浏览模式后需要重置这些预设值
      posX = 0
      posY = 0,
      scale = 1.5
      rotation = 0
    }
  }
  hammerEl.on('doubletap', function (e) {…}
}
```

zoomImg 函数的代码比较简单：

```
  …
  function zoomImg (zoomin) {
    $img.addClass('animate')
    if (zoomin) {
      //transform 的参数要写齐全，否则浏览器无法知道不同的变换属性如何做过渡
      $img.css('transform', "translate3d(0, 0, 0) scale3d(1.5, 1.5, 0)
      rotate(0deg)")
    } else {
      $img.css('transform', 'translate3d(0, 0, 0) scale3d(1, 1, 0)
      rotate(0deg)')
    }
```

```
    //后面touch操作会改变图片的transform属性,因此我们需要在动画放大图片后去掉animate
    Class
    //这个操作更可靠的方式是通过监听transitionEnd事件来实现
    setTimeout(function () {
      $img.removeClass('animate')
    }, 300)
  }
  …
```

handleImgTouch 事件处理程序和前面倾斜百度 logo 的例子基本一样：

```
function handleImgTouch(e) {
  $img.removeClass('animate')
  e.stopPropagation()
  switch (e.type) {
    case 'touch':
      …
    case 'drag':
      …
    case 'transform':
      …
  }
  …
  $img.css('transform', transform)
}
```

至此，短短 200 行不到的代码就实现了高仿的 iOS 相册，是否油然而生一种成就感呢？不过这个例子还不够完美，相比与原生应用，我们的 carousel 组件至少还有这些地方可以修缮：

- doubletap 放大时应该按照单击（轻触）的位置为中心进行放大。
- 浏览模式中的图片不应该离开可触摸区域（即屏幕）。
- 双指缩放时应该设置阈值（最大和最小值都应该设置）。
- 为了图片浏览更可控，应禁用旋转。

5.5　工　　具

开发触摸程序的一大门槛在于相比于桌面开发非常难于测试。基于触摸屏的移动设备的交互方式和桌面电脑的交互程序有非常大的区别，而作为开发者几乎都是在桌面电脑上工作的，因此要高保真的实现一些触摸效果，我们需要借助一些工具。

1. Chrome 开发者工具

不得不说，对于 Web 开发者而言 Chrome 自带的开发者工具无疑是一枚神器，不仅对于可以模拟多种设备和屏幕尺寸，如图 5.4 所示。而且模拟触摸事件也不在话下，如图 5.5 所示。

在开启模拟触摸事件选项的情况下，单击鼠标左键可以触发 touchstart 事件，按住鼠标拖曳则会发出 touchmove 事件，松开鼠标则会触发 touchend 事件。

如果你使用 MAC 作为开发平台，那么 Xcode 还自带一个 iOS 设备模拟器，你可以通过：

图 5.4　覆写 useragent，模拟不同设备

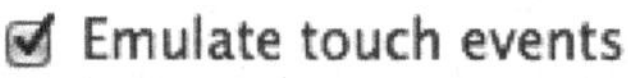

☑ Emulate touch events

图 5.5　模拟触摸事件选项

```
右键点击 Xcode 程序包 -> Content -> Applications -> iPhone Simulator
```

找到并打开这个程序，你会看到一个逼真异常的 iPhone，如图 5.6 所示。

图 5.6　iOS 模拟器

这个模拟器可以模拟苹果公司推出的几乎全系列 iOS 设备，以及常见的操作，单击“硬件”菜单可看到多种设备，如图 5.7 所示。

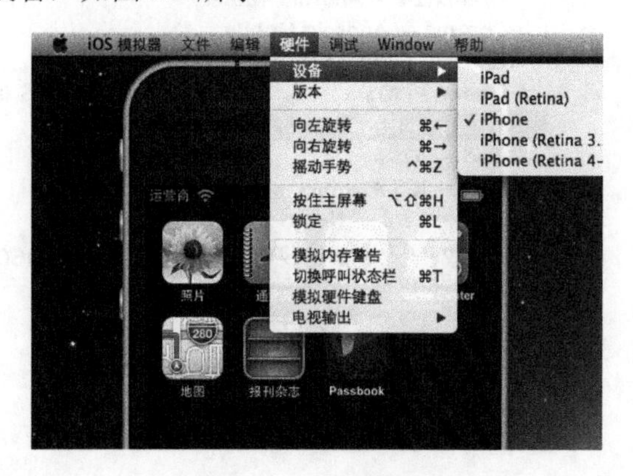

图 5.7　模拟多种设备

模拟器自带了 Safari 浏览器，利用这个浏览器几乎可以完成绝大部分的测试工作。

Android 平台也有自己官方的模拟器（http://developer.android.com/tools/devices/emulator.html），由于 Android 平台天生的开放性和多样性，模拟器和最终真机的效果差距会比较大。

如果你不巧没有使用 MAC 作为开发平台，但幸运的是使用了 hammer 作为开发触摸程序的工具，那么 hammer 还为你提供了两个供调试使用的插件，一个是用来模拟多指点触：

```
<script src="path/to/plugins/hammer.fakemultitouch.js"></script>
```

模拟多指点触主要为桌面版浏览器测试提供了方便，可以按住 Shift 键并同时拖曳鼠标实现两点触摸。

另一个插件是将点触进行可视化（会有一个小圆点）：

```
<script src="../plugins/hammer.showtouches.js"></script>
```

引入插件后别忘了调用各自启用的方法：

```
Hammer.plugins.fakeMultitouch();
Hammer.plugins.showTouches();
```

一般情况建议同时启用两个插件，最后在桌面浏览器上显示效果可能是这样的，如图 5.8 所示。

图 5.8　hammer 插件

第 6 章　地理定位（Geolocation API）

或许就在几年前，大家都还没想过未来某一天 GPS 等技术能和 Web 技术有交集，还是得再度感谢乔布斯——iPhone 让定位变得如此稀松平常。

6.1　获取当前位置

获取定位信息的方式有很多种，精度最高的要数 GPS 技术了，除此之外还可以通过基站和 WiFi 热点等方式来获取位置。在 Web 上，Geolocation API（地理位置应用程序接口）提供了准确知道浏览器用户当前位置的功能，而且封装了获取位置的技术细节，开发者不用关心位置信息究竟从何而来——这极大简化了应用的开发难度。

Geolocation API 的使用非常简单，navigator.geolocation 对象公开了访问地理位置的方法，检测浏览器是否支持定位 API，只需要检测 geolocation 是否存在于 navigator 中即可。

对于应用开发者，大多数情况只需要获取用户的当前位置，此时我们可以使用 getCurrentPosition()方法来获取当前位置的坐标值。getCurrentPosition()调用时会发起一个异步请求，浏览器会调用系统底层的硬件（比如 GPS）来更新当前的位置信息，当信息获取到之后会在回调函数中传入 position 对象。

position 对象包含两个属性，一个是 coords，它是一个 Coordinates 对象，包含当前位置信息；一个是 timestamp，表示获取到位置的时间戳。

Coordinates 对象包含包括经纬度在内的一系列信息，如下所示。

- latitude：一个十进制表示的维度坐标。
- longitude：一个十进制表示的经度坐标。
- altitude：海拔高度（以米为单位，如果是 5，表示精确到 5 米范围）。
- accuracy：当前经纬度信息的精度（同样以米为单位）。
- altitudeAccuracy：当前海拔高度的精度。
- heading：代表当前设备的朝向，该值是以弧度为单位，指示了按顺时针方向相对于正北的度数（比如 heading 为 270 的时候表示正西方）。

getCurrentPosition 还可以传入另一个回调函数作为参数以处理错误情况，如下所示。

由于地理位置属于高度敏感的用户隐私，因此 getCurrentPosition 函数在被调用时，浏览器会询问用户是否允许当前页面访问自己的位置信息，在 Chrome 上的提示可能是这样的，如图 6.1 所示。

获取到用户权限后，Chrome 会在地址栏增加一个表示地理位置的图标，如图 6.2 所示。

如果用户拒绝网站使用位置信息，那么传入 getCurrentPosition 的第二个回调函数会得到一个 PositionError 错误对象，你可以像这样处理它：PositionError 对象只包含 code 和

message 两个属性。前者表示错误码，1 是用户拒绝了许可（permission denied），2 是当前位置不可用，3 是获取位置超时（timeout）。message 属性是一条供人类阅读的错误消息。

图 6.1　地理位置访问控制

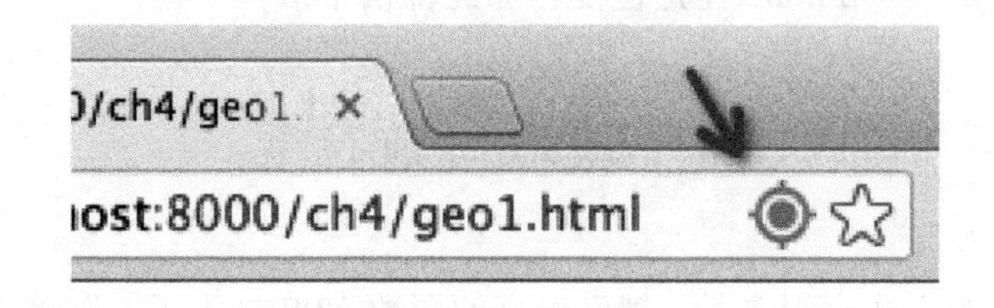

图 6.2　Chrome 在用户允许获取地理位置时

来看一个略显完整的获取和处理位置信息的程序，如下所示。

最终结果如图 6.3 所示。

图 6.3　获取当前位置

getCurrentPosition()函数的回调时机和并非一定的，这依赖于设备获取位置时间的长短。一般情况下它会尝试尽可能快的返回一个结果，通常这个结果的精度都不是特别高，这种低精度的数据可能来源于设备的 IP 地址或者 WiFi。如果设备拥有 GPS 模块，那么可能会消耗较长时间去获取一个精确的位置，要控制这一点，可以通过传递 PositionOptions 对象给 getCurrentPosition 的第三个参数来做到。

PositionOptions 可以有三个选项，enableHighAccuracy 为 true 将会让设备尝试高精度定位方式（比如 GPS），这时设备的耗电量和获取位置的耗时都可能会增加，对移动设备而言是一个较大的压力，如果你的应用不需要太精确的数据，将该选项设置为 false 会省时省电许多。timeout 是超时时间，以毫秒计，默认情况下 timeout 的值是 Infinity 的。maximum 指示了获取到的位置的缓存时间（以毫秒计），如果设置为 0，每次调用 getCurrentPosition 都会调用底层设备去获取真实位置，合理的 maximum 时间可以降低获取真实位置的开销，省时省电，比如你在步行的时候，10 秒钟时间其实是走不了多远的，这时候可以将 maximum 设置为 10000。

6.2　监视位置变化

getCurrentPosition 只在调用时会得到位置信息，在 LBS 应用中，监测用户位置变化是非常常见的需求。一个做法是通过轮询的方式去检测位置变化。

我们设置了一个 10 秒作为获取位置的间隔，这样做的缺点很明显，首先你无法知道用户动态的速度，如果在飞机火车上，10 秒可能已经走了很长一段距离，这样提供给用户的位置信息可能是延迟的，如果我们将间隔设置的很短，又会非常耗电耗能，如果用户长时间没有动，那这些查询都是无用的。

还好，我们有 watchPosition()方法，可以让系统通知我们用户的位置发生了变化（或者有新的精度更高的位置信息）。

watchPosition() 方法和 getCurrentPosition 方法在调用上类似，但其行为与 getCurrentPosition 的区别也是显而易见的——回调函数有可能被执行多次。调用该函数时会返回一个 watch ID，这个 ID 和 setInterval()函数返回的 ID 类似，可以用于清除这次监视操作。

watchPosition()方法也接受相同的三个参数，success、error 回调以及一个 PositionOptions 对象。

有了 watchPosition，我们甚至可以写一些有趣的东西，比如寻宝游戏等。

6.3　来半斤 Google maps 尝尝

前面介绍了定位 API 的基本内容后，你也能发现仅仅利用这些 API 能做的事情非常有限，我们的寻宝游戏也异常无聊。

定位 API 更大的价值在于与 GIS（Geographic Information System，地理信息系统）的结合。首先我们得有一个地图的数据库，想要徒手创造这个数据库的幻想家们可以先省省了——如果你买不起卫星的话。

还好我们有 Google maps。

Google maps 可以说是 Web 地图的开创者，地图、导航、地球和街景……它一次又一次带给我们的巨大惊喜也不必多说了，更重要的是它提供了许多 API 供开发者使用，开发者可以利用 Google 提供的 API 创造出更多有趣有用的玩意儿。

最简单的是要数 Static Maps API 了，它使用特定 url 动态生成一张地图图片，比如（来自官方 API 的例子）。

这张地址将链接到一张 600×300 的图片，包含纽约市的静态地图图片，如图 6.4 所示。

可以看到，static api 可以定义一系列的参数，以下是来自 Google 文档中的参数说明（更多详情请参考 google maps 的 API）。

1. 位置参数

- ❑ center（标记不显示时为必填），用于定义地图的中心，该中心与地图各边缘的距离都相等。此参数用以英文逗号分隔的 {纬度,经度} 对（例如“40.714728,-73.998672”）或者字符串地址（例如“city hall, new york, ny”）表示位置，来标识地球表面某个独一无二的位置。

图 6.4　static api

- zoom（标记不显示时为必填），用于定义地图的缩放级别，该级别可决定地图的放大级别。此参数采用的数字值与所需的区域缩放级别相符。

2. 地图参数

- size（必填），用于定义地图图片的矩形尺寸。该参数采用 {horizontal_value}x{vertical_value} 形式的字符串。例如，500×400 定义了一张宽为 500 像素和高为 400 像素的地图。宽度小于 180 像素的地图会显示一个缩小的 Google 徽标。该参数会受到下述 scale 参数的影响；而最终输出大小会是大小值和比例值的结果。
- scale(可选)，用于影响返回的像素数。scale=2 的覆盖区域和细节等级都与 scale=1 的相同（即地图的内容不变），但返回的像素数是后者的两倍。此参数可用于针对高分辨率显示器进行开发或生成用于打印的地图，默认值为 1。接受的值包括 2 和 4（4 只供 Maps API for Business 客户使用）。
- format（可选），用于定义生成的图片的格式。默认情况下，Static Maps API 会创建 PNG 图片。有多种可用格式供你选择，其中包括 GIF、JPEG 和 PNG 类型。使用哪种格式取决于你希望以什么方式显示图片。通常，JPEG 可提供更大的压缩率，而 GIF 和 PNG 可提供更多细节。
- maptype（可选），用于定义要构建的地图类型。maptype 有多个可能的值，其中包括 roadmap、satellite、hybrid 和 terrain。
- language（可选），用于定义在地图图块上显示标签时所用的语言。请注意，该参数仅支持部分国家/地区图块；如果图块集不支持请求的特定语言，则将使用默认语言。
- region（可选），用于基于地理政治敏感性定义要显示的适当界线。该参数接受指定为 ccTLD（“顶级域”）双字符值的区域代码。

3. 地图项参数

- ❑ markers（可选），用于定义一个或多个要附在指定地点的图片上的标记。此参数采用由竖线字符 (|) 分隔其中参数的单个标记定义字符串。多个样式相同的标记可以放在同一个 markers 参数中；只需另外添加 markers 参数即可添加其他不同样式的标记。请注意，如果是为地图提供标记，就无需指定 center 和 zoom 参数（通常为必填）。
- ❑ path（可选），用于定义指向指定位置图片上叠加层的两个或多个连接点的单条路径。此参数采用由竖线字符 (|) 分隔的点定义字符串。你可以通过另外添加 path 参数来提供其他路径。请注意，如果是为地图提供标记，就无需指定 center 和 zoom 参数（通常为必填）。
- ❑ visible（可选），用于指定一个或多个即使在不显示标记或其他指示器的情况下也应出现在地图上的位置。使用此参数可确保在静态地图上显示某些地图项或地图位置。
- ❑ style（可选），用于定义自定义样式，以更改地图上特定地图项（如道路和公园等）的显示方式。此参数采用 feature 和 element 参数，以分别标识要选择的地图项和一组要应用于该选择项的样式操作。你可以通过另外添加 style 参数来提供多个样式。

4. 报告参数

- ❑ sensor（必填），用于指定请求静态地图的应用是否会使用传感器来确定用户所处位置。所有静态地图请求都需要使用此参数。

结合该 API，我们可以增强之前查找自己位置的程序，为自己所在的位置绘制一副地图，并打上标记。

这样会得到一幅 300×300 的地图图片，如图 6.5 所示。

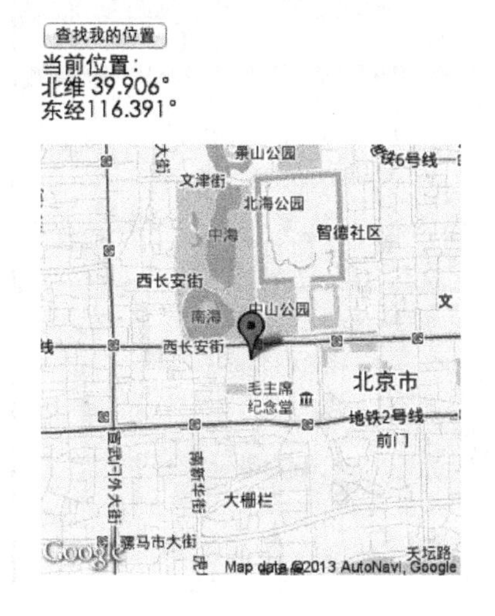

图 6.5　静态地图

static api 提供了许多功能，自定义地图样式、自定义标记、路径和区域等。虽然功能多多，但毕竟是静态地图；既然是静态的，那必然不够动感。

要将更动感的更炫酷的 JavaScript 版 Google maps 带入你应用也不是一件难事儿。引入 Google maps 依然只需一步。

引入 Google maps 的 api 后，你便可以自由使用这些，Google maps 的 JavaScript 版本 API 同样包含许多内容，而且和 static api 也非常类似，只不过使用起来更加直观。

此时再打开网页，你会发现网页已经摇身一变成为了功能齐备且在移动端也体验不俗的 Google 地图，如图 6.6 和图 6.7 所示。

图 6.6　简单的 Google 地图（桌面 Chrome）

图 6.7　简单的地图（iPhone Safari，支持多点）

此时你要改编之前的定位例子也简单了，完整程序如下：

```
if ("geolocation" in navigator) {
  /* geolocation 可用 */
} else {
  /* geolocation 不可用 */
}
navigator.geolocation.getCurrentPosition(function(position) {
  //position 对象包含经纬度坐标
  doSomething(position.coords.latitude, position.coords.longitude)
})
navigator.geolocation.getCurrentPosition(function(position) {
  doSomething(position)
}, function(err){
  console.log(err)
})

function errorCallback(error) {
  console.log('ERROR(' + error.code + '): ' + error.message);
};
<button id="findMe">查找我的位置</button>
<div id="output"></div>
<script>
function geoFindMe() {
  var output = document.getElementById('output');
  if (!navigator.geolocation){
    output.innerHTML = '<p>当前浏览器不支持地理位置查询！！</p>';
    return;
  }
  function success(position) {
    var latitude  = Math.round(position.coords.latitude)
    var longitude = Math.round(position.coords.longitude)
    var html = '当前纬度：' + latitude + '°，经度：' + longitude + '° <br> '
    if (latitude > 4 && latitude < 53 && longitude > 73 && longitude < 135) {
      html += '您现在极有可能在中国境内'
    } else {
      html += '您现在极有可能不在中国境内'
    }
    output.innerHTML = html
  }
  function error(err) {
    output.innerHTML = '获取位置时发生错误，原因：' + err.message
  }
  output.innerHTML = '正在获取位置中...'
  navigator.geolocation.getCurrentPosition(success, error)
}
document.getElementById('findMe').addEventListener('click', function (e) {
  geoFindMe()
})
</script>
var options = {
  enableHighAccuracy: true,
  timeout: 5000,
  maximumAge: 0
}
navigator.geolocation.getCurrentPosition(success, error, options)
setInterval(function(){
  navigator.geolocation.getCurrentPosition(success, error, options)
```

```
}, 10000)
navigator.geolocation.watchPosition(function(position) {
  doSomething(position.coords.latitude, position.coords.longitude);
});
var watchId = navigator.geolocation.watchPosition(function() {…})
navigator.geolocation.clearWatch(watchId)
<script>
var wid, target, option

function success(pos) {
  var crd = pos.coords
  //保留三位小数
  if (target.latitude === +crd.latitude.toFixed(3)
    && target.longitude === +crd.longitude.toFixed(3)) {
    alert.log('恭喜你找到了宝藏！抬头看看城楼的靓照吧！')
    navigator.geolocation.clearWatch(wid)
  }
}

function error(err) {
  console.warn('ERROR(' + err.code + '): ' + err.message)
}

//宝藏在某广场附近
target = {
  latitude : 39.906,
  longitude: 116.391,
}

options = {
  enableHighAccuracy: false,
  timeout: 5000,
  maximumAge: 0
}

wid = navigator.geolocation.watchPosition(success, error, options)
</script>
<img src=" http://maps.googleapis.com/maps/api/staticmap?center=
Brooklyn+Bridge,New+York,NY&zoom=13&size=600×300&maptype=roadmap
&markers=color:blue%7Clabel:S%7C40.702147,-74.015794&markers=color:green
%7Clabel:G%7C40.711614,-74.012318
&markers=color:red%7Ccolor:red%7Clabel:C%7C40.718217,-73.998284&sensor=
false" />
<button id="findMe">查找我的位置</button>
<div id="output"></div>
<script>
function geoFindMe() {
  var output = document.getElementById('output');
  if (!navigator.geolocation){
    output.innerHTML = '<p>当前浏览器不支持地理位置查询！！</p>';
    return;
  }
  function success(position) {
    var latitude  = position.coords.latitude
    var longitude = position.coords.longitude
    latText = latitude >= 0 ? '北' : '南'
    lonText = longitude >= 0 ? '东' : '西'
    output.innerHTML = '当前位置：<br> ' + latText + '维 ' + Math.abs(latitude)
```

```
    + '° <br> ' +
      lonText + '经' + Math.abs(longitude) + '°</p>'

    var img = new Image()
    img.src = 'http://maps.googleapis.com/maps/api/staticmap?center='
      + latitude + ',' + longitude
      + '&zoom=13&size=300×300&sensor=false&markers='
      + latitude + ',' + longitude

    output.appendChild(img)
  }
  function error(err) {
    output.innerHTML = 'Unable to retrieve your location'
  }
  output.innerHTML = '<p>Locating…</p>'
  navigator.geolocation.getCurrentPosition(success, error)
}
document.getElementById('findMe').addEventListener('click', function (e) {
  geoFindMe()
})
</script>
<script type="text/javascript" src="http://maps.google.com/maps/api/js?
sensor=true"></script>
<!DOCTYPE html>
<html>
<head>
  <title>hello map</title>
  <meta name="viewport" content="initial-scale=1.0, user-scalable=no">
  <meta charset="utf-8">
  <style>
  html, body, #map-canvas {
    margin: 0;
    padding: 0;
    /* 让地图默认充斥你的页面 */
    height: 100%;
  }
  </style>
</head>
<body>
  <div id="map-canvas"></div>
  <script src="http://maps.googleapis.com/maps/api/js?sensor=false">
  </script>
  <script>
  function initialize() {
    var mapOptions = {
      //缩放级别
      zoom: 8,
      //google.maps.LatLng 代表着地球上的一个点，传入经纬度构建
      //通过 center 将地图中心设为指定的点
      center: new google.maps.LatLng(39.906, 116.391),
      //ROADMAP 是最基本的地图类型，包含二维道路等内容
      //此外还有卫星图和地形图等类型
      mapTypeId: google.maps.MapTypeId.ROADMAP
    }
    //调用 google.maps.Map 构造一个地图实例
    var map = new google.maps.Map(document.getElementById('map-canvas'),
      mapOptions)
  }
```

```
  initialize()
  </script>
</body>
</html>
<span id="status">查找中…</span></p>
<div id="map-container"></div>
<script type="text/javascript" src="http://maps.google.com/maps/api/js?
sensor=true"></script>
<script>
var s = document.getElementById('status')
function success(position) {
  s.innerHTML = '找到你在哪儿了！'

  //Google 的地图是绘制在一个容器元素里的
  var mapcanvas = document.createElement('div')
  mapcanvas.id = 'mapcanvas'
  mapcanvas.style.height = '300px'
  mapcanvas.style.width = '300px'

  document.getElementById('map-container').appendChild(mapcanvas)

  var latlng = new google.maps.LatLng(position.coords.latitude, position
  .coords.longitude)
  var options = {
    zoom: 15,
    center: latlng,
    mapTypeControl: false,
    navigationControlOptions: {style: google.maps.NavigationControlStyle
    .SMALL},
    mapTypeId: google.maps.MapTypeId.ROADMAP
  }

  var map = new google.maps.Map(mapcanvas, options)
  //google.maps.Marker 用于构造地图标记
  var marker = new google.maps.Marker({
      position: latlng,
      map: map,
      title:"你在这里！（精确到 " + position.coords.accuracy + " 米）"
  })
}

function error(msg) {
  s.innerHTML = typeof msg == 'string' ? msg : "定位失败！"
}

if (navigator.geolocation) {
  navigator.geolocation.getCurrentPosition(success, error)
} else {
  error('您的浏览器不支持定位！')
}
</script>
```

Google maps 还包含非常多的内容，如图层、地图事件和控件等等。囿于篇幅所限本书无法一一为读者讲解它们，如果读者有兴趣可以参考 Google 提供的教程以及文档或者购买其他讲解 Google maps 的书籍进行学习。

6.4　开发者工具

由于定位 API 非常简单，所以问题就只剩下了如何模拟定位行为。伟大的 Chrome 开发者工具早已为我们想到了这些，模拟定位只需一次勾选，如图 6.8 所示。

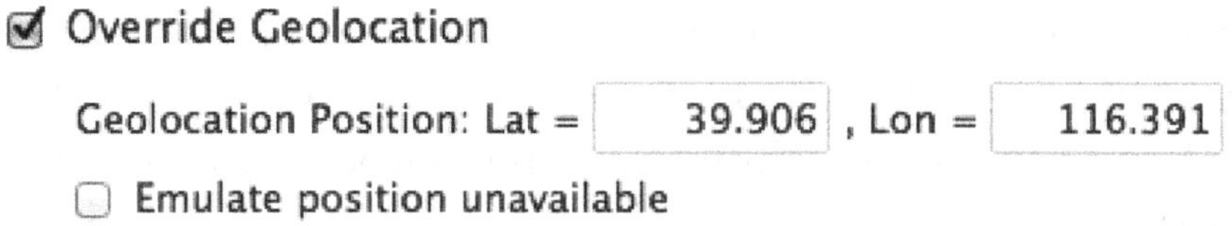

☑ Override Geolocation

Geolocation Position: Lat = 39.906 , Lon = 116.391

☐ Emulate position unavailable

图 6.8　模拟定位

读者可以看到，不仅可以模拟特定坐标，还可以模拟定位出错的情况，这样，你也能轻松的到世界各地走一走了！

第 7 章　Web Worker

JavaScript 在过去有非常多的瓶颈：浏览器兼容性、可访问性和性能……这些无一不制约着开发者发挥他们的想象力。随着 JavaScript 语言能力被挖掘、基础库或框架的涌现以及浏览器技术（V8）的进步，这些限制瓶颈已经不再那么恼人。而依然在制约 JavaScript 的，是 JavaScript 本身。

7.1　单线程语言之殇

众所周知，JavaScript 是一门基于事件驱动的语言，它运行在单线程环境里，无法创建进程或者线程，而且脚本在执行时会阻塞包括 UI 在内的其他一切程序。JavaScript 不具备真正的并行能力，即便是看起来“并行”的 setTimeout()和 setInterval()函数，其运行方式也只是由后台引擎以“代码插入”的方式进行回调，这意味着像 setInterval()这样的间隔函数并不能在准确的间隔内执行代码。

为了减少阻塞执行这一问题对 UI 操作带来的影响，程序员们会选择将脚本放入 body 结束标记之前执行，即便如此脚本执行时也会有浏览器带来的限制（Safari 是 5 秒，FireFox 是 10 秒）。而且你无法容忍脚本运行长达 5 秒——用户可受不了五秒钟啥事儿不做干瞪眼。事实上有研究表明界面响应时间不超过 100ms 是最理想的，一旦超过这个时间，用户就会感觉自己与程序界面失去了联系，此时用户会倾向于重复操作（想想那些恼人的“请不要重复提交表单”的提示吧）。

因此在脚本执行时间较长时，程序员们发明了各种方式来解决 UI 线程被阻塞的问题，使用定时器和数组对任务进行异步处理是其中一种，比如在线性处理某一系列任务时，可能会写出这样的代码：

```
<script>
var todos = […]
for (var i = 0; i < todos.length; i++) {
  process(todos[i])
}
</script>
```

这样的代码在执行时会完全阻塞执行，在我们不需要立马得到处理结果时，改用 setTimeout()来将任务与 UI 线程重绘重排以及接受用户输入的过程交错开来执行，已获得响应时间的提升：

```
<script>
var todos = […]
setTimeout(function () {
  //取出 todos 的第一个元素进行执行
```

```
  process(todos.shift())
  //如果还有需要处理的元素，25ms 后再处理，给 UI 线程留一点喘息的时间
  if (todos.length > 0) {
    setTimeout(arguments.callee, 25)
  } else {
    doneCallback()
  }
})
</script>
```

这种处理数组的模式也可以用来分割具体任务，比如我们可能会有保存一个文档这样的任务，它会存在好几个子任务：

```
<script>
function saveDocument(docId) {
  openDocument(docId)
  changeDocument(docId)
  closeDocument(docId)
  updateUI()
}
</script>
```

几个子任务连续执行可能会消耗比较长的时间，利用上面的模式我们可以改写成这样：

```
<script>
function saveDocument (docId) {
  var tasks = [openDocument, changeDocument, closeDocument, updateUI]
  setTimeout(function () {
    var nextTask = tasks.shift()
    nextTask(docId)
    if (tasks.length) {
      setTimeout(arguments.callee, 25)
    }
  })
}
</script>
```

这种模式你也可以写成更加通用的模式，不过这种处理任务的方式虽然解放了用户界面，但却拉长了任务执行所需要的时间，但在大多数情况下是值得的，因为对于 Web 程序而言保证用户界面时刻可操作通常是最高优先级的事情。

即便有这些技巧缓解这些问题，但这种线程上面的限制使得 JavaScript 并不适合用来处理耗时任务。

7.2　为 JavaScript 引入线程技术

Web Worker 技术最初是 HTML 5 标准的一部分，后来分离出去成为了独立的规范（http://www.w3.org/TR/workers/）。Web Worker 提供了一个接口，该接口提供了一种创建独立线程的方式，这样你可以在后台运行代码而不影响 UI 线程：

```
var myWorker = new Worker("worker.js");
```

创建 Worker 很简单，调用 Worker 构造函数并传入一个 js 文件的路径即可，创建好

Worker 后该 js 文件的代码将开始在 Worker 的线程里独立执行。Worker 和调用方可以通过 message 事件和 postMessage 方法进行通信，比如 Worker 的代码可能是这样：

```
//在 worker.js 中可以做一些耗时操作
var num = 0
for (var i = 0; i < 100; i++) {
  num += i
}
//postMessage 将把数据传递到调用 Worker 的地方
postMessage(num)
```

在主线程里你可以绑定 Window 的 message 事件以监听从 Worker 传过来的数据：

```
<script>
var myWorker = new Worker("worker.js");
myWorker.addEventListener('message', function (e) {
  console.log(e.data); //4950
}, false);
</script>
```

当然在主线程里也可以调用 Worker 的 postMessage 方法，同时在 worker.js 里也可以绑定 message 事件（使用 onmessage）：

```
<script>
var myWorker = new Worker("worker.js");
myWorker.postMessage('hi worker');
</script>
```

worker.js：

```
…
addEventListener('message', function (e) {
  //这里接受主线程传过来的数据
  e.data; //hi worker
}, false);
```

熟悉 JavaScript 的人都知道，JavaScript 执行时会有一个全局环境，其中可能包含一个或多个全局变量。在浏览器中全局对象是 Window 对象，通过这个对象可以访问 DOM 和 BOM 等各种接口，Worker 线程的环境很特殊，和调用 Worker 的浏览器执行环境不完全相同，基本上是一个 Window 对象的阉割版，你可以通过 self（或者 this）而不是 Window 来进行显式访问这个全局对象：

```
//在 worker.js 中可以做一些耗时操作
var num = 0
for (var i = 0; i < 100; i++) {
  num += i
}
this.postMessage('first msg');
self.addEventListener('message', function (e) {
  //这里接受主线程传过来的数据
  self.postMessage(e.data + ', ' + num) //hi worker, 4950
}, false);
```

在 Worker 执行环境里内只有下列功能或对象可以访问。

- ❑ navigator 对象：只有 appNmae、appVersion、userAgent 和 platform 这四个只读属性可以访问。

- location 对象：所有属性与 window.location 相同，只不过这些属性全部都是只读的。
- XMLHttpRequest 对象：Worker 里可以自由进行 ajax 请求，后台处理大量来自服务器的数据也是非常常见的需求。
- setTimeout()/clearTimeout() 和 setInterval()/clearInterval()两组函数。
- ECMAScript 内置对象，比如 Object、Date 和 Array 等。
- 一个 importScripts 方法，可以用来导入外部 JS 脚本。
- 应用缓存，applicationCache 对象。
- Worker 构造函数，以继续生成子 worker 线程（Chrome 目前并不支持）。

相较于浏览器文档环境，Worker 不能访问下面这些部分：

- DOM 的全部内容，因为 DOM 并不是线程安全的资源。
- document 对象（和 DOM 有交集）。
- window 对象的其他属性。

了解到 Web Worker 的限制，就能进一步理解前面的 Worker 是如何工作的。

Worker 与主线程传递消息（或数据）的过程是后台任务处理中非常重要的一步，postMessage 方法承担着主线程和 Worker 传递消息全部的责任。前面的例子中我们传递的是字符串数据，要注意的是，在主线程和 Worker 线程传递的消息是复制的，这意味着你只能传递可以被序列化的数据（比如 JSON 对象），而不能传递普通 JavaScript 对象：

```
var msg = {'cmd': 'start', 'content': 'Hi'}
worker.postMessage(msg);
```

对于上面的例子，msg 对象在传递给 Worker 时浏览器会先对 msg 进行序列化（JSON.stringify），在 Worker 里面接收到该消息时，会先进行反序列化，之后再传递给消息事件对象（MessageEvent）。来看一个完整的例子：

```
<button onclick="sayHI()">Say HI</button>
<button onclick="unknownCmd()">Send unknown command</button>
<button onclick="stopLocal()">Stop worker local</button>
<button onclick="stopRemote()">Stop worker remote</button>
<output id="result"></output>

<script>
  function sayHI() {
    worker.postMessage({'cmd': 'start', 'msg': 'Hi'});
  }

  function stopLocal () {
    worker.terminate();
    document.getElementById('result').textContent = 'worker 已停止';
  }

  function stopRemote() {
    worker.postMessage({'cmd': 'stop', 'msg': 'Bye'});
  }

  function unknownCmd() {
    worker.postMessage({'cmd': 'foobar', 'msg': '???'});
  }

  var worker = new Worker('worker.js');
```

```
  worker.addEventListener('message', function(e) {
    document.getElementById('result').textContent = e.data;
  }, false);
</script>
```

worker.js：

```
self.addEventListener('message', function(e) {
  var data = e.data;
  switch (data.cmd) {
    case 'start':
      self.postMessage('WORKER STARTED: ' + data.msg);
      break;
    case 'stop':
      self.postMessage('WORKER STOPPED: ' + data.msg);
      self.close();
      break;
    default:
      self.postMessage('Unknown command: ' + data.msg);
  };
}, false);
```

可以看到，close 方法和 terminate 方法都可以停止执行 worker，只不过调用的地方不同。此外，如果你利用 postMessage 传递了不可序列化的内容（比如一个函数对象），浏览器将报错，如图 7.1 所示。

```
worker.postMessage(function(){})
```

```
▼Uncaught Error: DataCloneError: DOM Exception 25
    (anonymous function)
```

图 7.1　传递不可序列化的数据会报错

importScripts()函数可以加载外部的脚本代码，这提供了让你组织 Worker 环境中代码的能力。importScripts()函数接受一个或多个 js 文件 URL 作为参数：

```
importScripts('file1.js')
importScripts('file2.js', 'file3.js')
```

importScripts 是阻塞调用的，它在返回后会确保脚本已经下载并在当前 Worker 的上下文中执行（这里只会阻塞 Worker 线程，而不会影响 UI 线程）。如果脚本因为网络原因无法加载，将抛出 NETWORK_ERROR 异常，接下来的代码也无法执行。

另外要注意的是 Worker 代码本身以及内部子 Worker 在创建时或者使用 importScripts 时，都必须遵循同源策略的限制。

7.3　嵌入式 Worker 代码

前面的 Worker 代码都是调用的外部 js 文件——这是情理之中的，因为这些代码运行在完全不同的环境中，但是也不是没有办法将 Worker 代码嵌入到你的主线程代码里面去。而 Worker 也没有任何官方方案（比如 script 标签）来嵌入 Worker 的 js 代码。

这时候我们可考虑曲线救国。当一个 script 标签没有指定 src 且 type 特性被指定为一个不被运行的MIME类型时，这个script就仅仅变成了一个“数据块”，这种自定义mime-type的 script 可以用来承载任何类型的数据（你可能经常会看到有一些框架用它来填充 HTML 模板），对于你想要嵌入的 Worker 代码，也可以使用它来做。

具体的做法是使用 Blob 对象和 window.URL.createObjectURL 方法，根据源代码手动“构建”一个二进制的 js 文件：

```
<script type="text/js-worker" id="worker">
  //该脚本不会被 JS 引擎解析，因为它的 mime-type 是我们自定义的 text/js-worker
  //worker 代码可以写到这里
  var num = 0
  for (var i = 0; i < 100; i++) {
    num += i
  }
  self.addEventListener('message', function (e) {
    self.postMessage(e.data + ', ' + num) //hi worker, 4950
  }, false);
</script>
<script type="text/javascript">
  //该脚本会自动被 JS 引擎解析，因为它的 mime-type 是 text/javascript
  //该脚本会被 JS 引擎解析，因为它的 mime-type 是 text/javascript


  var code = document.getElementById('worker').textContent
  //使用 Blob 构建二进制对象，
  //Blob 构造函数接受两个参数，第一个是 parts 数组，第二个是 blob 对象属性
  var blob = new Blob([code], {type: "text/javascript"})

  //创建一个新的 myWorker 对象，包含所有 "text/js-worker" 里的脚本
  var myWorker = new Worker(window.URL.createObjectURL(blob))
  myWorker.addEventListener('message', function (e) {
    console.log(e.data) //4950
  }, false)
  myWorker.postMessage('get result')
</script>
```

window.URL.createObjectURL()方法创建了一个简单的网址字符串，该字符串可用于 DOM file 或者 Blob 对象参考数据的引用地址，通常是类似这样的 URL：

```
blob:http%3A//localhost%3A8000/a366ca26-fddd-476c-9417-69e83c293bbd
```

Blob 网址是唯一的，且只要文档还未卸载，该网址就会一直有效，当然你也可以通过 window.URL.revokeObjectURL 方法手动释放该 URL 所引用的资源，以节省内存：

```
window.URL.revokeObjectURL(objectURL);
```

7.4　共享 Worker

前面我们介绍的 Worker 在创建时都只为主线程服务，它们被称为专用 Worker（Dedicated workers），共享 Worker（Shared Worker）与专用 Worker 极其类似，它俩区别在于共享 Worker 能够为同源的多个页面（标签页）所共享，这个特性可以用在多个页面间的数据同步或者若干标签页共享一个资源的情况。

创建共享 Worker 需要 SharedWorker 构造函数：

```
var worker = new SharedWorker("shared-worker.js");
```

共享 Worker 的实例由 URL 唯一确定，与此同时，你还可以传递一个可选的 name 参数给 SharedWorker，为 Worker 实例显式指定一个名字，这个名字可以为同一个 js 文件创建多个 Worker 实例：

```
var worker = new SharedWorker("shared-worker.js", "doSomething");
```

共享 Worker 的边界同样受制于同源策略，这意味着不同的站点可以使用同样的 name。但如果同一个站点想为不同的 js 使用同样的 worker name 就会报错。

```
//www.example.com/page1
var worker = new SharedWorker("shared-worker1.js", "doSomething");
//www.example.com/page2, 这时会报错
var worker = new SharedWorker("shared-worker2.js", "doSomething");
```

和专用 Worker 不同的是，与共享 Worker 进行通信必须显式使用 MessagePort 对象，该对象被 SharedWorker 实例的 port 属性所引用，该对象的用法和专用 Worker 的用法一致：

```
worker.port.onmessage = function (e) { ... };
worker.port.postMessage('some message');
worker.port.postMessage({ foo: 'structured', bar: ['data', 'also',
'possible']});
```

在共享 Worker 代码内部，新的客户端通过 connect 事件连接到该 Worker，事件对象的 ports 属性会指向一个表示所有已连接“客户端”的数组，ports[0]将指向当前连接的“客户端”。来看一个完整的例子：

```
<span id="iam"></span> <button onclick="sayHI()">say hi!</button>
<div id="output">
</div>
<script>
 function sayHI() {
   worker.port.postMessage({'cmd': 'hi', 'msg': '大家好！<br>', 'id': id});
 }
 var output = document.getElementById('output')
 //生成一个随机的 ID，取时间的后四位
 var id = ('' + Date.now()).substr(-4, 4)
 console.log(id)
 document.getElementById('iam').innerHTML = '我的编号是：' + id

 var worker = new SharedWorker('shared-worker.js')
 worker.port.addEventListener('message', function (e) {
   output.innerHTML += e.data
 }, false)
 worker.port.start()
</script>
```

shared-worker.js：

```
var ports = []
function broadcast(msg) {
 ports.forEach(function (port) {
   port.postMessage(msg)
 })
}
```

```
//connect 依然可以使用 addEventListener 来绑定
self.onconnect = function(e) {
  //任何客户端发起连接的时候都会新建一个 MessagePort 实例
  var newPort = e.ports[0]
  //将该实例单独管理起来，当然也可以直接访问 e.ports 属性
  ports.push(newPort)
  newPort.onmessage = function (e) {
    if (e.data.cmd === 'hi') {
      broadcast(e.data.id + '说: ' + e.data.msg)
    }
  }
}
```

利用这个模式甚至可以完成一个多标签页聊天室（虽然这个例子没什么实际用途），如图 7.2 所示。

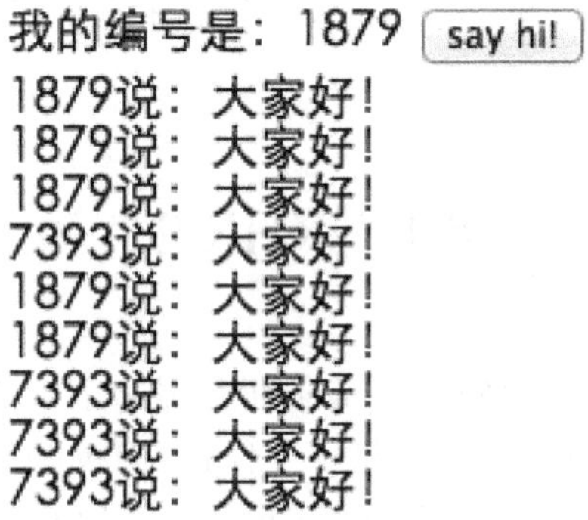

我的编号是：1879 say hi!
1879说：大家好！
1879说：大家好！
1879说：大家好！
7393说：大家好！
1879说：大家好！
1879说：大家好！
7393说：大家好！
7393说：大家好！
7393说：大家好！

图 7.2　多 tab 共享 worker

注意：Worker 技术虽然为客户端进行大量后台计算提供了便利，但对于移动设备而言，过分依赖 Worker 并不是一个好主意。你要时刻记住移动设备上的 CPU 和内存等资源都是非常紧俏的，能省资源就尽量省，能从产品设计上避免的客户端计算的就尽量避免。

第8章 通信基础

Web之所以成网，离不开通信这一环节。在Web领域，通信相关技术一直是非常重要的部分，而在HTML 5时代，Web应用对通信的要求更加高了，更快的传输速度、更高效的通信机制和更稳定的信道……这些挑战对Web技术提出了更高的要求。

HTML 5提供了许多技术工具来方便大家开发出更加具有实时性的Web程序，比如更加强大的XMLHttpRequest对象和Web sockets等。本章将探究这些通信相关的HTML 5技术。

8.1 XHR 2

早在十多年前以Gmail产品为先锋的Web世界掀起了一场Ajax革命，而作为这场革命的核心技术XMLHttpRequest对象，提供了一种利用JavaScript与服务器端通信的方式，这使得Web开发的思路发生了巨大的改变，也诞生了一批非常优秀的Web应用。

但是随着人们需求的增多，XMLHttpRequest对象也逐渐显得有些捉襟见肘，不久前XMLHttpRequest终于慢慢揭开了Level 2的面纱。虽然来的晚了一点，但是XHR2的强大功能绝对不会让你失望。

注意：我们说XHR 2的时候，通常是指XMLHttpRequest Level 2标准，和我们说CSS 3或者HTML 5是类似的，而且XHR 2严格意义上说并不属于HTML 5标准的一部分。

过去XHR对象只支持传输字符串类型的数据（DOMString或者XML），要想用XHR来实现二进制数据的通信简直是天方夜谭，而如今XHR 2允许你与服务器交换几乎任意二进制数据。XHR 2在XHR对象中新增了responseType和response属性，用于告诉浏览器我们希望返回的格式类型，前者可指定用于处理服务器返回内容的类型，你可以将xhr.responseType设置为text、arraybuffer、blob、json和document五种类型，默认情况下responseType将被设置为text。response表示具体的返回内容，与responseText属性不同的是，response可能包含DOMString、ArrayBuffer、Blob或Document类型的值，具体是什么取决于发送请求前responseType被设置为什么。

下面我们来看看如何用XHR向服务器请求一张图片：

```
<script>
var xhr = new XMLHttpRequest()
//别忘了第三个参数表示是否使用异步请求
xhr.open('GET', '/image.jpg', true)
//这时候使用arraybuffer也是可以的
```

```
xhr.responseType = 'blob'

xhr.onload = function(e) {
  if (this.status == 200) {
    //此时this.response是一个Blob对象,如果你将responseType设置为arraybuffer,
    那么response将自动转换成一个ArrayBuffer对象
    var url = window.URL.createObjectURL(this.response) //继续使用神奇的简单
                                                          的ObjectURL
    var img  = new Image()
    img.src = url
    document.body.appendChild(img)
  }
};

xhr.send()
</script>
```

ArrayBuffer 是一种数据类型，它好比一个容器，用来放置原始的固定长度的二进制数据。ArrayBuffer 对象是无法操作它的内容的，相反你应该创建一个代表着特定格式的 ArrayBufferView 对象以读写具体的二进制数据。说到 ArrayBufferView 就不得不提到类型数组（Typed Array）。

类型数组是 JavaScript 用于访问二进制数据的机制，一个类型数组和普通数组一样也是一个数组，不过一种类型数组里面它只能有一种变量类型，比如 int32 类型数组将只能包含 32 位的整数。一个类型数组其实就是一个 ArrayBuffer 的视图（View）。我们用一个例子来说明上面的理论：

```
var buffer = new ArrayBuffer(16)
```

这句代码创建了一个 16 字节大小的 buffer，此时浏览器会在内存中预分配出一块 16 字节空白区块，并将它初始化为 0，对于这块内存其实也干不了什么别的事儿，这时候必须要提供一个带有数据格式的视图好让我们操作这块内存：

```
var int32View = new Int32Array(buffer)
```

Int32Array 是类型数组的一种，表示 32 位有符号整数，除此之外还有 Uint8Array（八位无符号整数）和 Float64Array（64 位有符号浮点数）等类型。对于上面的例子，我们分配了 32 个字节给这块内存，而一个 32 位整数会占据 4 个字节，因此当为这块内存创建好视图 int32View 后，我们会发现 int32View 将会成为一个包含八个元素的数组，且这八个元素都被初始化为 0，此时你已经可以自由操作这块内存了：

```
console.log(int32View)       //[0, 0, 0, 0]
int32View[1] = 12
int32View[4] = 10            //此时不会报错，但也不会生成第 5 个数组元素
int32View[2] = 2147483648    //此时该数组会溢出，因为这个数组仅仅能设置 32 为整数
console.log(int32View)       //[0, 12, -2147483648, 0]
```

同一块内存 buffer 可以同时被多个视图所操作：

```
var uint16View = new Uint16Array(buffer)
console.log(uint16View)      //[0, 0, 12, 0, 0, 32768, 0, 0]
```

甚至同一块内存你可以使用多个类型数组来组合操作：

```
var buffer = new ArrayBuffer(24)
```

```
//第二个参数表示开始字节的索引，第三个参数表示长度，如果不提供则默认到缓冲区的末尾
var idView = new Uint32Array(buffer, 0, 1)
var usernameView = new Uint8Array(buffer, 4, 16)
var amountDueView = new Float32Array(buffer, 20, 1)
```

再回到 ArrayBufferView，从实现上来讲 Uint32Array 这样的类型数组其实都是 ArrayBufferView 的子类，ArrayBufferView 本身是无法直接实例化的。对于前面的抓取图片的例子，我们现在改为获取 ArrayBuffer 的版本：

```
var xhr = new XMLHttpRequest();
//别忘了第三个参数表示是否使用异步请求
xhr.open('GET', '/image.jpg', true)
//这时候使用 arraybuffer
xhr.responseType = 'arraybuffer'

xhr.onload = function(e) {
  if (this.status == 200) {
    //此时 this.response 是一个 ArrayBuffer 对象
    var uInt8Array = new Uint8Array(this.response);
    //现在你可以对图片进行任何奇怪的操作了，比如下面的代码会破坏 jpeg 图片的显示效果
    uInt8Array[101] = 255
    uInt8Array[100] = 255
    uInt8Array[99] = 255
    //对图片原始数据进行修改之后再转回 Blob 对象
    var blob = new Blob([uInt8Array])
    var url = window.URL.createObjectURL(blob)
    var img  = new Image()
    img.src = url
    document.body.appendChild(img)
  }
};

xhr.send();
```

经过处理后的图片对比如图 8.1 所示。

图 8.1　利用 ArrayBufferView 处理二进制数据

此外，XHR 2 新增的 json 类型使得你无须像以前那样每次返回都调用 JSON.parse 了：

```
var xhr = new XMLHttpRequest()
xhr.open('GET', '/test.json', true)
```

```
xhr.responseType = 'text'

xhr.onload = function(e) {
  if (this.status == 200) {
    //此时 this.response 是一个 JSON 对象
    document.body.innerHTML = this.response[0].name
  }
}

xhr.send()
```

注意：截止到本书撰稿时还没有浏览器支持 json 这一返回类型。

XHR 2 除了从服务器抓取各种类型数据，向服务器发送自然也不成问题。

发送普通的文本数据和以前没什么区别：

```
function sendText(txt, callback) {
  var xhr = new XMLHttpRequest()
  xhr.open('POST', '/server', true)
  xhr.responseType = 'text'
  xhr.onload = callback
  xhr.send(txt);
}

sendText('test string', function(e) {
  if (this.status == 200) {
    console.log(this.response)
  }
})
```

利用 Ajax 提交表单是非常常见的需求，XHR 2 当然考虑到了这一点，并为此设计了一个新类型 FormData，利用 FormData 提交表单变得异常简单，常见的如动态创建表单：

```
var formData = new FormData()
formData.append('username', 'filod')
formData.append('pwd', 123456)

var xhr = new XMLHttpRequest()
xhr.open('POST', '/server', true)
xhr.onload = function(e) { ... }
//直接传递 FormData 对象即可
xhr.send(formData);
```

而且可以直接提交表单元素，再也不用操心序列化之类的活儿：

```
function sendForm(form) {
  var formData = new FormData(form)
  //可以在已有表单的基础上继续附加数据
  formData.append('token', '1c2b9b')

  ...
  xhr.send(formData)
}
sendForm(document.getElementById('form1'))
```

如果你的表单包含文件用 FormData 处理也不在话下，下面给出一个选择文件后自动 Ajax 上传的例子：

```
function uploadFiles(url, files) {
  var formData = new FormData()

  for (var i = 0, file; file = files[i]; i++) {
    formData.append(file.name, file)
  }

  var xhr = new XMLHttpRequest()
  xhr.open('POST', url, true)
  xhr.onload = function(e) { ... }

  //send方法被调用时，会自动构建multipart/form-data类型的请求
  xhr.send(formData);
}
//绑定文件表单的change事件，选定文件后自动上传
document.querySelector('input[type="file"]').addEventListener('change',
function(e) {
  uploadFiles('/server', this.files)
}, false);
```

除了表单数据，XHR 2也可以向服务器直接提交二进制数据，这些数据可以来源于用户本地文件，也可以来源于JavaScript中动态构建的二进制数据（比如利用Canvas绘制的一幅图），方法或许你已经猜到了，直接发送Blob或者File对象即可：

```
function upload(blobOrFile) {
  var xhr = new XMLHttpRequest()
  xhr.open('POST', '/server', true)
  xhr.onload = function(e) { ... };
  xhr.send(blobOrFile);
}
var int16Array = new Int16Array(16)
var blob = new Blob([int16Array])
upload(blob);
```

当然ArrayBuffer也不成问题：

```
function sendArrayBuffer() {
  var xhr = new XMLHttpRequest()
  xhr.open('POST', '/server', true)
  xhr.onload = function(e) { ... }
  var uInt8Array = new Uint8Array([1, 2, 3])
  //类型数组的buffer属性保存着该数组的一个ArrayBuffer引用
  xhr.send(uInt8Array.buffer)
}
```

XHR 2还新增了一个upload属性，并可以为之绑定一个onprogress事件，这样你在上传大文件时就可以动态监测上传的进度了：

```
<progress></progress>
<script>
function upload(blobOrFile) {
  var xhr = new XMLHttpRequest()
  xhr.open('POST', '/server', true)
  xhr.onload = function(e) { ... }

  //配合HTML 5新增个progress元素一起使用
  var progressBar = document.querySelector('progress')
  xhr.upload.onprogress = function(e) {
    if (e.lengthComputable) {
```

```
      progressBar.value = (e.loaded / e.total) * 100;
    }
  };

  xhr.send(blobOrFile)
}

var int16Array = new Int16Array(16)
var blob = new Blob([int16Array])
upload(blob);
</script>
```

配合 File 相关 API 还可以将大文件进行分割（利用 Blob 对象的 slice），然后分别初始化多个 XHR 进行上传，最后再在服务端将文件组装。

使用过 Ajax 的都知道一个事实，XHR 请求无法跨域（跨源），如果你要在网站里动态请求其他网站（如微博 API），要么通过后端进行中转，要么使用 JSONP 这样的跨域技术。幸运的是，XHR 2 新增了跨源资源共享（Cross-Origin Resource Sharing，CORS）的能力，你只需要在服务器端简单设置一些标头就可以实现真正的跨域 Ajax 请求。

假设你的网站是 www.example.com，而此时你想从 www.exampleapi.com 获取数据，如果你直接使用 Ajax 请求 www.exampleapi.com 的数据，会收到类似这样的错误：

```
XMLHttpRequest cannot load http://www.exampleapi.com/. Origin
http://www.example.com is not allowed by Access-Control-Allow-Origin.
```

要突破这个限制，只需要在 www.exampleapi.com 域下的所有返回中加上这样一个 http 标头：

```
Access-Control-Allow-Origin: http://example.com
```

这句的意思是，www.exampleapi.com 域允许 example.com 域的脚本请求其数据。如果你的 API 是公开的（例如 CDN 服务），你可以这样设置标头允许来自所有域的请求：

```
Access-Control-Allow-Origin: *
```

对目标源的返回设置了标头后，发起跨源请求的过程和普通请求的过程其实没有什么分别：

```
var xhr = new XMLHttpRequest()
xhr.open('GET', 'http://www.exampleapi.com/data.json')
xhr.onload = function(e) {
  var data = JSON.parse(this.response)
  ...
}
xhr.send();
```

另外有一点需要注意的是，默认情况下跨源的 HTTP 请求是不会带上 cookie 等敏感信息的，如果你想要传递 cookie，需要在目标域加上这样的标头：

```
Access-Control-Allow-Credentials: true
```

与此同时在客户端发起请求时，需要在发起请求前将 XHR 对象的 withCredentials 设置为 true：

```
function ajax(data) {
  var xhr = new XMLHttpRequest()
```

```
  xhr.open('POST', '/server', true)
  xhr.withCredentials = true
  xhr.onload = function(e) { ... }
  ...
  xhr.send(data)
}
```

8.2　跨文档通信（Cross-document messaging）

在前面 Web Worker 的章节中我们已经介绍了主线程和 Worker 线程进行通信的 postMessage 接口，其实这个接口是一个通用的消息通信接口，在跨文档的通信中也能派上大用场（利用 Shared Worker 也可以实现很 tricky 的跨文档通信）。

不过首先要明确的是，什么是跨文档通信？所谓跨文档通信，指的是一个文档与其内的 iframe 或者调用 window.open 创建的新文档进行的通信——总之进行通信的文档不能是完全没关系的，否则也谈不上“跨”。

先来看一个最简单的例子，我们要在主页面向 iframe 发出一句问候，具体效果如图 8.2 所示。

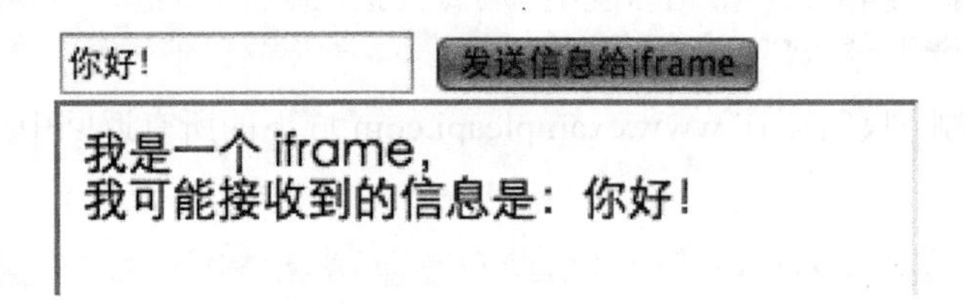

图 8.2　主页面与 iFrame 通信

主页面的代码如下：

```
<input id="text" type="text" value="你好！">
<button onclick="sendMsg()">发送信息给 iframe</button><br>
<iframe src="iframe.html" frameborder="1"></iframe>
<script>
function sendMsg () {
  var iframe = window.frames[0]
  iframe.postMessage(document.getElementById('text').value, '*')
}
</script>
```

iframe 页面代码如下：

```
<div>
我是一个 iframe，<br>
我可能接收到的信息是：<span id="msg"></span>
</div>
<script>
  window.addEventListener('message', function (e) {
    document.getElementById('msg').innerHTML = e.data
  })
</script>
```

可以看到，通信机制和 Worker 一模一样，只不过发送消息和接受的主体变成了 Window

实例（也就是文档了），这种通信方式对于 window.open 创建的窗口同样适用。

再看更复杂的例子之前，有必要仔细看看 Message 相关的接口。首先使用的最多的是 postMessage 了，与 Worker 的 postMessage 不同的点在于 postMessage 方法必须传递第二个参数，该参数表示发送数据目标的源：

```
iframe.postMessage('hello', 'http://example.com')
```

在上面这个例子中，如果 iframe 本身不是来自 example.com 域，那么 iframe 里面的网页是接收不到这个 hello 信息的。如果指定为*，则不限制接受信息方的来源，通常而言你都需要指定该值，否则你可能会暴露自己的数据给其他恶意站点。除了通配符*，还可以使用“/”来限制信息只在同源页面间发送：

```
iframe.postMessage('hello', '/')
```

成功发送给目标 window 的消息都会触发相应的 message 事件，该事件对象包含这样几个属性，如下所示。

- data：发送的数据，自动序列化和反序列化。
- origin：表示原始文档的源（协议、域名和端口），如 http://example.com。
- lastEventId：返回最近一次的 event id，在 server-sent 事件中有用。
- source：引用了发送消息的 window 对象，这个 window 对象有很多限制，相当于一个 window 的代理（WindowProxy）。
- ports：返回包含 MessagePort 对象的数组。

利用 source 可以在不同源的窗口实现双向通信：

```
<button onclick="openWin()">打开新窗口</button>
<script>
function openWin() {
  var popup = window.open('iframe.html')
  //这里必须要等一会儿才能向目标窗口发送消息，因为目标窗口可能还未加载完毕
  setTimeout(function () {
    popup.postMessage('hello there!', '/')
  }, 100)
}
window.addEventListener('message', function (e){
  if (e.origin !== 'http://localhost:8000') return

  console.log(e.data) //"我收到你的消息了！"
}, false)
</script>
```

iframe.html：

```
<div>
我是一个 iframe，<br>
我可能接收到的信息是：<span id="msg"></span>
</div>
<script>
  window.addEventListener('message', function (e) {
    document.getElementById('msg').innerHTML = e.data //hello there
    e.source.postMessage('我收到你的消息了！', e.origin)
  })
</script>
```

8.3　通道通信（channel messaging）

和 SharedWorker 类似，跨文档的通信有时候也需要处理多个文档共享一个父文档的情况。典型的场景就是一个页面包含多个 iFrame，而这些 iFrame 之间需要通信。要正确管理他们之间的关系，我们就需要用到通道消息（channel messaging）机制了。

通道消息机制中用于通信的频道被实现为双向通信的管道，通信两端（port）共享同一个连接，任何一个端口发送消息都会传递到另一端。

要创建一个用于通信的连接，需要调用 MessageChannel()构造函数：

```
var channel = new MessageChannel()
```

创建好的 channel 对象包含 port1 和 port2 两个属性，表示连接的两个端口，一个可以用作本地端口，另一个可以用作远端端口，此时你需要使用 postMessage 的第三个参数，将该端口传递过去：

```
otherWindow.postMessage('hello', '/', [channel.port2]);
```

接收到的该端口的 window 即可与本地 window 创建一个私有的通信通道，在本地你可以直接使用 port1 发送消息：

```
channel.port1.postMessage('hello from channel!');
```

接收方可以在 port2 上绑定 message 事件：

```
window.addEventListener('message', function (e) {
  if (e.origin == 'http://localhost:8000') {
    var port2 = e.ports[0]
    port2.addEventListener('message', function (e) {
      //这里是接收 channel.port1.postMessage 的专属地
    }
  } else {
    alert('不满足源限制')
  }
}, false)
```

发送方自然也可以接受接收方的消息，这时候双向通信通道就建立了：

```
channel.port1.onmessage = function (e) {
  //在这里处理接收方的消息
}
```

要注意的是，如果你在 port 上使用 addEventListener 绑定了事件，同时必须调用 start()方法以启动整个消息流，如果你使用 onmessage 绑定事件处理函数会隐式调用 start()方法。

来看一个稍微复杂的例子，我们的页面上有两个 iframe，要在这两个 iframe 中建立通信的通道，需要在 iframe2 中建立一个 MessageChannel，并将 MessagePort 通过父页面传递到 iframe1.html 中去，先看 iframe2.html 的代码：

```
<div id="message"></div>
<script>
var msgBox = document.getElementById('message')
```

```
//创建一个新的 MessageChannel 对象
var channel = new MessageChannel()

//给父级发送一个端口
window.parent.postMessage('iframe2 加载完毕', '/', [channel.port1])

//显示发送的信息
channel.port2.addEventListener('message', function(e) {
  msgBox.innerHTML = '接受到的信息是: ' + e.data
}, false)
//addEventListener 不会隐式调用 start()方法
channel.port2.start()
</script>
```

主页面：

```
<iframe src="iframe1.html" frameborder="1"></iframe>
<iframe src="iframe2.html" frameborder="1"></iframe>
<script>
window.addEventListener('message', function(e) {
  if (e.origin === 'http://localhost:8000') {
    if (e.ports.length > 0) {
      //在父窗口中将 ports 传递到 iframe1 中去
      window.frames[0].postMessage('端口打开', '/', e.ports);
    }
  }
}, false);
</script>
```

iframe1.html：

```
<input id="text" type="text" value="Bonjour! ">
<button onclick="sendMsg()">发送信息给最右→</button><br>
<script>
var port
function sendMsg() {
  var message = document.getElementById('text').value

  if (!port) {
    alert('信息发送失败，目前没有可用端口！')
  } else {
    port.postMessage(message)
  }

  return false
}
window.addEventListener('message', function(e) {
  //扩大端口范围
  if (e.origin == 'http://localhost:8000') {
    port = e.ports[0]
  } else {
    alert(e.origin + '这厮我不认识哈！')
  }
}, false)

window.parent.postMessage('iframe1 加载完毕', '/')
</script>
```

最后通信的界面如图 8.3 所示。

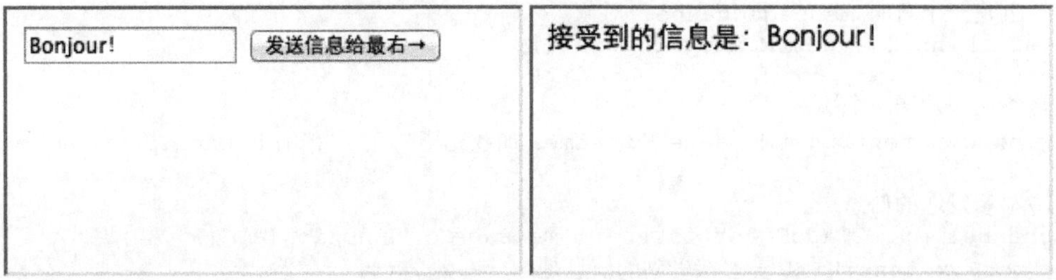

Bonjour!　发送信息给最右→

接受到的信息是：Bonjour!

图 8.3　通道通信

注意：（1）前文介绍的两种通信机制通常用于多页面环境，多页面环境难于开发和测试，在移动设备中请尽量不要设计多环境的应用，这样不仅能使程序更简单，也能减少资源的开销。

（2）HTML 5 Web Messaging 相关标准截止到本书撰稿时仍在剧烈变化当中，读者在使用时一定要注意兼容性。

第 9 章　实时 Web 技术

谈及实时 Web，大家都会想到多人同时编辑的 Google Docs、实时推送 feed 的 Facebook 以及 HTML 5 大型网络游戏……没错，整个 Web 技术的发展一是趋向移动化，二是趋向应用化，而应用化的显著特征之一，就是高实时性。

HTML 5 提供了 Web sockets 让 Web 也能向过去桌面应用一样建立真正的全双工通信连接，这给实时 Web 打下了坚实的基础。

9.1　轮询和长轮询（comet）

所谓实时系统，即在尽可能短的时间里响应用户输入或者通知用户变化的系统。在过去，Web 是很难和实时系统挂上钩的，一是网络速度并不是那么快，二是 HTTP 本身是一种无状态且一次性的协议，服务器在返回了数据之后就与客户端失去了联系，这些特性都和实时特性风马牛不相及——直到 JavaScript 开始大规模的在 Web 上应用。

Ajax 的广泛使用使得网页在不卸载文档的情况下与服务器交互成为常态，要保持和服务器高实时的交流，轮询（polling）成为人们最容易想到的方案，比如我们要检测一个资源的变化情况，可以每隔 1 秒向服务器发起一次请求：

```
function queryStatus() {
  var xhr = new XMLHttpRequest()
  xhr.open('GET', '/entry/status', true)
  xhr.load = function () {
    if (this.status == 200) {
      var ret = JSON.parse(this.response)
      //我们检测的资源有变化
      if (ret.changed) {
        …
      } else {
        //如果没有变化继续查询
        setTimeout(queryStatus, 1000)
      }
    }
  }
  xhr.send()
}
queryStatus()
```

轮询的实现非常简单快捷粗暴，其缺点也是显而易见的：

- 状态变迁和查询没有丝毫关系，对客户端和服务器的消耗都是巨大且不必要的。
- 轮询间隔时间太短导致应用花费大量 CPU 在查询上，间隔太长时实时性大打折扣。
- 大量查询同时会消耗大量网络资源，这也会影响其他网络服务或应用。

为了解决这个问题，一种被称为长轮询（comet 或 long polling）的技术发明了出来，这种技术的原理也很简单，主要利用了 HTTP 的长连接，当客户端第一次发起请求时（通常是 Ajax），服务器会查询是否有更改需要返回到客户端，如果有就立刻返回，如果没有就将这一次请求保持不返回，这时客户端的请求会一直处于 pending 状态，直到服务器端有更新了再返回。由于 HTTP 超时机制的存在，服务器在没有更新的情况下，无法一直保持这个长连接，这时候通常会在你设置的 HTTP 超时的时间范围内（比如 30 秒）返回一次空内容，当客户端收到返回的消息时（无论是不是空消息），会立刻再发起一次请求，然后继续“监听”服务器发来的变化，这样就实现了服务器实时推送消息到客户端，如图 9.1 所示。

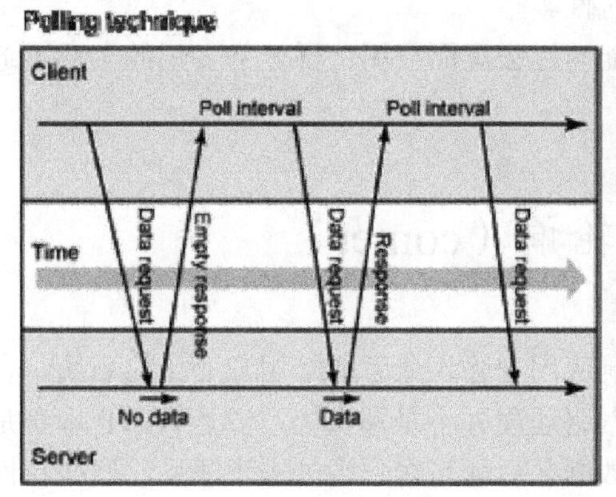

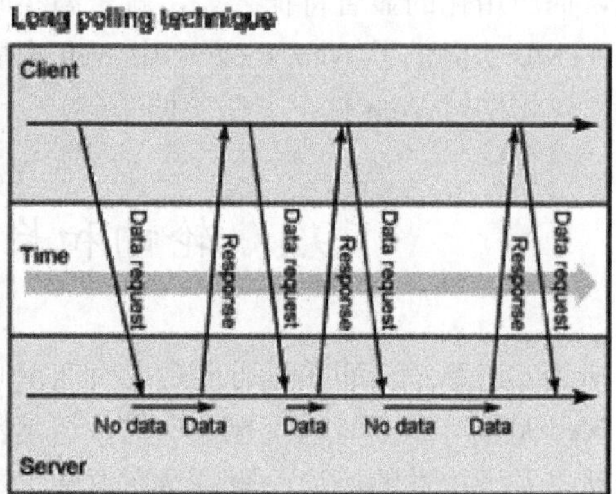

图 9.1　轮询和长轮询的异同

下面给出一个长轮询的实例，这是一个基于 jQuery 的小插件：

```
(function ($, undefined) {
  var defaults = {
    'type': 'GET',
    'url': '',
    'data': {},
    'timeout': 60 * 1000          //60 秒超时，通常你的服务器端间隔要短于这个时间
    'xhrFields': {
      'withCredentials': true    //应对跨域的情况
    }
  }
  //options 保持和 $.ajax 的 api 一致
  $.poll = function (options, fn) {
    function onMessage (data) {
      fn(data)
      $.poll(options)
    }
    function onError () {
      //如果遇到错误，就两秒后重试
      setTimeout(function(){
        $.poll(options, fn)
      }, 2000)
    }
    $.ajax(options)
      .done(onMessage).fail(onError)
  }
})(jQuery)
```

```
//使用方法：
$.poll({'url': '/server'}, function (data) {
  process(data)
})
```

对于服务器端可能是这样的代码：

```
<?php
  $i = 0;
  while(true){
    //每隔 30 秒输出一个数字
    echo "Number is $i";
    flush();

    sleep(30); //这时候可能是在等待服务器数据变化，但等待一定要在一定间隔内返回一次消息
    $i++;
  }
?>
```

当然这个 comet 的例子还不是很完善，需要优化的地方还很多，比如对于不支持 XHR 跨域的浏览器应该做相应的 Fallback 策略（如 JSONP），遇到错误时应该使用逐渐增长的超时检测机制等等。

9.2　服务器事件（server-sent events）

server-sent 事件是一种非常简单的服务器消息推送技术，基本上就是利用 EventSource 对象监听服务器发送到客户端的事件，构造 EventSource 对象只需传入一个 URL：

```
var source = new EventSource('server.php');
```

和前面介绍的 Web 通信机制类似，创建好 EventSource 后便可以为其绑定 message 事件了：

```
source.onmessage = function(e) {
  console.log('message: ' + e.data)
}
```

上面的代码监听着从服务器传过来的消息，如何传递消息可以参考下面这段 PHP 代码：

```
header("Content-Type: text/event-stream\n\n");

$counter = rand(1, 10);
while (1) {
  $curDate = date(DATE_ISO8601);
  echo 'data: {"time": "' . $curDate . '"}';
  echo "\n\n";

  //将当前缓冲区里的内容 flush 到客户端，但此时还未断开 HTTP 连接
  ob_flush();
  flush();
  //每隔一秒钟触发一次事件
```

```
  sleep(1);
}
```

上面的代码随机输出一到十条消息，服务器发送事件的重点在于返回的 MIME 类型必须是 text/event-stream，每一条消息用 data:开头，消息与消息之间用两个换行进行分割。

当然你也可以绑定自定义事件：

```
source.addEventListener('ping', function(e) {
  console.log('event type: ' + e.type)
  console.log('event data: ' + e.data)
}, false)
```

在服务端发送自定义事件需要加上一行以 event:开头的内容：

```
header("Content-Type: text/event-stream\n\n");

$counter = rand(1, 10);
while (1) {
  $curDate = date(DATE_ISO8601);
  echo "event: ping\n";
  echo 'data: {"time": "' . $curDate . '"}';
  echo "\n\n";

  ob_flush();
  flush();
  sleep(1);
}
```

EventSource 作为完备的接口，处理错误当然也不能少：

```
//网络超时和访问控制出错都可能触发 error 事件
source.onerror = function(e) {
  alert('遇到错误了！')
}
```

可以看到 event stream 是一种简单的文本流格式，它必须使用 UTF-8 进行编码，每条消息都用两个换行隔开，消息的每一个字段名和字段内容都由冒号隔开，如果一行内容以冒号开头则表示该行内容是注释。

Event stream 标准里包含 data 和 event 在内的这样几个字段。

- ❑ event：事件类型，如果指定了则在客户端用 addEventListener 绑定相应事件名，不指定默认会在客户端触发 message 事件。
- ❑ data：数据字段，如果服务器返回多行以 data:开头的数据，EventSource 对象会将这些数据连接起来，并为这些数据行之间插入一个换行符。
- ❑ id：事件 ID。
- ❑ retry：以 ms 为单位指定重连时间。

EventSource 对象包含这样一些属性，使得你可以进一步控制消息推送的过程。

- ❑ onerror：发生错误时触发。
- ❑ onmessage：普通消息时触发。
- ❑ onopen：连接打开时触发。
- ❑ readyState：表示连接的状态（只读整数），可能取值是 CONNECTING（0）、OPEN（1）或 CLOSED（2）。

调用 close 方法可以关闭连接：

```
source.close()
```

可以看到服务器事件其实就是将 comet 技术进行了标准化，对于单纯的服务器推送而言是很好的技术解决方案，但是在需要和服务器进行双向通信的场景，服务器事件就无能为力了。

9.3　Web Sockets

以上这些实时服务器通信方案都基于 HTTP 协议，他们的问题在于 HTTP 本身的开销很大，每一次请求都会带上不小的包头，这对于实时应用来说是非常伤的因素。

与此同时，高实时性不仅意味着服务器实时推送数据到客户端，也需要客户端也能实时推送数据到服务器端，Web Sockets 将传统的套接字引入了 Web，使得在 Web 上建立全双工通信通道成为可能。

相较于传统 Socket 连接，建立一个 Web Socket 连接要简单许多，你不用考虑协议族、数据流和监听等等杂事儿，只用 new 就行了：

```
var socket= new WebSocket('ws://localhost/chat')
```

由于 Web Sockets 其实是一种新的通信协议，因此在新建的时候需要指定完整的连接地址，并以 ws 开头，和 http 协议类似，Web Sockets 也有自己的安全连接版本：

```
var ssocket= new WebSocket('wss://localhost/chat')
```

除了 url，在调用 WebSocket 的时候还可以传递一个可选的子协议（sub-protocol）参数，接受字符串或者字符串数组，你可以在 WebSocket 对象的 protocol 属性访问它，如果你传递多个协议，服务器只能接受其中一个：

```
var socket= new WebSocket('ws://localhost/chat', ['soap', 'xmpp'])
console.log(socket.protocol) //soap
```

Web Socket 连接在创建时不会阻塞脚本的执行。和其他耗时操作类似，WebSocket 对象可以绑定相应的事件来监听变化：

```
//当连接打开时
socket.onopen = function () {
  ...
}

//当连接遇到错误时
socket.onerror = function (error) {
  console.log('WebSocket Error: ' + error)
}

//当收到服务器端的消息时
socket.onmessage = function (e) {
  console.log('Server say: ' + e.data)
}
```

可以看到和通信相关的 API 都是如此的类似，发送也不例外：

```
socket.send('hi everybody!')
```

send 方法除了可以发送字符串到服务器，二进制数据也不成问题：

```
//从 canvas 元素获取一幅图片，从画布的(0,0)开始获取 480*320 大小的图像
var img = canvas.getImageData(0, 0, 480, 320)
//创建一个类型数组，并将图片数据存入该数组中
var binary = new Uint8Array(img.data.length)
for (var i = 0; i < img.data.length; i++) {
 binary[i] = img.data[i]
}
socket.send(binary.buffer) //也可以直接传递 Blob 对象
```

这样你可以使用 Web Socket 来上传或者下载文件了（虽然这并不是一个明智的选择）：

```
var file = document.querySelector('input[type="file"]').files[0]
socket.send(file)
```

服务器发送给客户端数据时会触发 message 事件，当然你可以设置客户端接受什么类型的数据，比如类型数组：

```
//二进制数据你可以发送 Blob 和 ArrayBuffer 对象
//binaryType 可以指定为 arraybuffer 或 blob
socket.binaryType = 'arraybuffer';
socket.onmessage = function(e) {
 console.log(e.data.byteLength)                //接收到 ArrayBuffer 对象
}
```

通过查询 WebSocket 对象的 readyState 属性来获知当前连接的状态：

```
if(socket.readyState === WebSocket.CONNECTING) {
 console.log('正在连接…')
}
```

readyState 包含以下几种状态。

- CONNECTING：连接正在打开。
- OPEN：连接已经打开，可以开始通信了。
- CLOSING：连接正在关闭中。
- CLOSED：连接已经关闭或者无法打开。

如果你需要手动关闭连接，可以调用 close()方法，它有两个可选参数，一个是整数 code，表示为何关闭连接（比如 1004 表示数据太大），另一个参数是字符串 reason，这个也是表示为何关闭连接，只不过是给人看的：

```
socket.close(1004, '数据块太大了！')
```

WebSocket 的全部 API 就这些了，非常简单好用，对于 WebSocket 而言跨域也是从一出生起就支持，如何进行域限制是服务器端关心的事情，客户端不用操心。

注意：WebSocket 协议是一种 HTTP 升级（Upgrade）协议，它无法单独存在。从技术上讲，在 WebSocket 发起连接时，会先发送一个 http 请求并带上 Upgrade 的标头，如果请求成功会返回一个 http 101 的状态码，表示协议转换（Switching Protocols），这时候才真正开始建立 socket 连接。

9.4　利器：Socket.IO

对于一个实时应用（或游戏）来讲，一些通用的场景是不断出现的，如下所示。

- channel 通信：我们经常遇到同一个应用需要多个通信的通道，例如聊天室里的一对一聊天，由于每一个 socket 连接的开销都是非常大的，因此通常会选择把一个 socket 连接上切分为多个通信信道以节省资源（或者不同通信信道使用命名空间）。
- 心跳（heartbeats）：对于一个长时间在线的网络连接，如果双方不进行通信，那么互相是不一定知道对方有无掉线的，所以在实现实时连接时，我们通常都会每隔一段时间进行一次数据交换，以确认对方是否在线。
- JSON：作为 Web 上甚至网络应用里数据交换格式的事实标准，你的实时连接如果还不支持 JSON 自动序列化，那就真的 out 了。
- 重连：网络环境千变万化，你的应用随时都有可能掉线，可靠的重连机制是必不可少的。
- 网络事件和自定义事件：在你的应用发出消息或者网络遇到问题时，亦或是你自己想进行某些操作时，事件都是你不苦口的良药。

WebSocket 本身的接口足够简单，但这同时意味着其功能不太强大，它提供的仍然是最底层的网络通信功能。上面列出的这些应用场景，WebSocket 通通都不支持。再加之 WebSocket 的浏览器支持还不够理想，许多浏览器在不支持 WebSocket 时你还得考虑用 comet 甚至轮询进行优雅降级。

如果你在寻找应对实时场景的利器，那么 Socket.IO 将是你不二的选择，以上提到所有问题，Socket.IO（http://socket.io/）都已经帮你解决了。

Socket.IO 是著名开源组织 LearnBoost 的一个项目，Socket.IO 的目标是为所有浏览器和移动设备提供实时通信的能力，并且消除不同底层通信机制带来的差异，让你完全把精力放到程序逻辑而不是底层细节上。目前 Socket.IO 已经发展成为一个通信协议（https://github.com/LearnBoost/socket.io-spec），在前后端统一了通信接口，而且已经有多种语言的实现。

以 node.js 的后端为例，创建一个实时服务只需简单几行代码：

```
//让 socket.io 监听 80 端口，默认的 http 服务端口
var io = require('socket.io').listen(80)
//当有客户端连上服务器时会触发 connection 事件
io.sockets.on('connection', function (socket) {
  //connection 回调中可以获取到当前客户端与服务端之间的连接 socket
  //可以调用其 emit 方法在该连接的客户端触发自定义的事件，并传递可序列化的数据（字符串
    和 JSON 对象）
  socket.emit('news', { hello: 'world' })
  //服务器也可以监听来自客户端的事件
  socket.on('myevent', function (data) {
    console.log(data)
  })
})
```

客户端代码：

```
<script src="/socket.io/socket.io.js"></script>
<script>
  //
  var socket = io.connect('http://localhost')
  //服务端触发（emit）的事件可以在客户端进行监听
  socket.on('news', function (data) {
    console.log(data)
    socket.emit('myevent', { my: 'data' })
  })
</script>
```

可以看到前后端的代码接口相同，也非常简单。在现代浏览器中，Socket.IO 会优先使用 WebSocket 技术来建立与服务器的连接，如果 WebSocket 不可用，Socket.IO 会尝试进行降级，使用其他替代技术来建立连接，但是返回的接口都是一致的。具体的降级顺序如下：

- WebSocket；
- Flash Socket；
- AJAX long-polling；
- AJAX multipart streaming；
- Forever IFrame；
- JSONP polling。

这些降级策略确保了基于 Socket.IO 编写的代码可以在几乎所有的浏览器中正常工作，这一点非常厉害。

Socket.IO 是标准的 node package，要在你的服务端安装 Socket.IO 非常简单：

```
npm install socket.io
```

一行命令即可安装。Socket.IO 服务器端若要正常运行，必须绑定在一个 http 服务器实例上：

```
var http = require('http'),
  sio = require('socket.io'),
  fs = require('fs')

function handler(req, res) {
  //index.html 包含我们的客户端代码
  fs.readFile(__dirname + '/index.html', function(err, data) {
    if (err) {
      res.writeHead(500)
      return res.end('Error loading index.html')
    }

    res.writeHead(200)
    res.end(data)
  })
}
//利用 http 模块创建一个服务器实例 app，并监听 80 端口
var app = http.createServer(handler)
app.listen(80)
//将 socket.io 绑定至该实例
var io = sio.listen(app)

io.sockets.on('connection', function(socket) {
  socket.emit('news', {
    hello: 'world'
```

```
  })
  socket.on('myevent', function(data) {
    console.log(data)
  })
})
```

如果你基于 Express 这样的框架构建 Web 应用，Socket.IO 也可以轻松兼容：

```
var app = require('express')(),
  server = require('http').createServer(app),
  io = require('socket.io').listen(server)

server.listen(80)

app.get('/', function(req, res) {
  res.sendfile(__dirname + '/index.html')
})

io.sockets.on('connection', function(socket) {
  socket.emit('news', {
    hello: 'world'
  })
  socket.on('myevent', function(data) {
    console.log(data)
  })
})
```

如果你没有手动指定 Socket.IO 绑定的 http 实例，那么 Socket.IO 会帮你创建一个 http 服务器实例：

```
var io = require('socket.io').listen(80)
```

在第一个例子中我们已经看到了 Socket.IO 为单个连接触发自定义事件非常容易，但是要注意 Socket.IO 中也有一些默认事件例如 connect、message 和 disconnect 等：

```
var io = require('socket.io').listen(80)

io.sockets.on('connection', function (socket) {
  //为所有连接触发事件也非常简单，io.sockets 中维护了当前服务器中所有的连接
  io.sockets.emit('all', {msg: '这条消息所有人都能看到'})

  socket.on('private message', function (from, msg) {
    console.log('I received a private message by ', from, ' saying ', msg);
  })
  //用户主动断开连接时会触发 disconnect 事件
  socket.on('disconnect', function () {
    io.sockets.emit('user disconnected')
  })
})
```

对于实时应用，为一个用户（或一个连接）存储数据是非常常见的需求，使用 Socket.IO 提供的 get 和 set 方法可以方便地做到这一点：

```
io.sockets.on('connection', function (socket) {
  socket.on('set nickname', function (name) {
    socket.set('nickname', name, function () {
      socket.emit('ready')
    })
  })
```

```
  socket.on('msg', function () {
  //在整个会话周期中，该连接的 nickname 都可以取到
    socket.get('nickname', function (err, name) {
      console.log('msg from: ', name)
    })
  })
})
```

在默认情况下，一个 Socket 连接都被管理在默认的命名空间（/）下，有时候你可能需要集成第三方的代码或者分享你的代码给其他人，这时候需要自定义命名空间来帮忙。

对于客户端来讲不同命名空间就好像两个不同的服务器地址：

```
<script>
  var chat = io.connect('http://localhost/chat'),
  news = io.connect('http://localhost/news')
  //chat 和 news 互不干扰
  chat.on('connect', function () {
    chat.emit('hi!')
  })

  news.on('news', function () {
    news.emit('woot')
  })
</script>
```

对于服务端来讲，只用绑定一个 http 服务器，实际上 Socket.IO 内部只用一个实际 WebSocket 连接来管理多个命名空间，这是一种典型的“多路复用”技术：

```
var io = require('socket.io').listen(80)

var chat = io
  //of 方法会返回特定命名空间的 sockets 实例
  .of('/chat')
  .on('connection', function (socket) {
    socket.emit('msg', {
        that: 'only',
        '/chat': 'will get'
    })
    chat.emit('msg', {
        everyone: 'in',
        '/chat': 'will get'
    })
  })

var news = io
  .of('/news')
  //此时 news 的 connection 事件与 chat 的 connection 互相是不会有关系的
  .on('connection', function (socket) {
    socket.emit('item', { news: 'item' })
  })
```

挥发性消息（volatile messages）是 Socket.IO 提供的非常有用的一个功能。所谓挥发性消息是指这些消息有可能被客户端丢弃。因为对于特定连接而言，客户端很可能因为网络缓慢等原因无法正常接收特定的消息，此时将这些信息作为挥发性消息进行发送，此时客户端不一定能接收到消息，而且程序也不会报错：

```
var io = require('socket.io').listen(80)

io.sockets.on('connection', function (socket) {
```

```
  //假设有一个异步获取实时微博的方法
  var timer = setInterval(function () {
    getTweets(function (tweets) {
      socket.volatile.emit('tweet', tweets)
    })
  }, 100)
  //客户端很可能在你获取微博的时候断开连接，此时如果调用 socket.emit 方法程序会报错
  socket.on('disconnect', function () {
    clearInterval(timer)
  })
})
```

学过计算机网络的同学应该都知道，确认（acknowledgement）消息在网络通信中是很重要的部分（比如 TCP 就要进行三次握手）。Socket.IO 也提供了确认消息功能，使得你可以在向服务器发送消息后可以得知对方是否真的收到了消息：

```
var io = require('socket.io').listen(80)

io.sockets.on('connection', function (socket) {
  //回调的第二个参数可以传一个"确认"回调
  socket.on('ferret', function (name, fn) {
    fn('woot')
  })
})
```

客户端：

```
<script>
  var socket = io.connect()
  socket.on('connect', function () {
    //触发事件的第三个参数是对"确认"的确认
    socket.emit('ferret', 'tobi', function (data) {
      console.log(data) //'woot'
    })
  })
</script>
```

当然，广播消息也是必不可少的：

```
io.sockets.on('connection', function (socket) {
  //广播将发送给当前 app 中除当前连接以外的其他连接
  //另外 broadcast 对 send 方法也适用
  socket.broadcast.emit('user connected')
});
```

注意：如果你要给所有人“广播”，请直接使用 io.sockets.emit 或 io.sockets.send。

Socket.IO 的全部内容就是这些了，Socket.IO 提供了一把锋利的小刀，要想运用好它，还得不断在实践中摸索。

9.5　基于 Socket.IO 的聊天室

实时聊天是再常见不过的一种需求了，在 Web 上也不乏实时（包括大量基于 Flash 技术的）聊天产品。现在让我们自己动手来实现一个 HTML 5 版本的聊天室吧。

首先我们要想想聊天室支持一些什么样的功能：

- 聊天。聊天室当然应该支持聊天！既然话已出口，那么我们就决定这个聊天室支持多人聊天吧。
- 支持点对点聊天，即可以对聊天室里的其他用户发送私信。
- 同时支持手机和桌面。这意味着我们的界面要响应。

对于开发人员来讲，需求有了，事儿自然就好办了。

第一步自然是设计 UI。我们的聊天应用需要两个界面，一个是登录界面，这个界面里包含一个取名字的输入框和一个登录按钮，如果聊天室里已经有用户了，那么应该提示用户昵称无法使用。另一个是聊天界面，这个界面里有所有人正在聊天的实时记录，有输入框可以发表聊天，有在线用户列表，单击用户可发起私聊。有了这些描述，HTML 设计基本上也可以出炉了：

```
<h1>Socket.IO Chat Demo</h1>
<div class="wrap" class="chatroom">
 <div class="nickname">
   <form class="set-nickname">
     <label for="nick">输入昵称后进入聊天室</label>
     <input class="nick" name="nick" type="text" placeholder="昵称" />
     <button type="submit">进入</button>
     <p class="nickname-err">该昵称已经有人使用</p>
   </form>
 </div>
 <div class="messages">
   <div class="nicknames">
     <span>当前在线：</span>
     <b>小明</b> <b>小黄</b>
   </div>
   <div class="lines">
     <p><b>小明：</b>我好像又长高了！</p>
     <p><b>小黄：</b>我好像英语变好了！</p>
     <p><b>我：</b>你们俩好厉害！</p>
   </div>
 </div>
 <form class="send-message">
   <span class="to"> 发送给<b>所有人</b>：</span>
   <input class="message" type="text"/ placeholder="在这里输入消息发送" />
   <button>发送</button>
 </form>
</div>
```

运行效果如图 9.2 所示。

Socket.IO Chat Demo

输入昵称后进入聊天室 昵称 进入

该昵称已经有人使用

当前在线：小明 小黄

小明：我好像又长高了！

小黄：我好像英语变好了！

发送给所有人： 在这里输入消息发送 发送

图 9.2　运行效果

接下来的目标，让界面变得好看，而且要在手机、平板、和桌面都变得好看，运用 media query 做到这一点并不难。如图 9.3、图 9.4、图 9.5 和图 9.6 所示。

图 9.3　登录界面

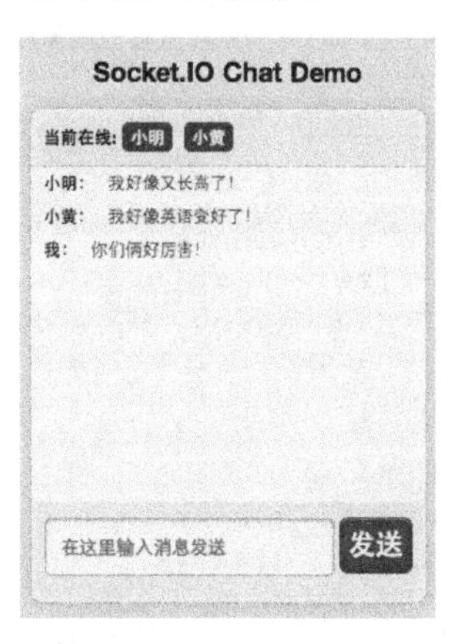

图 9.4　手机效果

图 9.5　平板效果

图 9.6　桌面效果

我们设计了一套文本框和一个按钮样式，页面的三种不同布局，完整代码如下：

```
body {
  font-family: "Helvetica Neue", Helvetica, Arial, sans-serif;
  background: #eee;
}

h1 {
  text-align: center;
  font-size: 40px;
  color: rgba(0, 0, 0, .8);
  text-shadow: 0 1px 1px #fff;
}

.wrap {
  max-width: 900px;
  position: relative;
  margin: auto;
  border: 1px solid #ddd;
  border-radius: 10px;
  background: #f3f3f3;
  box-shadow: 0 0 25px rgba(0, 0, 0, .07), inset 0 1px 11px rgb(255, 255,
  255);
}
/* 按钮和表单样式 */
input[type="text"] {
  border: 1px solid #ccc;
  padding: 12px;
  width: 250px;
  font-size: 14px;
  color: #777;
  border-radius: 5px;
  box-shadow: inset 0 1px 3px rgba(0, 0, 0, .2);
  margin-bottom: 10px;
}
input[type="text"]:focus {
  border-color: #999;
  outline: 0;
}
button {
  margin: 0;
  display: inline-block;
  text-decoration: none;
  background: #00b5d6;
  border: 1px solid #00a5c3;
  border-radius: 7px;
  color: #fff;
  box-shadow: inset 0 1px 1px rgba(255, 255, 255, .6),
            inset 0 0 10px #008da7;
  font: 600 1.3em/1.7em "helvetica neue", helvetica, arial, sans-serif;
  text-align: center;
  text-shadow: 0 1px 1px #006679;
  cursor: pointer;
}
button:hover,
button:active,
button:focus {
  background: #009cb8;
  box-shadow: inset 0 1px 1px rgba(255, 255, 255, .7),
             inset 0 0 10px #007287;
}
```

```
/* 布局样式 */
.nickname {
  text-align: center;
  font: 15px;
  color: rgba(0, 0, 0, .5);
  display: block;
}

label {
  display: block;
  margin: 20px 0;
  font-size: 18px;
}

.nickname .nickname-err {
  color: #8b0000;
  font-size: 12px;
  visibility: hidden;
}
.nickname {
  display: none;
}
.messages {
  border-radius: 10px;
  overflow: hidden;
  display: none;
}
.send-message {
  display: none;
}

.messages em {
  text-shadow: 0 1px 0 #fff;
  color: #999;
}
.messages p {
  margin: 0;
  color: rgba(0, 0, 0, .5);
  font: 13px Helvetica, Arial;
  padding: 5px 10px;
}
.messages p b {
  display: inline-block;
  padding-right: 10px;
  color: rgba(0, 0, 0, .8);
}
.messages p:nth-child(even) {
  background: #fafafa;
}
.messages .nicknames {
  padding: 10px;
  font-size: 13px;
}
.messages .nicknames span {
  color: #000;
  font-weight: bold;
}
.messages .nicknames b {
  display: inline-block;
  color: #fff;
```

```
  background: #4FA72C;
  padding: 3px 6px;
  margin-right: 5px;
  border-radius: 5px;
  text-shadow: 0 1px 0 rgba(0, 0, 0, .2);
  cursor: pointer;
}
.messages .lines {
  height: 250px;
  border-top: 1px solid #ddd;
  background: #fff;
  overflow: auto;
  overflow-x: hidden;
  overflow-y: auto;
}
.send-message {
  padding: 10px;
  position: relative;
}
.send-message input:focus {
  outline: 0;
}

.send-message button {
  width: 110px;
}

/* 由于我们的应用比较简单因此将只针对三种宽度的设备进行优化 */

/* 较宽屏幕 */
@media (min-width: 960px) {
  .nicknames {
    float: right;
    width: 160px;
  }
  .nicknames b,
  .nicknames span {
    display: block !important;
    margin-bottom: 4px;
    text-align: center;
  }
}

/* 横屏的手机或者平板 */
@media (max-width: 959px) {
  h1 {
    font-size: 30px;
  }
}

/* 竖屏的手机 */
@media (max-width: 320px) {
  .to {
    display: none;
  }
  .send-message button {
    width: auto;
  }
  .message {
    width: 196px !important;
```

```
  }
  h1 {
    font-size: 20px;
  }
}
```

有了原型后，我们可以一点点为程序加上功能了，基于示例程序的简单性，聊天室的后端程序我们在此并不考虑多实例多机器的情况，仅仅针对单实例开发我们的聊天室程序，这样可以将所有数据存储在单个进程的内存空间中：

```
var http = require('http')
var fs = require('fs')

//使用 connect 中间层来处理静态文件请求
//详情参考：https://github.com/senchalabs/connect
var connect = require('connect')
var app = connect.createServer(
  //挂载当前文件所在目录
  connect.static(__dirname)
).listen(8080)


var sio = require('socket.io')
var io = sio.listen(app),
  //我们的程序没有引入后端存储层，因此在程序运行期间直接将所有用户保存在内存里面
  nicknames = {}, onlines = {}

io.sockets.on('connection', function(socket) {
  //在设计事件时，用冒号分割以分组事件类型是一种易读的好做法
  socket.on('user:pub', function(msg) {
    socket.broadcast.emit('user:pub', socket.nickname, msg)
  })
  socket.on('user:private', function (msg, to) {
    if(onlines[to]) {
      onlines[to].emit('user.private', socket.nickname, msg, to)
    }
  })

  socket.on('nickname', function(nick, fn) {
    //fn 用于确认是否登录聊天室成功了，true 表示有相同昵称的用户已经进入
    if (nicknames[nick]) {
      fn(true)
    } else {
      fn(false)
      nicknames[nick] = socket.nickname = nick
      onlines[nick] = socket
      socket.broadcast.emit('announcement', nick + ' 已连接')
      io.sockets.emit('nicknames', nicknames)
    }
  })

  socket.on('disconnect', function() {

    if (!socket.nickname) {
```

```
      return
    }

    delete nicknames[socket.nickname];
    delete onlines[socket.nickname]
    //广播"我"已经离开聊天室了，并更新在线列表
    socket.broadcast.emit('announcement', socket.nickname + ' 断开连接了')
    socket.broadcast.emit('nicknames', nicknames)
  })
})
```

前端嘛，闲言碎语不要讲，表一表代码几十行：

```
//在 DOMReady 后再开始执行实际代码
$(function() {
  var $chatroom = $('.chat'),
    $lines = $('.lines'),
    $nickname = $('.nickname'),
    $setNickname = $('.set-nickname'),
    $nicknames = $('.nicknames'),
    $messages = $('.messages'),
    $message = $('.message'),
    $nick = $('.nick'),
    $sendMessage = $('.send-message'),
    $to = $('.to'),
    $nicknameErr = $('.nickname-err'), toUser = null, myself = null
  //如果不传递 url 参数，Socket.IO 会自动探测地址
  //通常是生成类似 /socket.io/1/?t=1371223173600 这样的地址
  var socket = io.connect()

  socket.on('announcement', function(msg) {
    $lines.append($('<p>').append($('<em>').text(msg)))
  })

  socket.on('nicknames', function(nicknames) {
    $nicknames.empty().append($('<span>当前在线：</span>'))
    $.each(nicknames, function (key, val) {
      $nicknames.append($('<b>').text(val))
    })
  })

  function message(from, msg, opt_to) {
    var label
    if (opt_to) {
      label = $('<b>').text(from + '对' + opt_to + '说：')
    } else {
      label = $('<b>').text(from + '：')
    }
    $lines.append($('<p>').append(label, msg))
  }
  socket.on('user:pub', message)
  socket.on('user.private', message)
  socket.on('reconnect', function() {
    $lines.remove()
```

```
    message('<i>系统消息</i>', '重连了！')
  })

  socket.on('reconnecting', function() {
    message('<i>系统消息</i>', '尝试重连中...')
  })

  socket.on('error', function(e) {
    message('<i>系统消息</i>', e ? e : '未知错误！')
  })

  function clear() {
    $message.val('').focus()
  }
  $setNickname.submit(function(e) {
    socket.emit('nickname', $nick.val(), function(set) {
      if (!set) {
        clear()
        myself = $nick.val()
        $nickname.hide()
        $messages.show()
        $sendMessage.show()
        return
      }
      $nicknameErr.css('visibility', 'visible')
    })
    return false
  })

  $sendMessage.submit(function() {
    if (toUser) {
      message('我对' + toUser + '说', $message.val())
      socket.emit('user:private', $message.val(), toUser)
    } else {
      message('我', $message.val())
      socket.emit('user:pub', $message.val())
    }
    clear()
    $lines.scrollTop(10000000)
    return false
  })
  $nicknames.on('click', 'b', function (e) {
    toUser = $(e.target).text()
    if (toUser === myself) {
      $to.find('b').text('所有人')
      toUser = null
      return
    }

    $to.find('b').text(toUser)
  })

})
```

最后前后端联调，一次通过！（画外音：不通过你敢贴代码出来么……）运行效果如图 9.7 所示。

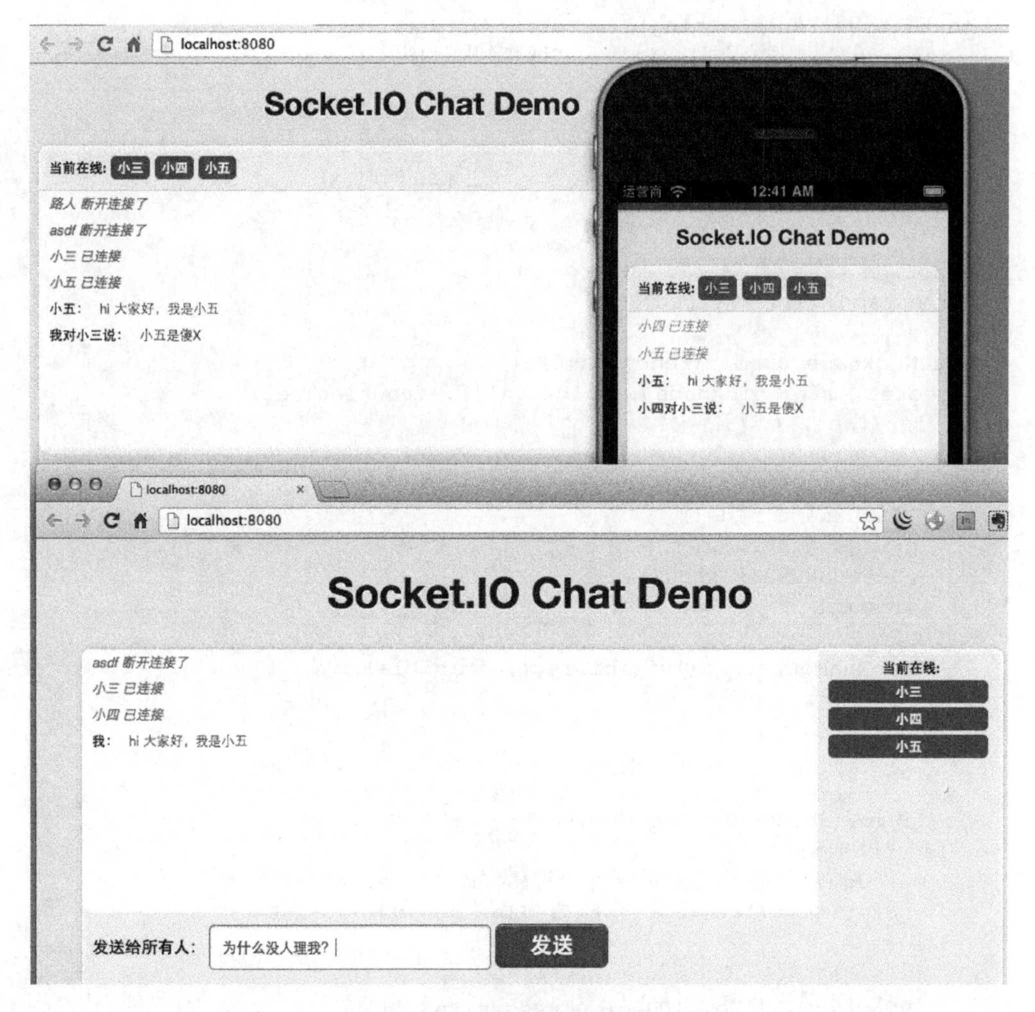

图 9.7　三机同聊

可以看到，即便是代码写的冗长不堪的情况下，利用 Socket.IO 搭建的聊天系统前后端的 js 代码一共都不到 200 行，在实时应用上，Socket.IO 绝对堪称利器（神器也不为过）！

第 10 章　感 官 世 界

iPhone 让许多传感器或是感知设备晋升为智能手机实时标准：陀螺仪、红外感应、光线感应、前后摄像头和电子指南针……

在 HTML 5 的世界里，这些感官，自然也不容放过。

10.1　感知方向（orientation）和动作（motion）

和鼠标的 move 事件感知鼠标移动类似，感知方向和动作等内容主要依赖这样几个事件。

- deviceorientation：当设备进行倾斜变换时触发，会提供设备的物理方向信息，其表现为局部坐标系（local coordinate frame）里的旋转角度。
- devicemotion：提供设备的加速信息，其表现为坐标系里的某个笛卡尔坐标值，其中还额外包含了自转速率。
- compassneedscalibration：这个名字巨长的事件触发的时候表示给前述事件提供数据的电子指南针（compass）需要（need）进行校准（scalibration）了。

这三个事件说起来简单，但却没那么容易理解。首先看看 deviceorientation 事件，使用方法和其他事件没什么两样：

```
window.addEventListener('deviceorientation', function(e) {
  //处理 e.alpha、e.beta 及 e.gamma
}, true)
```

deviceorientation 事件会在设备有明显的方向变化时触发（至于多明显才触发，这个取决于具体设备上浏览器的实现）。

理解 deviceorientation 事件的关键在于理解事件对象的 alpha、beta 及 gamma 三个值。在 HTML 5 的相关标准（http://dev.w3.org/geo/api/spec-source-orientation.html）里，它们分别表示设备坐标系相对于地球坐标系（Earth coordinate frame）几个轴的旋转角度值。

那么什么是地球坐标系呢？其实很简单，就是拥有东（X）、北（Y）和上（Z）三个轴的坐标系。

- 东（X）：相对于地平面，指向正东方向的轴。
- 北（Y）：相对于地平面，指向正北方向（与东轴相垂直）的轴。
- 上（Z）：相对于地平面，垂直指向天空。

那么设备坐标系又是什么呢？大多手机或者平板都是以设备的屏幕为其标准参考面（某些笔记本以键盘为参考面）。具体说来，你可以把设备的屏幕比作地平面，其坐标系的三轴如下所示。

- x：相对于屏幕（或键盘）表面，指向右手边。
- y：相对于屏幕（或键盘）表面，指向上方。
- z：相对于屏幕（或键盘）表面，指向垂直于该表面的上方。

用图 10.1 来表示，应该更容易理解。

那么旋转角度分别又如何？举个例子来说，假设你面朝正计算北方，将手机头部朝北平放在桌面上，然后将手机以 z 轴旋转 alpha°，如图 10.2 所示。

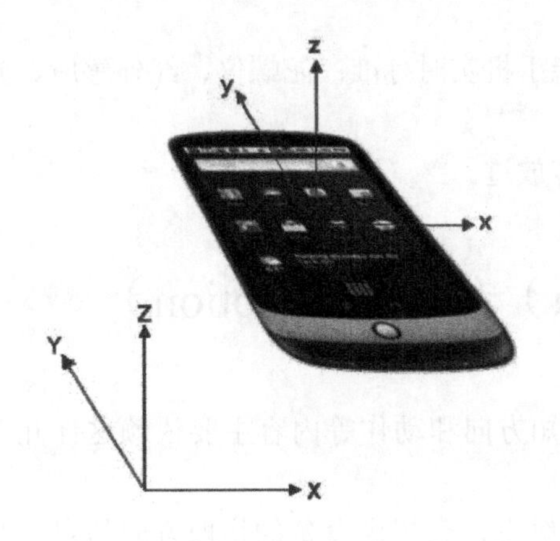

图 10.1　设备坐标系与地球坐标系

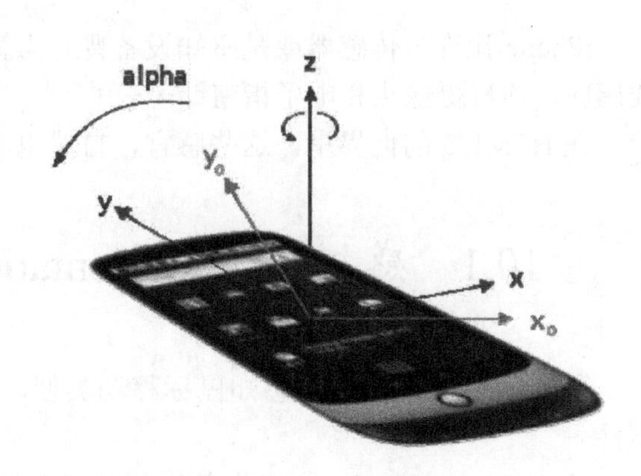

图 10.2　沿着 z 轴转动，设备之前的位置记为 y_0 和 x_0

在旋转过程中所触发的 deviceorientation 事件的事件对象中，alpha 就和是 y_0 和 y 的夹角（以度为单位）。同样类似的，beta 值表示设备沿 x 轴转动时，z 轴产生的夹角，如图 10.3 所示。

gamma 值自然是沿 y 轴转动时，z 轴产生的夹角，如图 10.4 所示。

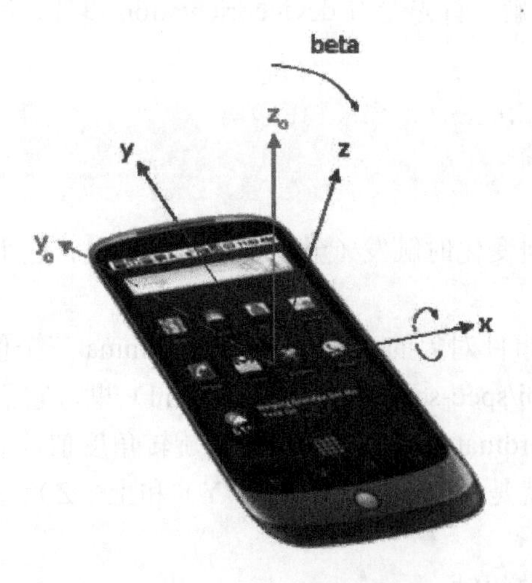

图 10.3　沿着 x 轴转动，设备之前的位置记为 z_0 和 y_0

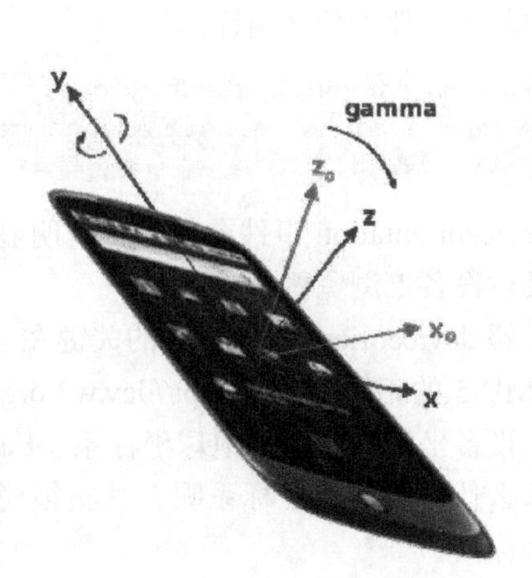

图 10.4　gamma 值定义

你可以在手机等支持方向感应的设备里运行下面的程序感受下：

```
<meta name="viewport" content="width=device-width, initial-scale=1,
maximum-scale=1, user-scalable=no">
alpha: <span id="alpha"></span><br>
beta:  <span id="beta"></span><br>
```

```
gamma: <span id="gamma"></span><br>

<script>
 window.addEventListener('deviceorientation', function(e) {
   document.getElementById('alpha').textContent = e.alpha
   document.getElementById('beta').textContent = e.beta
   document.getElementById('gamma').textContent = e.gamma
 }, true)
</script>
```

注意：（1）在某些设备里只有重力感应而没有电子指南针（如 macbook），这种情况下 alpha 的值是探测不到的，此时 DeviceOrientationEvent 对象的 alpha 属性一般会被置为 null。

（2）在 Firefox 较早的版本（3.6、4 和 5）里，不支持标准的 DeviceOrientationEvent 对象，而是有一套自己的实现（mozOrientation）。

下面看一个有趣的例子，我们要实现摇晃手机的同时屏幕里的手机也跟着摇晃，如图 10.5 所示。

图 10.5　摇摇乐

实现原理非常简单，当 deviceorientation 事件发生时，我们根据事件对象的几个属性值来调整屏幕中 img 元素的 transform 值，完整代码如下：

```
<meta name="viewport" content="width=device-width, initial-scale=1,
maximum-scale=1, user-scalable=no">
<style>
  div {
    /* 不要忘了给容器加上透视深度 */
    -webkit-perspective: 250px;
  }
</style>
<div style="text-align:center;padding-top:50px;">
```

```
  <img src="../iphone.png" id="iphone" alt="" width="200">
</div>

<script>
  var iphone = document.getElementById('iphone')
  window.addEventListener('deviceorientation', function(e) {
    //如果你左右倾斜手机，屏幕上的手机也会左右摇（e.gamma），如果前后倾斜，屏幕上的手
       机则会相对屏幕前后转动（-e.beta）
    iphone.style.webkitTransform = "rotate(" + e.gamma + "deg) rotate3d
    (1,0,0, " + (e.beta * -1) + "deg)"
  }, true)
</script>
```

接着我们看看 devicemotion 事件，这个事件主要用来探测设备的加速度，比如你把手机从 20 楼扔下去时，它在空中做自由落体运动时向地面方向的加速度大概是 $9.8m/s^2$，这时可以通过 devicemotion 事件检测到：

```
window.addEventListener("devicemotion", function(event) {
  //如果你的手机等设备正面朝上在做自由落体运动，
  //那么 event.acceleration.z 应该大概等于-9.81
  //如果是面朝下，则加速度为 9.81
  console.log(event.acceleration.z)
}, true);
```

acceleration 是 DeviceAcceleration 对象的实例，DeviceAcceleration 对象包含 x、y 和 z 三个值，分别表示在设备屏幕朝上放置在水平面上时，设备头（比如手机的听筒位置）方向的加速度 y，设备右手边方向的加速度 x，以及设备朝向地面的加速度 z。与此同时，我们还可以访问 DeviceMotionEvent 的 accelerationIncludingGravity 属性来查看设备在包含重力加速度的时候是怎样计算的，acceleration 和 accelerationIncludingGravity 的关系如表 10-1 所示。

表 10-1　acceleration和accelerationIncludingGravity的关系

可能的值/动作	静止状态	往上抛	往前抛	往左边抛	往左上方抛
acceleration	{0, 0, 0}	{0, 0, 5}	{0, 2, 0}	{3, 0, 0}	{5, 0, 9}
accelerationIncludingGravity	{0, 0, 9.81}	{0, 0, 15}	{0, 2, 9.81}	{3, 0, 9.81}	{5, 0, 11}

DeviceMotionEvent 对象还有一个 rotationRate 属性用于查看设备的旋转速率，它同样拥有 alpha、beta 和 gamma 三个值，只不过单位是 deg/s。我们用一个完整的例子来说明 acceleration、accelerationIncludingGravity 和 rotationRate 的关系。

假定我们将设备安置在一辆匀速行驶的车上，设备顶端朝上，屏幕朝向车辆后方固定。车辆以速度 v 行驶，且同时在向右经过一个圆弧弯道，该圆弧的半径为 r，那么此时设备的 devicemotion 事件所记录到的各项值为：

```
event: {
  acceleration: {
    x: v2 / r,                    //即向心力
    y: 0,
    z: 0
  },
  accelerationIncludingGravity: {
    x: v2 / r,
    y: 0,
```

```
    z: 9.81
  },
  rotationRate: {
    alpha: 0,
    beta: 0,
    gamma: -v / r * 180 / π       //设备目前仅仅绕着 y 轴在旋转
  }
}
```

compassneedscalibration 事件通常都不会用到，如果该事件触发了，说明你需要校准设备了，此时可以给用户一个善意的提示：

```
window.addEventListener("compassneedscalibration", function(e) {
  alert('你的设备需要校准了！')
  e.preventDefault()
}, true)
```

有时候你如果只是想检测手机是出于横屏还是竖屏状态，可以通过查询 window.orientation 来实现，绑定 orientationchange 可以检测手机方向的变化：

```
window.addEventListener('orientationchange', function() {
  var displayStr = "Orientation : "
  switch (window.orientation) {
    case 0:
      //竖屏
      displayStr += "Portrait"
      break
    case -90:
      //向右横屏
      displayStr += "Landscape (right, screen turned clockwise)"
      break
    case 90:
      //向左横屏
      displayStr += "Landscape (left, screen turned counterclockwise)"
      break
    case 180:
      //竖屏（倒着）
      displayStr += "Portrait (upside-down portrait)"
      break
  }
  console.log(displayStr)
}, false)
```

善用 DeviceOrientation 相关事件可以实现许多有趣的应用。

如果你关注 HTML 5 游戏开发，那么方向感应应该能给你的游戏带来别样的体验。比如你可以通过倾斜手机来控制人物或者物体的移动。通过监控设备的加速度，可以实现各种手势——比如“摇一摇”——使得你的应用变得更加有趣。

此外，如果你的电脑不支持方向感应器，可以利用 Chrome 开发者工具的模拟方向，如图 10.6 所示。

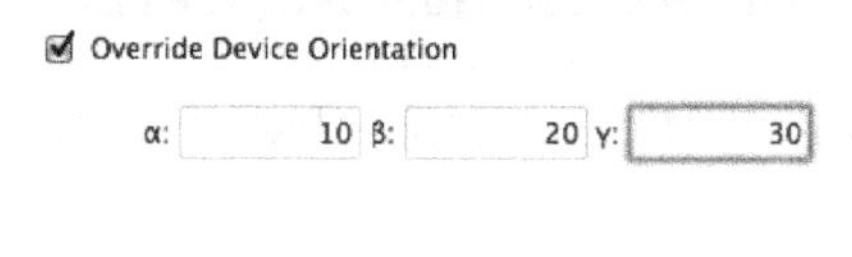

图 10.6　模拟方向

10.2　音视频捕获

在网页上获取用户的音频和视频输入从来都是插件们（Flash、Silverlight 和 quirktime 等）的专属地盘。HTML 5 带来的重要改变就是 Web 对设备硬件的控制力越来越强：Geolocation API 可访问 GPS，Orientation API 访问运动传感器，WebGL 可以访问 GPU……既然 HTML 5 誓要一统客户端开发的江山，音视频捕获的能力自然不能少。

捕获音频和视频的核心 API 是 navigator.getUserMedia()方法，通过它可以访问用户设备上的摄像头或者麦克风，其语法是：

```
navigator.getUserMedia(constraints, successCallback, errorCallback)
```

和 geolocation 的 API 类似，调用此方法时浏览器会询问用户是否允许当前网页访问你的媒体设备，如图 10.7 所示。

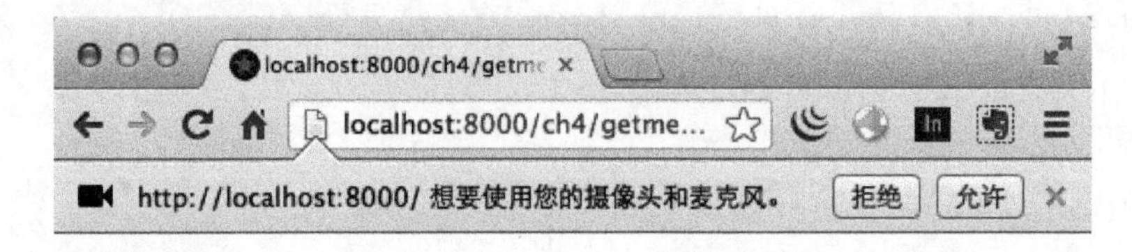

图 10.7　navigator.getUserMedia 权限

getUserMedia 的方法浏览器支持还不完善（有前缀），你可能需要先探测：

```
navigator.getMedia = ( navigator.getUserMedia ||
                       navigator.webkitGetUserMedia ||
                       navigator.mozGetUserMedia ||
                       navigator.msGetUserMedia);
```

getUserMedia 三个参数的含义如下。

- constraints：请求所支持的媒体类型，比如传入{video:true, audio:true}表示请求视频和音频。
- successCallback：如果请求成功，回调中会传入一个 LocalMediaStream 对象。
- errorCallback：请求失败时触发，该参数可选。

LocalMediaStream 对象中包含媒体流，你可以使用它将媒体信息输出到 video 或者 audio 这样的标签里，例如：

```
<video src=""></video>
<script>
  navigator.webkitGetUserMedia({video:true,audio:true}, function (stream) {
   var video = document.querySelector('video')
   video.src = window.URL.createObjectURL(stream)
   video.onloadedmetadata = function(e) {
     //在这里可以获取到 video 的一些元数据，比如视频宽高等
   }
  }, function (code) {
    console.log(code)
```

```
  })
</script>
```

媒体请求失败有多种原因，可能是用户拒绝授权、媒体类型不支持或者未接收到媒体流。

获取媒体流就这么简单，最关键的还是看你如何处理这些媒体流，配合 canvas，你可以实现截屏这样的操作：

```
<video></video>
<img>
<canvas></canvas>
<script>
var video = document.querySelector('video')
var canvas = document.querySelector('canvas')
var ctx = canvas.getContext('2d')
var localMediaStream = null

function snapshot() {
  if (localMediaStream) {
    //drawImage 方法可以直接绘制 video 的当前帧
    ctx.drawImage(video, 0, 0)
    //将 canvas 当前绘制的内容转换成 DataURL
    document.querySelector('img').src = canvas.toDataURL('image/webp')
  }
}
//点击拍照!
video.addEventListener('click', snapshot, false)

navigator.webkitGetUserMedia({video: true}, function(stream) {
  video.src = window.URL.createObjectURL(stream)
  localMediaStream = stream
})
</script>
```

捕获媒体流就是这么简单，强大或有趣的应用完全取决于你的想象力，以音视频捕获为基础。视频滤镜、人声处理和语音识别……几乎没有 Web 做不到的事儿了。

第 11 章　history 与导航

如今 Web App 大行其道，与此同时历史记录的管理变成了一个大问题。一个 URL 可以链接到一个固定的资源——比如一篇博文或是一个词条。Web App 所有的内容都在一个页面中进行管理，虽然获得了不俗的体验，但是应用内的资源定位和导航却成了问题。

HTML 5 提供的 history API 使得资源链接不再受限于特定的文档。

11.1　基于 hashchange 事件管理导航

浏览器的历史记录导航是用户非常常用的功能，除了单击前进后退按钮外，Window 上的 history 对象还可以实现浏览器的导航，比如：

```
//后退，效果和单击后退按钮一样
window.history.back()
//前进
window.history.forward()
//后退一步
window.history.go(-1)
//后退两步
window.history.go(-2)
//前进两步
window.history.go(2)
```

这些方法的一个重大问题在于，这些导航方法都会导致整个页面卸载重新刷新，在 Web 还在页面时代时大家并没有觉得这问题有多么严重，但是在 Web App 愈加流行的今天，页面需要加载的内容和资源越来越多，频繁的页面加载或卸载会消耗大量的时间，进而导致用户体验变差。

还好，URL 中有个特殊的部分是 hash 片段（即#后的部分），同一个网页的不同 hash 之间的跳转不会重新加载页面，但是却会在历史记录里留下脚印。再加上 hash 跳转时（包括在单击前进后退按钮时），Window 对象会触发一个 hashchange 事件，利用这个特性我们可以在完全不刷新页面的情况下，接管整个页面浏览历史记录了。twitter 率先大规模应用了这个技术，整个 twitter 其实只有一个页面，“页面”间的导航完全由 JavaScript 来控制。

hashchange 事件的使用本身并没有什么特别的：

```
window.addEventListener('hashchange', function(e) {
  //do something
})
```

每一次发生基于 hash 的导航时都会触发该事件，该事件监听器传入的 HashChangeEvent 对象包含两个重要的属性，一是 newURL，而另一个是 oldURL，从名字就能知道它是干什么的了：

```
<a href="#article/1">文章 1</a>
<a href="#article/2">文章 2</a>
<div id="page-wrap"></div>
<script>
var pageEl = document.getElementById('page-wrap')
window.addEventListener('hashchange', function(e) {
  if (e.newURL.indexOf('article/1') > 0) {
    pageEl.innerHTML = '<h1>第一篇文章</h1><p>这篇文章没讲什么东西</p>'
  } else if (e.newURL.indexOf('article/2') > 0) {
    pageEl.innerHTML = '<h1>第二篇文章</h1><p>这篇文章什么东西都没讲</p>'
  } else {
    alert('404!该页无法找到')
  }
})
</script>
```

可以从上例看到，一个非常非常简单的 URL 路由系统已经成型了，前进后退都不成问题，不过这里还有一个问题，就是当第一次访问带 hash 的链接时并不能正确路由，我们需要稍微改造一下：

```
<a href="#article/1">文章 1</a>
<a href="#article/2">文章 2</a>
<div id="page-wrap"></div>
<script>
var pageEl = document.getElementById('page-wrap')
function handleRoute(newURL) {
  if (newURL.indexOf('article/1') > 0) {
    pageEl.innerHTML = '<h1>第一篇文章</h1><p>这篇文章没讲什么东西</p>'
  } else if (newURL.indexOf('article/2') > 0) {
    pageEl.innerHTML = '<h1>第二篇文章</h1><p>这篇文章什么东西都没讲</p>'
  } else {
    alert('404!该页无法找到')
  }
}
window.addEventListener('hashchange', function (e) {
  handleRoute(e.newURL)
})
handleRoute(location.href)
</script>
```

这样，路由就能正确工作了。

11.2　HTML 5 history API

基于 hash 的导航虽然能正常工作，但对于用户而言，带着#符号的 URL 总归不是那么美观，HTML 5 对 history API 的增强使得我们可以对本域下的 URL 进行任意更改而不刷新页面，主要用到的是 history.pushState()和 history.replaceState()两个函数和配合其触发的 popstate 事件，先来看看基本用法：

```
var stateObj = { foo: "bar" }
history.pushState(stateObj, "page 2", "bar.html")
```

假设我们在 http://www.example.com/foo.html 执行这两行代码，那么页面地址栏的 URL 会立马被修改成为 http://www.example.com/bar.html，但是浏览器不会真正的去获取 bar.html 这个地址的内容，而只是单纯的修改页面 URL。

history.pushState 和 history.replaceState 区别在于，前者增加历史，后者篡改历史，可以用下面的例子感受一下：

```
<button id="button1">pushState</button>
<button id="button2">replaceState</button>
<script>
var state = {
 msg: 'i have no words to say'
}
document.getElementById('button1').addEventListener('click', function () {
 //它会在历史记录中增加一条记录
 history.pushState(state, '新标题 1', 'newurl.html')
})
document.getElementById('button2').addEventListener('click', function () {
 //它会把当前的历史记录给"篡改"为你所指定的记录
 history.replaceState(state, '新标题 2', '/url/new')
})
</script>
```

history.pushState()接受三个参数，一个 state 对象，一个 title，一个可选的 URL。

- state：state 对象就是一个普通的 JavaScript 对象，它将和 pushState 创建的新的 history 实体所关联，当用户导航到这个实体时（比如通过后退），popstate 事件将会触发，事件对象的 state 属性就会包含一个与这个实体关联 state 对象的复制。
- title：本来用这个字符串应该修改页面的 title，但是截止到撰稿时，这个参数还没有什么作用。
- URL：即将创建的 history 实体的 URL，浏览器不会尝试真正加载这个路径，但是如果用户在此时强制刷新这个页面，浏览器是会加载这个页面的，因此你在使用这个特性时最好保证用户刷新后也能得到同样的结果。

history.replaceState()方法接受和 history.pushState()同样的三个参数，replaceState 会修改当前的 history 实体而不是新建一个。replaceState 在你因为某些原因需要更新 state 对象或者 URL 时特别有用。

popstate 事件和 hashchange 事件类似，在活动的 history 实体发生改变时会触发。要注意的是调用 history.replaceState()或 history.pushState()方法的时候并不会触发 popstate 事件。

我们用下面这个例子阐明事件的触发情况：

```
<script>
window.onpopstate = function(e) {
 alert('state: ' + JSON.stringify(e.state))
}

history.pushState({page: 1}, 'title 1', '?page=1')
history.pushState({page: 2}, 'title 2', '?page=2')
history.replaceState({page: 3}, 'title 3', '?page=3')
</script>
```

首次加载这个页面时，历史记录已经加入了三条记录（?page=2 这条记录被 replaceState 所篡改），如图 11.1 所示。

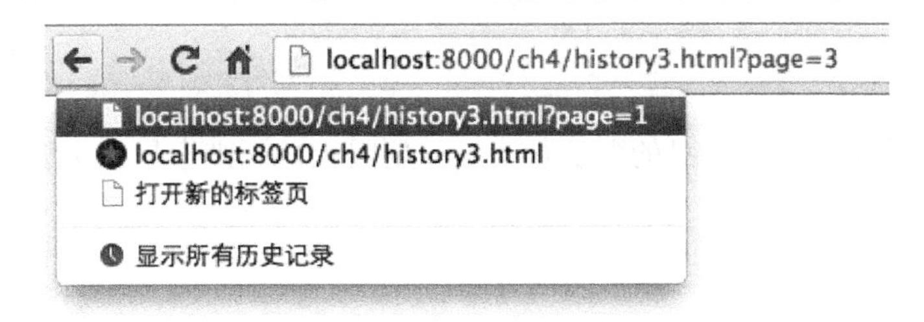

图 11.1　popstate 事件

因为页面每次初始加载时都会触发一次 popstate 事件（Firefox 是个例外），因此页面会弹出对话框，如图 11.2 所示。

图 11.2　第一次加载触发的 popstate 事件

之所以 state 事件没有内容，是因为第一次的加载并没有传递 state 参数，虽然此时页面的地址是?page=3，但是此时触发的 popstate 事件是和第一次加载页面创建的 history 实体相关联的。如果你这时单击“后退”按钮，则会弹出 state: {"page":1}，如果你再次单击“前进”按钮，则会弹出 state: {"page":3}，因为此时的 URL 与最后一次创建的 history 所关联。

有了这些基础，那么创建一个 router 也不是难事儿，我们将前面基于 hashchange 的导航系统改为基于 popstate 事件的版本：

```
<a href="/article/1">文章 1</a>
<a href="/article/2">文章 2</a>
<div id="page-wrap"></div>
<script>
var pageEl = document.getElementById('page-wrap')
function handleRoute(newURL) {
  if (newURL.indexOf('article/1') > 0) {
    pageEl.innerHTML = '<h1>第一篇文章</h1><p>这篇文章没讲什么东西</p>'
  } else if (newURL.indexOf('article/2') > 0) {
    pageEl.innerHTML = '<h1>第二篇文章</h1><p>这篇文章什么东西都没讲</p>'
  } else {
    alert('404!该页无法找到')
  }
}
window.addEventListener('popstate', function (e) {
  handleRoute(e.state.url)
})
document.addEventListener('click', function (e) {
  if (e.target.tagName === 'A') {
    var url = e.target.getAttribute('href')
    history.pushState({url:url}, '', url)
    handleRoute(url)
    e.preventDefault()
  }
```

```
})
</script>
```

唯一要注意的是，链接本身的默认行为必须要阻止，否则会导致浏览器真的要加载链接页面。

11.3　history.js

无论是基于 popstate 事件也好，hashchange 也好，还是更加原始的轮询 hash 改变，实现的都是同样的“页面无刷新更改 URL”需求，如果你需要兼容各种浏览器，必不可少需要大量编码，还好早有人帮我们做了这件事儿，开源的 history.js 库能方便无缝的在各种浏览器里实现我们需要的效果。

history.js（https://github.com/browserstate/history.js/）提供了类似 HTML 5 的 API，但是可以让你兼容几乎所有流行的浏览器（包括 IE6），使用上和 HTML 5 的 history API 没什么两样：

```
<script src="plugins/native.history.js"></script>
<script>
(function(window,undefined){

    //History 对象是 history.js 提供的唯一对象，它拥有和 window.history 几乎一样的 API
    History.Adapter.bind(window,'statechange',function(){
                          //为避免冲突将事件命名为 statechange 而不是 popstate
        var state = History.getState()
                          //使用 History.getState() 而不是 event.state
        console.log(state)
    })
    History.pushState({state:1}, 'title 1', '?state=1')
                          //log: {state:1}, 'title 1', '?state=1'
    History.pushState({state:2}, 'title 2', '?state=2')
                          //log: {state:2}, 'title 2', '?state=2'
    History.replaceState({state:3}, 'title 3', '?state=3')
                          //log: {state:3}, 'title 3', '?state=3'
    History.pushState(null, null, '?state=4')
                          //log: {}, '', '?state=4'
    History.back()        //log: {state:3}, 'title 3', '?state=3'
    History.back()        //log: {state:1}, 'title 1', '?state=1'
    History.back()        //log: {}, 'Home Page', '?'
    History.go(2)         //log: {state:3}, 'title 3', '?state=3'

})(window)
</script>
```

要注意的是，history.js 每一次跳转都会触发 statechange 事件，而使用 window.history.back() 时不一定每次都触发 popstate 事件，因此使用 history.js 更加可靠。

在支持 HTML 5 history 的浏览器中，上例中你看到的 URL 可能是这样：

```
www.example.com/?state=2
www.example.com/?state=3
```

而在不支持 HTML 5 history 的浏览器中，会自动 fallback 到基于 hash 的导航链接：

```
www.example.com/#?state=2&_suid=2
www.example.com/#?state=3&_suid=3
```

要注意这里多了一个_suid 参数，此参数的含义是 State Unique Identifiers，这个参数用于访问调用 pushState 方法时传入的一系列参数——因为 hashchange 事件中并没有在事件对象中关联相关数据。

history.js 会自动将带域名的 URL 参数转换为仅包含 path 的 URL，如：

```
http://www.example.com/#http://www.example.com/page/1
```

会转换为：

```
http://www.example.com/#/page/1
```

此外，你也不用操心 history.js 在子域和子目录的情况，history.js 总是能正确工作。

history.js 项目的源码是被分割成了两个部分。

- history.html4.js 和 history.js：对 HTML 5 history API 的包装。
- history.adapter.*.js：适配包括 jQuery、dojo 等框架或库的版本。

最终你可以使用该项目打包好的 js 文件：

```
https://raw.github.com/browserstate/history.js/master/scripts/bundled/h
tml4+html5/jquery.history.js
```

第 2 篇　HTML 5 移动 Web 开发实战

第 12 章　站在巨人们的肩上——jQuery Mobile

不要重造轮子是程序员世界里广为流传的箴言。虽然利用前面章节提到的技术可以实现几乎任何移动应用，但是直接利用这些技术来实现应用的过程毕竟是原始的、低级的，可能会耗费你大量的时间和精力。

程序员们从来不羞于寻找和利用工具，经过这些年的发展，市面上已经有一大票可以加速你开发移动 Web 应用的工具和代码，本章将选取它们中的代表者和佼佼者加以介绍，并为读者在最终产品的技术选型上提供指导。

12.1　移动 Web 框架概览

Web 的发展使得其相关技术也跟随着快速演进，从过去混乱不堪的 Web 开发，到 Prototype.js 初有框架思想，再到 YUI 和 jQuery 等大行其道，一直到现在的单页应用和移动应用大行其道的时代，总有一些技术能引领行业的发展，解放程序员们的工作。

本节将对移动时代的 Web 框架和库们进行一次走马观花式的考察，让你的脑海对前端技术的结构有个大致的勾勒。

12.1.1　HTML 5 移动应用技术大观

通常来讲，开发一个完整 Web 应用涉及到的前端技术无非这样几个层面：UI 框架、MVC 框架和工具库。很多大型的前端框架比如 YUI、Closure Library 和 Dojo 等会包含上面这些所有东西，不过在移动时代这些重量级的框架大多数并不满足我们“轻”的需求，我们需要的是更加轻量级的小框架，职责尽量单一且易于扩展易于协同工作的工具。

在 UI 层上，目前已经有许多框架供选择，它们通常都会提供一套适用于移动设备的 UI 样式——可能包含按钮、列表和文本框等组件，有的也会额外提供较复杂的 UI 组件，如日历选择器、Slider 和工具栏等。bootstrap、jQuery Mobile 和 Foundation 是其中的代表。

如果你需要开发大型或者中型的应用（意味着你的应用可能包含大量的 DOM 操作以及与服务器的数据交互），那么你肯定要考虑选择一个 MVC 框架来简化你的开发过程，单页应用正值泛滥之时，MVC 框架也是成灾之势。其中只有 AngularJS、Backbone 和 Ember.js

为佼佼者。

很多时候你还要借助一些小工具来应对一些特定的任务。比如用 zepto 替代 jQuery 来减小应用的大小以节省移动设备上捉襟见肘的流量，使用 underscore 处理列表数组的过滤等等。

当然移动世界也不缺重量级大一统的框架，Sencha 就是移动世界的领头羊，它包含了你可能要用到的所有东西：UI、tools 和 MVC 等等。

如果你希望基于 HTML 5 来开发界面，但是又需要访问移动操作系统未开放给浏览器的功能（比如联系人），那么你可以尝试一些平台兼容层的工具（如 phonegap）将 JavaScript 代码编译成原生代码（Objective-C 或者 Java）或者与底层代码进行通讯，最终生成原生移动应用（比如 iOS 或者 Android 应用）。

上面说到的技术可以参看下面的架构图 12.1。

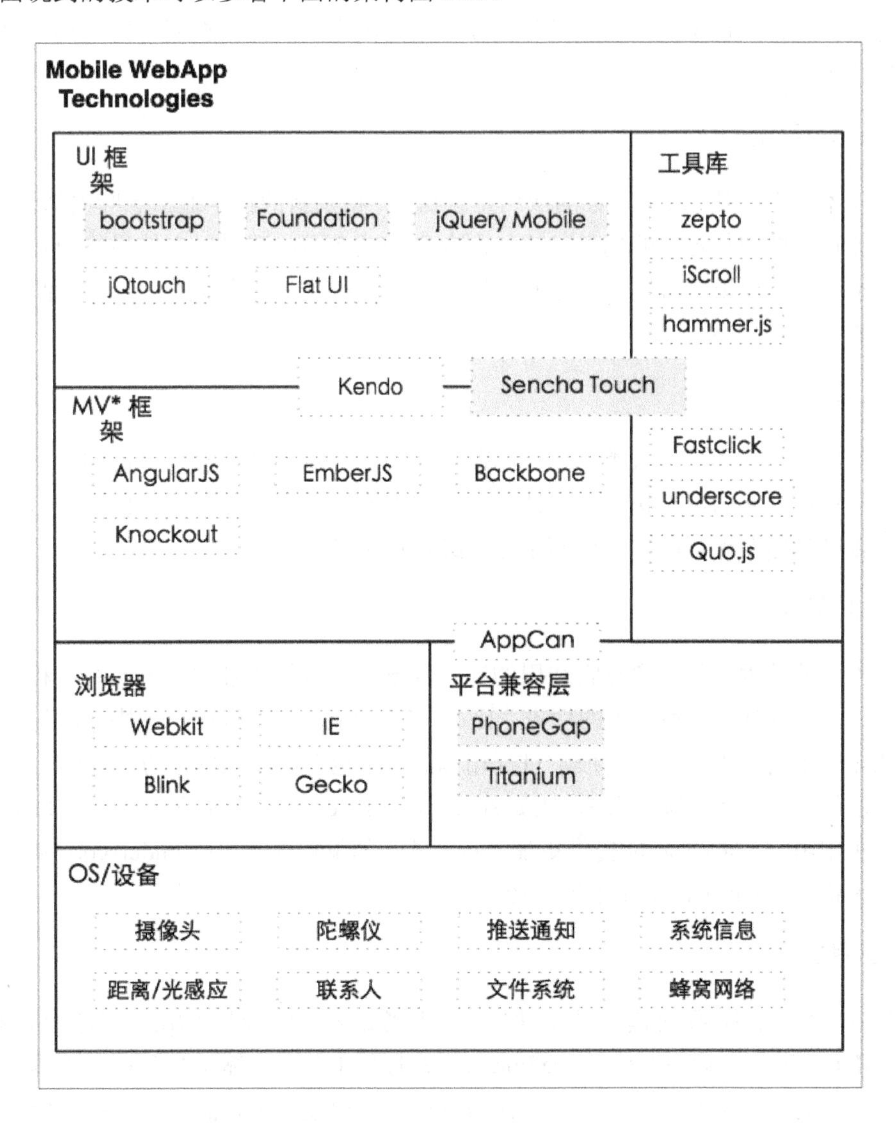

图 12.1　移动 Web 应用技术

当然，图 12.1 中提到的技术也只是当下市面上技术世界的冰山一角，但极幸运的是，这些技术几乎都是开源的。

前端工程师们可以说生在了一个好时辰。几乎你缺少什么东西，就能在开源世界里发现你需要的东西——而且往往还不止一个。

12.1.2　因地制宜、量体裁衣

我们在具体讲解上述技术之前，有必要向读者强调一点，选用具体技术或者解决方案时一定要因地制宜、量体裁衣。

技术选型绝对是个技术活，你除了需要考虑技术本身的成熟度、社区力量和适用场景等，还需要研究自己应用的规模、兼容性，自己团队的水平、迭代周期等因素。

下面我们就详细说说技术选型具体需要考虑的因素以及为什么要考虑它们（很多东西在后端也适用）。

1．技术成熟度

一项技术是否成熟，决定了你的应用是否稳定。特别新的技术通常意味着缺乏稳定性，在需要保证正确性和稳定性的场景（比如面向金融或者面向数量巨大的最终用户的应用），选择新技术时一定要慎重再慎重，对于一些不关键的容错性高的场景（比如内部系统），选择新技术的风险就会小很多。

2．文档

由于程序员基本都是由人类构成，因此文档好坏基本上制约着程序员的工作效率。无论你看到某项技术吹的再天花乱坠，请一定记得看看它的文档是否健全优雅，示例是否清晰易懂，否则当你发现有坑时，说不定你已经踩进去了。

3．适用场景

不同种类的技术工具一定有它适用的针对性场景，即便是号称“大一统”和“全能”的框架型技术，也有它所不适用的地方，比如 YUI 功能齐全，但在短平快的广告页宣传页使用它就显得杀鸡用牛刀了，同理，目标相似的技术也会有不同的地方，在这方面必须要结合你自己的应用具体情况来分析。比如 sugar.js 和 underscore.js 都是用于对原生 JavaScript 对象提供实用函数，sugar 就能提供更加“直觉式”的编程体验，而 underscore 则对于混合编程环境提供了 sugar 无法提供的冲突处理。

4．应用规模

如果你的应用代码规模很大，你不得不考虑组织代码的方式，是选择模块化（CMD/AMD）还是用继承树（closure library）？打包工具、压缩工具和校验工具这些东西随着应用规模的上升都不得不逐渐提上你的日程，一项技术是否满足打包压缩模块化等需求，也是你需要考虑的地方。

5. 学习曲线

学习曲线通常是工程师或者工程师头儿在技术选型时经常忽略的地方。比如在你自己非常了解一项技术 A 时，经常会选择它或者与它相关的技术，而忽略和你合作的人对 A 的认知情况。由于学习一项技术总是需要时间，因此对于整个团队而言，学习曲线陡峭的技术很可能成为开发效率的杀手，而作为技术选型者自己却很难意识到。但另一方面，学习曲线陡峭的技术通常来是较革新的，并且从长期来看是高效率的，因此如果你的应用是一个长期不断维护的项目，尝试较革新的能反映技术趋势的工具也未尝不可。

6. 社区力量

如果你是开源运动的忠实拥护者（或者说你是没那么多钱寻求技术支持的穷人），那么一项技术的社区力量是否强大很大程度影响了你踩了坑是否有人帮你。jQuery 之所以如此流行，也离不开社区的力量，无数人在为 jQuery 贡献教程、跑测试和报 bug，在论坛里或问答网站里解答具体的问题……如果你不幸选择了一项没有社区支持甚至作者本人都不响应的开源技术，那么遇到问题的时候你就可以去买点手纸抹泪吧。

同样地，如果你自己在开发或维护某个开源项目，那么除了写代码，培育其社区也是极其重要的工作。

7. 技术缺点

所有的技术都有缺点（人也适用），做决定前，一是要认清这项技术的缺点，二是要考虑你是否能接受它的缺点（就像婚恋一样）。

8. 团队水平

这个说起来让人很难堪，但你不得不承认任何团队中的人员水平都是有高有低的，一个团队的平均水平也是有高有低的。如果一项技术过于简单，而团队水平又非常高，很可能出现重造轮子甚至辱骂源作者这样的事儿，而相反在选用技术过于复杂团队水平不高的情况，则非常容易出现误用乱用最后导致代码不可维护的情况出现。

9. 兼容性

对于前端开发人员来讲兼容性尤其重要，几乎所有前端技术都会提供一个兼容性列表，认真研读它，并和你自己应用需要兼容的浏览器和设备做仔细调研对比，这是一个门当户对的问题，光有爱情是不够的。

10. 迭代周期

通常来讲，不同公司的产品迭代速度是有很大差别的，这种节奏对技术选型也有很大影响。比如在迭代周期慢的传统软件公司，如果选用更新频繁的技术，那么很可能上一个版本的应用中出现的 bug 在下一次更新前（通常是几个月的时间）都无法解决，而对于迭代周期比较快的互联网公司影响则没那么大。迭代周期快的产品对较新的更新频繁的技术容忍度也会高很多。

12.2　jQuery Mobile

jQuery 是 Web 前端开发的神器，整个互联网有 50%以上的网站在使用 jQuery（多么可怕的占有率），jQuery 已经成为 Web 世界里的事实标准——其被熟知程度远超过浏览器原生 API（DOM 和 Ajax）。

jQuery 作为 Web 世界的瑞士军刀，解决了许多困扰前端开发者的焦油坑，其社区衍生出 jQuery UI 项目成为了绝大多数网站构建 UI 界面的首要选择。随着移动互联网的兴盛，jQuery UI 逐渐暴露出其不合时宜，jQuery 社区适时推出了 jQuery Mobile 项目，以期成就一个移动设备上的 jQuery UI 项目。

12.2.1　综述

按照官方的说法，jQuery Mobile 是一个构建于 jQuery 之上触摸屏友好的 HTML 5 UI 框架，并可工作在所有流行的智能手机、平板和桌面平台上。

jQuery Mobile is a touch-friendly UI framework built on jQuery Core that works across all popular mobile, tablet and desktop platforms.

jQuery Mobile 遵循了渐进增强（progressive enhancement）和响应式的设计原则，用 HTML 5 标签来驱动其 UI 组件工作，并提供了强大的 API 供你进一步自定义整个框架。从视觉上来说，jQuery Mobile 一眼看上去是这样子的：

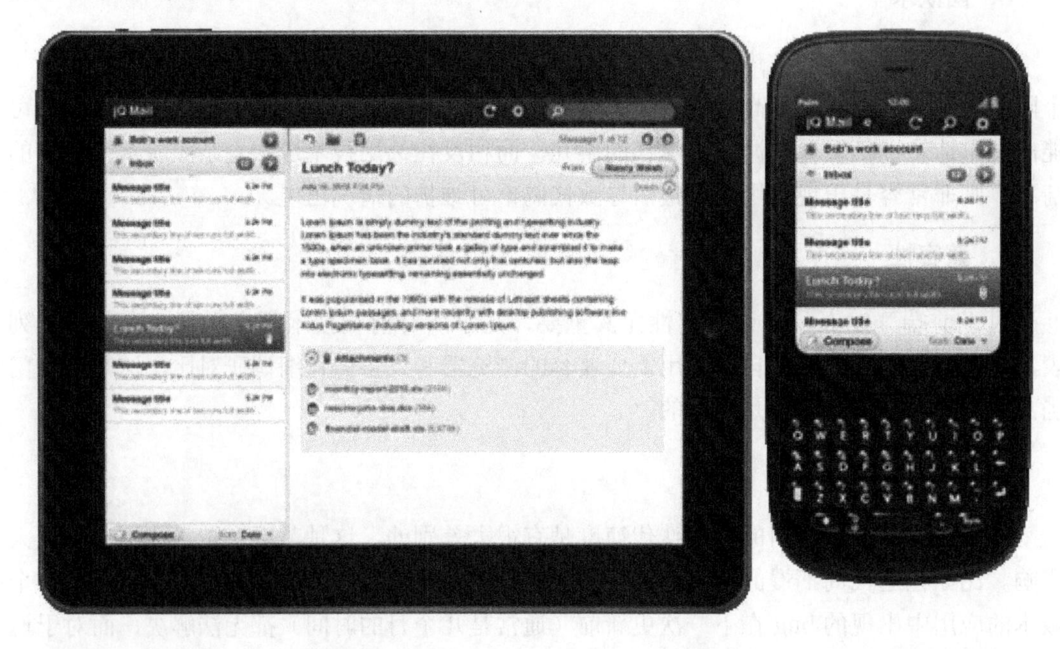

在这漂亮的外壳之下，jQuery Mobile 继承了 jQuery 的策略——兼容兼容再兼容！

jQuery Mobile 对各种设备的兼容程度划分了三个等级，分别是 A、B 和 C，而移动设备和平台的覆盖率广到令人咋舌的地步。

- A 级：所有特性都支持——漂亮的界面和 Ajax 动画导航等等。
- Apple iOS 3.2*-6.1
- Android 2.1-2.3
- Android 3.2 (Honeycomb)
- Android 4.0 (ICS)
- Android 4.1 (Jelly Bean)
- Windows Phone 7.5-7.8
- Blackberry 6-10
- Blackberry Playbook (1.0-2.0)
- Palm WebOS (1.4-3.0)
- Firefox Mobile 18
- Chrome for Android 18
- Skyfire 4.1
- Opera Mobile 11.5-12
- Meego 1.2
- Tizen (pre-release)
- Samsung Bada 2.0
- UC Browser
- Kindle 3, Fire, and Fire HD
- Nook Color 1.4.1
- Chrome Desktop 16-24
- Safari Desktop 5-6
- Firefox Desktop 10-18
- Internet Explorer 8-10
- Opera Desktop 10-12
- B 级：包含自定义组件，但是没有 Ajax 导航。
- Blackberry 5.0*
- Opera Mini 7
- Nokia Symbian^3
- Internet Explorer 7
- C 级：只有最基本的用户体验。
- Internet Explorer 6 and older
- iOS 3.x and older
- Blackberry 4.x
- Windows Mobile
- 其他所有手机平台

看到这长长的兼容列表，大家恐怕有种对 jQuery Mobile 的团队竖起大拇指的冲动了，jQuery Mobile 团队在开发之初曾经贴过一张他们所持有测试设备的高清无码大图，在此我想与大家共享和共勉一下，如图 12.2 所示。

图 12.2　在 2010 年末 jQuery Mobile 测试的设备

在兼容列表如此牛的情况下，jQuery Mobile 也提供了极其丰富的内容，其中包括以下的内容。

1．页面和对话框（Pages & Dialogs）

jQuery Mobile 中一个“页面”其实就是一个加上了 data-role="page"属性的元素，一个 page 里面还可以包含 data-role 为 header、content 和 footer 的“区块”div，当然也可以包含其他任意合法的 HTML，jQueryMobile 之所以抽象出“页面”这个单位，是为了配合导航系统进行工作，一个 HTML 文件里，可以包含多个 jQuery Mobile 的页面，它们之间可以自由导航。

在 jQuery Mobile 里还可以将一个页面“装饰”成一个对话框。

2．Ajax 导航和转场动画

jQuery Mobile 一个 Ajax 导航系统，可以通过它进行无刷新切换页面，并在切换页面时触发转场动画，同时在支持 HTML 5 history API 的浏览器里面更新 URL。配合“返回”按钮可以做到高保真模拟 iPhone 或 Android 的切换面板效果。

3．内容

对于内容排版，jQuery Mobile 自带了一套针对移动设备优化的基础样式，标题、段落和列表等标准 HTML 元素都有自己适合在移动设备中呈现的样子。

4．小部件（Widgets）

jQuery Mobile 包含一大票针对触摸屏优化过的 UI 组件，这些东西是大部分人爱上 jQuery Mobile 的主要原因。这其中包含 button、form、collapsibles、accordions、popups、dialogs 和 responsive tables 等等组件，另外 jQuery Mobile 非常易于扩展，在互联网上还可以找到许多有用有趣的第三方组件。

5．响应式设计

整个 jQuery Mobile 都是响应式的，布局、小部件和网格系统……几乎所有东西都是从最开始时就按照 100%可响应的要求去设计的。

6．主题化

jQuery UI 大获成功的原因之一就是非常灵活的皮肤系统，和数以千计的漂亮且免费的皮肤供大家随意挑选，jQuery Mobile 自然不能放弃这一秘诀，jQuery Mobile 内部有一套健壮的主题化系统，在同一套系统中支持多达 26 种调板（swatch），而且在 jQuery Mobile 还是 beta 版时，就配套开发了强大的 themeroller 主题制作工具，你只需要拖拖鼠标就可以完成自己的专属主题，如果你连鼠标都懒得动，没关系，截止到撰稿时已经有一大堆免费的第三方主题可以选用，总有一款适合你。

12.2.2　Hello，jQuery Mobile！

在程序员的世界里，阐明一项技术的最佳方式是写一个 Hello World 程序——jQuery Mobile 也不例外，先来看一个最简单的 jQuery Mobile 驱动的界面：

```
<html>
  <head>
    <link rel="stylesheet" href="../assets/jquery.mobile.css">
  </head>
  <body>
    <div id="home-page" data-role="page">
      <div data-role="content">
        <h1>Hello, </h1>
        <h2>jQuery Mobile! </h2>
      </div>
    </div>
    <!-- 别忘了引入 jQuery -->
    <script src="../../jquery.js"></script>
    <script src="../assets/jquery.mobile.js"></script>
  </body>
</html>
```

注意：和 jQuery UI 类似，jQuery Mobile 只有两个文件：jquery.mobile.css 和 jquery.mobile.js，这样设计的目的一是让使用者尽可能方便地获取，二是让 CDN 服务器可以很容易进行分发。后面我们会讲到 jQuery Mobile 分模块打包下载的功能。

最后的效果如图 12.3 所示。

图 12.3　Hello, jQuery Mobile

从直观效果上看，变化不大，基本上就是为页面加了背景色（#DDD），加了一些文字阴影，一些重置用的边距，不过 jQuery Mobile 在内部的确做了很多事情，来看看审查元素的结果，如图 12.4 所示。

```
▼<html class="ui-mobile">
  ▼<head>
     <base href="http://localhost:8000/ch5/jqm/jqm1.html">
     <link rel="stylesheet" href="../assets/jquery.mobile.css">
     <style type="text/css"></style>
     <title></title>
   </head>
  ▼<body class="ui-mobile-viewport ui-overlay-a">
    ▼<div id="home-page" data-role="page" data-url="home-page" tabindex="0"
     class="ui-page ui-page-theme-a ui-page-active" style="min-height: 802px;">
      ▼<div data-role="content" class="ui-content" role="main">
         <h1>Hello, </h1>
         <h2>jQuery Mobile! </h2>
       </div>
     </div>
     <!-- 别忘了引入 jQuery -->
     <script src="../../jquery.js"></script>
     <script src="../assets/jquery.mobile.js"></script>
    ▼<div class="ui-loader ui-corner-all ui-body-a ui-loader-default">
       <span class="ui-icon-loading"></span>
       <h1>loading</h1>
     </div>
   </body>
 </html>
```

图 12.4　Hello 例子的内部

可以看到，jQuery Mobile 将 html 元素加上了 ui-mobile 的 class，body 元素则被定义为视口元素（ui-mobile-viewport），这些 class 的目的是为了设置页面的高度充斥整个屏幕，这样可以让页面更像一个原生 APP。

在 head 元素里面增加的 base 元素主要用于 Ajax 导航，它存储了当前应用当前状态的一个基地址。后续的导航可能会基于此地址进行计算。

jQuery Mobile 都会自动侦测所有带有 data-role 属性的元素，然后将它们变成它们应该有的样子——这是 jQuery Mobile 的核心机制之一：基于 HTML 5 data-属性驱动的 UI 库。被驱动的元素通常会加上一些 class 以改变其样式，如果是一些复杂的组件（比如表单元素），还可能改变其 DOM 结构。

在 jQuery Mobile 中和样式相关的 class 都以 ui-开头，可以看到许多 class 后面还带有后缀-a，这个 a 表示调板种类，你可以自定义调板 a~z，一共 26 个。

在页面的最后，jQuery Mobile 还插入了一个隐藏的 loader 元素，当在使用 Ajax 加载其他页面时，这个 loader 会自动出现，然后转啊转的。

如果你有较丰富的 jQuery UI 开发经验，你已经能猜出整个 jQuery Mobile 大致的工作方式了，接下来的章节里面，就让我们深入 jQuery Mobile 一探究竟。

12.2.3　页面（Pages）

data-role="page"的元素定义了 jQuery Mobile 中的一个“页面”（后文中直接称之为 page）。page 是 jQuery Mobile 中最主要的交互单位，它主要用来把内容组织成合乎逻辑的视图，这些视图之间可以互相导航。

通常来说，一个 HTML 文档就是一个 page，Ajax 导航系统会在需要的时候加载其他 page 的内容，然后在用户导航到特定 page 时将 page 的内容直接插入到当前 DOM 中。当然你也可以在一个 HTML 文档中包含多个 page。jQuery Mobile 会以动画方式在 page 视图之间进行过渡。

jQuery Mobile 建议使用 HTML 5 的 doctype，这样可以充分利用 jQuery Mobile 提供的全部特性——而且对于老式浏览器也能完全兼容：

```
<!DOCTYPE html>
```

新建一个 jQuery Mobile 的页面需要引入 jQuery 和 jQuery Mobile 的主文件，以及 jQuery Mobile 的主题 css 文件，你可以像前文那样去官方网站下载打包后的文件，也可以从其开源项目中构建自己的版本，当然也可以从 jQuery 自建的 CDN 里获取：

```
<!DOCTYPE html>
<html>
<head>
  <title>Page Title</title>
  <!-- viewport meta 标签对于移动设备来讲很重要，不要忘了 -->
  <meta name="viewport" content="width=device-width, initial-scale=1">
  <link rel="stylesheet" href="http://code.jquery.com/mobile/1.3.1/jquery.
mobile-1.3.1.min.css" />
</head>
<body>
  ......
  <script src="http://code.jquery.com/jquery-1.9.1.min.js"></script>
  <script
src="http://code.jquery.com/mobile/1.3.1/jquery.mobile-1.3.1.min.js"></
script>
</body>
</html>
```

在 body 元素里面，我们需要将 page 元素放置进去，通常我们会使用 div 这样没有特别语义的容器元素，然后为其加上 data-role="page"属性：

```
<div data-role="page">
  ...
</div>
```

在 page 容器里，所有合法的 HTML 都可以使用，不过对于一个典型的 jQuery Mobile page，里面通常还包含 header、content 和 footer 元素，它们可以使用 HTML 5 里面的相应元素（没有 content），但是一般情况下还是建议使用 div：

```
<div data-role="page">
  <div data-role="header">...</div>
  <div data-role="content">...</div>
  <div data-role="footer">...</div>
</div>
```

header、content 和 footer 在 jQuery Mobile 里会呈现特别的样式，默认情况下如图 12.5 所示。

图 12.5　默认 header 等元素样式

不过，正常情况下是建议在 header 和 footer 元素里使用 h 标签来表示具体的标题或者脚注：

```
<div data-role="page">
  <div data-role="header">
    <h1>这里是 header</h1>
  </div>
  <div data-role="content">
    这里是 content
  </div>
  <div data-role="footer">
    <h4>这里是 footer...</h4>
  </div>
</div>
```

这时候 jQuery Mobile 会为它们加上特定的 heading 样式（文字居中和一些边距），如图 12.6 所示。

图 12.6　heading 样式

到目前位置，你眼里的 jQuery Mobile 可能只是利用 data-属性加了一点样式而已，其实远远不止。我们来看一个 HTML 包含多个 page 的情况：

```
<!DOCTYPE html>
<html>
<head>
  <meta name="viewport" content="width=device-width, initial-scale=1">
  <meta charset="utf-8">
  <link rel="stylesheet" href="../assets/jquery.mobile.css">
</head>
<body>
  <div data-role="page" id="foo">
    <div data-role="header">
      <h1>Foo</h1>
    </div>
    <div data-role="content">
      <p>第一个页面：foo</p>
      <p>跳转至 <a href="#bar">bar</a></p>
    </div>
    <div data-role="footer">
      <h4>foo Footer</h4>
    </div>
  </div>

  <div data-role="page" id="bar">
    <div data-role="header">
      <h1>Bar</h1>
    </div>
    <div data-role="content">
      <p>第二个页面：bar</p>
      <p>返回到 <a href="#foo">foo</a> 页面</p>
    </div>
    <div data-role="footer">
      <h4>bar Footer</h4>
```

```
    </div>
  </div>
  <script src="../../jquery.js"></script>
  <script src="../assets/jquery.mobile.js"></script>
</body>
</html>
```

当文档加载时，只有 foo 会显示，而 bar 这个元素会整个儿隐藏，只有通过单击跳转至#foo 或者直接访问类似/index.html#bar 这样带锚点的链接才会显示 bar 这个 page。在最新稳定版中默认以淡入淡出（fade）方式切换两个 page。

jQuery Mobile 使用了 hash 和元素 id 来管理 page，意味着页面上利用锚点跳转至页面元素的默认功能将失效，而且同时意味着在单个文档里 page 元素的 id 属性必须唯一，如果你启用了 Ajax 导航，那么在整个站点里 page 的 id 都应该是唯一的。其原因是 jQuery Mobile 在导航时会把所有“导航至”的页面和页面里的 page 元素都加入当前的 DOM 中。

虽然上面的页面 HTML 结构（page、header、content 和 footer）是对于标准的 jQuery Mobile 应用而言是官方推荐的编写方式，但是 jQuery Mobile 本身非常灵活，文档结构可以做到非常自由，header、content 和 footer 的 data-role 都是可选的结构型组件（提供了一些格式化样式），甚至对于单个 page 的文档，data-role="page"都不是必须的——如果你的 body 元素里面没有 data-role="page"的元素，那么 jQuery Mobile 会把所有 body 里的元素包裹到一个 page 元素（div）里面：

```
<!DOCTYPE html>
<html>
<head>
  <meta name="viewport" content="width=device-width, initial-scale=1">
  <meta charset="utf-8">
  <link rel="stylesheet" href="../assets/jquery.mobile.css">
</head>
<body>
  <div>
    a page without <code>data-role="page"</code>
  </div>
  <script src="../../jquery.js"></script>
  <script src="../assets/jquery.mobile.js"></script>
</body>
</html>
```

这个页面最终的浏览器里的 DOM 结构如图 12.7 所示。

```
▼<html class="ui-mobile">
  ►<head>…</head>
  ▼<body class="ui-mobile-viewport ui-overlay-a">
    ▼<div data-role="page" data-url="/ch5/jqm/jqm4.html" tabindex="0"
    class="ui-page ui-page-theme-a ui-page-active" style="min-height:
    802px;">
      ▼<div>
         "
             a page without "
         <code>data-role="page"</code>
       </div>
     </div>
    ▼<div class="ui-loader ui-corner-all ui-body-a ui-loader-default">
       <span class="ui-icon-loading"></span>
       <h1>loading</h1>
     </div>
```

图 12.7　自动包裹 page

要注意的是，在自动包裹 body 里的元素时，jQuery Mobile 会使用 jQuery 的 wrapAll 方法来实现，该方法会寻找被包裹的元素里的 script 标签，并使用 XHR 加载每个标签的脚本，如果你的 script 放置在 body 元素里面，会导致脚本被加载两次：

```
  ……
  <script src="../assets/jquery.mobile.js"></script>
  <script src="test.js"></script>
</body>
</html>
```

test.js:

```
console.log('test.js loaded!')
```

最终效果如图 12.8 所示。

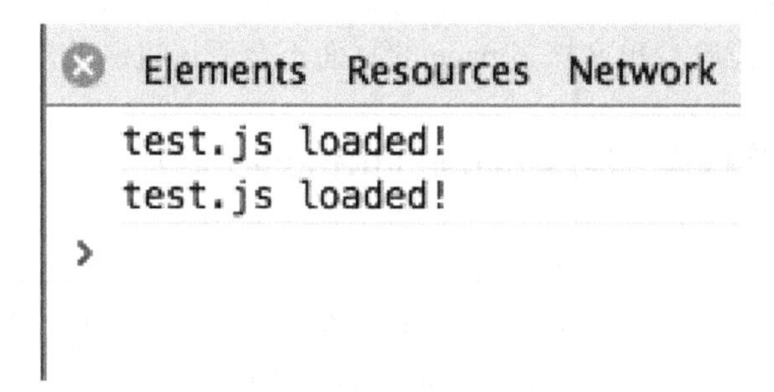

图 12.8　body 中 script 加载两次

这种行为会导致意外的错误，因此官方强烈建议在使用时显式添加 data-role="page"的元素。

为了提升 jQuery Mobile Ajax 导航的感知速度，预加载是个很必要的优化方式，jQuery Mobile 原生提供了预加载 page 的方案，要预加载 page 很简单，只用对指向目标 page 的链接加上 data-prefetch="true"属性：

```
<a href="/target.html" data-prefetch="true">神速加载页面</a>
```

除了 data-prefetch 属性，你也可以使用编程方式预加载一个 page：

```
$.mobile.loadPage(pageUrl, { showLoadMsg: false })
```

下面介绍下 DOM 缓存内容。

在 DOM 中保存大量的 page 会导致浏览器内存占用急剧增长，这会导致页面性能下降甚至页面崩溃，对于资源匮乏的移动浏览器来说更不能忍，jQuery Mobile 使用了动态加载页面到当前 DOM 树的方式实现导航，因此内存形势对 jQuery Mobile 应用来说尤为严峻，还好 jQuery Mobile 提供了一种简单的机制来保持 DOM 树的整洁。这种机制的核心在于，无论你何时使用 Ajax 加载一个 page，jQuery Mobile 都会将这个 page 标记为在下一次导航发生时（或者说在 pagehide 事件触发时）应该从 DOM 中移除的对象，如果你之后再次访问这个 page，jQuery Mobile 将不知道是否访问过该 page，具体的 HTML 是从浏览器缓存里面取还是从远程服务器取，这都由浏览器自己来决定。

当然，你也可以通过编程方式将导航前的 page 保留在当前 DOM 中，这样会占用多一点内存，但是如果你返回至原 page 时就会来的飞快：

```
//默认保存前一个 page
$.mobile.page.prototype.options.domCache = true
```

在某些情况下你可能希望保留某个特定的 page（高频访问的主面板/通知面板），你可以使用下面的方式来缓存住指定的 page：

```
<div data-role="page" data-dom-cache="true" id="foobar" >
......
</div>
```

如果你想缓存所有访问过的 page（强烈不建议这样做），可以这样：

```
pageContainerElement.page({ domCache: true });
```

要注意的是，jQuery Mobile 永远不会将第一个页面的 DOM 移除，而只会移除通过 Ajax 加载的 page（这意味着单文档多 page 的页面不会受该机制的影响）。

12.2.4　Ajax 导航模型和转场动画（transitions）

jQuery Mobile 之初在很大程度上模拟 iOS 体验（实际上 Android 最初也是这样），除了适合手指点击的列表和按钮，应用不同视图的动画切换必然也是标配，很多人就是被 jQuery Mobile 华丽的高仿 iOS 的切换动画惊艳且吸引的。

由于 Web 浏览器本身在切换页面时并不会有动画切换效果，因此要做到页面（视图）间的动画切换效果有两个方式，一是将整个应用编写为单页应用，所有视图都在当前文档内展现，这样你可以通过控制 DOM（的 CSS）来实现任何你需要的动画效果，还有一种方法是阻止掉页面所有超链接默认行为（跳转），然后使用 Ajax 方式将链接指向的页面全部内容加载到当前 DOM 中。由于前者对开发者要求很高，jQuery Mobile 必须要走好简单易上手的路线，jQuery Mobile 因此采用了 Ajax 加载整个页面的方式来模拟页面切换。

jQuery Mobile 内建了一套 Ajax 导航系统，并随之附赠了一套丰富的 page 转场动画效果。这套系统劫持（hijacking）了标准链接的跳转行为和表单的提交行为，并将其转换为 Ajax 调用，同时也支持类似 iOS 的“返回”按钮。对于高级用户而言，预加载、缓存、动态插入和脚本执行等 jQuery Mobile 也有自己的支持方案。

具体实现细节上，jQuery Mobile 会在页面跳转或表单提交时劫持掉其事件，然后根据发出事件的链接的 href 属性或者 form 表单的 action 属性发起 Ajax 请求，并在等待请求返回时插入一个这样的加载指示如图 12.9 所示。

图 12.9　loader

当请求完成后，jQuery Mobile 会解析加载回来的文档，并将其中 data-role=page 的元素插入到原始的 DOM 当中，接下来对 page 中的组件进行初始化。要注意的是，加载回来的文档的剩余部分都会被抛弃，包括引用的脚本、样式和其他部分。另外，jQuery Mobile 会自动更新标签页的标题。

此时请求的 page 已经完全加载到了当前文档，但是这个 page 还没有真正显示，它会在加载完全之后以动画方式进入页面视口。默认情况下是以淡入淡出（fade）的方式转场，如果你需要自定义动画效果，可以为目标链接元素设置一个 data-transition 属性：

```
<a href="index.html" data-transition="pop">点我会弹出新页面</a>
```

jQuery Mobile 提供了许多 page 切换动画效果，如下所示。

- fade：淡入淡出；
- pop：弹出；
- flip：翻转；
- turn：华丽的翻转；
- slide：滑动；
- slideup：向上滑动；
- slidedown：向下滑动；
- slidefade：滑动渐变；
- flow：华丽的滑动（先缩小，然后滑动，再放大）；
- none：什么也没有。

苍白的文字是无法表现动画的动感，读者可以参看 jQuery Mobile 官方 demo（http://view.jquerymobile.com/1.3.1/dist/demos/widgets/transitions/），以实际体会一下。

jQuery Mobile 的很多动画采用 CSS 3D transform 撰写，对于不支持的浏览器，jQuery Mobile 会自动将不支持的动画特效 fallback 至 fade 效果。

以上 jQuery Mobile 实现的动画效果都有其“逆效果”，比如左滑的逆效果是右滑、顺时针翻转的逆效果是逆时针翻转等等，在单击“返回”按钮或者浏览器的返回时会以导航至该页面动画效果的“逆效果”切换至前一个页面。如果你需要手工指定“逆效果”，可以使用 data-direction="reverse"属性：

```
<a href="index.html" data-transition="slideup" data-direction="reverse">
点我会 slidedown</a>
```

另外，你还可以通过 defaultPageTransition 来全局配置默认 page 转场效果，defaultDialogTransition 配置对话框转场效果：

```
$(function() {
  $.mobile.defaultPageTransition = 'slide'
  $.mobile.defaultDialogTransition = 'none'
})
```

由于各个浏览器对 CSS 3D transform 的支持参差不齐，jQuery Mobile 对每一种过渡动画都提供手动指定 fallback 动画的接口：

```
$.mobile.transitionFallbacks.slideout = "none"
```

基于性能方面的考虑，当 page 的滚屏高度大于三倍设备屏幕的高度时，jQuery Mobile 会自动禁用动画转场，另外你还可以设置在窗口宽度大于某个值时禁用动画（同样基于性能考虑）：

```
$.mobile.maxTransitionWidth = 1000 //默认是 false
```

jQuery Mobile 甚至支持你通过$.mobile.transitionHandlers 选项来自定义动画。

jQuery Mobile 的导航系统中有前面介绍过的 History.js 类似的 API，比如 $.mobile.navigate 方法可以动态修改 URL（使用 Hash 或者 HTML 5 history API），其原理也是通过 popstate 或 hashchange 事件来实现。默认情况下的导航就使用了该方法，当然你也可以通过此方法自己定制导航行为。

拿实际例子来说，比如你要编写一个微博客户端程序，可能在单击链接时需要先从微博 API 处请求 JSON 数据，然后将获取来的数据更新到界面上去：

```
//页面上所有的链接的 click 事件都要绑定（为了性能可能在实际代码中使用委托）
$('a').on('click', function(e) {

  //阻止默认跳转行为
  e.preventDefault()

  //根据 a 标签的 href 属性改变页面 URL
  //第二个参数存储链接上的数据
  $.mobile.navigate(this.attr('href'), {
    foo: this.attr('data-foo')
  })

  //页面的内容改变基于具体的 url
  //本例中可能是发起一个 Ajax 请求 JSON 数据并渲染模板
  alterContent(this.attr('href'))
})
```

调用$.mobile.navigate 方法后会触发 navigate 事件（当然前进后退行为也会触发），当然，与相应 navigate 事件相关联的数据也会通过事件对象一并传入：

```
//在 window 上绑定该事件
$(window).on('navigate', function(event, data) {
  if (data.state.foo) {
    //接口和 HTML5 的 history API 相似
  }

  if (data.state.direction == 'back') {
    //direction 属性表示前进（forward）还是后退（back）
  }

  alterContent(data.state.url)
})
```

12.2.5　UI 组件——一切皆响应

在前面的章节中我们简单介绍了响应式 Web 设计（Responsive Web Design，下文简称 RWD）的基本要素和实现方案，不过那些内容都是小打小闹，“响应”程度远不能满足工业级别的需求。jQuery Mobile 为了兼容尽可能多的平台和设备在 RWD 上做了非常多的工作，包括许多响应式组件如 responsive grid、reflow table 和 sliding panel 等，jQuery Mobile 在实现这些响应式组件时遵从下面三个 RWD 的要点。

- CSS media queries：针对不同设备特性应用不同样式，样式可能是基于分辨率，也可能是基于屏幕宽度断点。
- 流式网格（fluid grid）：HTML 元素或者 jQuery Mobile 的组件在 fluid grid 系统中都是以相对单位定义（百分比），这样它们可以在容器里自由“流动”。
- 响应媒体元素：图片和音视频这些元素同样应该随着容器的变化而自动适应，秘诀也是使用相对单位。

正是因为 jQuery Mobile 让所有的元素都可响应，这样 media queries 可以专注于控制容器的布局样式。

举例来说，假设现在两个充满各种可响应内容的容器，在屏幕较宽的情况下，jQuery Mobile 会将两个容器进行浮动，以实现两列布局，而对于较窄的屏幕，jQuery Mobile 会将两个容器垂直堆叠起来——这和我们之前提到的响应式网格是类似的。而容器中的元素通常会使用相对的单位来定义（比如相对于父元素 50%的宽度），这样无论容器怎样变化，这些元素都能够很好地适应。

自然，在使用 jQuery Mobile 时，你也应该时刻将 RWD 的原则与实践记在脑海中，具体做法可以参见这些技巧：

- 使用你的样式来覆盖 jQuery Mobile 而非反之。jQuery Mobile 包含大量针对移动设备优化的基础样式，通常你自己的样式应该只包含一些样式微调。
- 移动优先（mobile first）。作为近些时日广泛被提起的设计和编码理念，“mobile first”能极大地改善你的开发体验，jQuery Mobile 本身就是这一理念的忠实拥护者。践行这一理念的秘诀在于：写样式时从最窄的屏幕写起。
- 屏幕断点应该基于内容，而非设备。几乎有任何你能想象到的屏幕宽度在市面上都有对应的设备，这种现状意味着你根本无法完全测试你的应用，因此在选择断点时应该基于你的内容在设计系统下看起来是什么样子的，而不是在具体某种设备下看起来是什么样子的。
- 撰写 media queries 时使用 em 作为单位。使用 em 的好处在于在字体大小发生改变时你的布局也能轻松自适应。比如默认的字体大小是 16px 的情况下，320px 屏幕宽度的断点就应该是 20em（320÷16=20）。

12.2.6　UI 组件——表单元素

作为一个 UI 框架，UI 组件自然是最吸引眼球的部分。表单则是 UI 组件中最基础的部分。jQuery Mobile 对所有表单元素都进行了优化，典型的如图 12.10 所示。

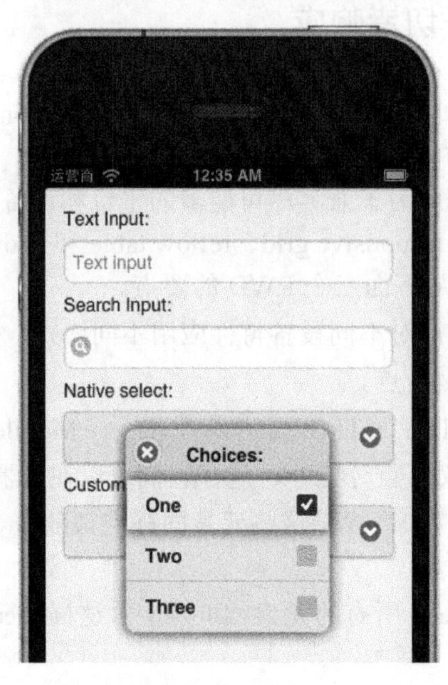

图 12.10　表单元素

完整代码如下：

```
<!DOCTYPE html>
<html>
  <head>
    <meta name="viewport" content="width=device-width, initial-scale=1">
    <link rel="stylesheet" href="../assets/jquery.mobile.css">
  </head>
  <body>
    <div id="home-page" data-role="page">
      <div data-role="content">
        <label for="textinput-2">Text Input:</label>
          <input    type="text"    name="textinput-2"    id="textinput-2"
placeholder="Text input" value="">
        <label for="search-2">Search Input:</label>
          <input type="search" name="search-2" id="search-2" value="">
        <label for="select-native-2">Native select:</label>
        <select name="select-native-2" id="select-native-2">
            <option value="small">One</option>
            <option value="medium">Two</option>
            <option value="large">Three</option>
        </select>
      <label for="select-multiple-2">Custom multiple select:</label>
      <select   multiple="multiple"   data-native-menu="false"   name="
select-multiple-2" id="select-multiple-2">
          <option value="">Choices:</option>
          <option value="small">One</option>
          <option value="medium">Two</option>
          <option value="large">Three</option>
      </select>
      </div>
    </div>
    <script src="../../jquery.js"></script>
    <script src="../assets/jquery.mobile.js"></script>
```

```
  </body>
</html>
```

可以看到在 jQuery Mobile 里面你可以使用最原始的表单元素，但 jQuery Mobile 会自动将它们渲染成适合移动设备的样子（通过增加标签和样式），然后将原始的表单隐藏掉，如图 12.11 所示。

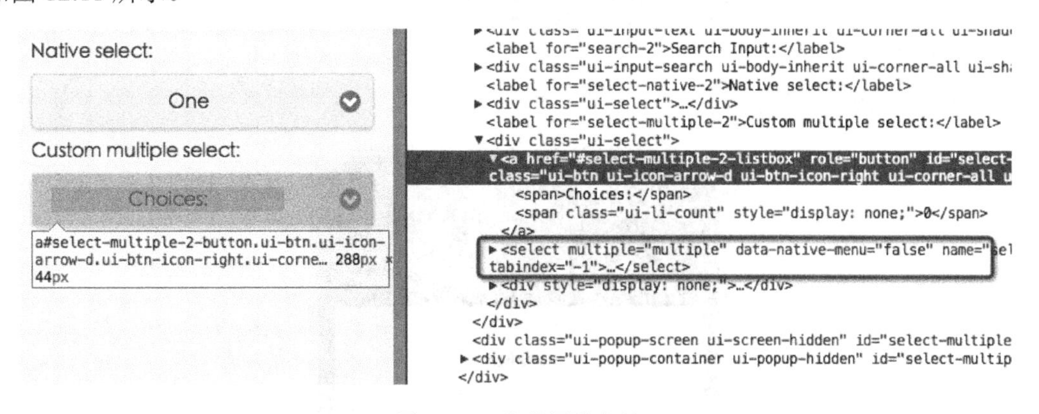

图 12.11　隐藏原始表单

jQuery Mobile 里几乎所有组件都是以这种方式进行渲染增强，并且会和隐藏的表单进行关联，如图 12.12 所示。

图 12.12　表单和组件元素关联

在 jQuery Mobile 构造表单要注意的一点是其 id 属性必须在整个应用中都保证唯一，这是因为 jQuery Mobile 的导航系统允许多个 page 存在同一个文档中，因此在任意时刻你都必须保证 DOM 中 form 的 id 都是唯一的。此外，你的表单项（比如文本域）最好都有相应的 label 元素（加上 for 属性）。

1. button

按钮无论在桌面还是移动甚至人类的日常生活中都是极其重要的交互元素，在 jQuery Mobile 中按钮是核心组件之一，它同时被广泛地用在其他各种组件当中。创建一个按钮非常简单，使用标准的表单元素或者 button 元素即可，如果你想把链接变成 button，指定其

data-role="button"即可：

```
<a href="#" data-role="button">Anchor</a>
<form>
  <button>Button</button>
  <input type="button" value="Input">
  <input type="submit" value="Submit">
  <input type="reset" value="Reset">
</form>
```

效果如图 12.13 所示。

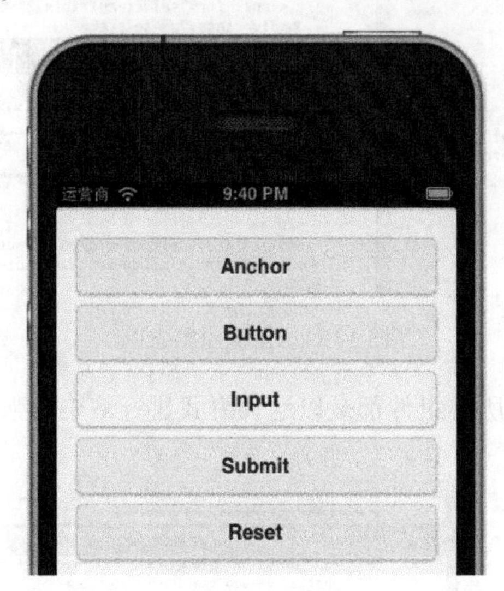

图 12.13　按钮

由于移动设备屏幕通常比较窄，因此 jQuery Mobile 在默认情况下将 button 视为 block 元素，其宽度充满父元素。如果你想要以 inline 方式显示 button，不需用单独写 CSS，只需要加上 data-inline="true"即可：

```
<p>
  <a href="#" data-role="button" data-inline="true">True</a>
  <a href="#" data-role="button" data-inline="true">False</a>
</p>
```

效果如图 12.14 所示。

图 12.14　inline button

jQuery Mobile 默认为一个主题提供五种调板，落实到按钮上就是五种不同颜色或样式：

```
<p>
  <a href="#" data-role="button" data-theme="a" data-inline="true">A</a>
  <a href="#" data-role="button" data-theme="b" data-inline="true">B</a>
  <a href="#" data-role="button" data-theme="c" data-inline="true">C</a>
  <a href="#" data-role="button" data-theme="d" data-inline="true">D</a>
  <a href="#" data-role="button" data-theme="e" data-inline="true">E</a>
</p>
```

效果如图 12.15 所示。

图 12.15　不同调板的按钮

此外还有小号的按钮：

```
<a href="#" data-role="button" data-inline="true">取消</a>
<a href="#" data-role="button" data-mini="true" data-inline="true" data-theme="b">确认</a>
```

效果如图 12.16 所示。

图 12.16　data-mini="true"

此外，所有的按钮都可以通过 data-icon 添加图标（来自免费版的 Glyphish），并通过

data-iconpos 设置图标的位置：

```
<a href="#" data-role="button" data-icon="arrow-l" data-iconpos="left"
data-inline="true">左</a>
<a href="#" data-role="button" data-icon="arrow-r" data-iconpos="right"
data-inline="true">右</a>
<a href="#" data-role="button" data-icon="arrow-u" data-iconpos="top"
data-inline="true">上</a>
<a href="#" data-role="button" data-icon="arrow-d" data-iconpos="bottom"
data-inline="true">下</a>
<a href="#" data-role="button" data-icon="delete" data-iconpos="notext"
data-inline="true">仅包含 icon</a>
<a href="#" data-role="button" data-mini="true" data-inline="true"
data-icon="check" data-theme="b">确认</a>
```

效果如图 12.17 所示。

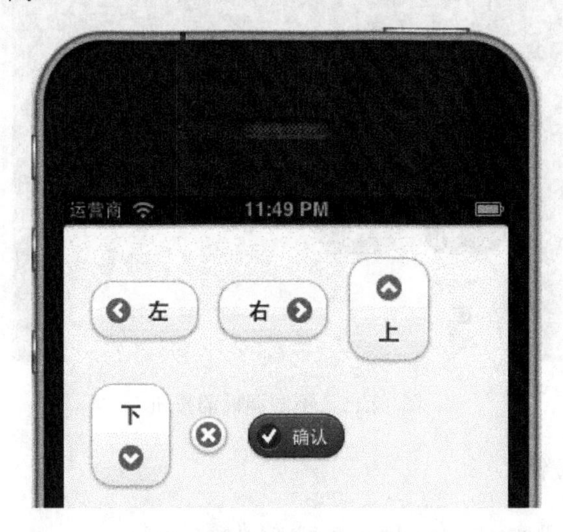

图 12.17　各种 icon 的按钮

jQuery Mobile 的 icon 可以用在许多组件里（比如 listview），而且由于 icon 本身是半透明的黑色，因此可以搭配各种主题。默认可以使用下面这些 icon，如图 12.18 所示。

bars	edit	arrow-l
arrow-r	arrow-u	arrow-d
delete	plus	minus
check	gear	refresh
forward	back	grid
star	alert	info
home	search	

图 12.18　默认 icon

如果自带的 icon 不能满足你的需求，你也可以定制 icon。定制的方法是在你自己的 CSS 里面定义一个以 ui-icon-为前缀的 class，并配合使用 data-icon 属性，jQuery Mobile 会为该按钮自动加上该 icon：

```
.ui-icon-myapp-email {
 background-image: url( "app-icon-email.png" );
}
/* 为 retina 屏幕准备的版本 */
@media only screen and (-webkit-min-device-pixel-ratio: 2) {
  .ui-icon-myapp-email {
   background-image: url( "app-icon-email@2x.png" );
   background-size: 18px 18px;
  }
}
```

使用时：

```
<a href="#" data-role="button" data-icon="myapp-email">确认</a>
```

对于多个功能类似或有关联的按钮，相较于随意排布而言成组排列显然是更好的方式，jQuery Mobile 支持垂直和水平两种按钮分组方案：

```
<div data-role="controlgroup">
  <a href="#" data-role="button">主页</a>
  <a href="#" data-role="button">发现</a>
  <a href="#" data-role="button">关于</a>
</div>
<div data-role="controlgroup" data-type="horizontal">
    <a href="#" data-role="button">Yes</a>
    <a href="#" data-role="button">No</a>
    <a href="#" data-role="button">Maybe</a>
</div>
```

效果如图 12.19 所示。

图 12.19　分组按钮

到目前为止我们还没写一行 js 代码就拥有了各种奇奇怪怪的按钮，不过除了在 HTML

里通过 data-属性控制 button 的形态或者行为外，在 js 里面也可以直接访问按钮组件，并且能更多地控制它。

.button 方法和 buttonMarkup 方法都可以用于设置任意元素为 button 实例（实际上像 div 这样的元素最好不要变成 button）：

```
$('selector').button()
$('selector').buttonMarkup()
```

buttonMarkup 其实是 button 的底层方法，要注意的是，使用这些方法将非表单按钮元素如链接变为按钮时，表单的的一些方法（enable、disable 和 refresh）是无法支持的。

此外通过 js 还可以设置所有前面提到的配置项：

```
$('selector').buttonMarkup({
  corners: false,        //圆角
  icon: 'star',
  iconpos: 'right',
  iconshadow: 'false',
  inline: true,
  mini: true,
  shadow: false,
  theme: 'a'
})
```

此外，jQuery Mobile 还允许你配置初始化该组件的选择器（默认选择器是 button、[type='button']、[type='submit']和[type='reset']）：

```
//必须在 mobileinit 事件中配置
$(document).on('mobileinit', function() {
  $.mobile.button.prototype.options.initSelector = '.myButton'
})
```

编程方式来禁用和启用按钮也不成问题：

```
$('#button-1').button('disable')
$('#button-1').button('enable')
```

如果你使用 js 修改了原始表单元素，你必须调用 refresh 方法更新样式：

```
$('#button-1').button('refresh')
```

注意：disable、enable 和 refresh 这三个方法几乎所有的表单组件都拥有。

如果你在按钮被渲染之后需要做什么事情，可以绑定元素的 buttoncreate 事件：

```
$('.selector').on('buttoncreate', function(event, ui){})
```

也可以通过选项传递一个回调进去：

```
$('.selector').buttonMarkup({
  create: function(event, ui) {}
})
```

2．Sliders

slider（滑块）实际上就是 HTML 5 中的 range input，用来输入某个范围内的数值，最基本的：

```
<label for="slider-1">Slider:</label>
<input type="range" name="slider-1" id="slider-1" min="0" max="100"
value="50">
```

效果如图 12.20 所示。

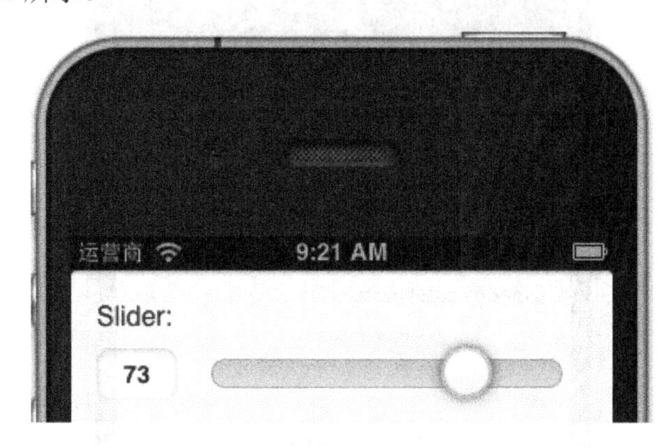

图 12.20　基本的 slider

此外，slider 还包含多种配置项，并和 button 一样也有 mini 版本，更换主题调板也不在话下：

```
<form>
  <label for="slider-1">Slider:</label>
  <input type="range" name="slider-1" id="slider-1" min="0" max="100"
value="50">
  <!-- step 属性也支持 -->
  <label for="slider-10">Slider:</label>
  <input type="range" name="slider-10" id="slider-10" min="0" max="10"
step=".1" value="5">
  <!-- data-highlight 可以高亮已选中的部分 -->
  <label for="slider-2">Slider (default is "false"):</label>
  <input type="range" name="slider-2" id="slider-2" data-highlight="true"
min="0" max="100" value="50">
  <!-- data-theme 表示滑块把手，data-track-theme 表示滑条 -->
  <label for="slider-3">Slider:</label>
  <input type="range" name="slider-3" id="slider-3" data-track-theme="d"
data-theme="b" min="0" max="100" value="50">
  <!-- 小巧版本 -->
  <label for="slider-4">Slider:</label>
  <input type="range" name="slider-4" id="slider-4" data-mini="true"
min="0" max="100" value="50">
  <!-- 禁用滑块 -->
  <label for="slider-5">Slider:</label>
  <input type="range" name="slider-5" id="slider-5" disabled="disabled"
min="0" max="100" value="50">
</form>
```

效果如图 12.21 所示。

图 12.21　各种 slider

3．range slider

一句话形容，range slider 就是两个把手的 slider，其代码稍稍比 slider 复杂那么一点：

```
<div data-role="rangeslider">
  <label for="range-1a">Rangeslider:</label>
  <input  type="range"  name="range-1a"  id="range-1a"  min="0"  max="100"
value="40">
  <input  type="range"  name="range-1b"  id="range-1b"  min="0"  max="100"
value="80">
</div>
```

效果如图 12.22 所示。

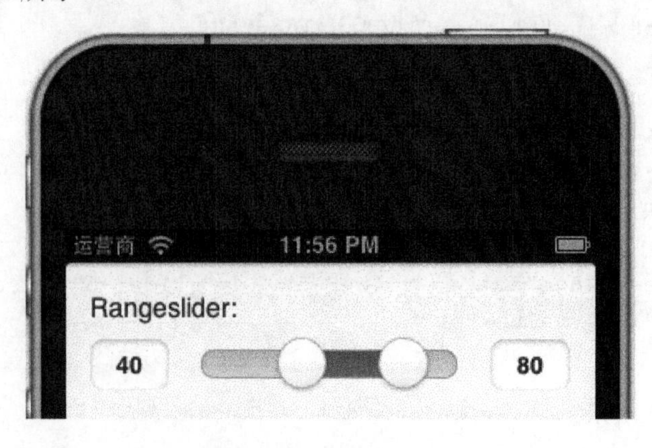

图 12.22　双把手 slider

range slider 同样支持 slider 的各种配置项：

```
<form>
  <div data-role="rangeslider">
    <label for="range-1a">Rangeslider:</label>
    <input type="range" name="range-1a" id="range-1a" min="0" max="100"
value="40">
    <input type="range" name="range-1b" id="range-1b" min="0" max="100"
value="80">
  </div>

  <div data-role="rangeslider">
    <label for="range-10a">Rangeslider:</label>
    <input type="range" name="range-10a" id="range-10a" min="0" max="10"
step=".1" value="2.6">
    <label for="range-10b">Rangeslider:</label>
    <input type="range" name="range-10b" id="range-10b" min="0" max="10"
step=".1" value="5.4">
  </div>

  <div data-role="rangeslider" data-highlight="false">
    <label for="range-2a">Rangeslider (default is "true"):</label>
    <input type="range" name="range-2a" id="range-2a" min="0" max="100"
value="20">
    <label for="range-2b">Rangeslider:</label>
    <input type="range" name="range-2b" id="range-2b" min="0" max="100"
value="80">
  </div>

  <div data-role="rangeslider" data-highlight="false">
    <label for="range-2a">Rangeslider (default is "true"):</label>
    <input type="range" name="range-2a" id="range-2a" min="0" max="100"
value="20">
    <label for="range-2b">Rangeslider:</label>
    <input type="range" name="range-2b" id="range-2b" min="0" max="100"
value="80">
  </div>

  <div data-role="rangeslider" data-mini="true">
    <label for="range-4a">Rangeslider:</label>
    <input type="range" name="range-4a" id="range-4a" min="0" max="100"
value="0">
    <label for="range-4b">Rangeslider:</label>
    <input type="range" name="range-4b" id="range-4b" min="0" max="100"
value="100">
  </div>

  <div data-role="rangeslider">
    <label for="range-5a">Rangeslider:</label>
    <input type="range" name="range-5a" id="range-5a" disabled="disabled"
min="0" max="100" value="0">
    <label for="range-5b">Rangeslider:</label>
    <input type="range" name="range-5b" id="range-5b" disabled="disabled"
min="0" max="100" value="100">
  </div>
</form>
```

效果如图 12.23 所示。

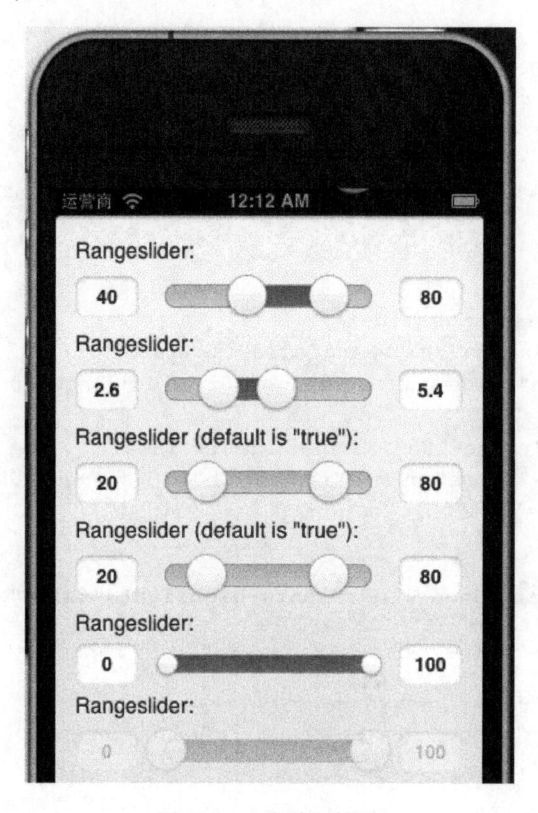

图 12.23　各种双把手

此外，只要是表单元素都可以放置到 data-role="fieldcontain"的容器当中去，以对多个表单在逻辑上进行分组（在较宽屏幕上样式上会和没有分组有一些区别）：

```
<div data-role="fieldcontain">
  <label for="slider-7">Slider:</label>
  <input type="range" name="slider-7" id="slider-7" min="0" max="100"
value="50">
</div>
```

slider 组件也有自己的实例化方法 slider()，同样可以传递各种配置选项和调用 enable 等方法：

```
var slider = $('.selector').slider({
  disabled: true,
  highlight: true,
  mini: true,
  theme: 'b',
  trackTheme: 'a'
})
slider.slider('enable')
```

类似的 slider 也有自己的 slidecreate 事件：

```
$('.selector').slider({
  create: function (event, ui) {}
})
$('.selector').on('slidecreate', function(event, ui) {})
```

另外，slider 在用户开始交互时（轻触或者拖曳时）还会触发 slidestart 事件：

```
$('.selector').slider({
  start: function(event, ui) {}
})
$('.selector').on('slidestart', function(event, ui) {})
```

既然有 start，自然也少不了 stop 事件——在拖曳或轻触结束时触发。

4. Flip switch

Flip switch 从本质上来说是一种 select 元素，不过它只能选择两种值，这种控件在移动端很常用，通常用来配置选项的开/关状态：

```
<label for="flip-1">Flip switch:</label>
<select name="flip-1" id="flip-1" data-role="slider">
  <option value="off">Off</option>
  <option value="on">On</option>
</select>
```

效果如图 12.24 所示。

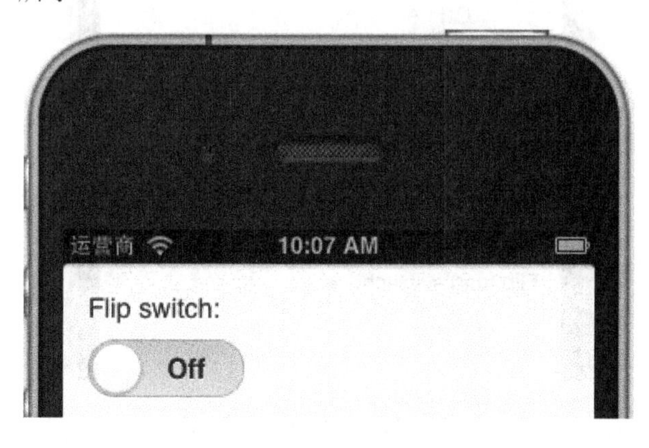

图 12.24　Flip switch

乱七八糟的配置依然支持：

```
<form>
  <label for="flip-1">Flip switch:</label>
  <select name="flip-1" id="flip-1" data-role="slider">
    <option value="off">Off</option>
    <option value="on">On</option>
  </select>

  <label for="flip-2">Flip toggle switch:</label>
  <select  name="flip-2"  id="flip-2"  data-role="slider"  data-track-
theme="a" data-theme="a">
      <option value="off">Off</option>
      <option value="on">On</option>
  </select>

  <label for="flip-3">Flip toggle switch:</label>
  <select name="flip-3" id="flip-3" data-role="slider" data-mini="true">
      <option value="off">Off</option>
      <option value="on">On</option>
  </select>
```

```
  <label for="flip-4">Flip toggle switch:</label>
  <select  name="flip-4"  id="flip-4"  data-role="slider"  disabled=
"disabled">
      <option value="off">Off</option>
      <option value="on">On</option>
  </select>
</form>
```

效果如图 12.25 所示。

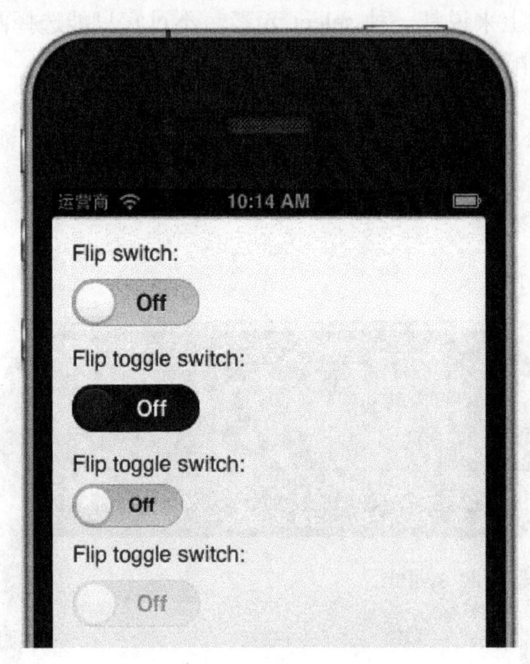

图 12.25　各种 Flip switch

虽然从标签上来说 Flip switch 使用的是 select 标签，但是在 jQuery Mobile 内部使用 slider 插件（data-role="slider"）来初始化实例，因此你可以使用.slider 方法来获取实例：

```
$('#select-1').slider()
```

当然，前面提到的 slider 支持的方法也是都支持的。

5．checkbox & radio

checkbox 是有点类似于普通按钮旁边增加了一个勾项框，一些例子：

```
<form>
  <label for="checkbox-0">Check me </label>
  <input type="checkbox" id="checkbox-0" name="checkbox-0">

  <label for="checkbox-mini-0">I agree</label>
  <input type="checkbox" name="checkbox-mini-0" id="checkbox-mini-0" class
="custom" data-mini="true">
```

```
  <!-- 成组的 checkbox -->
  <fieldset data-role="controlgroup">
      <legend>Vertical:</legend>
      <input type="checkbox" name="checkbox-v-2a" id="checkbox-v-2a">
      <label for="checkbox-v-2a">One</label>
      <input type="checkbox" name="checkbox-v-2b" id="checkbox-v-2b">
      <label for="checkbox-v-2b">Two</label>
      <input type="checkbox" name="checkbox-v-2c" id="checkbox-v-2c">
      <label for="checkbox-v-2c">Three</label>
  </fieldset>

  <!-- 勾选 icon 可以放在右边 -->
  <fieldset data-role="controlgroup" data-iconpos="right" >
      <legend>Icon in right & mini:</legend>
      <input type="checkbox" name="checkbox-h-6a" id="checkbox-h-6a" data-
mini="true">
      <label for="checkbox-h-6a">One</label>
      <input type="checkbox" name="checkbox-h-6b" id="checkbox-h-6b" data-
mini="true">
      <label for="checkbox-h-6b">Two</label>
      <input type="checkbox" name="checkbox-h-6c" id="checkbox-h-6c" data
-mini="true">
      <label for="checkbox-h-6c">Three</label>
  </fieldset>

  <!-- 水平成组的 checkbox 的行为更像"不会弹起来的按钮" -->
  <fieldset data-role="controlgroup" data-type="horizontal">
      <legend>Horizontal:</legend>
      <input type="checkbox" name="checkbox-h-2a" id="checkbox-h-2a">
      <label for="checkbox-h-2a">One</label>
      <input type="checkbox" name="checkbox-h-2b" id="checkbox-h-2b">
      <label for="checkbox-h-2b">Two</label>
      <input type="checkbox" name="checkbox-h-2c" id="checkbox-h-2c">
      <label for="checkbox-h-2c">Three</label>
  </fieldset>

  <fieldset data-role="controlgroup">
      <legend>Swatch A:</legend>
      <input type="checkbox" name="checkbox-t-2a" id="checkbox-t-2a" data-
theme="a">
      <label for="checkbox-t-2a">One</label>
      <input type="checkbox" name="checkbox-t-2b" id="checkbox-t-2b" data-
theme="b">
      <label for="checkbox-t-2b">Two</label>
      <input type="checkbox" name="checkbox-t-2c" id="checkbox-t-2c" data-
theme="c">
      <label for="checkbox-t-2c">Three</label>
  </fieldset>
</form>
```

效果如图 12.26 所示。

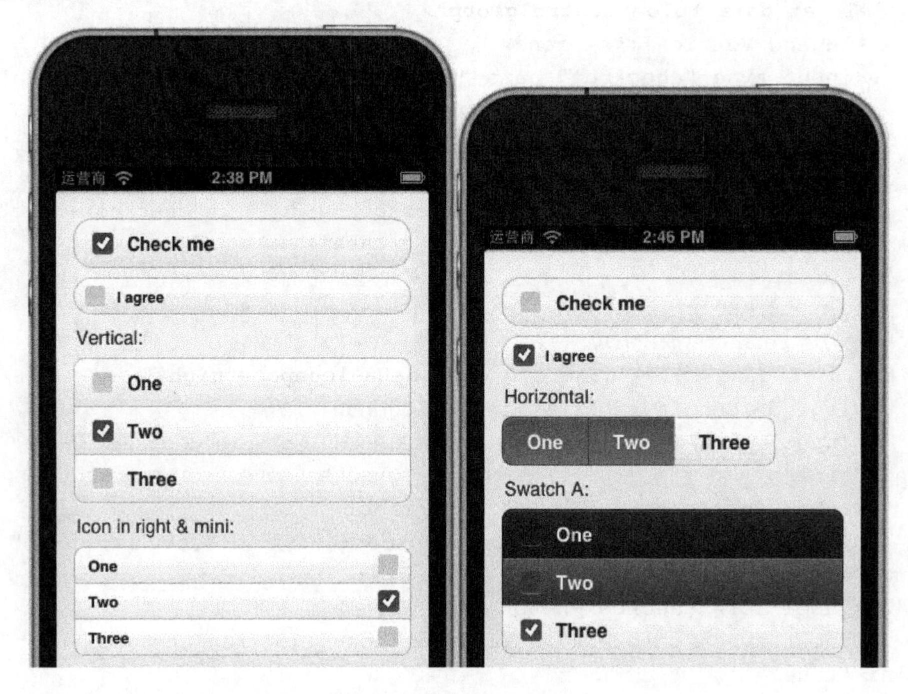

图 12.26　各种 checkbox

checkbox 极其相似的是 radio button，用法和 checkbox 几乎一样：

```
<form>
  <label>
     <input type="radio" name="radio-choice-0" id="radio-choice-0a">One
  </label>
  <label for="radio-choice-0b">Two</label>
  <input type="radio" name="radio-choice-0" id="radio-choice-0b" class=
"custom">

  <!-- 虽然 radio button 也可以分离展示，但成组的 radio 更容易让用户理解界面的设计意
图 -->
  <fieldset data-role="controlgroup">
    <legend>Vertical:</legend>
    <input type="radio" name="radio-choice-v-2" id="radio-choice-v-2a"
value="1" checked="checked">
    <label for="radio-choice-v-2a">One</label>
    <input type="radio" name="radio-choice-v-2" id="radio-choice-v-2b"
value="2">
    <label for="radio-choice-v-2b">Two</label>
    <input type="radio" name="radio-choice-v-2" id="radio-choice-v-2c"
value="3">
    <label for="radio-choice-v-2c">Three</label>
  </fieldset>

  <fieldset data-role="controlgroup" data-type="horizontal" data-mini=
"true">
    <legend>Horizontal:</legend>
    <input type="radio" name="radio-choice-h-2" id="radio-choice-h-2a"
value="1" checked="checked">
    <label for="radio-choice-h-2a">One</label>
    <input type="radio" name="radio-choice-h-2" id="radio-choice-h-2b"
```

```
value="2">
    <label for="radio-choice-h-2b">Two</label>
    <input type="radio" name="radio-choice-h-2" id="radio-choice-h-2c"
value="3">
    <label for="radio-choice-h-2c">Three</label>
  </fieldset>

  <fieldset data-role="controlgroup" data-type="horizontal" data-iconpos
="right" data-mini="true">
    <legend>Horizontal:</legend>
    <input type="radio" data-theme="e" name="radio-choice-h-3" id="radio-
choice-h-2a" value="1" checked="checked">
    <label for="radio-choice-h-2a">One</label>
    <input type="radio" data-theme="e" name="radio-choice-h-3" id="radio
-choice-h-2b" value="2">
    <label for="radio-choice-h-2b">Two</label>
    <input type="radio" data-theme="e" name="radio-choice-h-3" id="radio-
choice-h-2c" value="3">
    <label for="radio-choice-h-2c">Three</label>
  </fieldset>
</form>
```

效果如图 12.27 所示。

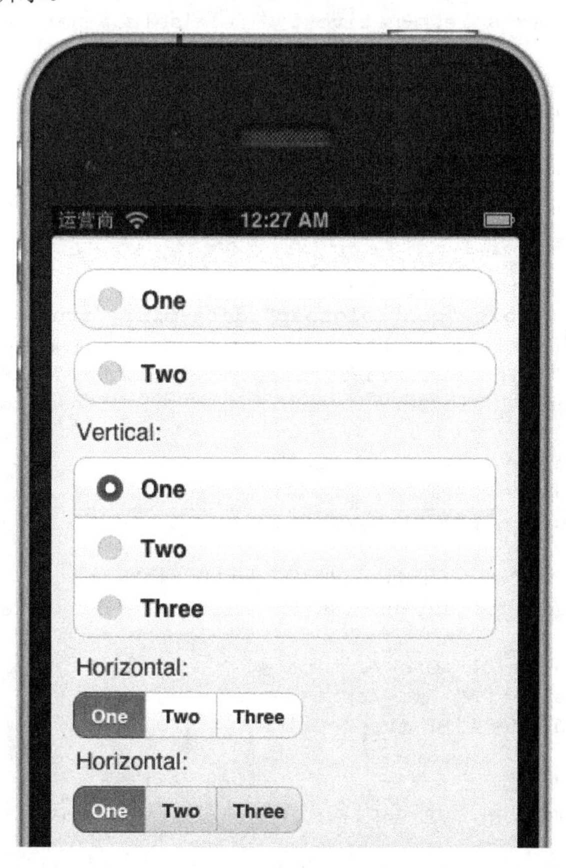

图 12.27　各种 radio

由于 checkbox 和 radio 如此相似，jQueryMobile 中也没有为这两者提供各自独立的插件方法，而是直接用 checkboxradio 进行访问：

```
$('.selector').checkboxradio('disable')
```

6．select

select 元素在 jQuery Mobile 中没有太大变化，依然保持原生的 select 元素的行为，只是选择按钮被改成 jQuery Mobile 中常见的按钮（外加下箭头的图标）：

```
<form>
  <div data-role="fieldcontain">
    <label for="select-native-1">Basic:</label>
    <select name="select-native-1" id="select-native-1">
      <option value="1">The 1st Option</option>
      <option value="2">The 2nd Option</option>
      <option value="3">The 3rd Option</option>
      <option value="4">The 4th Option</option>
    </select>
  </div>

  <!-- select 默认 icon 是在右边 -->
  <div data-role="fieldcontain">
    <label for="select-native-3">Icon left:</label>
    <select  name="select-native-3"  id="select-native-3"  data-iconpos
="left">
      <option value="1">The 1st Option</option>
      <option value="2">The 2nd Option</option>
      <option value="3">The 3rd Option</option>
      <option value="4">The 4th Option</option>
    </select>
  </div>

  <!-- controlgroup 依然支持 -->
  <fieldset data-role="controlgroup" data-mini="true">
    <legend>Vertical controlgroup, icon left, mini sized:</legend>
    <label for="select-native-8">Select A</label>
    <select  name="select-native-8"  id="select-native-8"  data-iconpos
="left">
      <option value="#">One</option>
      <option value="#">Two</option>
      <option value="#">Three</option>
    </select>
    <label for="select-native-9">Select B</label>
    <select  name="select-native-9"  id="select-native-9"  data-iconpos
="left">
      <option value="#">One</option>
      <option value="#">Two</option>
      <option value="#">Three</option>
    </select>
    <label for="select-native-10">Select C</label>
    <select  name="select-native-10"  id="select-native-10"  data-iconpos
="left">
      <option value="#">One</option>
      <option value="#">Two</option>
      <option value="#">Three</option>
    </select>
  </fieldset>
```

```
  <fieldset data-role="controlgroup" data-type="horizontal">
    <legend>Horizontal controlgroup:</legend>
    <label for="select-native-11">Select A</label>
    <select name="select-native-11" id="select-native-11">
      <option value="#">1</option>
      <option value="#">2</option>
      <option value="#">3</option>
    </select>
    <label for="select-native-12">Select B</label>
    <select name="select-native-12" id="select-native-12">
      <option value="#">1</option>
      <option value="#">2</option>
      <option value="#">3</option>
    </select>
    <label for="select-native-13">Select C</label>
    <select name="select-native-13" id="select-native-13">
      <option value="#">1</option>
      <option value="#">2</option>
      <option value="#">3</option>
    </select>
  </fieldset>
</form>
```

效果如图 12.28 所示。

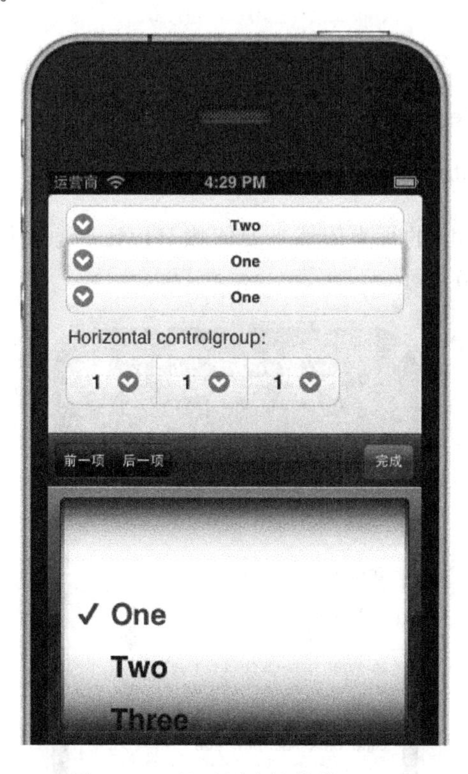

图 12.28　基于原生控件的 select

如果你设置了 data-native-menu="false"属性，将会启用 jQuery Mobile 的自定义控件，从实现上来说是在对话框中加上 button 或者 checkbox 的效果，如图 12.29 所示。

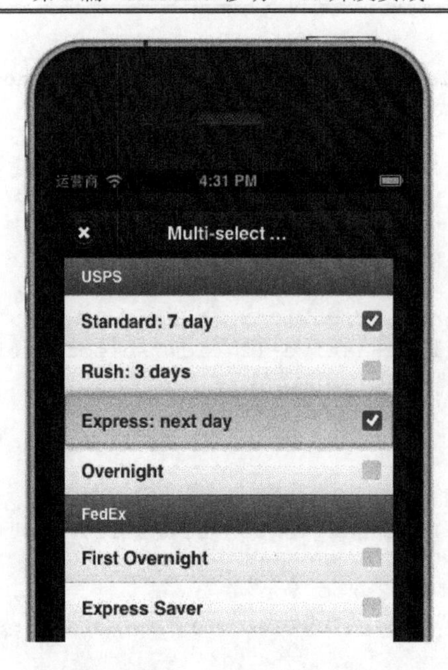

图 12.29　非原生的 select

因为 select 具有“弹出”菜单的功能，所以其 API 方面多了两个接口：

```
//打开菜单
$('.selector').selectmenu('open')
//关闭菜单
$('.selector').selectmenu('close')
```

7. Text inputs & Textareas

文本域在 jQuery Mobile 的行为依然主要依赖 HTML 5 原生控件的行为，只不过改了改样式，具体效果如图 12.30 所示。

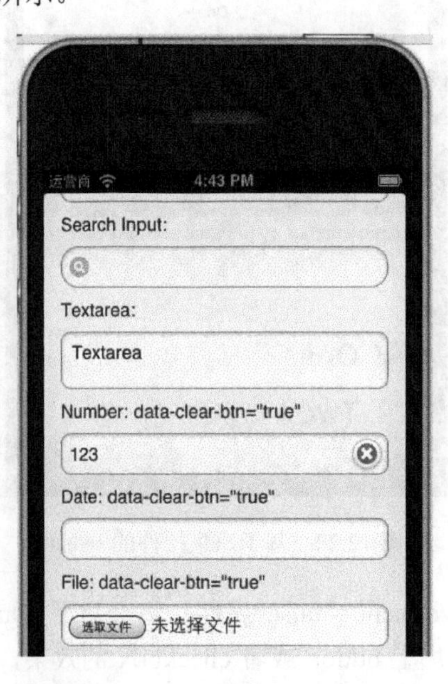

图 12.30　各种文本域

所有的文本域都通过 textinput 访问：

```
$('selector').textinput({clearBtn: true})
```

默认情况下，jQuery Mobile 会自动寻找页面上所有的表单元素，并调用相应的插件方法（比如.selectmenu）来初始化这些组件，这种特性使得懂得 HTML 的设计师或工程师能很快给出程序原型，但同时意味着你将无法直接利用 DOM API 操作这些表单元素：

```
$('input[type="checkbox"]).prop('checked', true)
```

上面这句话虽然将 checkbox 选中了，但是对于用户而言是察觉不到的——因为真正的 checkbox 元素被隐藏了。jQuery Mobile 给出的解决方法是调用插件的 refresh 方法：

```
$('input[type="checkbox"]').prop('checked', true).checkboxradio
 ("refresh")
```

这个方法对于所有表单组件都是可用的：

```
$('input[type="radio"]').prop('checked', true).checkboxradio('refresh')
var myselect = $('#select-1')
myselect[0].selectedIndex = 3
myselect.selectmenu('refresh')
$('input[type="range"]').val(60).slider('refresh')
var flipswitch = $('#selectbar')
flipswitch[0].selectedIndex = 1
flipswitch.slider('refresh')
```

如果你想阻止表单的自动初始化，可以设置 keepNative 选项：

```
$(document).bind('mobileinit', function() {
  //keepNative 是一个选择器，表示需要保持原生状态的元素是什么
  $.mobile.page.prototype.options.keepNative = 'select, input.foo,
textarea.bar'
})
```

除此之外你也可以设置 data-enhance="false"属性来达到同样的效果。

另外从前面的例子你也能看到，几乎所有的表单元素都可以放到 data-role="fieldcontain"的容器里，在容器里 label 和 input 元素会并排靠在一起，在屏幕宽度小于 448px 时则会变成 block 元素，并且容器最下方会有一条分割线，如图 12.31 所示。

图 12.31　fieldcontain 的分割线

12.2.7　UI 组件——Header & Footer

toolbar 是移动设备上常见的设计元素，header 和 footer 都可以充当 toolbar 的角色，一个固定位置的 header 可以这样定义：

```
<div data-role="header" data-position="fixed">
  <h1>Page Title</h1>
</div>
```

当然 footer 也不能少：

```
<div data-role="footer" data-position="fixed">
  <h1>Fixed Footer!</h1>
</div>
```

效果如图 12.32 所示。

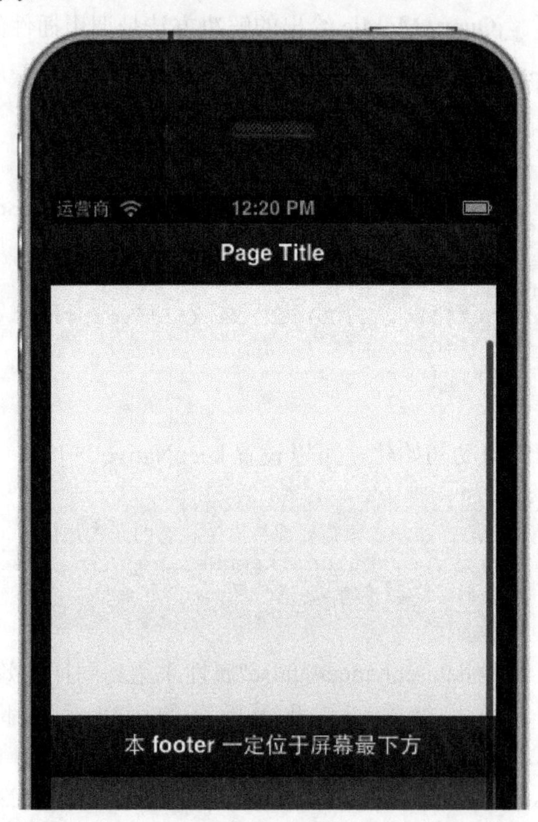

图 12.32　fixed toolbar

对于 fixed 的 toolbar，如果你单击屏幕的其他区域，toolbar 会自动隐藏（如果内容高度可以填充整个屏幕的话）。如果你为 toolbar 设置了 data-fullscreen="true"属性，那么内容高度即使没有超过屏幕高度情况下，你也可以通过单击屏幕来隐藏 toolbar。

toolbar 里面可以填充各种奇怪的东西，最常见的自然是按钮，toolbar 里的按钮会自动变成 inline 形式，并且位置也会自动调整（一左一右）：

```
<div data-role="header">
  <a href="#" data-icon="delete">取消</a>
  <h1>我的文档</h1>
  <a href="#" data-icon="check">保存</a>
</div>
```

效果如图 12.33 所示。

图 12.33　带按钮的 toolbar

jQuery Mobile 有一项功能是自动为 header 栏加上“返回”按钮，在早期版本的 jQuery Mobile 中这项功能是默认开启的，这项功能本身是借鉴于 iOS 的设计，由于它会导致很多不必要的麻烦，现在的版本中默认已经被禁用了，因此建议大家不要使用这个功能，而是在需要导航的时候自行提供返回。

footer 中也可以添加按钮之类的元素，不过其内的元素的行为和 header 有些许不一样。首先是 header 中必须包含一个 title（heading 元素），即便是没有 title，你也必须提供一个 class 为 ui-title 的 span 元素，才能保证 header 的正常显示：

```
<div data-role="header">
  <a href="#" data-icon="gear" class="ui-btn-right">Options</a>
  <span class="ui-title"></span>
</div>
```

而 footer 则没有此限制，而且其内的按钮等元素不会自动调整位置，而是按顺序排布：

```
<div data-role="footer">
  <a href="#" data-icon="plus">Add</a>
  <a href="#" data-icon="arrow-u">Up</a>
  <a href="#" data-icon="arrow-d">Down</a>
</div>
```

另外，在许多情况下你可能都希望 header 或 footer 是起全局导航的作用——这意味着即使 page 切换了 toolbar 依旧岿然不动，想做到这个需要引入 navbar 的支持。

1．navbar

navbar 是配合 header 和 footer 进行导航作用的额外的导航栏：

```
<div data-role="navbar">
  <ul>
    <li><a href="#" class="ui-btn-active">One</a></li>
    <li><a href="#">Two</a></li>
    <li><a href="#">Three</a></li>
  </ul>
</div>
```

效果如图 12.34 所示。

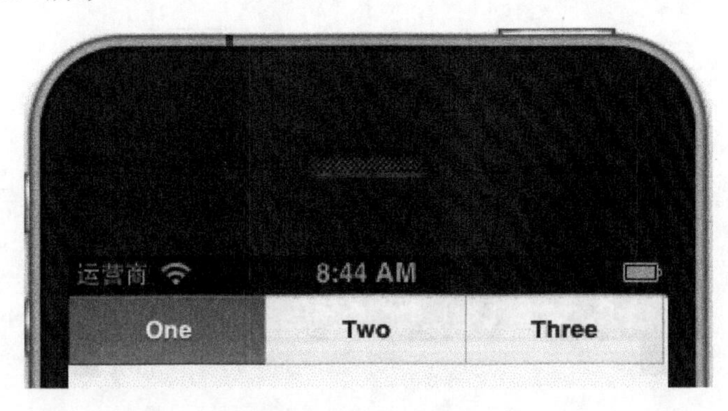

图 12.34　navbar

navbar 中的链接会自动转换成按钮，且一排支持最多五个导航按钮，超过五个导航按钮会自动折行并按每行两个排布：

```
<div data-role="navbar">
  <ul>
    <li><a href="#" class="ui-btn-active">One</a></li>
    <li><a href="#">Two</a></li>
  </ul>
</div>
<div data-role="navbar">
  <ul>
    <li><a href="#" class="ui-btn-active">One</a></li>
    <li><a href="#">Two</a></li>
    <li><a href="#">Three</a></li>
  </ul>
</div>

<div data-role="navbar" data-grid="d">
  <ul>
    <li><a href="#" class="ui-btn-active">One</a></li>
    <li><a href="#">Two</a></li>
    <li><a href="#">Three</a></li>
    <li><a href="#">Four</a></li>
    <li><a href="#">Five</a></li>
  </ul>
</div>

<div data-role="navbar">
  <ul>
    <li><a href="#" class="ui-btn-active">One</a></li>
    <li><a href="#">Two</a></li>
    <li><a href="#">Three</a></li>
    <li><a href="#">Four</a></li>
    <li><a href="#">Five</a></li>
    <li><a href="#">Six</a></li>
    <li><a href="#">Seven</a></li>
  </ul>
```

```
</div>
```

效果如图 12.35 所示。

图 12.35　各种 navbar

navbar 也可以配合 header 和 footer 一起使用：

```
<div data-role="header">
  <h1>I'm a header</h1>
  <a href="#" data-icon="gear" class="ui-btn-right">Options</a>
  <div data-role="navbar">
    <ul>
      <li><a href="#">One</a></li>
      <li><a href="#">Two</a></li>
      <li><a href="#">Three</a></li>
    </ul>
  </div>
</div>

<div data-role="footer">
  <h4 style="text-align:center;">I'm the footer</h4>
  <div data-role="navbar">
    <ul>
      <li><a href="#">One</a></li>
      <li><a href="#">Two</a></li>
      <li><a href="#">Three</a></li>
    </ul>
  </div>
</div>
```

效果如图 12.36 所示。

图 12.36　toolbar 中的 navbar

2．Persistent navbar

Persistent navbar 允许你在导航页面时 navbar 不消失——类似 iOS 中的 tab bar。要获得此行为需要为 footer（或 header）加上 data-id：

```
<div data-role="footer" data-id="foo1" data-position="fixed">
  <div data-role="navbar">
    <ul>
      <li><a href="toolbar6.html" class="ui-btn-active ui-state-persist">
Home</a></li>
      <li><a href="a.html">Info</a></li>
      <li><a href="b.html">Friends</a></li>
      <li><a href="c.html">Emails</a></li>
    </ul>
  </div>
</div>
```

所链接的页面需要和首页保持同样的结构，如 b.html 可能类似于：

```
<body>
  <div id="home-page" data-role="page">
    <div data-role="content">
      Friends
    </div>
    <div data-role="footer" data-id="foo1" data-position="fixed">
      <div data-role="navbar">
        <ul>
          <li><a href="toolbar6.html">Home</a></li>
          <li><a href="a.html">Info</a></li>
          <li><a  href="b.html"  class="ui-btn-active  ui-state-persist"
data-transition="slide">Friends</a></li>
          <li><a href="c.html">Emails</a></li>
        </ul>
      </div>
```

```
  </div>
</div>
```

最后效果（iOS 7 上的 Safari）如图 12.37 所示。

图 12.37　fixed footer

12.2.8　UI 组件——ListView

ListView 的样子最初来源于 iOS，在移动应用中它有着举重若轻的地位，绝大部分移动应用都离不开它。ListView 在 jQueryMobile 中就是列表（ol 和 ul），先来看一个基本的代码：

```
<div data-role="content">
  <ul data-role="listview">
    <li>Acura</li>
    <li>Audi</li>
    <li>BMW</li>
  </ul>
  <!-- 默认情况下 listview 会充满屏幕，这意味着在 content 里的 listview 会有 -15px
的边距 -->
  <br><br><br>

  <ol data-role="listview">
    <li>BMW</li>
    <li>Cadillac</li>
    <li>Ferrari</li>
  </ol>

</div>
```

效果如图 12.38 所示。

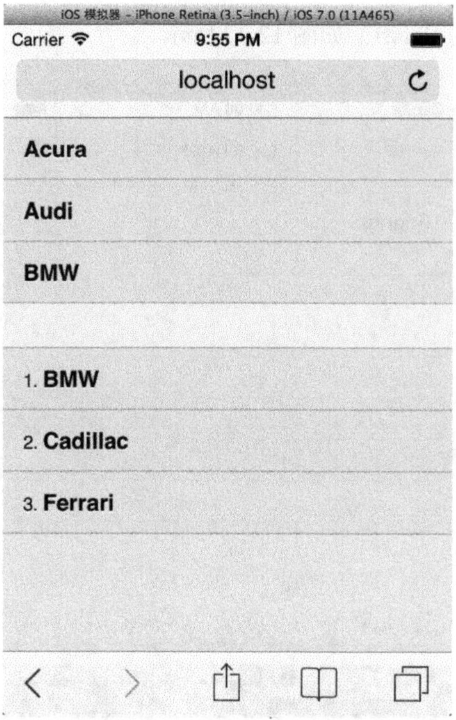

图 12.38　基本的 ListView

ListView 有个重要特性是会自动将 li 里的链接变为可单击的按钮，并且加上 icon：

```
<ul data-role="listview">
  <li><a href="#">Acura</a></li>
  <li><a href="#">Audi</a></li>
  <li><a href="#">BMW</a></li>
</ul>
```

效果如图 12.39 所示。

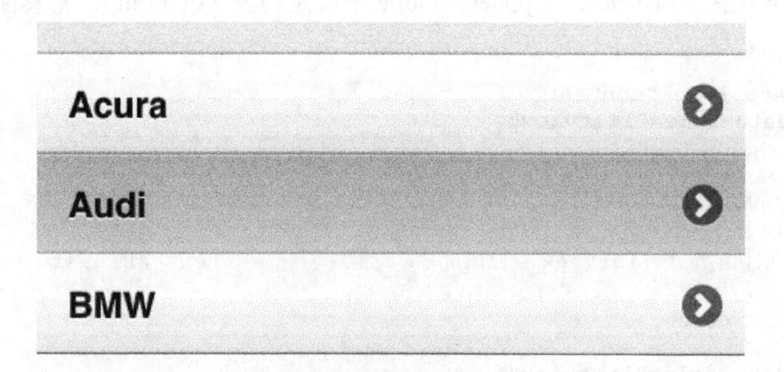

图 12.39　带链接的 ListView

如果加上 data-inset="true"，ListView 会去除负边距正常显示在页面中，并且拥有圆角，如图 12.40 所示。

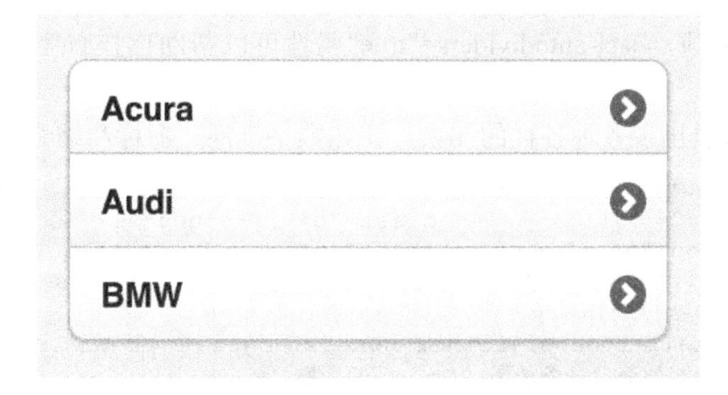

图 12.40　data-inset="true"的 ListView

除了基本的样式，jQueryMobile 为 ListView 增加了许多强大的功能，比如 data-filter="true"属性可以为 ListView 增加过滤功能：

```
<ul data-role="listview" data-inset="true"
 data-filter="true" data-filter-placeholder="Search fruits...">
```

效果如图 12.41 所示。

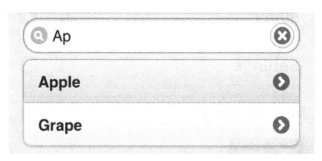

图 12.41　带 filter 的 ListView

在额外设置 data-filter-reveal="true"属性时会默认隐藏列表全部条目，仅在键入关键词时显示满足过滤条件的条目。

如果你需要对列表在视觉上进行分类，可以使用 data-role="list-divider"的 li 元素，同时可以设置其 data-divider-theme 改变分隔符的样式，如图 12.42 所示。

图 12.42　带分隔符的 ListView

如果你还嫌麻烦，data-autodividers="true"属性可以帮助你按首字母排序来分类列表元素。

ListView 里可以出现各种各样的元素，比如数字气泡、图标和缩略图等等：

```
<ul data-role="listview" data-count-theme="c" data-inset="true">
  <li><a href="#">Inbox <span class="ui-li-count">12</span></a></li>
  <li data-icon="gear"><a href="#">Settings</a></li>
  <!-- 加上 ui-li-icon 的图片会自动应用 16×16 的图标样式 -->
  <li><a href="#"><img src="../assets/us.png" alt="United States"
     class="ui-li-icon ui-corner-none">Language</a></li>
  <!-- 列表中的图像会自动缩放为 80×80 的规格 -->
  <li><a href="#">
    <img src="../assets/album-bb.jpg">
    <h2>Broken Bells</h2>
    <p>Broken Bells</p></a>
  </li>
</ul>
```

效果如图 12.43 所示。

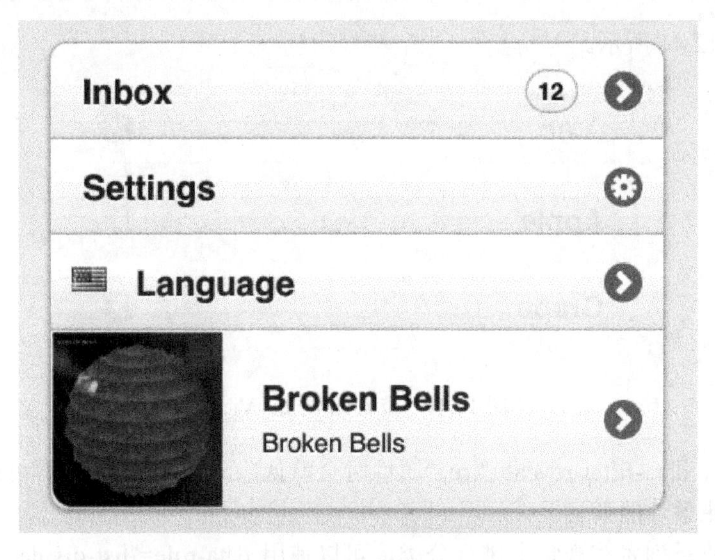

图 12.43　丰富多彩的 ListView

富文本和主题化也是小菜一碟：

```
<ul data-role="listview" data-inset="true">
  <li data-role="list-divider">Friday, October 8, 2010 <span class="ui-li
-count">2</span></li>
  <li><a href="index.html">
    <h2>Stephen Weber</h2>
    <p><strong>You've been invited to a meeting at Filament Group in Boston,
MA</strong></p>
    <p>Hey Stephen, if you're available at 10am tomorrow, we've got a meeting
with the jQuery team.</p>
    <!-- ui-li-aside 是个很有用的 class -->
    <p class="ui-li-aside"><strong>6:24</strong>PM</p>
  </a></li>
  <li data-theme="e"><a href="index.html">
    <h2>jQuery Team</h2>
    <p><strong>Boston Conference Planning</strong></p>
```

```
    <p>In preparation for the upcoming conference in Boston, we need to start
gathering a list of sponsors and speakers.</p>
    <p class="ui-li-aside"><strong>9:18</strong>AM</p>
  </a></li>
  <li data-role="list-divider">Thursday, October 7, 2010 <span class="ui
-li-count">1</span></li>
  <!-- 如果有 li 元素里有两个 a 元素，jQueryMobile 会将两个按钮自动分开（split
button） -->
  <li><a href="index.html">
    <h2>Avery Walker</h2>
    <p><strong>Re: Dinner Tonight</strong></p>
    <p>Sure, let's plan on meeting at Highland Kitchen at 8:00 tonight. Can't
wait! </p>
    <p class="ui-li-aside"><strong>4:48</strong>PM</p>
    </a>
    <a href="#">Purchase album</a>
  </li>
</ul>
```

效果如图 12.44 所示。

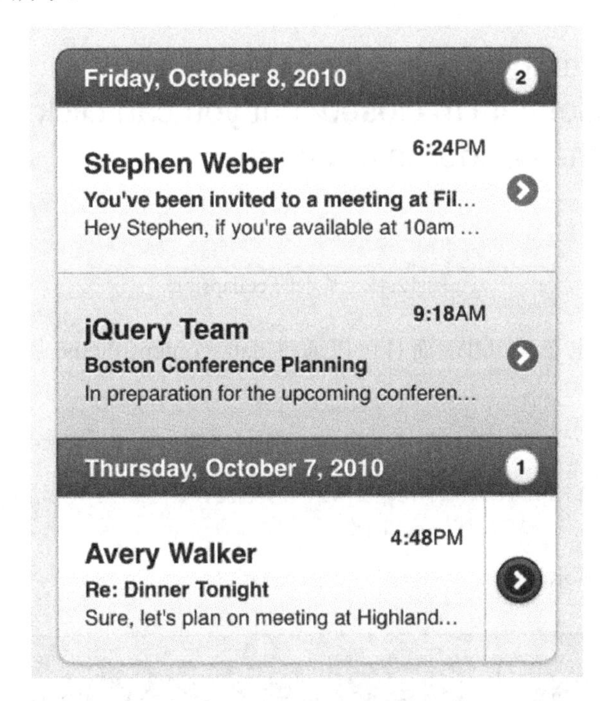

图 12.44　带丰富格式的 ListView

甚至向 ListView 里添加表单元素也不是难事，这里就不过多介绍了。

有了 ToolBar 和 ListView 的移动应用已经是像模像样了，下面将介绍一些有辅助作用的 UI 组件。

12.2.9　UI 组件——Collapsibles 和 Accordions

Collapsible 和 Accordion 是桌面应用和移动应用中都很常见的两类 UI 控件，在 jQueryMobile 中自然少不了它们的身影。

Collapsible 会创建可单击的标题区域以及一个可以折叠的面板区域，之所以 Collapsible 在移动应用中大受推崇主要是因为它能为你的内容节省许多屏幕空间。

创建一个 collapsible 非常简单：

```
<div data-role="collapsible">
  <!-- 可单击的标题区域 -->
  <h4>Heading which clickable</h4>
  <p>I'm the collapsible content. By default I'm closed, but you can click the header to open me.</p>
</div>
```

此时 h4 标签会变成一个按钮，并且被附加上表示“可展开”的图标，如图 12.45 所示。

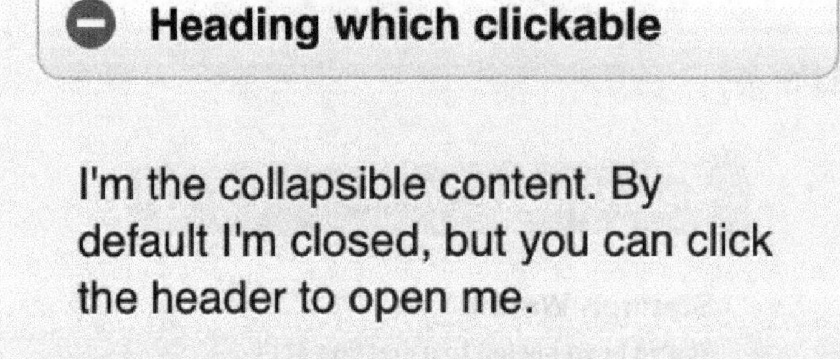

图 12.45　基本的 collapsible

主题化支持当然也必不可少，而且可以通过 data-content-theme 属性直接设置可折叠面板的视觉效果：

```
<div data-role="collapsible" data-theme="b" data-content-theme="d">
  <h4>Heading</h4>
  <p>I'm the collapsible content with a themed content block set to "d".</p>
</div>
```

效果如图 12.46 所示。

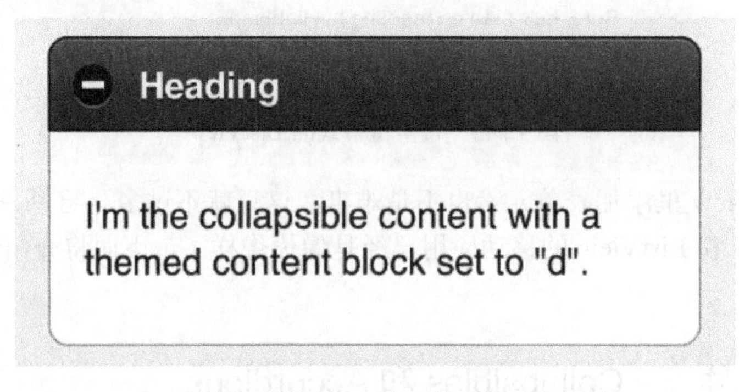

图 12.46　collapsible 主题化

是不是看起来更和谐了？此外 data-expanded-icon 和 data-collapsed-icon 属性还允许你修改默认的图标（正负号），而且 data-iconpos 属性依然适用，面板的内容也不一定非得是

p 标签，也可以是其他任何合法的 HTML，在里面嵌套 ListView 组件也是轻而易举：

```
<div data-role="collapsible"
  data-theme="b" data-content-theme="d"
  data-collapsed-icon="arrow-d" data-expanded-icon="arrow-u"
  data-iconpos="right">
  <h4>Heading</h4>
  <ul data-role="listview" data-inset="false">
    <li>Read-only list item 1</li>
    <li>Read-only list item 2</li>
    <li>Read-only list item 3</li>
  </ul>
</div>
```

效果如图 12.47 所示。

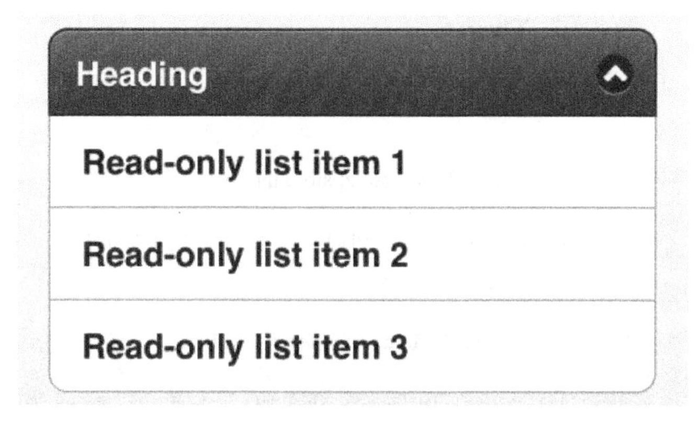

图 12.47　collapsible 容器

嵌套正确的 form 元素也可以扩展为 collapsible 控件：

```
<form>
  <fieldset data-role="collapsible" data-theme="a" data-content- theme
="d">
    <legend>Legend</legend>
    <label for="textinput-f">Text Input:</label>
    <input type="text" name="textinput-f" id="textinput-f" placeholder=
"Text input" value="">
    <div data-role="controlgroup">
      <input type="checkbox" name="checkbox-1-a" id="checkbox-1-a">
      <label for="checkbox-1-a">One</label>
      <input type="checkbox" name="checkbox-2-a" id="checkbox-2-a">
      <label for="checkbox-2-a">Two</label>
      <input type="checkbox" name="checkbox-3-a" id="checkbox-3-a">
      <label for="checkbox-3-a">Three</label>
    </div>
  </fieldset>
</form>
```

效果如图 12.48 所示。

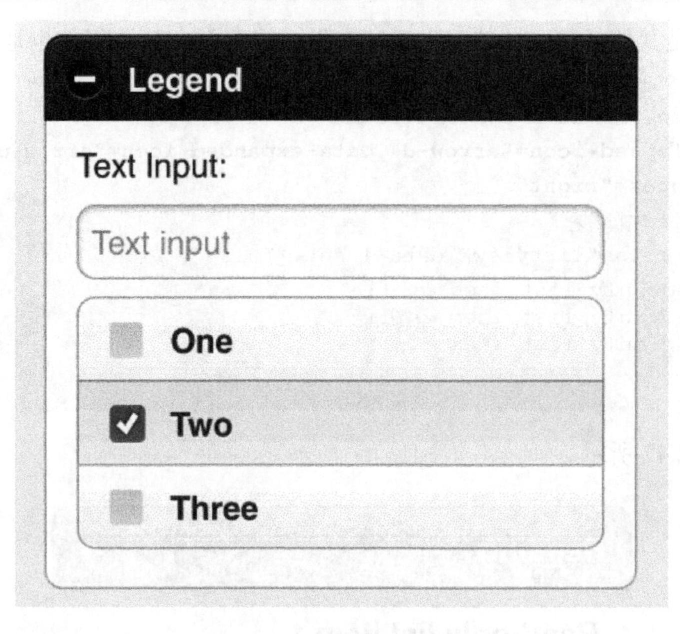

图 12.48　collapsible 的表单

和 ListView 类似，data-inset 属性可以控制控件相对于屏幕的边距，只不过其默认值为 true，设置为 false 会使 collapsible 充满屏幕：

```
<div data-role="collapsible" data-inset="false" data-content-theme="d">
  <h4>Heading</h4>
  <p>I'm the collapsible content. By default I'm closed, but you can click
the header to open me.</p>
</div>
```

效果如图 12.49 所示。

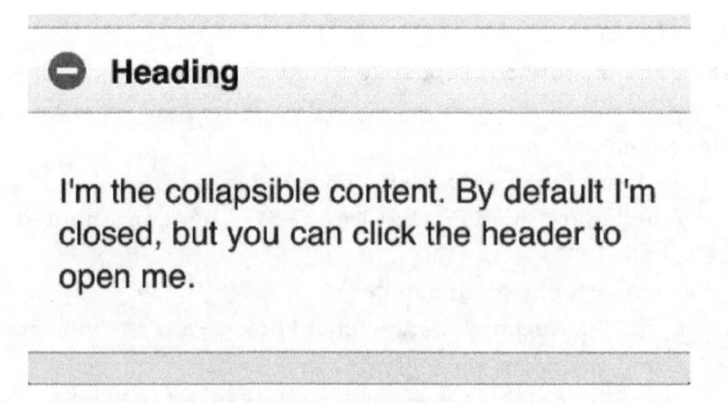

图 12.49　无边距 collapsible

accordion 控件类似于多个组合在一起且互斥的 collapsible，在 jQueryMobile 里直接使用 data-role="collapsible-set"将一组 collapsible 套在一起就可以：

```
<div data-role="collapsible-set" data-theme="c" data-content-theme="d">
  <div data-role="collapsible">
    <h3>Section 1</h3>
    <p>I'm the collapsible content for section 1</p>
  </div>
```

```
  <div data-role="collapsible">
    <h3>Section 2</h3>
    <p>I'm the collapsible content for section 2</p>
  </div>
  <div data-role="collapsible">
    <h3>Section 3</h3>
    <p>I'm the collapsible content for section 3</p>
  </div>
</div>
```

效果如图 12.50 所示。

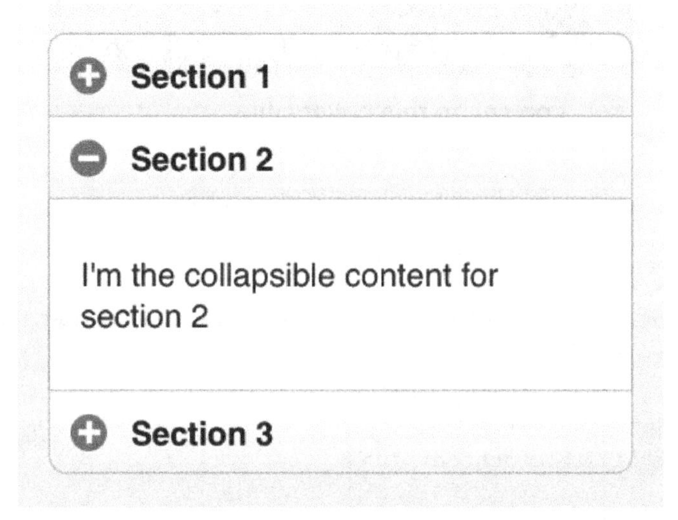

图 12.50　基本的 accordion

data-mini、data-collapsed-icon、data-iconpos 和 data-theme 等等也不在话下：

```
<div data-role="collapsible-set"
    data-iconpos="right"
    data-mini="true"
    data-theme="a" data-content-theme="a"
    data-collapsed-icon="arrow-r" data-expanded-icon="arrow-d"
    >
    <div data-role="collapsible">
        <h3>Icon set on the set</h3>
        <p>Specify the open and close icons on the set to apply it to all the
collapsibles within.</p>
    </div>
    <div data-role="collapsible">
        <h3>Icon set on the set</h3>
        <p>This collapsible also gets the icon from the set.</p>
    </div>
    <!-- 你也可以为每一个 collapsible 单独设置 data-* 属性 -->
    <div data-role="collapsible"
        data-iconpos="left" data-collapsed-icon="gear" data-expanded-icon=
"delete"
        data-theme="e" data-content-theme="e">
        <h3>Icon set on this collapsible</h3>
        <p>The icons here are applied to this collapsible specifically, thus
overriding the set icons.</p>
    </div>
</div>
```

效果如图 12.51 所示。

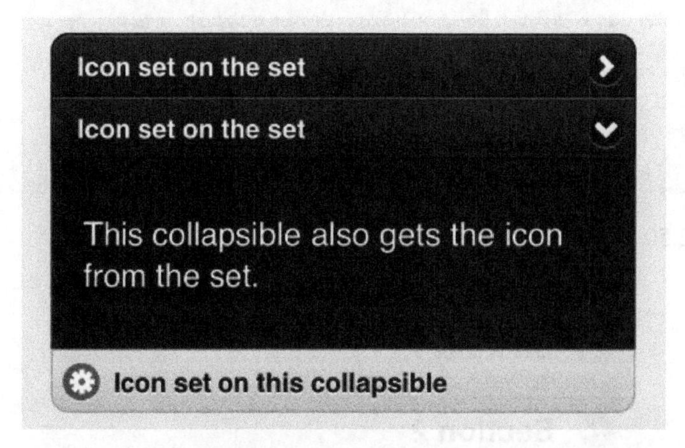

图 12.51　丰富多彩的 accordion

设置 data-corners="false"还可以去除默认圆角：

```
<div  data-role="collapsible-set"  data-corners="false"  data-theme="c"
data-content-theme="d">
   <div data-role="collapsible">
      <h3>Section 1</h3>
      <p>Collapsible content</p>
   </div>
   <div data-role="collapsible">
      <h3>Section 2</h3>
      <p>Collapsible content</p>
   </div>
   <div data-role="collapsible">
      <h3>Section 3</h3>
      <p>Collapsible content</p>
   </div>
</div>
```

效果如图 12.52 所示。

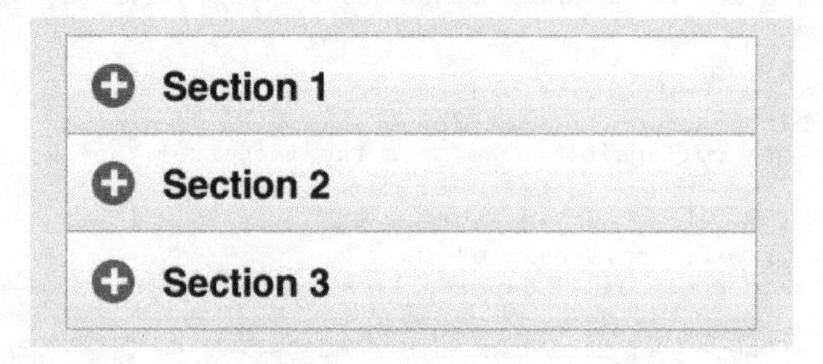

图 12.52　无圆角 accordion

善用 collapsible 和 accordion 可以使得你的移动应用界面更加简洁美观而又不缺乏必要的功能。

12.2.10　UI 组件——popup

popup（弹出层）的应用十分广泛，可以小到是一个文字（tooltip），也可以大到是一个图片浏览框（lightbox）。

大多数 JavaScript 框架在实现 popup 组件时都会选择让用户编写 JavaScript 代码的方式，类似于：

```
var popup = new Popup('buttonId')
popup.setTitle('this is popup title')
popup.setContent('this is popup content')
popup.show()
```

而 jQueryMobile 的设计要点之一就是使用上的极简主义和极低门槛，popup 组件也不例外，只用 HTML 就可以完成最基本的功能：

```
<a href="#popupBasic" data-rel="popup" data-role="button" data-inline
="true" data-transition="slide">Basic Popup</a>
<div data-role="popup" id="popupBasic">
  <p>This is a completely basic popup, no options set.</p>
</div>
```

效果如图 12.53 所示。

图 12.53　popup

添加了 data-role="popup"属性的元素在默认情况下会被隐藏，data-rel="popup"属性告诉 jQueryMobile 当前链接或按钮链接到的目标将以 popup 方式打开，data-transition 指定弹出层的动画效果。例如，设置为 data-transition="slide"的时候会从右侧飞入和飞出，如图 12.54 所示。

Basic Popup
This is a con
options set.

图 12.54　为 popup 设置 data-transition

一个 popup 本质上其实只是一个容器，如果将图片放入容器，那么可以轻松创造出一个 LightBox 组件：

```
<a href="#popupParis" data-rel="popup" data-position-to="window" data-
transition="fade">
  <img src="../assets/paris.jpg" alt="Paris, France" style= "width:
```

```
30%"></a>
<a href="#popupSydney" data-rel="popup" data-position-to="window" data-transition="fade">
  <img src="../assets/sydney.jpg" alt="Sydney, Australia" style ="width:30%"></a>
<!-- data-overlay-theme 若指定了主题，则会在 popup 层后加上与主题颜色对应的半透明覆盖层 -->
<div data-role="popup" id="popupParis" data-overlay-theme="a" data-theme="d" data-corners="false">
  <!-- data-rel="back" 意味着这是一个"返回" 按钮，data-iconpos="notext"的作用是隐藏按钮文本 -->
  <a href="#" data-rel="back" data-role="button" data-theme="a" data-icon="delete" data-iconpos="notext" class="ui-btn-right">Close</a>
  <img src="../assets/paris.jpg" style="max-height:512px;" alt="Paris, France">
</div>
<div data-role="popup" id="popupSydney" data-overlay-theme="e" data-theme="d" data-corners="false">
  <a href="#" data-rel="back" data-role="button" data-theme="a" data-icon="delete" data-iconpos="notext" class="ui-btn-right">Close</a>
  <img src="../assets/sydney.jpg" style="max-height:512px;" alt="Sydney, Australia">
</div>
```

效果如图 12.55 所示。

图 12.55　image LightBox

默认情况下单击 popup 外部区域或者按下 Esc 键都可以关闭 popup，由于 jQueryMobile 在打开 popup 时会往浏览器历史里面写入一条记录，因此在单击后退按钮时 jQueryMobile 也会帮你关闭 popup，data-rel="back" 按钮也起着同样的作用。如果你添加了 data-dismissible="false"属性，那么 popup 只能通过“返回”的方式来进行关闭。

data-position-to 属性定义 popup 打开时处于的位置，有三种指定位置的方式：

```
<!-- window: 相对于窗口的中间 -->
<a href="#positionWindow" data-role="button" data-inline="true" data-rel="popup" data-position-to="window">Position to window</a>
```

```
<!-- 相对于被点击链接元素的中间（tooltip 最适用） -->
<a href="#positionOrigin" data-role="button" data-inline="true" data-
rel="popup" data-position-to="origin">Position to origin</a>
<!-- 相对于特定元素 -->
<a href="#positionSelector" data-role="button" data-inline="true"
data-rel="popup" data-position-to="#position-header">Position to
#position-header</a>
<div data-role="popup" id="positionWindow" class="ui-content" data-
theme="d">
  <p>I am positioned to the window.</p>
</div>
<div data-role="popup" id="positionOrigin" class="ui-content" data-
theme="d">
  <p>I am positioned over the origin.</p>
</div>
<div data-role="popup" id="positionSelector" class="ui-content" data-
theme="d">
  <p>I am positioned over the header for this section via a selector. If the
header isn't scrolled into view, collision detection will place the popup
so it's in view.</p>
</div>
```

和页面切换一样，popup 支持 jQueryMobile 内置的 flip 和 slide 等所有的转场效果。

我们前面提到 popup 本质上只是一个容器，因此 popup 可以拿来做各种事情，比如在 popup 里面加上 ListView 就变成了弹出菜单：

```
<a href="#popupMenu" data-rel="popup" data-role="button" data-inline
="true" data-transition="slideup" data-icon="gear" data-theme="e">
Actions...</a>
<div data-role="popup" id="popupMenu" data-theme="d">
  <ul data-role="listview" data-inset="true" style="min-width:210px;"
data-theme="d">
    <li data-role="divider" data-theme="e">Choose an action</li>
    <li><a href="#">View details</a></li>
    <li><a href="#">Edit</a></li>
    <li><a href="#">Disable</a></li>
    <li><a href="#">Delete</a></li>
  </ul>
</div>
```

效果如图 12.56 所示。

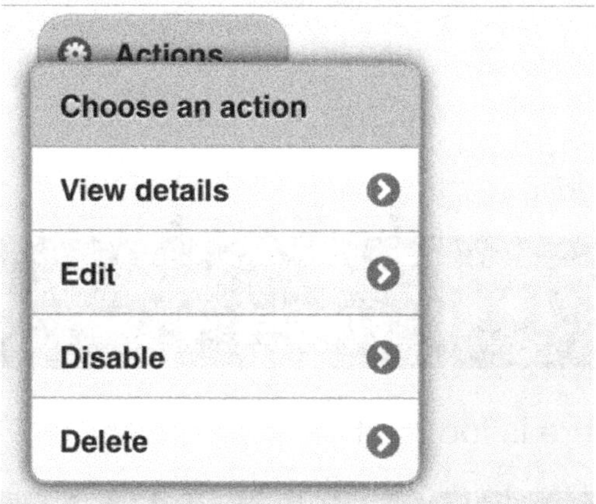

图 12.56　弹出菜单

表单元素也可以放入 popup（瞬间就把 popup 变成了对话框组件）。甚至地图和 iFrame 也可以放入 popup。

12.2.11　UI 组件——dialog

dialog 说白了就是一个特殊的 popup，只是它里面的内容包含的通常是一个完整的 jQueryMobile page。一个链接到其他页面的 a 标签如果加上了 data-rel="dialog"属性，被链接的页面最后会以 dialog 的方式显示在当前页面：

```
<a href="foo.html" data-rel="dialog">Open dialog</a>
```

被链接的 foo.html 必须是一个合法的 jQueryMobile page 片段，比如：

```
<div data-role="page">
  <div data-role="header">
    <h1>header</h1>
  </div>
  <div data-role="content">
    here is foo.html
  </div>
</div>
```

当然，你的 foo.html 文件也可以包含 head 和 body 等标签，只不过在被弹出为对话框的情况下 jQueryMobile 会忽略这些内容，因此建议在使用 dialog 时，目标页就只使用单纯的 HTML 片段，完整的 HTML 页面会导致更多的网络开销。

对于 dialog，data-transition 属性依然可用（默认是 pop）：

```
<a href="foo.html" data-transition="slide" data-rel="dialog">Open dialog
</a>
```

如果目标页面拥有一个 header 组件，那么 jQueryMobile 会自动为 header 的左边加上一个关闭按钮，你可以通过为目标页面的 header 设置 data-close-btn="right"来将按钮放置到右边：

```
<div data-role="page" data-close-btn="right">
  <div data-role="header">
    <h1>header</h1>
  </div>
  <div data-role="content">
    here is foo.html
  </div>
</div>
```

最终效果如图 12.57 所示。

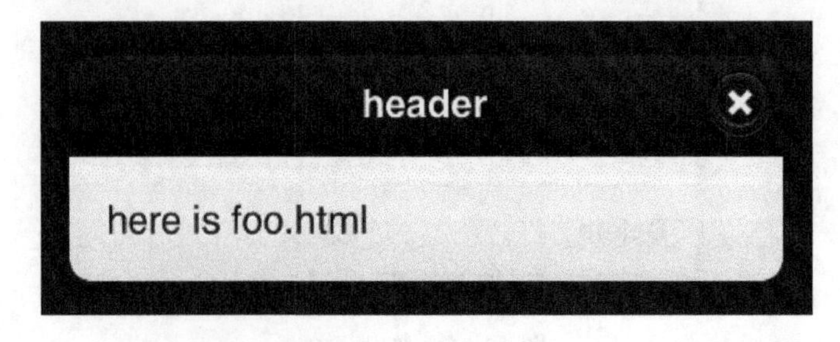

图 12.57　dialog

如果你是直接在单独的浏览器窗口中打开目标页面的，关闭按钮则不会出现。当然，你也可以设置 data-close-btn="none"属性让关闭按钮无论在什么情况下都不出现。

如果你需要以编程方式关闭对话框，可以这样：

```
$('.ui-dialog').dialog('close')
```

要注意的是，虽然关闭行为本质上是页面间的导航，但 jQueryMobile 并不会在浏览器里面留下历史记录。举例来说，当你在某个页面单击一个链接打开一个对话框后，然后再通过对话框导航到其他页面（此时对话框关闭），这时候你单击返回按钮会被导航至第一个页面，而不是那个对话框。

12.2.12　响应式组件——responsive grids

前面介绍到 jQueryMobile 开发之初就完全遵从响应式设计的原则，除了前面介绍的 UI 控件本身都具有一定的“响应式”特性外，jQueryMobile 还特别提供了一组响应式组件，包括 responsive grids、reflow tables、column chooser tables 和 sliding panels，下面先来看看 responsive grids。

栅格系统是许多 CSS 框架都会提供的页面排版工具，不过 jQueryMobile 中的 grid 系统和传统意义的栅格有许多不同之处。

在 jQueryMobile 中用 ui-grid-a/b/c/d/e 五个 class 来定义五种不同的 grid 类型，用 ui-block-a/b/c/d/e 来定义每个 grid 里面的块，这五个字母必须按顺序排布，如：

```
<div class="ui-grid-a">
  <!-- ui-bar ui-bar-e 来自于 jQueryMobile 的样式，你可以在块级元素中使用它们 -->
  <div  class="ui-block-a"><div  class="ui-bar  ui-bar-e"  style="height:
60px">Block A</div></div>
  <div  class="ui-block-b"><div  class="ui-bar  ui-bar-e"  style="height:
60px">Block B</div></div>
</div>
```

ui-grid-a 定义了一个两列 grid，所以 grid 里只需要 ui-grid-a 和 ui-grid-b 两个 block，最终效果如图 12.58 所示。

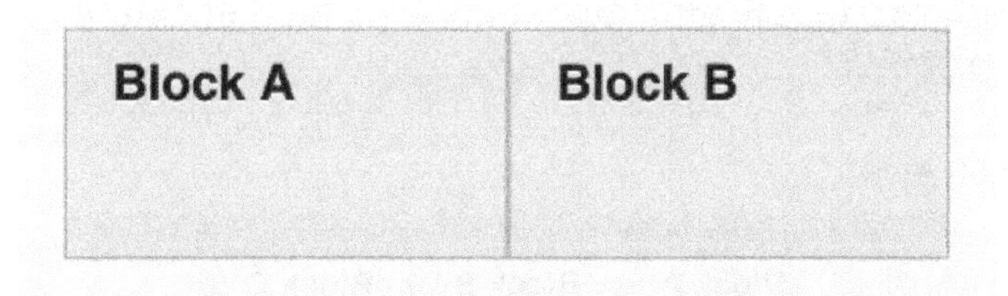

图 12.58　两列 grid

和定宽 grid 不同，jQueryMobile 的 grid 系统按百分比来排布列，网格总宽度始终和父级元素相同。此外，ui-grid-a 可以用在各种块级元素，比如用于常见的表单：

```
<fieldset class="ui-grid-a">
  <div  class="ui-block-a"><button  type="submit"  data-theme="c">Cancel
</button></div>
  <div  class="ui-block-b"><button  type="submit"  data-theme="b">Submit
</button></div>
</fieldset>
```

效果如图 12.59 所示。

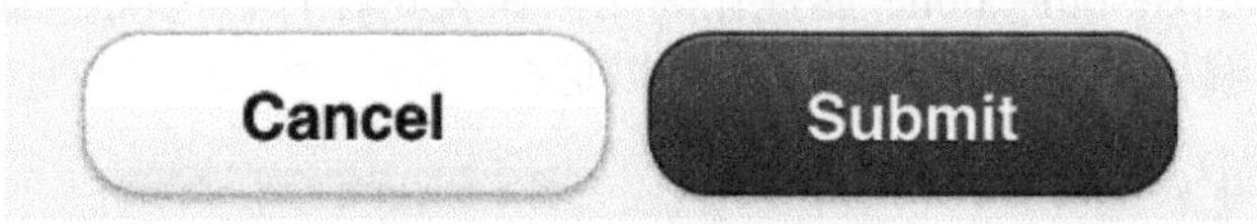

图 12.59　表单放入 grid

不难推出 ui-grid-b、ui-grid-c 和 ui-grid-d 代表着三列、四列和五列的 grid：

```
<div class="ui-grid-b">
  <div class="ui-block-a"><div class="ui-bar ui-bar-e" style="height:
60px">Block A</div></div>
  <div class="ui-block-b"><div class="ui-bar ui-bar-e" style="height:
60px">Block B</div></div>
  <div class="ui-block-c"><div class="ui-bar ui-bar-e" style="height:
60px">Block C</div></div>
</div>

<div class="ui-grid-c">
  <div class="ui-block-a"><div class="ui-bar ui-bar-e" style="height:
60px">A</div></div>
  <div class="ui-block-b"><div class="ui-bar ui-bar-e" style="height:
60px">B</div></div>
  <div class="ui-block-c"><div class="ui-bar ui-bar-e" style="height:
60px">C</div></div>
  <div class="ui-block-d"><div class="ui-bar ui-bar-e" style="height:
60px">D</div></div>
</div>

<div class="ui-grid-d">
  <div class="ui-block-a"><div class="ui-bar ui-bar-e" style="height:
60px">A</div></div>
  <div class="ui-block-b"><div class="ui-bar ui-bar-e" style="height:
60px">B</div></div>
  <div class="ui-block-c"><div class="ui-bar ui-bar-e" style="height:
60px">C</div></div>
  <div class="ui-block-d"><div class="ui-bar ui-bar-e" style="height:
60px">D</div></div>
  <div class="ui-block-e"><div class="ui-bar ui-bar-e" style="height:
60px">E</div></div>
</div>
```

效果如图 12.60 所示。

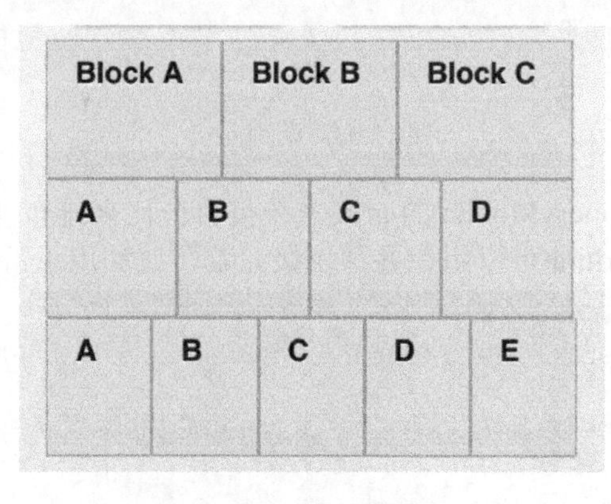

图 12.60　各种 grid

要注意的是，grid 里面的 ui-block-*的字母顺序一定不能乱，因为它们表达着特定的含义，比如你在定义 3×3 的 grid 时，可能需要这样写：

```
<div class="ui-grid-b">
  <div  class="ui-block-a"><div  class="ui-bar  ui-bar-e"  style="height:
60px">A</div></div>
  <div  class="ui-block-b"><div  class="ui-bar  ui-bar-e"  style="height:
60px">B</div></div>
  <div  class="ui-block-c"><div  class="ui-bar  ui-bar-e"  style="height:
60px">C</div></div>
  <div  class="ui-block-a"><div  class="ui-bar  ui-bar-e"  style="height:
60px">A</div></div>
  <div  class="ui-block-b"><div  class="ui-bar  ui-bar-e"  style="height:
60px">B</div></div>
  <div  class="ui-block-c"><div  class="ui-bar  ui-bar-e"  style="height:
60px">C</div></div>
  <div  class="ui-block-a"><div  class="ui-bar  ui-bar-e"  style="height:
60px">A</div></div>
  <div  class="ui-block-b"><div  class="ui-bar  ui-bar-e"  style="height:
60px">B</div></div>
  <div  class="ui-block-c"><div  class="ui-bar  ui-bar-e"  style="height:
60px">C</div></div>
</div>
```

ui-block-a~c 需要重复出现，效果如图 12.61 所示。

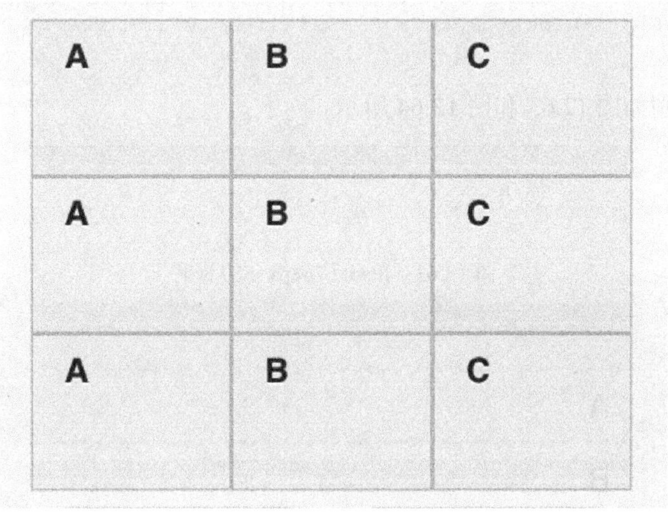

图 12.61　3×3 的 grid

对于 grid 里面的 button，jQueryMobile 会自动为其加上一定的左右边距，如果并排按钮的后面紧接着需要单个大按钮就会出现边距不一致的情况，jQueryMobile 提供了 ui-grid-solo 类来解决这个问题（实际上就是单列的 grid，solo 的原意是“独奏”）：

```
<div class="ui-grid-a">
  <div class="ui-block-a"><button  type="button"  data-theme="c">Previous
</button></div>
  <div   class="ui-block-b"><button   type="button"   data-theme="c">Next
</button></div>
</div>
<div class="ui-grid-solo">
```

```
  <div   class="ui-block-a"><button  type="button"  data-theme="b">More
</button></div>
</div>
```

效果如图 12.62 所示。

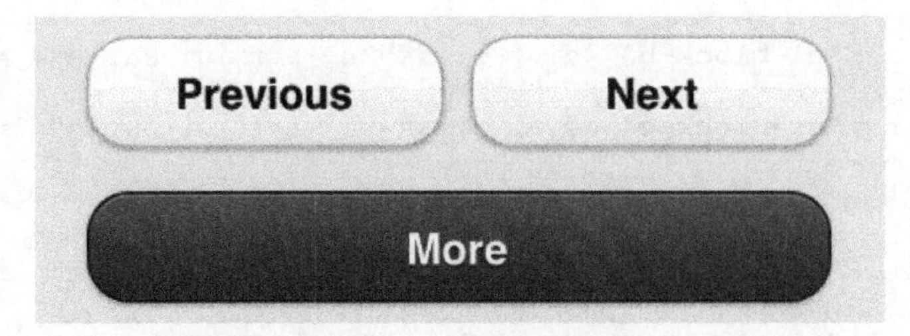

图 12.62　ui-grid-solo

虽然 jQueryMobile 只支持五列 grid，但是在某些设备下五列也会显得很窄，你可以为 grid 添加预设的断点样式 ui-responsive，使用了它你的 grid 会在设备宽度（CSS 像素）小于 560px（35em）时自动把所有的 grid 堆叠起来：

```
<div class="ui-grid-c ui-responsive">
  <div class="ui-block-a"><div class="ui-body ui-body-d">A</div></div>
  <div class="ui-block-b"><div class="ui-body ui-body-d">B</div></div>
  <div class="ui-block-c"><div class="ui-body ui-body-d">C</div></div>
  <div class="ui-block-d"><div class="ui-body ui-body-d">D</div></div>
</div>
```

两种效果分别如图 12.63 和图 12.64 所示。

图 12.63　iPad（768px）的效果

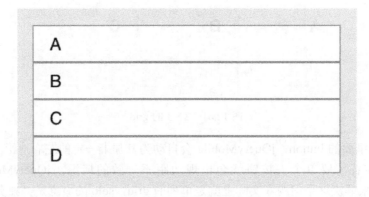

图 12.64　iPhone（320px）的效果

当然，你也可以添加自己的断点样式，方法很简单：

```
/* 当宽度小于 40em (640px) 时将所有容器堆叠起来 */
@media all and (max-width: 35em) {
  .my-breakpoint .ui-block-a,
```

```
  .my-breakpoint .ui-block-b,
  .my-breakpoint .ui-block-c,
  .my-breakpoint .ui-block-d,
  .my-breakpoint .ui-block-e {
    width: 100%;
    float: none;
  }
}
```

12.2.13　响应式组件——reflow tables

在窄小的屏幕上显示表格数据是件非常纠结的事情，jQueryMobile 设计了一种名为 reflow table（回流表格）的组件来优化这一问题，它的主要功效是在较窄屏幕上将行数据堆叠为一个二列（标签/数据）表的形式。

要使表格具有此神力，需要在 table 元素加上 data-role="table"属性（确保你的表格拥有 thead 和 tbody 元素）：

```
<table data-role="table" data-mode="reflow" class="ui-responsive table
-stroke">
  <thead>
    <tr>
      <th>Rank</th>
      <th>Movie Title</th>
      <th>Year</th>
      <th><abbr title="Rotten Tomato Rating">Rating</abbr></th>
      <th>Reviews</th>
    </tr>
  </thead>
  <tbody>
    <tr>
      <th>1</th>
      <td><a href="http://en.wikipedia.org/wiki/Citizen_Kane" data-rel=
"external">Citizen Kane</a></td>
      <td>1941</td>
      <td>100%</td>
      <td>74</td>
    </tr>
    <tr>
      <th>2</th>
      <td><a href="http://en.wikipedia.org/wiki/Casablanca_(film)" data-
rel="external">Casablanca</a></td>
      <td>1942</td>
      <td>97%</td>
      <td>64</td>
    </tr>
    <tr>
      <th>3</th>
      <td><a href="http://en.wikipedia.org/wiki/The_Godfather" data-rel=
"external">The Godfather</a></td>
      <td>1972</td>
      <td>97%</td>
      <td>87</td>
    </tr>
    <tr>
      <th>4</th>
      <td><a
href="http://en.wikipedia.org/wiki/Gone_with_the_Wind_(film)"
```

```
data-rel="external">Gone with the Wind</a></td>
      <td>1939</td>
      <td>96%</td>
      <td>87</td>
    </tr>
  </tbody>
</table>
```

同样会有两种效果分别如图 12.65 和图 12.66 所示。

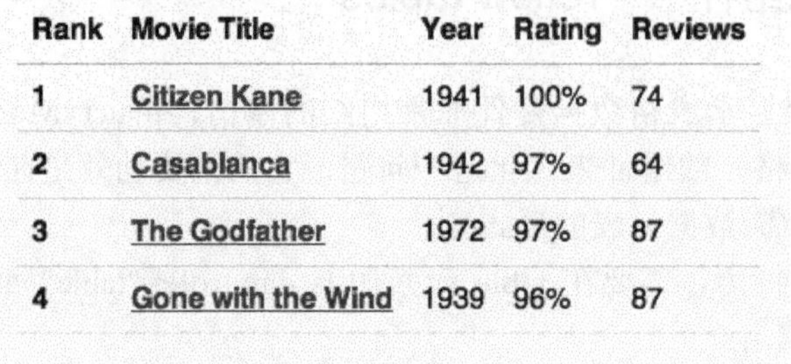

Rank	Movie Title	Year	Rating	Reviews
1	Citizen Kane	1941	100%	74
2	Casablanca	1942	97%	64
3	The Godfather	1972	97%	87
4	Gone with the Wind	1939	96%	87

图 12.65　较宽屏幕（大于 560px）

Rank　1
Movie Title　Citizen Kane
Year　1941
Rating　100%
Reviews　74

Rank　2
Movie Title　Casablanca
Year　1942
Rating　97%
Reviews　64

图 12.66　较窄屏幕（小于 560px）

和 grid 一样，断点样式由 ui-responsive 类来决定，如果不指定 ui-responsive，那么 table 直接会变成后一种显示效果（因为明确指定了 data-mode="reflow"）。

自定义断点的方法和 grid 依然类似：

```
@media (min-width: 480px) {
  /* 显示所有表格的标题行，将所有单元格设置为 display: table-cell */
  .my-custom-breakpoint td,
```

```
  .my-custom-breakpoint th,
  .my-custom-breakpoint tbody th,
  .my-custom-breakpoint tbody td,
  .my-custom-breakpoint thead td,
  .my-custom-breakpoint thead th {
    display: table-cell;
    margin: 0;
  }
  /* 隐藏每个单元格里的 label */
  .my-custom-breakpoint td .ui-table-cell-label,
  .my-custom-breakpoint th .ui-table-cell-label {
    display: none;
  }
}
```

12.2.14　响应式组件——Column Toggle tables

Column Toggle 是另一种在窄屏幕显示表格的模式。它的基本思路是在不同宽度的屏幕下显示不同数目的列，你可以手工指定每一列的优先级（通过 data-priority 属性），高优先级的列会被保留：

```
<table data-role="table" id="table-column-toggle" data-mode= "columntoggle"
class="ui-responsive table-stroke">
  <thead>
   <tr>
    <!-- 随着屏幕变窄，列会按照优先级从低（5）到高（1）消失 -->
    <th data-priority="2">Rank</th>
    <th>Movie Title</th>
    <th data-priority="3">Year</th>
    <th  data-priority="1"><abbr  title="Rotten  Tomato  Rating">Rating
</abbr></th>
    <th data-priority="5">Reviews</th>
   </tr>
  </thead>
  <tbody>
   <tr>
    <th>1</th>
    <td><a  href="http://en.wikipedia.org/wiki/Citizen_Kane"  data-rel="
external">Citizen Kane</a></td>
    <td>1941</td>
    <td>100%</td>
    <td>74</td>
   </tr>
   <tr>
    <th>2</th>
    <td><a  href="http://en.wikipedia.org/wiki/Casablanca_(film)"  data-
rel="external">Casablanca</a></td>
    <td>1942</td>
    <td>97%</td>
    <td>64</td>
   </tr>
   <tr>
    <th>3</th>
    <td><a  href="http://en.wikipedia.org/wiki/The_Godfather"  data-rel=
"external">The Godfather</a></td>
    <td>1972</td>
    <td>97%</td>
    <td>87</td>
```

```
  </tr>
  <tr>
    <th>4</th>
    <td><a href="http://en.wikipedia.org/wiki/Gone_with_the_Wind_(film)"
data-rel="external">Gone with the Wind</a></td>
    <td>1939</td>
    <td>96%</td>
    <td>87</td>
  </tr>
 </tbody>
</table>
```

在 iPhone 这样的宽度下，Rank、Year 和 Reviews 三列都会隐藏，如图 12.67 所示。

Columns...

Movie Title	Rating
Citizen Kane	100%
Casablanca	97%
The Godfather	97%
Gone with the Wind	96%

图 12.67　columntoggle 模式的表格

贴心的是，表格右上角还出现了一个用于选择显示列的按钮，如图 12.68 所示。

Rank
Year
Rating
Reviews

Rank	Movie Title		s
1	Citizen Kane		
2	Casablanca		
3	The Godfather	97%	87
4	Gone with the Wind	96%	87

图 12.68　列选择

要注意 title 一列并没有出现在列选择当中，这是因为我们没有为 title 列设置

data-priority，默认情况下该列不会被隐藏。

在 jQueryMobile 的响应式表格中，最多支持六个优先级（1~6），你可以自己定义断点样式以控制每一个优先级的列在多宽的屏幕下应该消失：

```
/* 优先级为 2 的列在 320px (20em × 16px) 宽的屏幕下显示 */
@media screen and (min-width: 20em) {
  .my-custom-class th.ui-table-priority-1,
  .my-custom-class td.ui-table-priority-1 {
    display: table-cell;
  }
}
/* 优先级为 2 的列在 480px (30em × 16px) 宽的屏幕下显示 */
@media screen and (min-width: 30em) {
  .my-custom-class  th.ui-table-priority-2,
  .my-custom-class td.ui-table-priority-2 {
    display: table-cell;
  }
}
...你可以仿造上面继续写更多的断点样式...
```

由于 CSS 特殊性（specificity）的原因，你的自定义断点样式后面还需要跟上用于控制单元格隐藏和显示的样式：

```
.my-custom-class th.ui-table-cell-hidden,
.my-custom-class td.ui-table-cell-hidden {
  display: none;
}
.my-custom-class th.ui-table-cell-visible,
.my-custom-class td.ui-table-cell-visible {
   display: table-cell;
}
```

此时，你已经可以在你的 table 上使用 class=" my-custom-class"来应用断点啦。

对于默认情况（ui-responsive）的断点样式可以参考表 12-1。

表 12-1　默认断点样式

data-priority="1"	在屏幕宽度为 320px (20em) 时显示该列
data-priority="2"	在屏幕宽度为 480px (30em) 时显示该列
data-priority="3"	在屏幕宽度为 640px (40em) 时显示该列
data-priority="4"	在屏幕宽度为 800px (50em) 时显示该列
data-priority="5"	在屏幕宽度为 960px (60em) 时显示该列
data-priority="6"	在屏幕宽度为 1,120px (70em) 时显示该列

如果你的数据不太适合这些预设断点，那么强烈建议你自定义断点样式。

12.2.15　响应式组件——sliding panels

sliding panels 是个非常有意思的组件，最初这个交互形式来源于 iPhone 的一些 APP，你可以把菜单放入 panel 之中，panel 默认隐藏在屏幕两侧，然后通过单击或者滑动手势将菜单唤出，这种设计既节省屏幕空间，也非常方便用户操作。jQueryMobile 在 1.3 之后的版本引入了自己的 sliding panel 实现。

panel 的使用和 popup 类似，使用 data-role="panel"来定义一个 panel，默认情况下 panel 会被隐藏，你可以通过链接来打开一个 panel：

```
<div data-role="content">
  <a href="#panel1" data-role="button">open panel</a>
</div>
<div data-role="panel" id="panel1">
  panel content
</div>
```

单击 open panel 后效果是 panel 从屏幕左侧推出来，单击非 panel 区域或者在 panel 区域内手指左滑 panel 会自动消失，如图 12.69 所示。

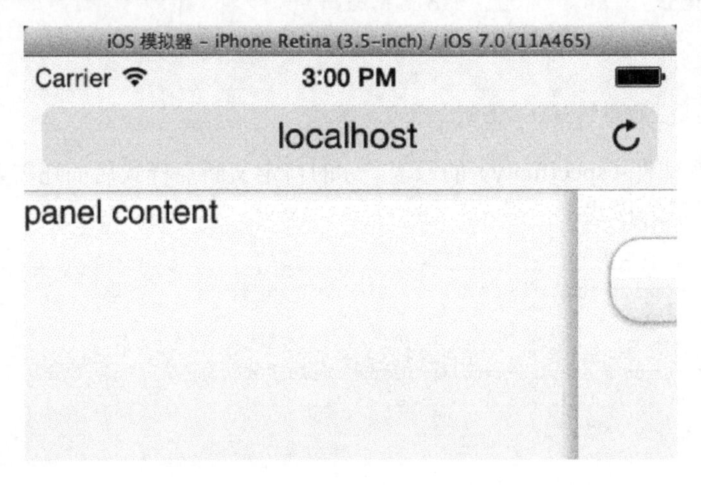

图 12.69　基本的 sliding panel

要注意的是 panel 元素本身不能放置在 content 元素里面，它必须作为 content、header 或 footer 的兄弟元素出现，另外 panel 有三种出现的特效，在 panel 里面出现的 data-rel="close"按钮可以控制当前 panel 的关闭：

```
<div data-role="content">
  panel 有 Overlay、Reveal 和 Push 三种显示的方式 ：<br>
  <a href="#leftpanel1" data-role="button">Reveal</a>
  <a href="#leftpanel2" data-role="button">Push</a>
  <a href="#leftpanel3" data-role="button">Overlay</a>
</div>

<div data-role="panel" id="leftpanel1" data-position="left" data-display
="reveal">
  <h3>Left Panel: Reveal</h3>
  <p>This panel is positioned on the left with the reveal display mode. The
panel markup is <em>after</em> the header, content and footer in the source
order.</p>
  <p>To close, click off the panel, swipe left or right, hit the Esc key,
or use the button below:</p>
  <a href="#demo-links" data-rel="close" data-role="button" data-icon=
"delete" data-inline="true">Close panel</a>
```

```
</div>

<div data-role="panel" id="leftpanel2" data-position="left" data-display=
"push">
  <h3>Left Panel: Push</h3>
  <p>This panel is positioned on the left with the push display mode. The
panel markup is <em>after</em> the header, content and footer in the source
order.</p>
  <p>To close, click off the panel, swipe left or right, hit the Esc key,
or use the button below:</p>
  <a href="#demo-links" data-rel="close" data-role="button"  data-icon=
"delete" data-inline="true">Close panel</a>
</div>

<div data-role="panel" id="leftpanel3" data-position="right" data-display
="overlay" >
  <h3>Left Panel: Overlay</h3>
  <p>This panel is positioned on the left with the overlay display mode. The
panel markup is <em>after</em> the header, content and footer in the source
order.</p>
  <p>To close, click off the panel, swipe left or right, hit the Esc key,
or use the button below:</p>
  <a href="#demo-links" data-rel="close" data-role="button"  data-icon=
"delete" data-inline="true">Close panel</a>
</div>
```

data-position 用于控制 panel 从哪边出现，data-display 用于控制 panel 显示时的动画特效，默认情况是 reveal 特效，下面图 12.70 和图 12.71 分别是 Push 和 Overlay 的效果。

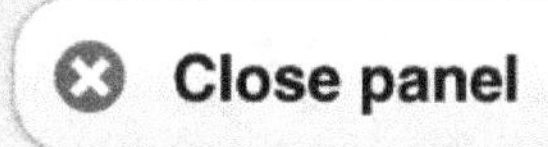

图 12.70　从左 Push 的效果

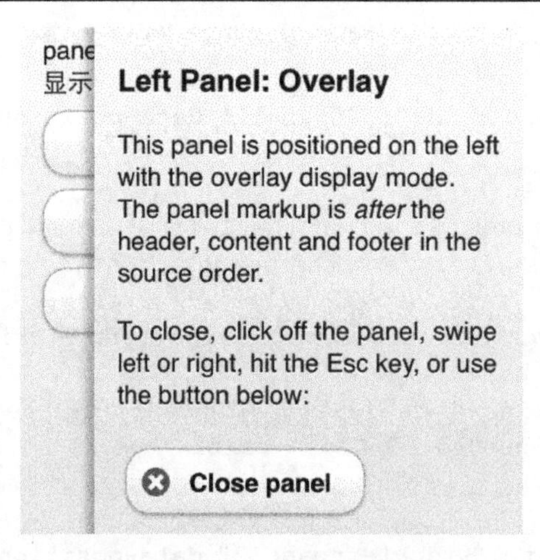

图 12.71　从右 Overlay 的效果

如果你不需要动画效果，可以通过 data-animate="false"来关闭。

和其他容器类似，panel 本身可以进行主题化，data-position-fixed="true"属性则可以让 panel 不随主界面内容的滚动而滚动。

12.2.16　主题化和 themeroller

前面的章节中不断地提到 jQueryMobile 的主题化，实际上 jQueryMobile 的主题化远不止 a~e 五个字母那么简单。为了更广泛地获取开发者和用户，jQueryMobile 在很早期的版本就放出了多个主题包，而且还推出了强大的 themeroller——一个可视化主题制作工具，你甚至不需要懂一行 CSS 代码，仅靠拖曳就能设计一套自己的主题（http://jquerymobile.com/themeroller/），如图 12.72 所示。

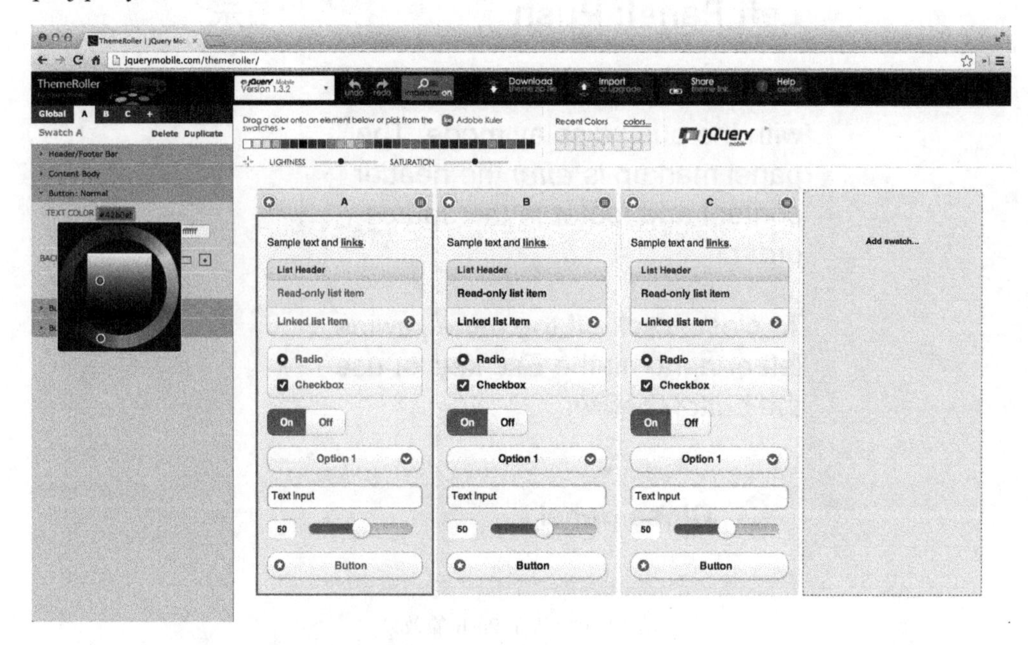

图 12.72　themeroller 界面

themeroller 的使用非常傻瓜化，基本上是为设计师所设计的工具，主面板可以添加多达 26 个调板（swatch），每一个调板都是一个 data-theme 可以指定的字母，调板里可以看到主要的 UI 组件用于预览。顶部有一个 Inspector 按钮，开启后可以像审查元素那样在主面板里选择不同调板的 UI 组件，同时左边对应着当前选择的元素可配置的具体选项，比如选择一个 button 后，你可以在左边更改 button 的边框、圆角、背景和字体颜色等等，如图 12.73 所示。

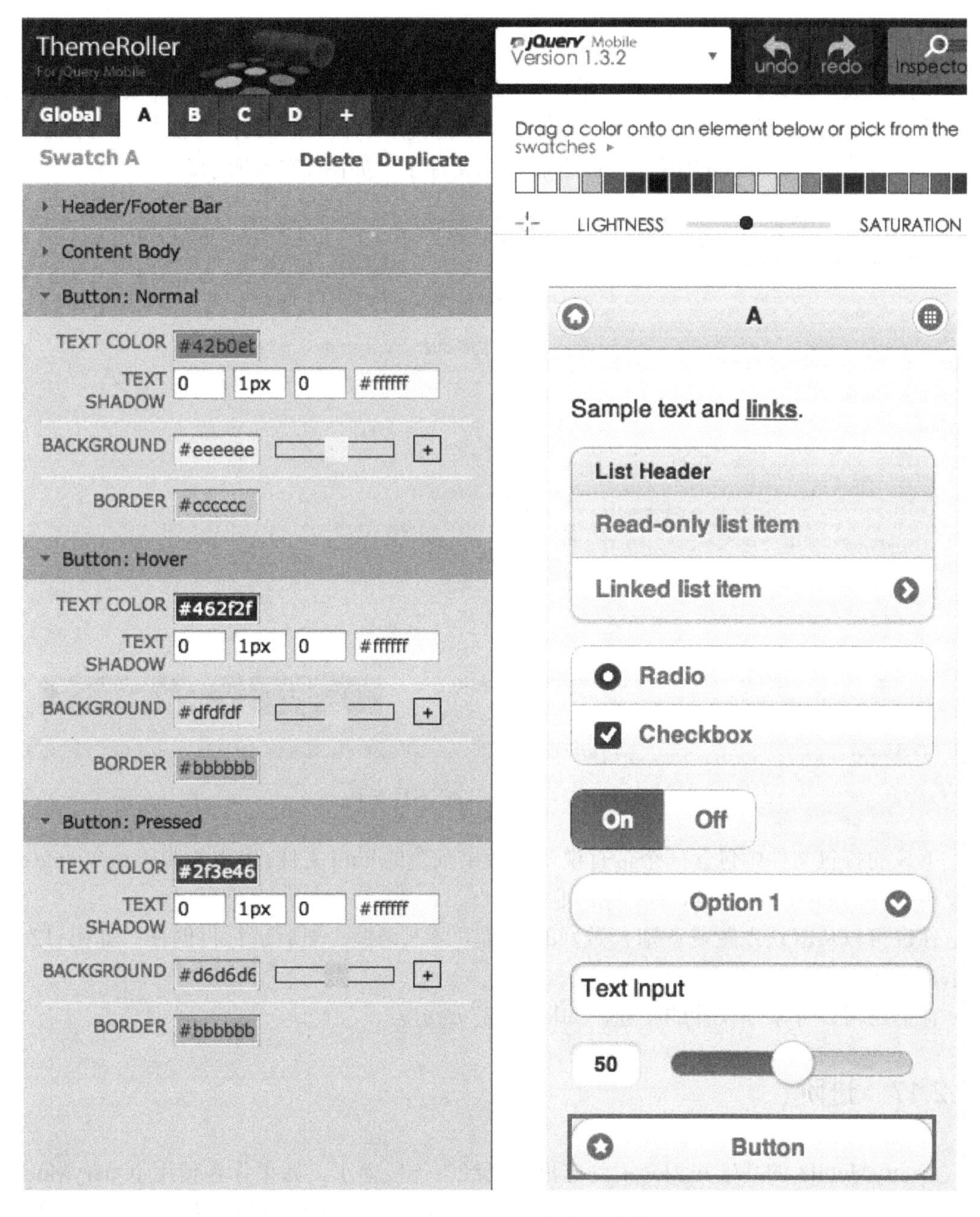

图 12.73　themeroller 的基本使用

为了方便设计师调色，主面板上方还有一个调色板，你可以在调好色后直接将色块拖曳到调板的元素中去便应用好了（甚至将阴影样式都自动调整好了），如图 12.74 所示。

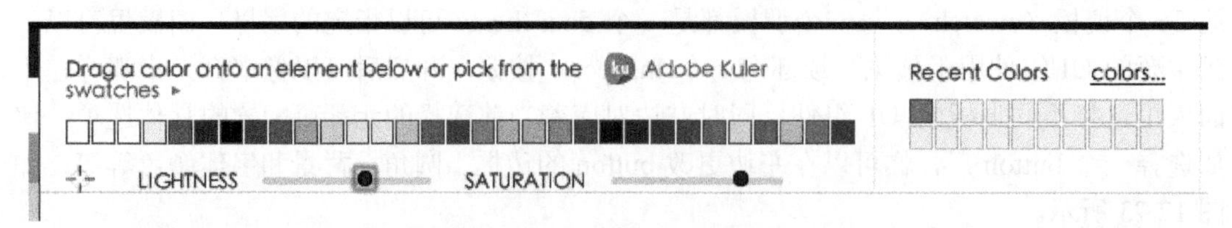

图 12.74　themeroller 调色板

在你完成主题设计后，可以通过单击顶部的工具栏的 Download theme zip file 按钮来下载主题包，单击后会弹出一个对话框，会告知如何使用下载后的文件，此时为你的主题起好名字，再单击 Download Zip 便可以下载目标文件了，如图 12.75 所示。

Download Theme

Theme Name

This will generate a Zip file that contains both a compressed (for production) and uncompressed (for editing) version of the theme.

To use your theme, add it to the head of your page before the jquery.mobile.structure file, like this:

```
<!DOCTYPE html>
<html>
<head>

  <title>jQuery Mobile page</title>
  <meta charset="utf-8" />
  <meta name="viewport" content="width=device-width, initial-scale=1">
  <link rel="stylesheet" href="css/themes/my-custom-theme.css" />
  <link rel="stylesheet" href="http://code.jquery.com/mobile/1.3.2/jquery.mobile.structure-1.3.2.min.css" />
  <script src="http://code.jquery.com/jquery-1.9.1.min.js"></script>
  <script src="http://code.jquery.com/mobile/1.3.2/jquery.mobile-1.3.2.min.js"></script>

</head>
```

Tip: To edit your theme later, use the import feature to paste in the uncompressed theme file

Close　Download Zip

Text Input　Text Input　Text Input

图 12.75　themeroller 下载界面

下载的打包文件中包含一个带有说明和效果预览的 html 文件，生成的源码 mytheme.css 以及压缩好的 mytheme.min.css 文件，非常贴心。

你也可以从默认主题或者别人做好的主题里导入调板，然后进行再创作，如图 12.76 所示。

甚至还可以分享你设计的主题，如图 12.77 所示。

12.2.17　进阶

jQueryMobile 的基础知识介绍到这里就已经告一段落了，如果你在使用 jQueryMobile 的过程中遇到了疑惑或者难点，首先推荐去 jQueryMobile 的官方文档（http://api.jquerymobile.com/）查阅相关的事件、方法、属性以及组件 API 等等，在官方 F&Q（http://view.jquerymobile.com/1.3.2/dist/demos/faq/）里你可以查阅到一些有意义的常见问题，demos 里面（http://view.jquerymobile.com/1.3.2/dist/demos/examples/）则有许多利用组件的在线例子。基本上熟练用好这些，jQueryMobile 已经没什么会难到你了。

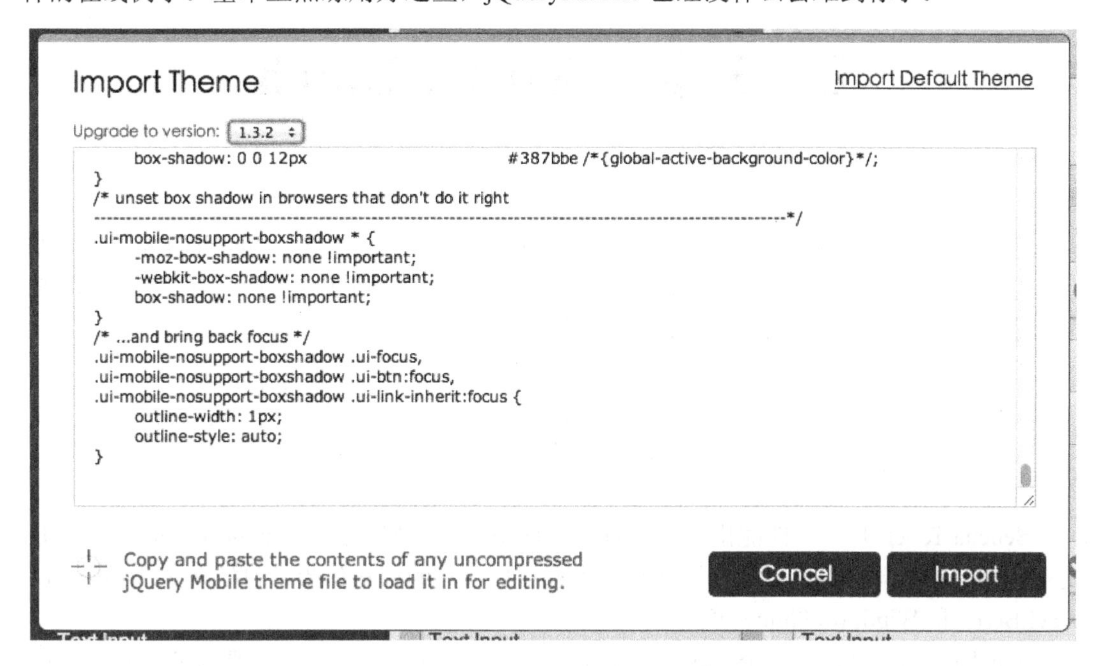

图 12.76　导入主题到 themeroller

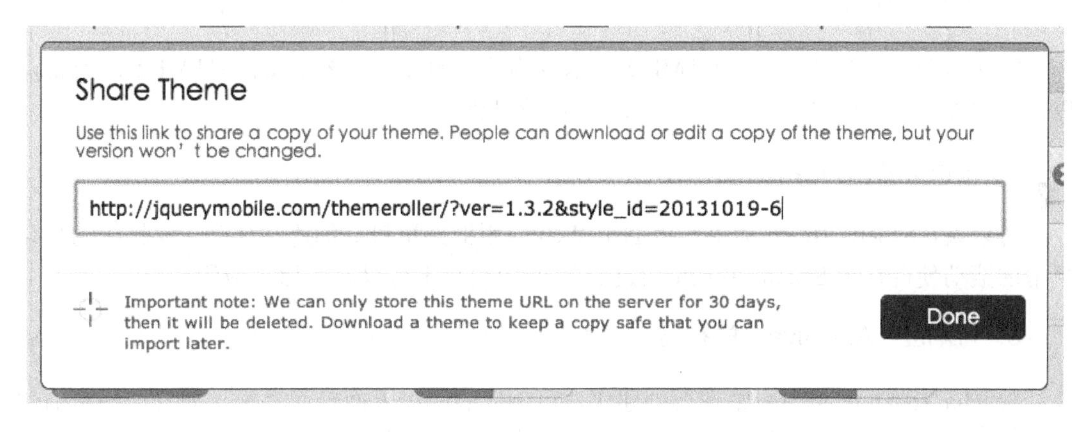

图 12.77　分享主题

jQueryMobile 从发布之时起就是开源的，如果你是一个资深的 jQueryMobile 开发者，你也可以投身参与开源社区的工作，jQueryMobile 现在托管于 github 上（https://github.com/jquery/jquery-mobile），你可以通过 pull request 的方式为 jQueryMobile 项目添砖加瓦。

第 13 章　Sencha Touch

用户体验？Sencha Touch 为王。Sencha Touch 项目脱胎于 ExtJs，Sencha Touch 诞生后便以其接近本地 APP 的良好体验以及丰富而专业的功能吸引了众多的开发者，目前最新版本号已经推到了 2.3。本章将详细讲解该平台。

13.1　综　　述

Sencha Touch 是一个性能出众的 HTML 5 应用程序框架，相较于 jQueryMobile，Sencha 更多的瞄准了高端设备，以便在这些设备上提供更出众的用户体验，包括 iOS、Android、BlackBerry 和 Windows Phone 等。

Sencha Touch 号称是一个 Mobile HTML 5 平台，它包含这样一些主要特性，如下所示。

1．完全的 HTML 5 技术

Sencha Touch 采用了大量 HTML 5 技术来构建，抛弃了许多不支持 HTML 5 的设备，以让你的程序跑的更快更好，开发者能更容易的开发。

2．平滑的动画和滚动

可以说，Sencha Touch 提供了市面上 Web 应用框架里最好的用户体验，流畅的动画和平滑的滚动使得基于 Sencha Touch 构建的 Web 应用几乎可以媲美原生应用。

3．可响应（Adaptive）的布局

Sencha Touch 的布局引擎使得创建快速可响应的应用界面轻而易举。而且这些精确到像素级的布局可以迅速在竖屏横屏状态进行切换——就和你的 iOS 应用一样。

4．本地打包

你的用户是不会关心应用究竟采用什么样的技术来开发，但是你的用户可能来自于 APP Store 或者其他应用分发渠道，这使得你不得不考虑成本更高的原生应用。幸运的是，Sencha Touch 除了应用本身提供了媲美原生应用的用户体验，还提供了一套本地打包工具（基于 Apache Cordova 技术），使得你可以在应用商店发布程序——并且还可以利用大量本地应用才能利用的接口，如加速器、联系人和摄像头等等。

5．不仅仅是丰富的组件

和 jQueryMobile 一样，Sencha Touch 也提供了一整套的 UI 组件，同时它还提供了更

多的东西，包括内建的 MVC 系统、AJAX、DOM、特性检测、地理 API 封装和触摸事件甚至一大堆图标……基本上，有了 Sencha Touch 这个大而全的开发框架，你基本上不再需要其他技术方案了。

6．主题

Sencha Touch 自 2.3 版本开始提供了一堆模拟特定平台的主题，这样你的应用更加像原生应用了，如图 13.1 所示。

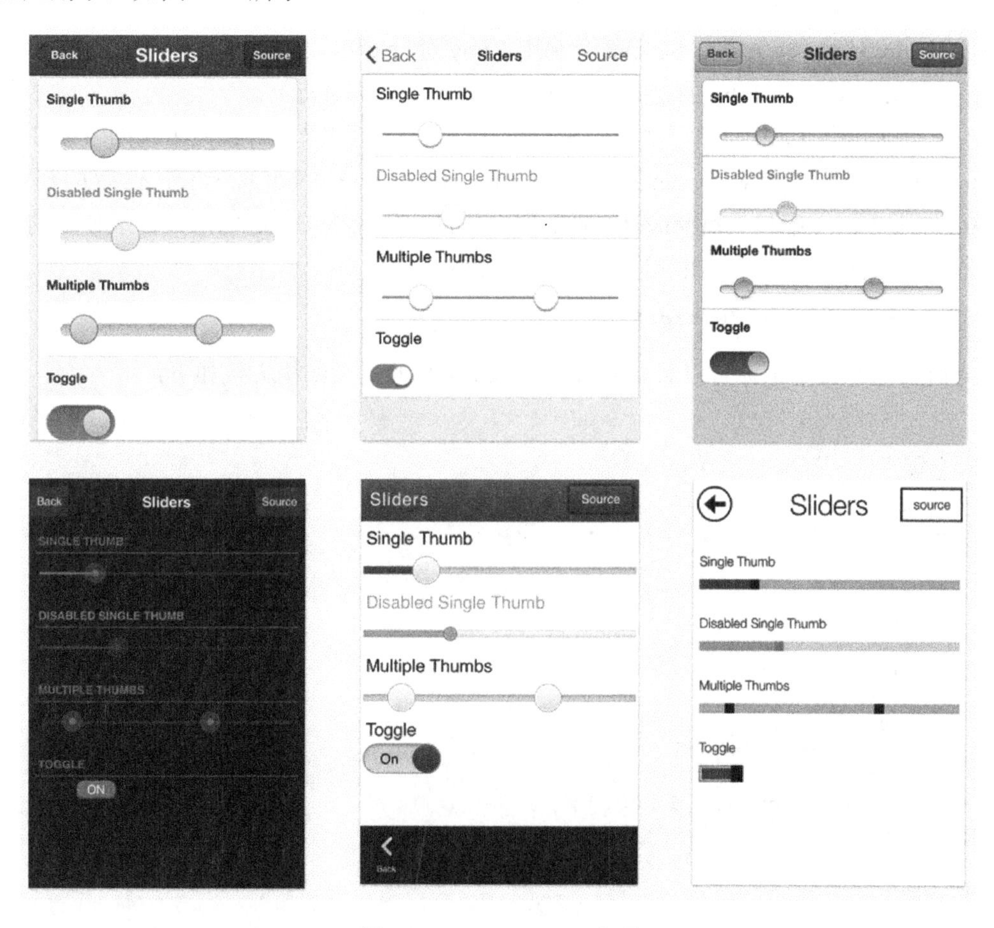

图 13.1　Sencha Touch 主题

可以看到 Sencha 团队提供了各大移动平台原生应用的主题包，包括 iOS6、7，Android，Windows 8/Phone 等，你的目标程序可以在不改变源代码的前提下打包到各大移动平台的市场上去买，不亦乐乎？

是不是听上去很诱人？接下来，让我们正式的认识认识她！

13.2　bonjour，Sencha Touch!

Sencha 开发栈包含非常多的东西，相较于 jQueryMobile 只需要一个文本编辑器而言，

Sencha Touch 应用的开发环境搭建就复杂了许多，以下是必备的软件&环境。

- 现代浏览器（如 Chrome）：Chrome 等现代浏览器带有完备的调试环境，对于 Sencha Touch 应用的开发非常有帮助。
- Sencha Cmd：Sencha 应用的命令行工具，用于生成框架代码以及打包编译部署应用等工作（包括基于 Sencha Touch，ExtJs 等 SDK 的应用）。Sencha Cmd 的下载安装可以参考 http://www.sencha.com/products/sencha-cmd/download。安装完毕之后你可以在命令行直接输入 sencha 查看命令帮助。
- Ruby 环境（1.9.3）：Sencha 会利用 Ruby 进行 CSS 文件的编译。（Window、Mac 和 Linux 安装 Ruby 的方式各不相同，你可以择需进行）。

有了以上准备工作，你便可以开始 Sencha Touch 程序的构建了，首先去官网下载 Sencha Touch SDK 包（http://www.sencha.com/products/touch/download/），将下载后的压缩包（2.3.0-gpl 版本的压缩包大概 96MB）解压到你项目的目录下（一定确保该目录使你的 Web 服务器可以访问的，因为应用有许多代码都从该目录引用）：

```
$ cd your-project/webroot/sencha-touch-2.n/
```

导航到这个目录下你可以看到 sencha-touch 本身的目录结构大致如下：

```
.
├── SETUP.html
├── SenchaLogo.png
├── build.xml
├── builds
├── cmd
├── docs
├── examples
├── file-header.txt
├── index.html
├── license.txt
├── microloader
├── release-notes.html
├── resources
├── sencha-touch-all-debug.js
├── sencha-touch-all.js
├── sencha-touch-debug.js
├── sencha-touch.js
├── src
└── version.txt
```

此时你可以通过 sencha generate app 命令利用 sencha touch 的 SDK 生成一个新的空 app：

```
$ sencha generate app MyApp ../MyApp
```

上面命令的含义是在上级目录的 MyApp 目录生成一个名为 MyApp 的应用，而且应用内的模板代码的命名空间均将被设置为 MyApp，你可以通过 sencha cmd 工具自带的 webserver 来 host 你生成的程序（或其他任何 webserver）：

```
$ sencha fs web -port 8000 start -map ./MyApp
```

然后打开 http://localhost:8000，将可以看到我们可爱的应用，如图 13.2 所示。

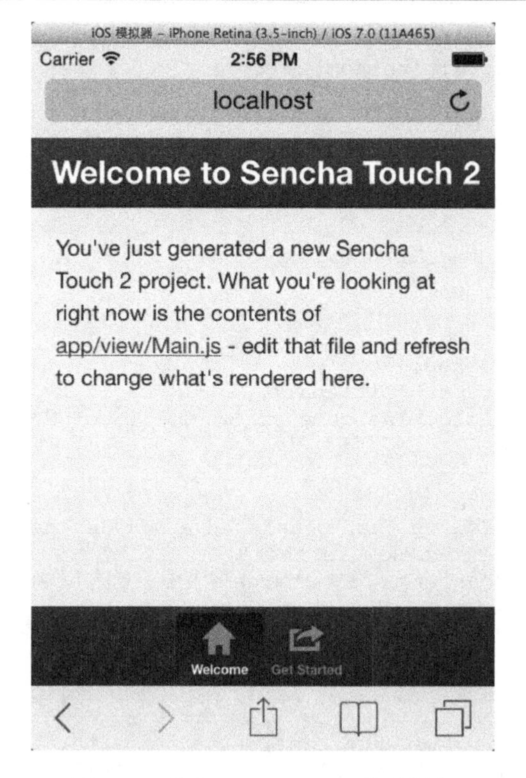

图 13.2　默认 Sencha Touch 模板程序

最终生成应用模板的项目目录结构和含义大概是：

```
.
├── MyApp
│   ├── app        # 应用源码（包括 Models、Views、Controllers 和 Stores 等内容）
│   ├── app.js             # 应用程序的入口
│   ├── app.json           # 应用的配置文件
│   ├── build.xml          # 构建配置
│   ├── index.html         # 入口 html 文件
│   ├── packager.json      # 在打包为原生应用时需要用到的配置文件
│   ├── packages
│   ├── resources          # 所有资源文件
│   └── touch             # touch SDK 的复制
└── touch-2.3.0
    ├── SETUP.html
    ├── ......
    └── version.txt
```

app.js 是整个应用的入口，但是这个文件手动修改时一定要小心，因为 sencha cmd 工具会在生成后续代码时往该文件写入内容。

找到 Main.js 文件，你可以看到这样的一个文件：

```
Ext.define('Demo.view.Main', {
    extend: 'Ext.tab.Panel',
    xtype: 'main',
    requires: [
        'Ext.TitleBar',
        'Ext.Video'
    ],
```

```
    config: {
        tabBarPosition: 'bottom',

        items: [
            {
                title: 'Welcome',
                iconCls: 'home',

                styleHtmlContent: true,
                scrollable: true,

                items: {
                    docked: 'top',
                    xtype: 'titlebar',
                    title: 'Welcome to Sencha Touch 2'
                },

                html: [
                    "You've just generated a new Sencha Touch 2 project. What
you're looking at right now is the ",
                    "contents of <a target='_blank' href=\"app/view/Main.js\"
>app/view/Main.js</a> - edit that file ",
                    "and refresh to change what's rendered here."
                ].join("")
            },
            {
                title: 'Get Started',
                iconCls: 'action',

                items: [
                    {
                        docked: 'top',
                        xtype: 'titlebar',
                        title: 'Getting Started'
                    },
                    {
                        xtype: 'video',
                        url:
'http://av.vimeo.com/64284/137/87347327.mp4?token=1330978144_f9b698fea3
8cd408d52a2393240c896c',
                        posterUrl:
'http://b.vimeocdn.com/ts/261/062/261062119_640.jpg'
                    }
                ]
            }
        ]
    }
});
```

这是主视图的代码，找到行：

```
title: 'Welcome',
```

将其修改为：

```
title: '首页',
```

将行：

```
title: 'Welcome to Sencha Touch 2'
```

修改为：

```
title: 'Sencha Touch 2 的世界'
```

保存并刷新，你可以看到界面相应 UI 元素的内容更改了，如图 13.3 所示。

图 13.3　Sencha Touch 默认程序

从这里你应该能够感受到，Sencha 和其他的框架非常的不同（尤其是 jQuery 派系），Sencha 的应用有着严格的编码要求，Sencha Touch 框架本身会接管整个移动 Web 应用的生命周期，作为应用开发者只需要关注你的业务架构和业务逻辑代码，框架本身几乎提供了一切你所需的内容。Sencha 所有的 UI 元素都由框架本身提供，而建立 UI 元素的方式也是单纯通过 JavaScript 代码实现。而且大部分代码都是类似 JSON 配置的声明式结构，上手难度并不高。

接下来我们搭建一个稍微复杂的程序来说明 Sencha Touch 的基本使用，在这之前，你可以将 app.js 和 main.js 两个生成的模板源码给删掉。

13.3　第一个 Sencha Touch 程序

我们接下来要搭建的这个应用包含一个首页、一个联系人表单和一个博客列表，用户可以查看博客内容。

首先要做的是建立程序入口（app.js）：

```
Ext.application({

    name: "Demo",

    launch: function() {
        Ext.create("Ext.tab.Panel", {
            fullscreen: true,
            items: [
                {
                    title: 'Home',
                    iconCls: 'home',
                    html: 'Welcome'
                }
            ]
        });
    }
});
```

和预期的一样，刷新页面后一个 TabPanel 控件将出现在屏幕顶部，页面中会出现一句 Welcome，如图 13.4 所示。

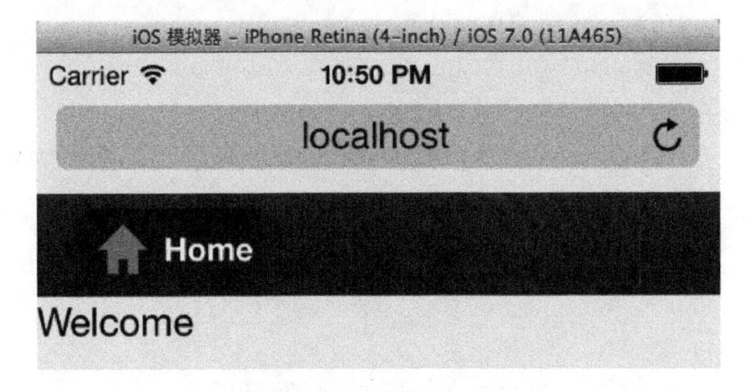

图 13.4　带标题的 Panel

简单说来，上面那段代码将会做这样一些事情：

```
//新建一个 application
Ext.application({

    name: 'Blog',
    //应用启动时将会调用 launch
    launch: function() {
        //创建 Ext.tab.Panel 类的一个实例
        Ext.create("Ext.tab.Panel", {
            //以下都是配置参数
            fullscreen: true,
            items: [
                {
                    //panel 标题
                    title: 'Home',
                    //用于标明 ICON 的 class，home 是一个小房子图标
                    iconCls: 'home',
                    //panel 里的 HTML 内容
                    html: 'Welcome'
                }
            ]
        });
```

```
    }
});
```

接下来我们为页面再增加一些欢迎信息，并且把 tabBar 的位置调整到屏幕底部：

```
Ext.application({
    name: "Demo",

    launch: function() {
        //创建 Ext.tab.Panel 类的一个实例
        Ext.create("Ext.tab.Panel", {
            //以下都是配置参数
            fullscreen: true,
            tabBarPosition: 'bottom',

            items: [
                {
                    title: 'Home',
                    iconCls: 'home',
                    //html 是 panel 内的内容
                    html: [
                        '<img src="http://staging.sencha.com/img/sencha.png"
/>',
                        '<h1>Welcome to Sencha Touch</h1>',
                        "<p>You're creating the Getting Started app. This
demonstrates how ",
                        "to use tabs, lists, and forms to create a simple
app</p>",
                        '<h2>Sencha Touch</h2>'
                    ].join("")
                }
            ]
        });
    }
});
```

此时界面效果如图 13.5 所示。

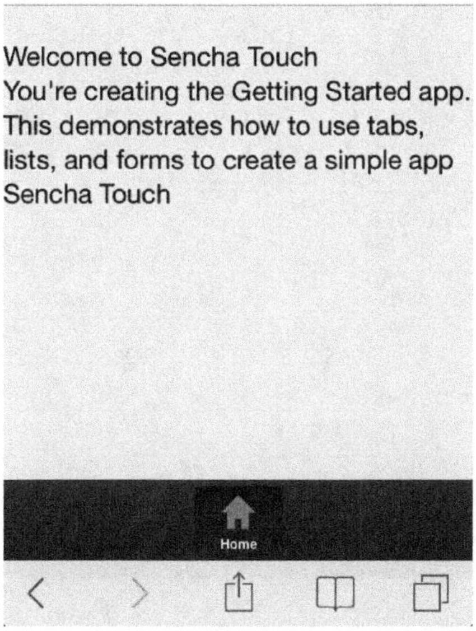

图 13.5　tabBar 移到下面去

看起来似乎页面内容加点 padding 会更美观，你可以通过 cls 选项来为元素添加 class：

```
Ext.application({
    ......
    launch: function() {
        Ext.create("Ext.tab.Panel", {
            fullscreen: true,
            tabBarPosition: 'bottom',

            items: [
                {
                    title: 'Home',
                    iconCls: 'home',
                    cls: 'home',
                    ......
            ]
        });
    }
});
```

你可以通过编辑 app.json 文件来改变引用的 CSS 文件，进而在 CSS 文件里定义你想要的样式。app.json 中包含非常多的配置项，下面是一个典型的 app.json 文件：

```
{
    "name": "Demo",

    "indexHtmlPath": "index.html",
    "url": null,

    "js": [
        {
            "path": "touch/sencha-touch.js",
            "x-bootstrap": true
        },
        {
            "path": "app.js",
            "bundle": true,
            "update": "delta"
        }
    ],

    "css": [
        {
            "path": "resources/css/app.css",
            "update": "delta"
        }
    ],

    "appCache": {
        "cache": [
            "index.html"
        ],
        "network": [
            "*"
        ],
        "fallback": []
    },

    "resources": [
        "resources/images",
```

```
        "resources/icons",
        "resources/startup"
    ],

    "ignore": [
        "\.svn$"
    ],
    "archivePath": "archive",

    "requires": [
    ],

    "id": "d086c80b-62fa-4a93-865d-f805de2c4a2e"
}
```

不过我们目前不需要知道所有的配置项是什么意思，比如上例中 home class 的定义可以写在 resources/css/app.css 里面：

```
.home {
  padding: 10px;
}
```

此时我们的应用又稍微好看了那么一点点，如图 13.6 所示。

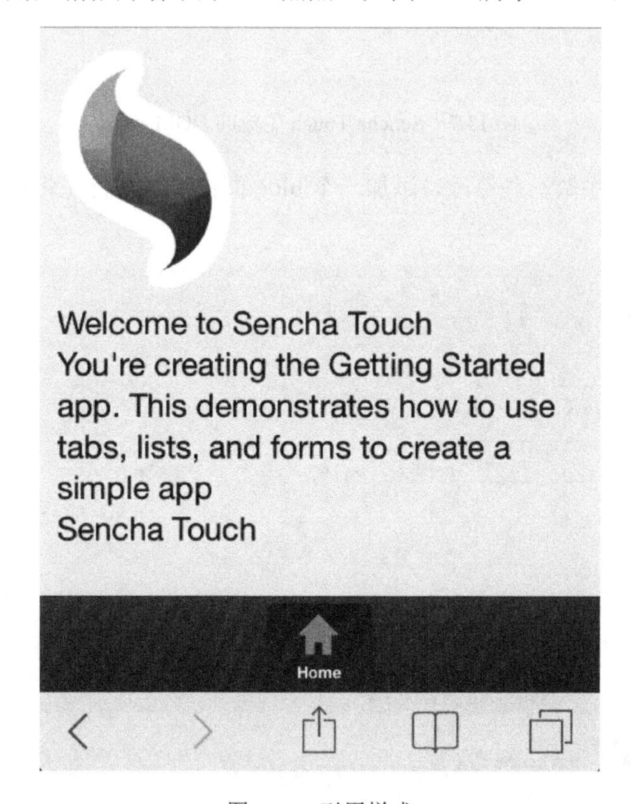

图 13.6　引用样式

此时你可以从 chrome devtools 中看到最终 Sencha 为你生成的 DOM 树是什么样子，如图 13.7 所示。

```
<!DOCTYPE html>
▼<html manifest lang="en-US">
  ▶<head id="ext-element-1">…</head>
  ▼<body screen_capture_injected="true" id="ext-element-3" style="width:
  100% !important; height: 100% !important;" class="x-desktop x-macos x-
  chrome x-webkit x-landscape">
    ▶<div id="appLoadingIndicator">…</div>
    ▼<div class="x-container x-sized" id="ext-viewport" style="width: 100%
    !important; height: 100% !important;">
      ▼<div class="x-body" id="ext-element-4">
        ▼<div class="x-inner x-layout-card" id="ext-element-2">
          ▼<div class="x-container x-tabpanel x-fullscreen x-layout-card-item
          x-sized" id="ext-tabpanel-1">
            ▼<div class="x-dock x-dock-vertical x-sized" id="ext-element-9">
              ▼<div class="x-dock-body" id="ext-element-10">
                ▼<div class="x-inner x-layout-card" id="ext-element-5">
                  ▼<div class="x-container home x-layout-card-item x-sized"
                  id="ext-container-1">
                    ▼<div class="x-inner" id="ext-element-6">
                      ▼<div class="x-innerhtml" id="ext-element-7">
                          <img src="http://staging.sencha.com/img/sencha.png">
                          <h1>Welcome to Sencha Touch</h1>
                        ▶<p>…</p>
                          <h2>Sencha Touch</h2>
                        </div>
                      </div>
                    </div>
                  </div>
                </div>
              ▶<div class="x-container x-tabbar-dark x-tabbar x-dock-item x-
              docked-bottom x-stretched" id="ext-tabbar-1">…</div>
              </div>
            </div>
          </div>
        </div>
      </div>
    </body>
</html>
```

图 13.7　Sencha Touch 生成的 DOM 树

接下来我们对程序做一些修改，添加一个 blog 阅读界面，首先将全部代码删掉，用下面的代码替换：

```
Ext.application({
    name: 'Demo',

    launch: function() {
        Ext.create("Ext.tab.Panel", {
            fullscreen: true,
            tabBarPosition: 'bottom',

            items: [
                {
                    xtype: 'nestedlist',
                    title: 'Blog',
                    iconCls: 'star',
                    displayField: 'title',

                    store: {
                        type: 'tree',

                        fields: [
                            'title',  'link',  'author',  'contentSnippet',
'content',
```

```
                        {name: 'leaf', defaultValue: true}
                    ],

                    root: {
                        leaf: false
                    },

                    proxy: {
                        type: 'jsonp',
                        url:
'https://ajax.googleapis.com/ajax/services/feed/load?v=1.0&q=http://fee
ds.feedburner.com/SenchaBlog',
                        reader: {
                            type: 'json',
                            rootProperty: 'responseData.feed.entries'
                        }
                    }
                }
            }
        ]
    });
  }
});
```

在之前的代码中，我们在 panel 里面放置的是一些原始的 HTML。而上面的代码中我们在 panel 中放置的是 Nested List 组件（用 xtype 定义），同样可以同用 title、iconCls 等对 Nested List 进行配置，store 选项指明了 Nested List 组件获取数据的方式，store 选项的具体含义是：

- type:tree - 树状的数据类型，NestedList 会使用到。
- fields - 告知 Store 组件我们需要用到哪些字段。
- proxy - 从哪儿取数据。
- root - leaf:false 设置根节点不是一个叶节点——意思是数据的根节点不应该被展示出来，因为我们之前设置叶（leaf）节点的默认值（defaultValue）为 true。

proxy 定义可能是 store 定义最重要的部分了，它指明了获取数据的地址（google feed api）、数据的格式（JSON-P）和一个 reader 定义。

最后一部分的 Reader 实体用于读取远端返回的数据，在本例中以 JSON 方式读取 Google 服务器返回的信息，Google 返回的 JSON 结果类似于下面的结构：

```
{
    responseData: {
        feed: {
            entries: [
                {author: 'Bob', title: 'Great Post', content: 'Really good
content...'}
            ]
        }
    }
}
```

rootProperty 则定义了最终用到的对象是 entries 数组，剩下的就交给框架渲染最终结果了，如图 13.8 所示。

图 13.8　Blog 界面

此时我们的博客列表已经有了，可是轻触列表还没有什么实质的效果，要实现点触后进入博客阅读界面这一功能也非常简单：

```
{
    xtype: 'nestedlist',
    ......

    detailCard: {
        xtype: 'panel',
        scrollable: true,
        styleHtmlContent: true
    },

    listeners: {
        itemtap: function(nestedList, list, index, element, post) {
            this.getDetailCard().setHtml(post.get('content'));
        }
    }
}
```

以上两块儿配置中，我们创建了一个 detailCard，它允许你在轻触 Nested List 的时候显示一个新的 view，并在 itemtap 事件触发时将 view 中内容设置为博客内容，如图 13.9 所示。

图 13.9　带返回按钮的博客阅读界面

接下来我们看看如何创建一个表单：

```
Ext.application({
    name: 'Sencha',

    launch: function() {
        Ext.create("Ext.tab.Panel", {
            fullscreen: true,
            tabBarPosition: 'bottom',

            items: [
                {
                    title: 'Contact',
                    iconCls: 'user',
                    //formpanel 是一个独立的组件
                    xtype: 'formpanel',
                    url: 'contact.php',
                    //layout 指定界面布局
                    layout: 'vbox',

                    items: [
                        {
                            //表单集合
                            xtype: 'fieldset',
                            title: 'Contact Us',
                            instructions: '(email address is optional)',
                            height: 285,
                            items: [
                                {
                                    //textfield 相当于 input:text
                                    xtype: 'textfield',
                                    label: 'Name'
                                },
                                {
                                    //textfield 相当于 input:email
                                    xtype: 'emailfield',
                                    label: 'Email'
```

```
                        },
                        {
                            //textareafield 相当于 textarea
                            xtype: 'textareafield',
                            label: 'Message'
                        }
                    ]
                },
                {
                    xtype: 'button',
                    text: 'Send',
                    ui: 'confirm',
                    //handler 会在轻触按钮时触发，表单会提交到 contact.php
                    handler: function() {
                        this.up('formpanel').submit();
                    }
                }
            ]
        }
    ]
    });
  }
});
```

创建表单的方式也和其他组件的方式大同小异，最后效果如图 13.10 所示。

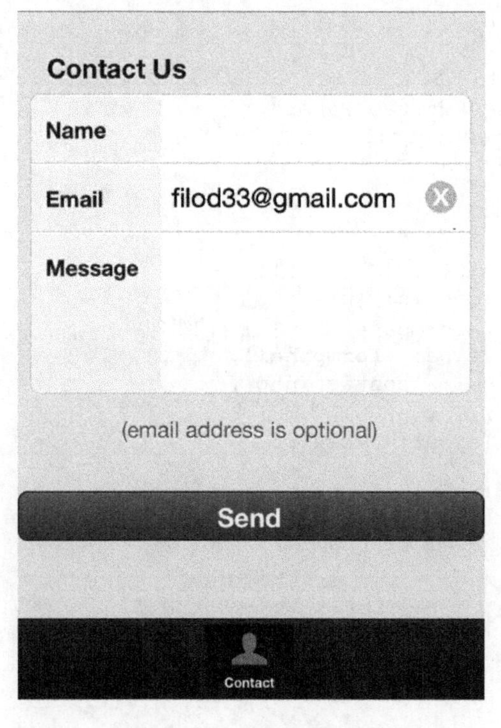

图 13.10　Sencha Touch 表单

至此，三个页面均已完成，不过作为一个完整应用，这三个部分怎能分割，让我们把他们合起来：

```
Ext.application({
   name: 'Sencha',
```

```
    launch: function() {
        Ext.create("Ext.tab.Panel", {
            fullscreen: true,
            tabBarPosition: 'bottom',

            items: [
                {
                    title: 'Home',
                    iconCls: 'home',
                    cls: 'home',
                    html: [
                        '<img width="65%" src="http://staging.sencha.com/img/
sencha.png" />',
                        '<h1>Welcome to Sencha Touch</h1>',
                        "<p>We're creating the Getting Started app, which
demonstrates how ",
                        "to use tabs, lists, and forms to create a simple app.
</p>",
                        '<h2>Sencha Touch</h2>'
                    ].join("")
                },
                {
                    xtype: 'nestedlist',
                    title: 'Blog',
                    iconCls: 'star',
                    displayField: 'title',

                    store: {
                        type: 'tree',

                        fields: [
                            'title', 'link', 'author', 'contentSnippet',
'content',
                            {name: 'leaf', defaultValue: true}
                        ],

                        root: {
                            leaf: false
                        },

                        proxy: {
                            type: 'jsonp',
                            url:
'https://ajax.googleapis.com/ajax/services/feed/load?v=1.0&q=http://fee
ds.feedburner.com/SenchaBlog',
                            reader: {
                                type: 'json',
                                rootProperty: 'responseData.feed.entries'
                            }
                        }
                    },

                    detailCard: {
                        xtype: 'panel',
                        scrollable: true,
```

```
                styleHtmlContent: true
            },

            listeners: {
                itemtap: function(nestedList, list, index, element,
                post) {
                    this.getDetailCard().setHtml(post.get('content'));
                }
            }
        },
        //这是一个新条目
        {
            title: 'Contact',
            iconCls: 'user',
            xtype: 'formpanel',
            url: 'contact.php',
            layout: 'vbox',

            items: [
                {
                    xtype: 'fieldset',
                    title: 'Contact Us',
                    instructions: '(email address is optional)',
                    height: 285,
                    items: [
                        {
                            xtype: 'textfield',
                            label: 'Name'
                        },
                        {
                            xtype: 'emailfield',
                            label: 'Email'
                        },
                        {
                            xtype: 'textareafield',
                            label: 'Message'
                        }
                    ]
                },
                {
                    xtype: 'button',
                    text: 'Send',
                    ui: 'confirm',
                    handler: function() {
                        this.up('formpanel').submit();
                    }
                }
            ]
        }
      ]
    });
  }
});
```

最后效果（三个 Tab 可以无刷自由切换）如图 13.11 所示。

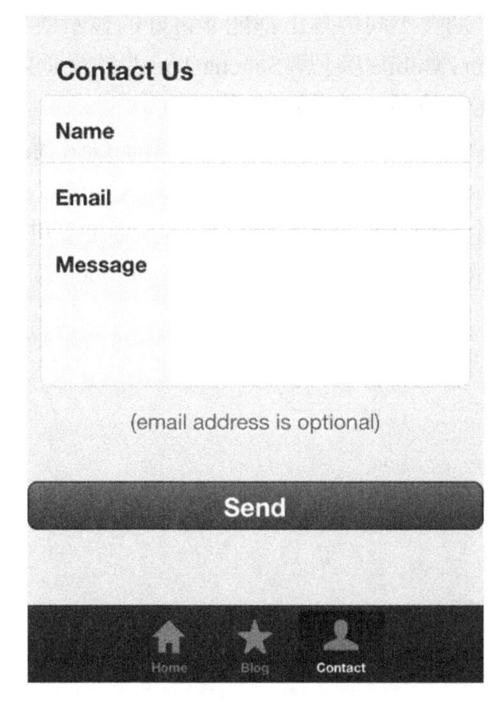

图 13.11　带 3 个 Tab 的应用

13.4　进　　阶

Sencha Touch 的内容远不止上面这个小实例那么简单，它至少还包括以下内容。

- MVC：从默认 APP 的目录结构就能看出 Sencha Touch 是内建了完整的 MVC 系统的，构建大型客户端应用 MV*的程序结构几乎是必不可少的，将数据与表现分离是每一个优秀程序员应尽的责任与义务。
- 设备配置（Device Profiles）：Sencha Touch 中你可以为不同设备启用不同的配置，这使得你可以为手机或平板提供差异化体验的同时共享尽可能多的业务逻辑代码和资源。
- 历史记录：作为单页应用框架，完备的历史记录和路由功能是必不可少的，Sencha Touch 提供了一套 Restful 的 URL routing 系统，甚至你可以在界面导航时恢复程序的状态（比如单击返回后正确定位之前面板的位置）。
- PhoneGap/Cordova 集成：Sencha Touch 对 PhoneGap/Cordova 非常友好，友好到什么程度呢？Sencha Touch 的官方有专门 PhoneGap/Cordova 集成教程，Sencha Cmd 工具也提供了相应的命令来生成程序。
- 组件：前面例子已经展示了一部分组件的使用模式和 API 惯例，Sencha Touch 拥有一颗庞大的组件树，包括 Form、DataView、Carousel、Chart、List、TabPanel 和 NestedList 等等。

- 布局系统：Sencha Touch中有一个非常强大的布局引擎，利用它你可以控制组件的大小和位置，以期在不同屏幕上都能非常好的显示效果。
- 主题系统：和jQueryMobile类似，Sencha Touch的视觉效果也可以很容易的定制，而且Sencha Touch还支持SASS预处理器。
- Grid系统：是的，Sencha Touch甚至有自己的Grid系统，所以也不用怕表格数据了。

Sencha Touch的内容十分庞杂，限于篇幅，本书不再过多讲解Sencha Touch的内容，读者有需要可以阅读官方的文档（http://docs.sencha.com/touch/2.3.0/）或者购买相关书籍进行学习。

第 14 章　Bootstrap

“Bootstrap 是世界上最受欢迎的 Web UI 项目，没有之一。”——filod

这并不是我在瞎说，截止到 2013 年 10 月 22 日 9 点 17 分，Bootstrap 在 Github 上的 star 数目已达 59820，这超过了位居第二的 node.js 项目一倍还要多（node.js 的 star 数是 25189）。市面上你所能看到的网站有许多是由 Bootstrap 作为前端构建的。

Bootstrap 最初由 twitter 开源，现在已经变成了一个独立组织 twbs（twitter bootstrap）下的主要项目，它提供了一套基础样式、一套布局系统、一套 UI 组件和一套附加的 JavaScript 交互组件，它的 UI 优雅简洁，基础功能完善，使用极其简单，易于扩展和自定义，很快成为快速搭建网站的首选。加上它附加的响应式设计框架，Bootstrap 也成为很多移动项目或者需要同时兼容移动设备和桌面项目的不二之选。

而且 Bootstrap 从 3.0 版本后开始遵循 mobile first 理念，从一套桌面框架摇身一变成了移动框架，因此本书自然无法忽视它。

14.1　Bootstrap3 综述

按照官方的说法，Bootstrap 2 是一个“流畅的、直觉式的、强大的、让 Web 开发更加快速和简单的前端框架”（Sleek, intuitive, and powerful front-end framework for faster and easier web development）。而 Bootstrap 3 对 Bootstrap 2 进行了大刀阔斧的改造，标语也做了细微却又重要的改变：“流畅的、直觉式的、强大的、让 Web 开发更加快速和简单的移动优先的前端框架”（Sleek, intuitive, and powerful mobile first front-end framework for faster and easier web development）。

虽然看起来只多了小小的两个词，但实际上 Bootstrap 整个项目都完全重写了一次，与 Bootstrap 2 相比，至少包含如下更新内容。

1．全新设计

简单地说，Bootstrap 3 的设计更加扁平化，如图 14.1 所示。

不过 Bootstrap 团队成员说 Bootstrap 3 采用扁平化设计不是因设计界的趋势所致，而只是为了定制化（customization）更加方便——因为简单的设计意味着可定制的程度更高，并且 Bootstrap 团队也提供了一个可选主题，该主题和 Bootstrap 2 默认主题差别不大，如图 14.2 所示。

2．移动优先

这可能是最大的改变了，在 Bootstrap 2 时代，要使你的网站兼容移动设备，需要引入一个独立的文件：bootstrap-responsive.css，这个文件的主要作用是在屏幕宽度缩小时将页面上的 Grid 的系统变为堆叠状态。而 Bootstrap 3 的响应式设计思路完全不一样，从一开始就在屏幕较小的移动设备上构建，然后再兼容屏幕较宽的设备（典型的移动优先思路），整个框架始终都能保持高度“响应”。

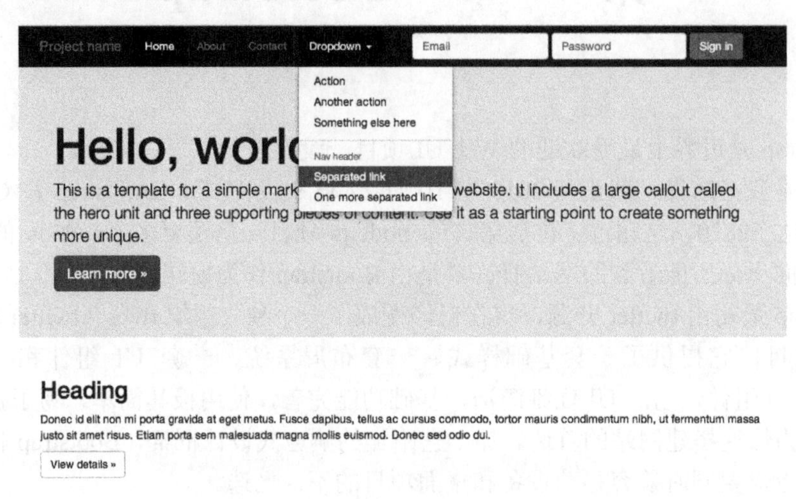

图 14.1　更加扁平（flat）的 Bootstrap

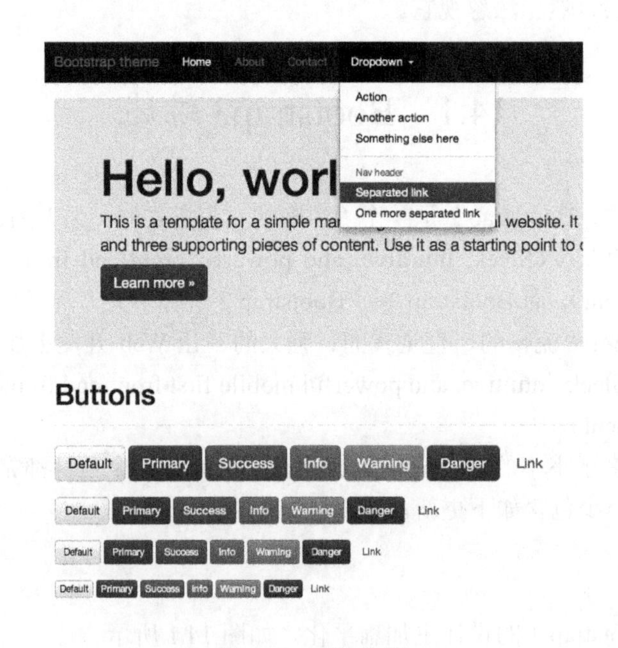

图 14.2　可选主题

3．全新定制器

新的定制器（customizer）完全基于浏览器进行编译，不再依赖后端（过去程序搭建在 Heroku）。而且有了更好的依赖支持和内置的错误处理，同时还附赠一个贴心的小功能，把你自定义的文件创建一个匿名 gist，以方便重用、分享和修改，如图 14.3 所示。

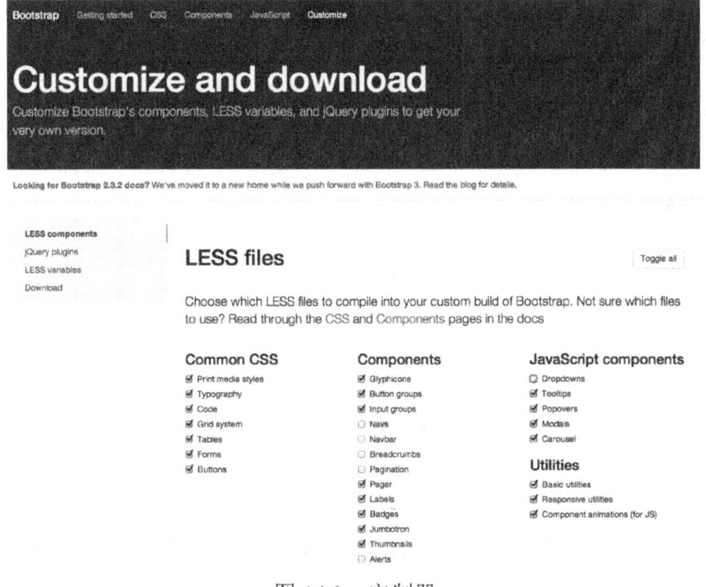

图 14.3　定制器

4. 更改默认盒模型

几乎所有的浏览器的默认盒模型都是 content-box，但是并不意味着这是更优的，我们都知道 content-box 模型来源于 W3C 最初的盒模型，但实际上对于程序员来讲，border-box 是更方便的一种模型，你只需关注盒子最终的尺寸大小，而不用每次都重新计算。Bootstrap 3 默认将块级元素重置为了 border-box:

```
*,
*:before,
*:after {
  .box-sizing(border-box);
}
```

这样你在使用 padding 时心里负担会降低许多，而且能让 Grid 系统变得更好用。

5. 强大的 Grid 系统

现在的 grid class 支持四层（tier）设备：手机、平板、桌面和大屏桌面，你可以利用 grid 做出很多有趣的布局，而且还能支持多种设备。

6. 重写 JavaScript 插件

所有插件的事件现在都加上了命名空间，以避免和其他框架冲突。

7. 新字体 icon

在 Bootstrap 2 中所有图标都是基于图片的，图片有很多缺点，例如难以修改颜色对多设备支持不好等等，而现在所有的图标都使用字体格式来实现，但是调用方式和原来也基本一样（只不过要加上图标的版权方）：

```
<span class="glyphicon glyphicon-pencil"></span>
```

而且增加了 40 多个新图标。

8．Navbar 重写

Navbar 是 Bootstrap 中使用率非常高的组件，Bootstrap 3 对它进行了大修，现在 Navbar 能始终保持响应，而且 Navbar 中的子组件能方便地进行重排列。

9．响应式的 Modal

是的，现在对话框也是可响应的了。对于内容量较多的对话框会随着页面进行滚动（以前是设置了 max-height）。

10．新组件

panels 和 list groups 是 Bootstrap 3 新增的组件。

11．被移除的组件

有出新自然也有推陈，accordion 被 collapsible panels 所替代，submenus 和 typeahead 等组件则被移除掉。

12．基础 class 一致性更好

Buttons、tables、forms 和 alerts 等都采用具有高度一致性的 class 来控制其样式或尺寸，这样将获得更好的可定制性和扩展性。

13．更完善的文档

现在的文档中除了组件说明，还增加了浏览器兼容说明、许可证 FAQ、第三方支持和可访问性（accessibility）等内容。

14．不再支持 IE 7 和 Firefox 3.6 及更低版本

IE 8 依然是支持的，但如果你要在 IE 8 中使用 CSS 3 media queries，可以使用 Respond.js（https://github.com/scottjehl/Respond）。

因为 Bootstrap 2 着实太红，笔者再从零讲起的话确有炒冷饭之嫌，所以接下来的章节将主要针对 Bootstrap 3 新增和改变的部分进行讲解。

14.2　Grid 系统

Bootstrap 包含一个可响应、移动优先的流式（fluid）栅格系统，随着视口/设备宽度的增加会扩展为 12 列。它包含一些预定义的 class 用于布局，同时还提供了强大的 mixin class 用于生成更多的布局（需要了解 LESS）。

Bootstrap 的断点定义是从小到大的（也是为了遵循移动优先原则），基本思路是：

```
/* 超小屏幕设备（手机，最大 480px）*/
/* No media query since this is the default in Bootstrap */

/* 小屏幕设备（平板，768px 以上）*/
@media (min-width: @screen-sm) { ... }
```

```
/* 中等设备 (桌面电脑, 992px 以上) */
@media (min-width: @screen-md) { ... }

/* 大屏设备(大桌面, 1200px 以上) */
@media (min-width: @screen-lg) { ... }
```

Bootstrap 的 Grid 系统就基于上面的 Media queries 构建。在所有情况下，Bootstrap 的网格系统都是 12 列，但却提供了四种类型的列定义 class，分别是.col-xs-*、.col-sm-*、.col-md-*和.col-lg-*，它们在不同屏幕宽度下有着不同的行为，具体参考表 14-1。

表 14-1　Bootstrap Grid系统

屏幕宽度	手机（**Extra small**）(**<768px**)	平板（**Small**）(**≥768px**)	桌面（**Medium**）(**≥992px**)	大桌面（**Large**）(**≥1200px**)
Grid 行为	均水平排列	当大于断点时便水平排列，否则垂直堆叠		
最大容器宽度	None (auto)	750px	970px	1170px
对应 Class 前缀	.col-xs-	.col-sm-	.col-md-	.col-lg-
总的列数	12			
最大列宽度	Auto	60px	78px	95px
列间宽度	30px（列两边各 15px）			
可否嵌套	可以			
Offsets	N/A	Yes		
Column ordering	N/A	Yes		

看到这个表格你可能会有些迷茫，为什么会用到四种 class 来表示列？让我们用实例来说明。

最基本的用法和之前的 span*一样，用数字表示占用多少列：

```
<div class="row">
  <div class="col-md-1">.col-md-1</div>
  <div class="col-md-1">.col-md-1</div>
  <div class="col-md-1">.col-md-1</div>
  <div class="col-md-1">.col-md-1</div>
  <div class="col-md-1">.col-md-1</div>
  <div class="col-md-1">.col-md-1</div>
  <div class="col-md-1">.col-md-1</div>
  <div class="col-md-1">.col-md-1</div>
  <div class="col-md-1">.col-md-1</div>
  <div class="col-md-1">.col-md-1</div>
  <div class="col-md-1">.col-md-1</div>
  <div class="col-md-1">.col-md-1</div>
</div>
<div class="row">
  <div class="col-md-8">.col-md-8</div>
  <div class="col-md-4">.col-md-4</div>
</div>
<div class="row">
  <div class="col-md-4">.col-md-4</div>
  <div class="col-md-4">.col-md-4</div>
  <div class="col-md-4">.col-md-4</div>
</div>
<div class="row">
  <div class="col-md-6">.col-md-6</div>
  <div class="col-md-6">.col-md-6</div>
```

```
</div>
```

在较宽屏幕（≥992px）下的显示效果，如图 14.4 所示。

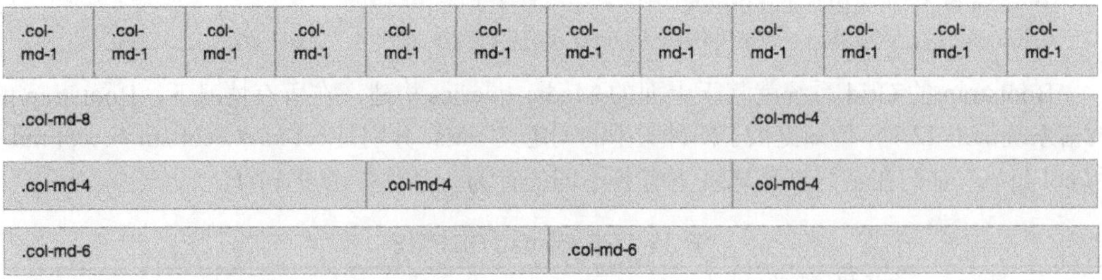

图 14.4　col-md-*（1000px）

注意：grid 的单元格本身是没有任何样式的，图 14.4 中加样式是为了更直观地说明 grid 的行为。

当你的屏幕宽度（<992px）较小时，所有.col-md-*的容器都会堆叠起来，如图 14.5 所示。

图 14.5　col-md-*（800px）

.col-sm-*、.col-md-*和.col-lg -*三种 class 都会在小于各自相应的断点的时候切换成垂直堆叠。

.col-xs-*则无论如何都不会堆叠，如图 14.6 所示。

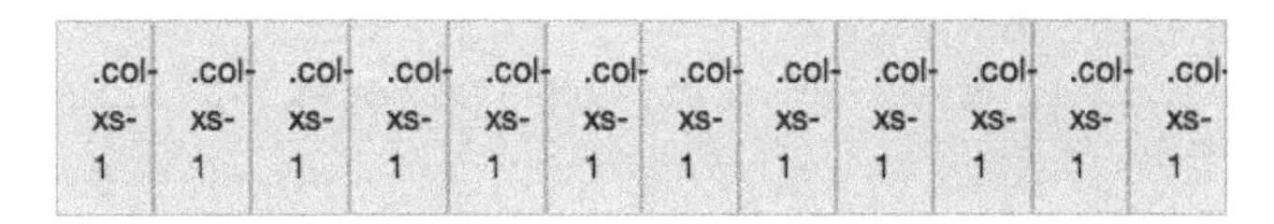

图 14.6　col-xs-*（500px）

看到这里你应该已经基本清楚了新的 Grid 系统怎么用了，来看一个复杂一点的例子：

```
<!-- 在移动设备（<992px）中.col-xs-*会主导样式，第一个 div 会占据整行，第二个 div 占一半 -->
<div class="row">
  <div class="col-xs-12 col-md-8">.col-xs-12 col-md-8</div>
  <div class="col-xs-6 col-md-4">.col-xs-6 .col-md-4</div>
</div>

<!-- 移动设备中每一个 div 宽度为 50%，而桌面端变成 33.3% -->
<div class="row">
  <div class="col-xs-6 col-md-4">.col-xs-6 .col-md-4</div>
  <div class="col-xs-6 col-md-4">.col-xs-6 .col-md-4</div>
  <div class="col-xs-6 col-md-4">.col-xs-6 .col-md-4</div>
</div>

<!-- 均保持 50%宽 -->
<div class="row">
  <div class="col-xs-6">.col-xs-6</div>
  <div class="col-xs-6">.col-xs-6</div>
</div>
```

图 14.7 是在屏幕宽度为 1000px 时的效果。

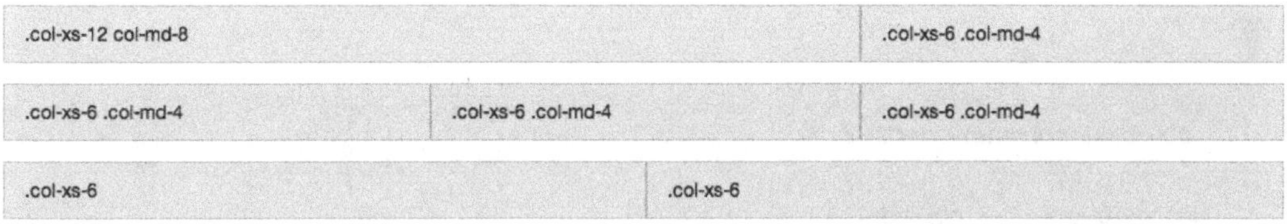

.col-xs-12 col-md-8　.col-xs-6 .col-md-4

.col-xs-6 .col-md-4　.col-xs-6 .col-md-4　.col-xs-6 .col-md-4

.col-xs-6　.col-xs-6

图 14.7　混合.col-xs-*和.col-md-*（1000px）

图 14.8 是 800px 时的效果。

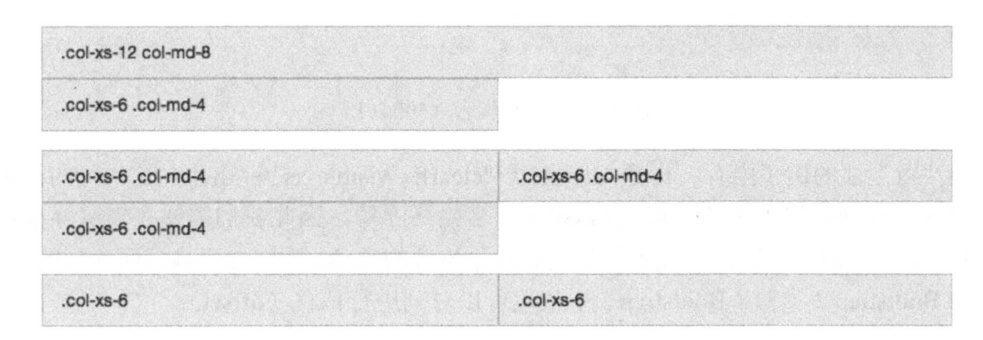

图 14.8　混合.col-xs-*和.col-md-*（800px）

甚至我们可以混合手机（mobile）、平板（tablet）和桌面（desktop）三种情况：

```
<div class="row">
  <div class="col-xs-12 col-sm-6 col-md-8">.col-xs-12 .col-sm-6 .
  col-md-8</div>
  <div class="col-xs-6 col-sm-6 col-md-4">.col-xs-6 .col-sm-6 .
  col-md-4</div>
</div>
<div class="row show-grid">
  <div class="col-xs-6 col-sm-4 col-md-4">.col-xs-6 .col-sm-4 .
  col-md-4</div>
  <div class="col-xs-6 col-sm-4 col-md-4">.col-xs-6 .col-sm-4 .
  col-md-4</div>
  <div class="clearfix visible-xs"></div>
  <div class="col-xs-6 col-sm-4 col-md-4">.col-xs-6 .col-sm-4 .
  col-md-4</div>
</div>
```

下面是在三种尺寸屏幕的显示效果如图 14.9、图 14.10 和图 14.11 所示。

.col-xs-12 .col-sm-6 .col-md-8
.col-xs-6 .col-sm-6 .col-md-4
.col-xs-6 .col-sm-4 .col-md-4
.col-xs-6 .col-sm-4 .col-md-4
.col-xs-6 .col-sm-4 .col-md-4

图 14.9　三种混合（1000px）

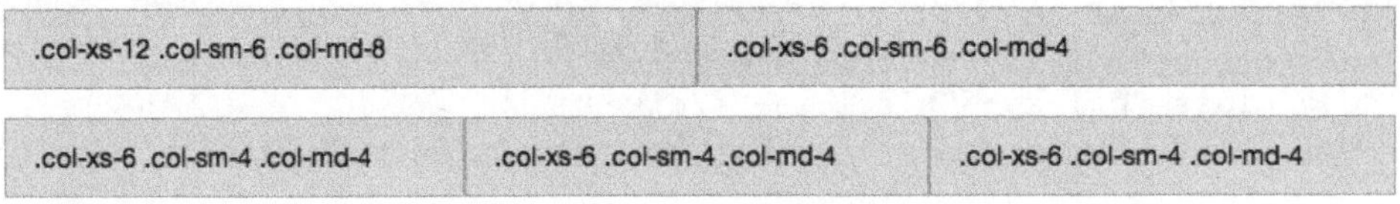

.col-xs-12 .col-sm-6 .col-md-8
.col-xs-6 .col-sm-6 .col-md-4
.col-xs-6 .col-sm-4 .col-md-4
.col-xs-6 .col-sm-4 .col-md-4
.col-xs-6 .col-sm-4 .col-md-4

图 14.10　三种混合（800px）

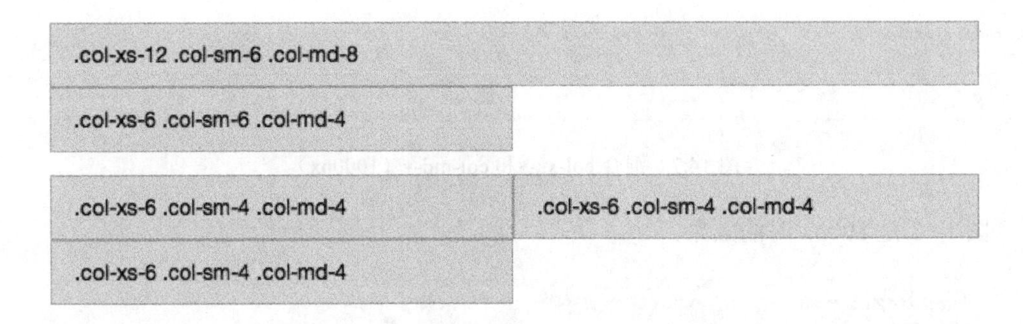

图 14.11　三种混合（500px）

要注意上面的例子中有一行是<div class="clearfix visible-xs"></div>，这一行的作用在于，因水平排列布局由浮动实现，而.col-xs-*会始终浮动，因此我们需要在较窄屏幕且多列并排时，某一列其内容高度高于其他列时清除该行的浮动，否则会影响后面的列的排布。

和 Bootstrap 2 类似，Bootstrap 3 中依然可以对列进行偏移（offset）：

```
<div class="row">
  <div class="col-md-4">.col-md-4</div>
```

```
  <div class="col-md-4 col-md-offset-4">.col-md-4 .col-md-offset-4</div>
</div>
<div class="row">
  <div class="col-md-3 col-md-offset-3">.col-md-3 .col-md-offset-3</div>
  <div class="col-md-3 col-md-offset-3">.col-md-3 .col-md-offset-3</div>
</div>
<div class="row">
  <div class="col-md-6 col-md-offset-3">.col-md-6 .col-md-offset-3</div>
</div>
```

效果如图 14.12 所示。

图 14.12　列偏移

如果你使用多个列模式时同时使用了偏移，那么记得重置偏移：

```
<div class="row">
  <div class="col-sm-5 col-md-6">col</div>
  <div class="col-sm-5 col-sm-offset-2 col-md-6 col-md-offset-0">col</div>
</div>

<div class="row">
  <div class="col-sm-6 col-md-5 col-lg-6">col</div>
  <div class="col-sm-6 col-md-5 col-md-offset-2 col-lg-6 col-lg-offset-0">
  col</div>
</div>
```

另外，每一个列中都可以继续嵌套 grid，列中嵌套行需要重新从 12 开始计算列数：

```
<div class="row">
  <div class="col-md-9">
    Level 1: .col-md-9
    <div class="row">
      <div class="col-md-6">
        Level 2: .col-md-6
      </div>
      <div class="col-md-6">
        Level 2: .col-md-6
      </div>
    </div>
  </div>
</div>
```

效果如图 14.13 所示。

Level 1: .col-md-9
Level 2: .col-md-6　Level 2: .col-md-6

图 14.13　嵌套 grid

Grid 系统还有一个非常有意思的特性是可以通过.col-md-push-*和.col-md-pull-*来改变

列的顺序：

```
<div class="row">
  <!-- 第一个 div 往后推（push）3 格，第二个 div 往前拉（pull）9 格 -->
  <div class="col-md-9 col-md-push-3">.col-md-9 .col-md-push-3</div>
  <div class="col-md-3 col-md-pull-9">.col-md-3 .col-md-pull-9</div>
</div>
```

效果如图 14.14 所示。

.col-md-3 .col-md-pull-9	.col-md-9 .col-md-push-3

图 14.14　改变列顺序

Bootstrap 新的 Grid 系统十分强大，你几乎不用写一行样式代码就可以构建出各种曼妙布局。

14.3　响应式实用类

为了更快速地开发移动设备友好的 Web 程序，Bootstrap 提供了一组实用类，用于在不同屏幕宽度的情况下隐藏/显示元素，比如.visible-xs 的含义是在屏幕宽度小于 768 时隐藏使用了该类的元素，完整的类名见表 14-2。

表 14-2　响应式实用类

	Extra small (<768px)	Small (≥768px)	Medium (≥992px)	Large (≥1200px)
.visible-xs	Visible	Hidden	Hidden	Hidden
.visible-sm	Hidden	Visible	Hidden	Hidden
.visible-md	Hidden	Hidden	Visible	Hidden
.visible-lg	Hidden	Hidden	Hidden	Visible
.hidden-xs	Hidden	Visible	Visible	Visible
.hidden-sm	Visible	Hidden	Visible	Visible
.hidden-md	Visible	Visible	Hidden	Visible
.hidden-lg	Visible	Visible	Visible	Hidden

Bootstrap 还附赠了两个用于隐藏/显示打印内容的样式：.visible-print 和.hidden-print，其用法和上面的类一样。

14.4　组件更新——Navbar

Bootstrap 3 几乎全部组件都进行了更新，不过我们只捡重要的说。

Navbar 或许是 bootstrap 中使用率最高的组件了，新版的 Navbar 精简了标签，并且从一开始就支持折叠（原来必须要引入 bootstrap-responsive.css），先来看一个完整的 navbar 示例：

```
<nav class="navbar navbar-default" role="navigation">
  <div class="navbar-header">
    <button  type="button"  class="navbar-toggle"  data-toggle="collapse"
data-target=".navbar-ex1-collapse">
      <!-- sr-only 用于提升可访问性（accessibility），它的含义是 screen reader
only（仅提供给屏幕阅读器使用） -->
      <span class="sr-only">Toggle navigation</span>
      <span class="icon-bar"></span>
      <span class="icon-bar"></span>
      <span class="icon-bar"></span>
    </button>
    <a class="navbar-brand" href="#">Brand</a>
  </div>

  <!-- 这个元素在移动设备中将被折叠起来 -->
  <div class="collapse navbar-collapse navbar-ex1-collapse">
    <ul class="nav navbar-nav">
      <li class="active"><a href="#">Link</a></li>
      <li><a href="#">Link</a></li>
      <li class="dropdown">
        <a href="#" class="dropdown-toggle" data-toggle="dropdown">
Dropdown <b class="caret"></b></a>
        <ul class="dropdown-menu">
          <li><a href="#">Action</a></li>
          <li><a href="#">Another action</a></li>
          <li><a href="#">Something else here</a></li>
          <li><a href="#">Separated link</a></li>
          <li><a href="#">One more separated link</a></li>
        </ul>
      </li>
    </ul>
    <form class="navbar-form navbar-left" role="search">
      <div class="form-group">
        <input type="text" class="form-control" placeholder="Search">
      </div>
      <button type="submit" class="btn btn-default">Submit</button>
    </form>
    <ul class="nav navbar-nav navbar-right">
      <li><a href="#">Link</a></li>
      <li class="dropdown">
        <a href="#" class="dropdown-toggle" data-toggle="dropdown">
        Dropdown <b class="caret"></b></a>
        <ul class="dropdown-menu">
          <li><a href="#">Action</a></li>
          <li><a href="#">Another action</a></li>
          <li><a href="#">Something else here</a></li>
          <li><a href="#">Separated link</a></li>
        </ul>
      </li>
    </ul>
  </div>
</nav>
```

Navbar 现在可以使用 HTML 5 的 nav 元素了，需要注意的是 dropdown 菜单是需要 collapse plugin 支持的，必须要引入相应的 JavaScript（包括 Bootstrap 插件依赖的 jQuery）。效果如图 14.15 和图 14.16 所示。

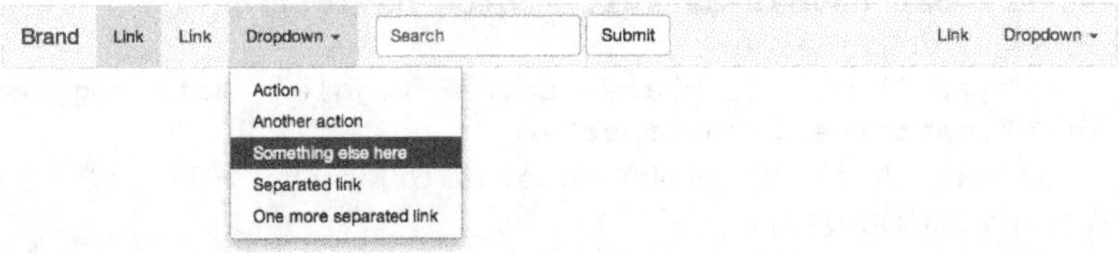

图 14.15　Navbar

图 14.16　Navbar（<768px）

可以从上例看到，Navbar 变得丰富了许多，例如可以添加 form，或者单独的按钮（需要加 navbar-btn class）：

```
<nav class="navbar navbar-default" role="navigation">
  <div class="navbar-header">
    <button type="button" class="navbar-toggle" data-toggle="collapse"
data-target=".navbar-ex2-collapse">
      <span class="sr-only">Toggle navigation</span>
      <span class="icon-bar"></span>
      <span class="icon-bar"></span>
      <span class="icon-bar"></span>
    </button>
    <a class="navbar-brand" href="#">Brand</a>
  </div>
  <div class="collapse navbar-collapse navbar-ex2-collapse">
    <button type="button" class="btn btn-default navbar-btn">Sign
in</button>
  </div>
</nav>
```

效果如图 14.17 和图 14.18 所示。

图 14.17　带按钮的 Navbar

图 14.18　带按钮的 Navbar（<768px）

使用 .navbar-text 可以为网站增加一句导语标语之类的东西（通常是 p 元素）：

```
<nav class="navbar navbar-default" role="navigation">
  <div class="navbar-header">
    <button  type="button"  class="navbar-toggle"  data-toggle="collapse"
data-target=".navbar-ex3-collapse">
      <span class="sr-only">Toggle navigation</span>
      <span class="icon-bar"></span>
      <span class="icon-bar"></span>
      <span class="icon-bar"></span>
    </button>
    <a class="navbar-brand" href="#">Brand</a>
  </div>
  <div class="collapse navbar-collapse navbar-ex3-collapse">
    <p class="navbar-text">Signed in as Mark Otto</p>
  </div>
</nav>
```

效果如图 14.19 所示。

Brand　Signed in as Mark Otto

图 14.19　带标语的 Navbar

Navbar 依然支持固定在屏幕顶部，使用.navbar-fixed-top 即可：

```
<nav class="navbar navbar-default navbar-fixed-top" role="navigation">
  ......
</nav>
```

Bootstrap 中甚至可以将 Navbar 固定在底部：

```
<nav class="navbar navbar-default navbar-fixed-bottom" role="navigation">
  ......
</nav>
```

最终这两条在 iPhone 中的效果可能是这样，如图 14.20 所示。

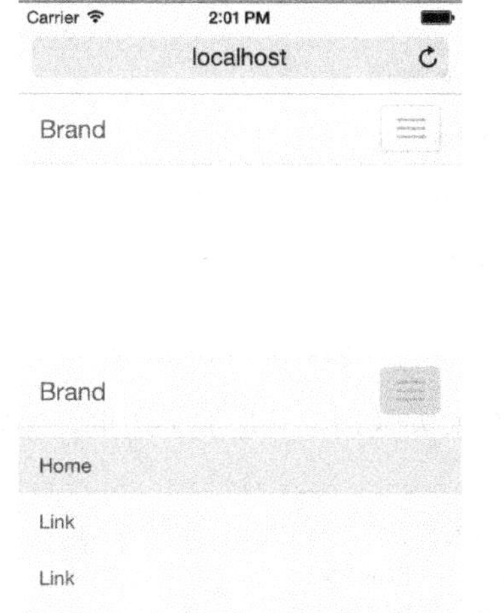

图 14.20　固定位置的 Navbar

Bootstrap 还支持贴于页面顶部的 navbar（随页面滚动而滚动），使用.navbar-static-top 即可：

```
<nav class="navbar navbar-default navbar-fixed-bottom" role="navigation">
  ......
</nav>
```

高对比色（也就是黑色啦）的 Navbar 使用.navbar-inverse：

```
<nav class="navbar navbar-inverse" role="navigation">
  ......
</nav>
```

效果如图 14.21 所示。

图 14.21　.navbar-inverse

14.5　组件更新——List group

List group 是 Bootstrap 3 中新增的组件，基本的 List group 本质上就是一个列表：

```
<ul class="list-group">
  <li class="list-group-item">Cras justo odio</li>
  <li class="list-group-item">Dapibus ac facilisis in</li>
  <li class="list-group-item">Morbi leo risus</li>
  <li class="list-group-item">Porta ac consectetur ac</li>
  <li class="list-group-item">Vestibulum at eros</li>
</ul>
```

效果如图 14.22 所示。

Cras justo odio
Dapibus ac facilisis in
Morbi leo risus
Porta ac consectetur ac
Vestibulum at eros

图 14.22　List group

这和普通的导航列表没有太大区别，只是加了边框，如果我们将 badge 放入 List group 中，badge 会自动飘到右边去：

```
<ul class="list-group">
  <li class="list-group-item">
    <span class="badge">14</span>
    Cras justo odio
  </li>
</ul>
```

效果如图 14.23 所示。

List group 不要求标签一定是列表，也可以是链接：

```
<div class="list-group">
  <a href="#" class="list-group-item active">
    Cras justo odio
  </a>
  <a href="#" class="list-group-item">Dapibus ac facilisis in</a>
  <a href="#" class="list-group-item">Morbi leo risus</a>
  <a href="#" class="list-group-item">Porta ac consectetur ac</a>
  <a href="#" class="list-group-item">Vestibulum at eros</a>
</div>
```

效果如图 14.24 所示。

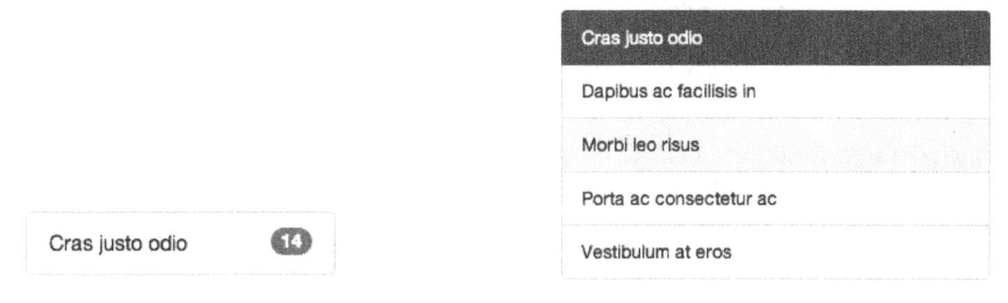

图 14.23　List group 中的 badge　　　　图 14.24　List group 是链接

或者更加复杂的内容（带标题和文本）：

```
<div class="list-group">
  <a href="#" class="list-group-item active">
    <h4 class="list-group-item-heading">List group item heading</h4>
    <p class="list-group-item-text">Donec id elit non mi porta gravida at
eget metus. Maecenas sed diam eget risus varius blandit.</p>
  </a>
  <a href="#" class="list-group-item">
    <h4 class="list-group-item-heading">List group item heading</h4>
    <p class="list-group-item-text">Donec id elit non mi porta gravida at
eget metus. Maecenas sed diam eget risus varius blandit.</p>
  </a>
  <a href="#" class="list-group-item">
    <h4 class="list-group-item-heading">List group item heading</h4>
    <p class="list-group-item-text">Donec id elit non mi porta gravida at
eget metus. Maecenas sed diam eget risus varius blandit.</p>
  </a>
</div>
```

效果如图 14.25 所示。

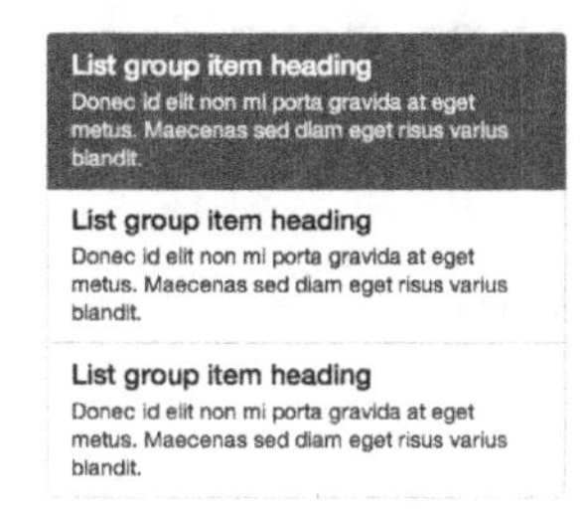

图 14.25　List group 中有复杂文本

类似 List group 这样的组件在移动时代特别受宠，Bootstrap 加上它也算是顺应潮流。

14.6　组件更新——Panels

Bootstrap 的 panel 和 jQueryMobile 的 panel 完全不是一个东西，Bootstrap 的 panel 在语义上是介于 dialog 和 alert 之间的一个组件，你可以在需要放置一些不是特别重要的内容到一个盒子时使用 panel 组件。

最基本的 panel 其实就只是为内容加上了边框和内外边距：

```
<div class="panel panel-default">
  <div class="panel-body">
    Basic panel example
  </div>
</div>
```

效果如图 14.26 所示。

Basic panel example

图 14.26　panel

panel 可以拥有标题（.panel-heading），同时标题里面可以加上<h1>-<h6>标签（.panel-title）：

```
<div class="panel panel-default">
  <div class="panel-heading">Panel heading without title</div>
  <div class="panel-body">
    Panel content
  </div>
</div>
<div class="panel panel-default">
  <div class="panel-heading">
    <h3 class="panel-title">Panel title</h3>
  </div>
  <div class="panel-body">
    Panel content
  </div>
</div>
```

效果如图 14.27 所示。

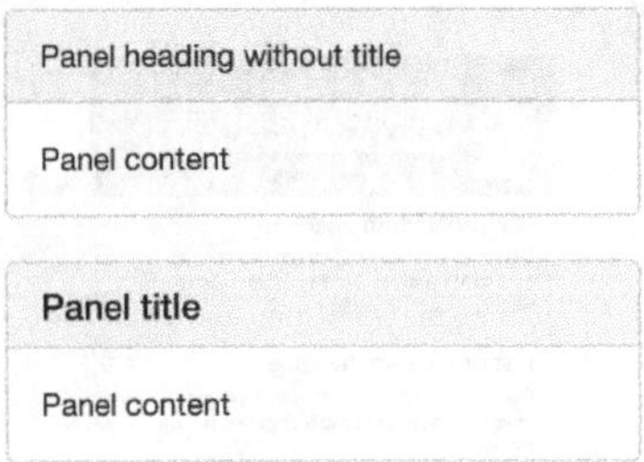

Panel heading without title

Panel content

Panel title

Panel content

图 14.27　带 heading 的 panel

因为 panel 在语义上是一个完整容器，当然也可以有 footer：

```
<div class="panel panel-default">
  <div class="panel-body">
    Panel content
  </div>
  <div class="panel-footer">Panel footer</div>
</div>
```

效果如图 14.28 所示。

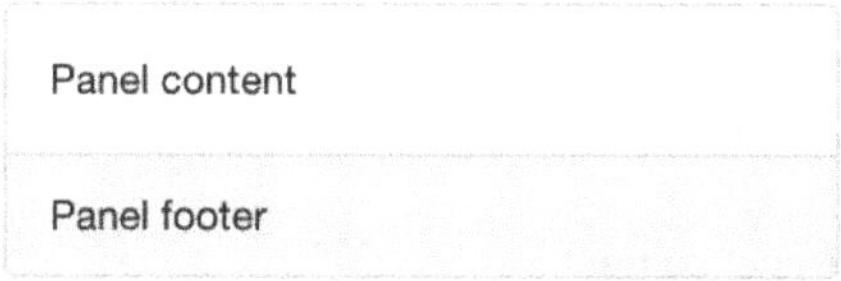

图 14.28　带 footer 的 panel

和 button 等组件类似，panel 也可以加上上下文类（contextual state classes）：

```
<div class="panel panel-primary">
  <div class="panel-heading">
    <h3 class="panel-title">Panel title</h3>
  </div>
  <div class="panel-body">
    Panel content
  </div>
</div>
<div class="panel panel-success">
  <div class="panel-heading">
    <h3 class="panel-title">Panel title</h3>
  </div>
  <div class="panel-body">
    Panel content
  </div>
</div>
<div class="panel panel-info">
  <div class="panel-heading">
    <h3 class="panel-title">Panel title</h3>
  </div>
  <div class="panel-body">
    Panel content
  </div>
</div>
<div class="panel panel-warning">
  <div class="panel-heading">
    <h3 class="panel-title">Panel title</h3>
  </div>
  <div class="panel-body">
    Panel content
  </div>
</div>
<div class="panel panel-danger">
  <div class="panel-heading">
    <h3 class="panel-title">Panel title</h3>
  </div>
  <div class="panel-body">
    Panel content
  </div>
</div>
```

效果如图 14.29 所示。

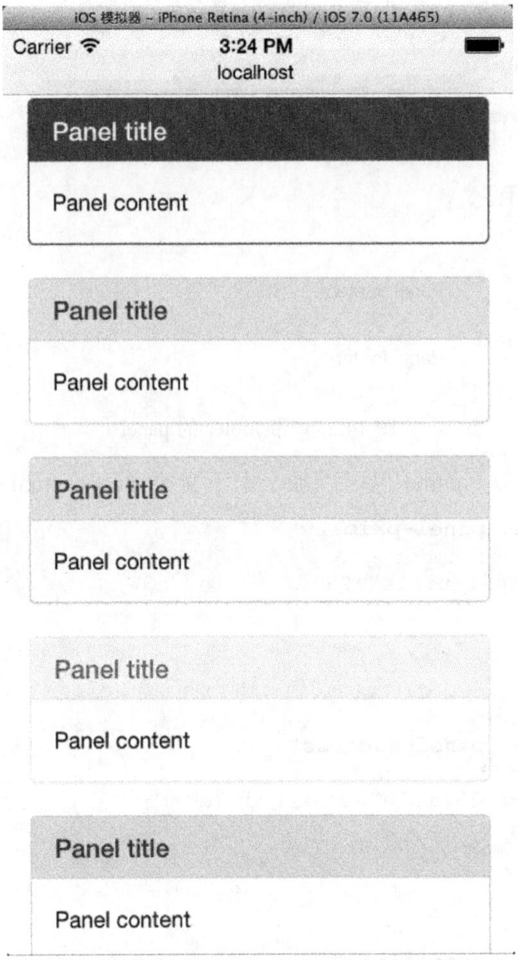

图 14.29　带上下文指示的 panel

在 table 和 List group 与 panel 结合使用会获得无缝的设计效果：

```
<div class="panel panel-default">
  <div class="panel-heading">Panel heading</div>
  <!-- panel-body 在没有的情况下也能正确显示 -->
  <div class="panel-body">
    <p>Some default panel content here. Nulla vitae elit libero, a pharetra
augue. Aenean lacinia bibendum nulla sed consectetur. </p>
  </div>

  <!-- 表格 -->
  <table class="table">
    <thead>
      <tr>
        <th>#</th>
        <th>First Name</th>
        <th>Last Name</th>
        <th>Username</th>
      </tr>
    </thead>
```

```
    <tbody>
      <tr>
        <td>1</td>
        <td>Mark</td>
        <td>Otto</td>
        <td>@mdo</td>
      </tr>
      <tr>
        <td>2</td>
        <td>Jacob</td>
        <td>Thornton</td>
        <td>@fat</td>
      </tr>
      <tr>
        <td>3</td>
        <td>Larry</td>
        <td>the Bird</td>
        <td>@twitter</td>
      </tr>
    </tbody>
  </table>
</div>
```

效果如图 14.30 和图 14.31 所示。

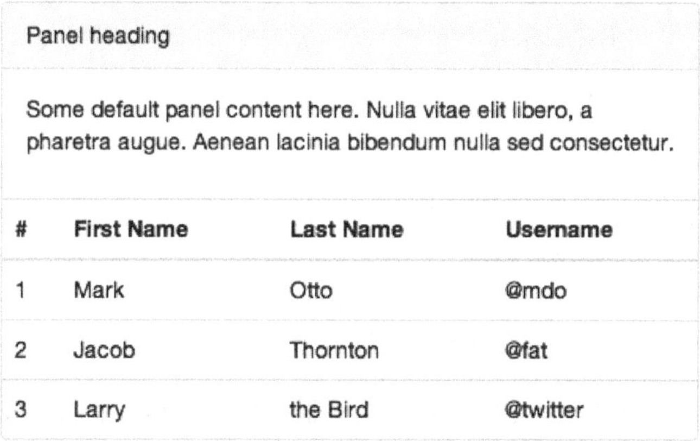

Panel heading

Some default panel content here. Nulla vitae elit libero, a pharetra augue. Aenean lacinia bibendum nulla sed consectetur.

#	First Name	Last Name	Username
1	Mark	Otto	@mdo
2	Jacob	Thornton	@fat
3	Larry	the Bird	@twitter

图 14.30　带无边框表格的 panel

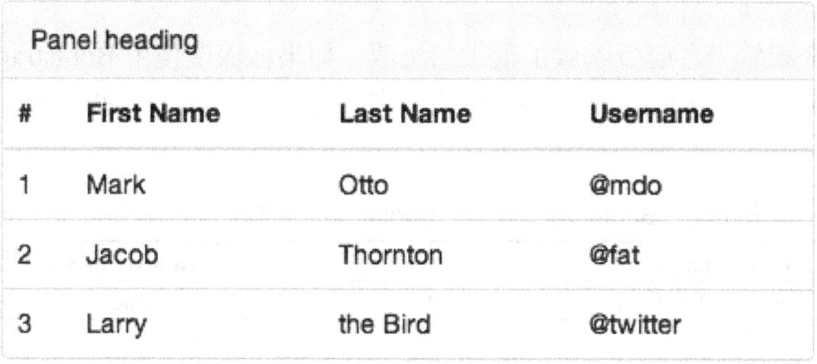

Panel heading

#	First Name	Last Name	Username
1	Mark	Otto	@mdo
2	Jacob	Thornton	@fat
3	Larry	the Bird	@twitter

图 14.31　带无边框表格的 panel（没有.panel-body）

```
<div class="panel panel-default">
  <!-- Default panel contents -->
  <div class="panel-heading">Panel heading</div>
  <div class="panel-body">
  <p>Some default panel content here. Nulla vitae elit libero, a pharetra
augue. Aenean lacinia bibendum nulla sed consectetur. </p>
  </div>

  <!-- List group -->
  <ul class="list-group">
    <li class="list-group-item">Cras justo odio</li>
    <li class="list-group-item">Dapibus ac facilisis in</li>
    <li class="list-group-item">Morbi leo risus</li>
    <li class="list-group-item">Porta ac consectetur ac</li>
    <li class="list-group-item">Vestibulum at eros</li>
  </ul>
</div>
```

效果如图 14.32 所示。

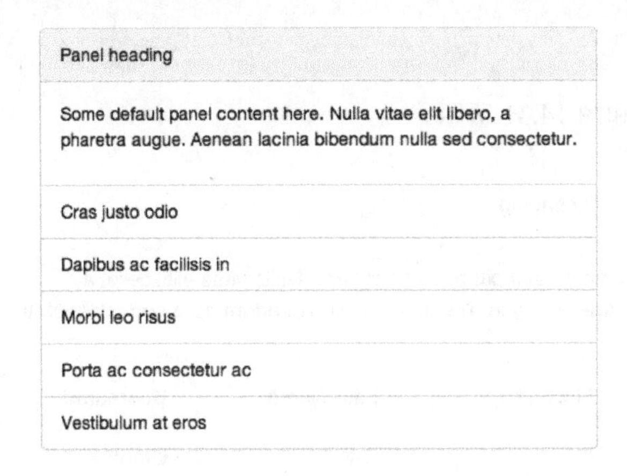

图 14.32　带 List group 的 panel

使用 panel 的要诀在于——把它当做一个容器就好了，其余的自行发挥。

14.7　从 Bootstrap 2 迁移到 Bootstrap 3

Bootstrap 3 相较于之前版本做了很大的更改，如果你深度使用 Bootstrap 2 又想迁移到 Bootstrap 3 上来，那么可能需要做一些移植工作，表 14-3 展示了哪些 class 被新的 class 所替换了。

表 14-3　Bootstrap 3 中对应Bootstrap 2 中哪些class被替换了

Bootstrap 2.x	Bootstrap 3.0
.container-fluid	.container
.row-fluid	.row
.span*	.col-md-*
.offset*	.col-md-offset-*
.brand	.navbar-brand

续表

Bootstrap 2.x	Bootstrap 3.0
.nav-collapse	.navbar-collapse
.nav-toggle	.navbar-toggle
.btn-navbar	.navbar-btn
.hero-unit	.jumbotron
.icon-*	.glyphicon .glyphicon-*
.btn	.btn .btn-default
.btn-mini	.btn-xs
.btn-small	.btn-sm
.btn-large	.btn-lg
.visible-phone	.visible-sm
.visible-tablet	.visible-md
.visible-desktop	.visible-lg
.hidden-phone	.hidden-sm
.hidden-tablet	.hidden-md
.hidden-desktop	.hidden-lg
.input-small	.input-sm
.input-large	.input-lg
.checkbox.inline.radio.inline	.checkbox-inline.radio-inline
.input-prepend.input-append	.input-group
.add-on	.input-group-addon
.thumbnail	.img-thumbnail
ul.unstyled	.list-unstyled
ul.inline	.list-inline

表 14-4 是 Bootstrap 3 中新增了哪些 class。

表 14-4　Bootstrap 3 新增class

Element	描述
Panels	.panel .panel-default.panel-body.panel-title .panel-heading.panel-footer.panel-collapse
List groups	.list-group.list-group-item .list-group-item-text.list-group-item-heading
Glyphicons	.glyphicon
Jumbotron	.jumbotron
Tiny grid (<768 px)	.col-xs-*
Small grid (>768 px)	.col-sm-*
Medium grid (>992 px)	.col-md-*
Large grid (>1200 px)	.col-lg-*
Offsets	.col-sm-offset-*.col-md-offset-*.col-lg-offset-*
Push	.col-sm-push-*.col-md-push-*.col-lg-push-*
Pull	.col-sm-pull-*.col-md-pull-*.col-lg-pull-*
Input groups	.input-group.input-group-addon.input-group-btn
Form controls	.form-control.form-group
Button group sizes	.btn-group-xs.btn-group-sm.btn-group-lg
Navbar text	.navbar-text
Navbar header	.navbar-header

续表

Element	描述
Justified tabs / pills	.nav-justified
Responsive images	.img-responsive
Contextual table rows	.success.danger.warning.active
Contextual panels	.panel-success.panel-danger.panel-warning.panel-info
Modal	.modal-dialog.modal-content
Thumbnail image	.img-thumbnail
Well sizes	.well-sm.well-lg
Alert links	.alert-link

还有一些 class 被移除掉了，如表 14-5 所示。

表 14-5　Bootstrap 2 中被移除的class

Element	从 2.x 中移除	3.0 等价的 class
Form actions	.form-actions	N/A
Search form	.form-search	N/A
Fluid container	.container-fluid	.container (no more fixed grid)
Fluid row	.row-fluid	.row (no more fixed grid)
Navbar inner	.navbar-inner	N/A
Dropdown submenu	.dropdown-submenu	N/A
Tab alignments	.tabs-left .tabs-right .tabs-below	N/A

如果你嫌手动替换这些 class 麻烦，那么可以使用一个在线工具（http://upgrade-bootstrap.bootply.com/）来自动替换，如图 14.33 所示。

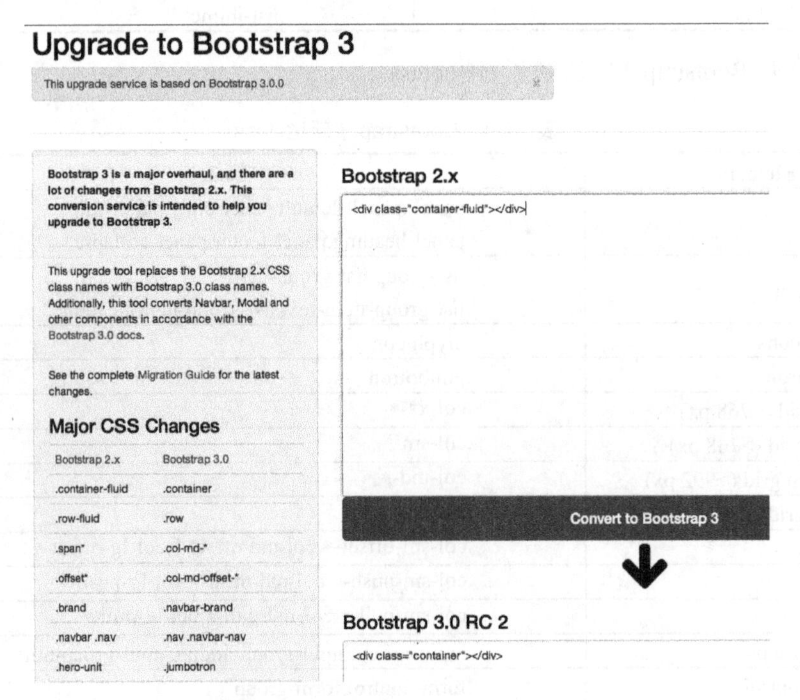

图 14.33　Bootstrap 3 升级工具

注意：http://bootply.com/上还有许多非常有用的工具。

第 15 章　PhoneGap

虽说纯粹的 HTML 5 应用正在移动世界开始崛起，但是不可避免的是，在 Android 和 iOS 两大阵营里，应用商店都是应用程序的主要分发渠道，如何在不抛弃现有 Web 技术的条件下开发能在应用商店上架的程序呢？PhoneGap 或许是你的选择。

15.1　PhoneGap 101

在前面的章节中，或多或少提到了 PhoneGap 这个东西，那么首先第一个问题，PhoneGap 究竟是什么？

iOS 发布后，世界上多了一种职位叫做 iOS 应用开发工程师，这些工程师使用 iOS 平台上的技术（如 Object-C）开发基于 iPhone 等设备的应用程序，一切都很美好。不久后，Google 发布了 Android，于是世界上又多了一种职位叫做 Android 应用开发工程师，他们使用 Java 等技术开发基于 Android 设备的应用程序，再后来，又出现了 Windows Phone 工程师和 Palm 工程师……由于这些移动平台同质化严重，很可能在同一家公司里，一大波工程师都写着长得一模一样但使用完全不同技术的程序——这实在是太可怕了！

还好有 PhoneGap 这样的跨平台技术出现了。

PhoneGap 是一个免费的开源的移动框架，它能够让你用你最钟爱的 Web 技术 HTML、JS 和 CSS 创建跨平台的移动应用，如图 15.1 所示。

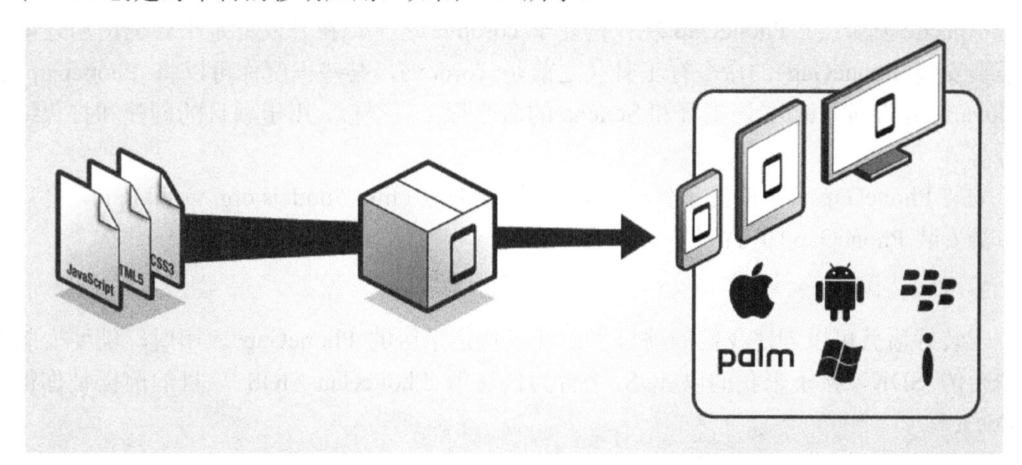

图 15.1　PhoneGap

按照官方的说法，PhoneGap 的作用是将你的 Web App 打包起来（Wrap your app with PhoneGap）以便部署到特定的移动平台上（Deploy to mobile platforms）。

PhoneGap 在不同移动平台与浏览器之间搭建了一座桥梁，一方面它可以将你的纯 Web 应用打包在本地应用里面，另一方面它提供了一个统一的 JavaScript API 供 Web 应用调用那些浏览器平台不支持的特性：诸如通知和摄像头等。而且 PhoneGap 团队表示，他们提供的 API 是面向未来的 API——这意味着如果以后平台的浏览器自身支持了摄像头功能，那么 PhoneGap 也会转而调用浏览器自身的 API。

PhoneGap 支持许多设备并提供了丰富的特性，具体参见如图 15.2 所示。

	iPhone / iPhone 3G	iPhone 3GS and newer	Android	Blackberry OS 5.x	Blackberry OS 6.0+	WebOS	Windows Phone 7 + 8	Symbian	Bada
Accelerometer	✓	✓	✓	✓	✓	✓	✓	✓	✓
Camera	✓	✓	✓	✓	✓	✓	✓	✓	✓
Compass	X	✓	✓	X	X	✓	✓	X	✓
Contacts	✓	✓	✓	✓	✓	X	✓	✓	✓
File	✓	✓	✓	✓	✓	X	✓	X	X
Geolocation	✓	✓	✓	✓	✓	✓	✓	✓	✓
Media	✓	✓	✓	X	X	X	✓	X	X
Network	✓	✓	✓	✓	✓	✓	✓	✓	✓
Notification (Alert)	✓	✓	✓	✓	✓	✓	✓	✓	✓
Notification (Sound)	✓	✓	✓	✓	✓	✓	✓	✓	✓
Notification (Vibration)	✓	✓	✓	✓	✓	✓	✓	✓	✓
Storage	✓	✓	✓	✓	✓	✓	✓	X	X

图 15.2　PhoneGap 特性支持表

PhoneGap 团队热爱开源事业，从 PhoneGap 项目分化出了其核心也就是 cordova 贡献给了 Apache 基金会，PhoneGap 现在构建于 cordova 之上。在开发特定平台的应用之前，你需要安装 PhoneGap 的命令行工具（之前是 cordova，某些程度你可以将 PhoneGap 和 cordova 理解为同义词），该工具和 Sencha 的命令行工具类似，用于项目的创建和打包编译运行等。

安装 PhoneGap 有个前提条件是必须安装 Node.js（http://nodejs.org/ ）和 npm，之后从官方源安装 PhoneGap 即可：

```
$ sudo npm install -g phonegap
```

安装好后就可以创建我们的项目了。开发特定平台的 PhoneGap 应用时，需要安装对应平台的 SDK，接下来我们以 iOS 平台为例讲解 PhoneGap（iOS 项目的前提是你得有 Xcode）：

```
$ npm install ios-sim -g
```

安装从命令行启动 iOS 模拟器的工具：

```
$ phonegap create hello com.example.hello "HelloWorld"
```

这句命令第一个参数指定了 hello 作为项目目标生成目录，其下的 www 子目录用于放置你应用的主页面，其下的 css、js 和 img 等目录遵循常见的 Web 开发命名约定，config.xml 文件包含一些用于生成和分发应用的重要元数据。

hello 后面的两个参数是非必须的，com.example.hello 参数为项目提供了一个逆域名（reverse-domain）风格的标识符，HelloWorld 则是应用的显示文本。

```
$ cd hello
```

默认情况下 PhoneGap 创建的骨骼程序的目录结构是这样的：

```
.
├── merges
├── platforms
├── plugins
└── www
    ├── config.xml
    ├── css
    ├── icon.png
    ├── img
    ├── index.html
    ├── js
    ├── res
    ├── spec
    └── spec.html
```

其中首页是 www/index.html 文件，默认引用了 www/js/index.js 文件，在这里你可以随意更改，或者将你自己的整个 app 都挪过来。

```
$ phonegap build ios
```

build 命令用于构建特定平台的应用，构建过程会在 platforms 目录生成相应的目标文件，www 目录也会被复制到 platforms/xxx/www 目录下：

```
.
├── merges
│   └── ios
├── platforms
│   └── ios
│       ├── CordovaLib
│       ├── HelloWorld
│       ├── HelloWorld.xcodeproj
│       ├── build
│       ├── cordova
│       └── www
├── plugins
│   └── ios.json
└── www
```

此时你的程序已经打包完成，你可以直接运行下面的命令来打开目标程序：

```
$ phonegap run ios
```

如果你有一定的 iOS/Xcode 相关编程经验，也可以用 Xcode 自己进行编译运行：

（1）打开 platforms/ios/HelloWorld.xcodeproj 文件，主面板里你可以更改一些的配置如更改 app 图标或启动图等；

（2）在左侧面板选中.xcodeproj 文件；

（3）接着选中 hello app；

（4）在工具栏中选择合适的模拟器，单击 run（播放按钮）按钮。效果如图 15.3 所示。

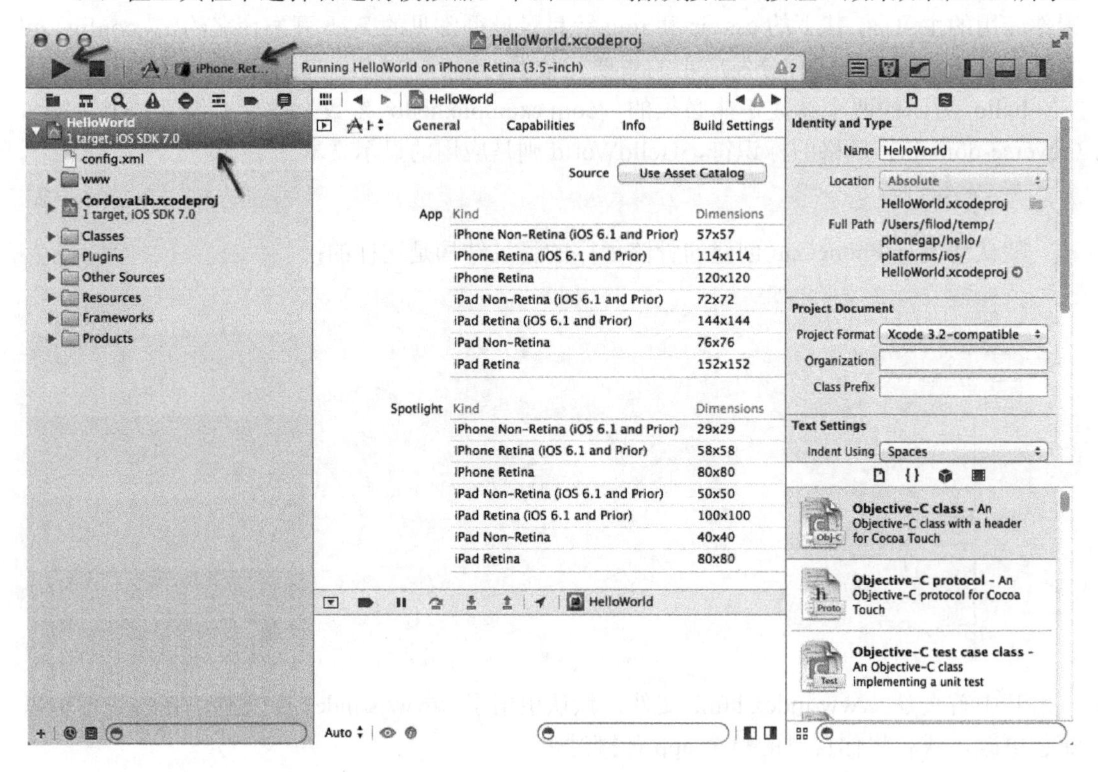

图 15.3　用 Xcode 编译

最后程序运行的界面如图 15.4 所示。

图 15.4　默认 PhoneGap 应用

注：部署应用到真实设备或者苹果商店并不是本书涉及的主题，具体可以参考苹果开发者网站（https://developer.apple.com/）上的相关文档。

15.2　开发基于 PhoneGap 的程序

实际上，如果你的应用用不上联系人等和设备直接相关的功能，完全可以只把 PhoneGap 当做一个打包工具用。

开发基于 PhoneGap 程序主要有两部分与 PhoneGap 相关：

- 配置 config.xml 文件；
- 通过 PhoneGap 的 API 调用设备功能。

应用的很多行为都由一个全局的 config.xml 文件来控制，它位于 www 目录下，用来指定 Cordova 的 API 功能、要启用的插件和一些平台相关的设置。如下面这个典型的配置文件：

```
<widget id="com.example.hello" version="0.0.1">
    <name>HelloWorld</name>
    <description>
        A sample Apache Cordova application that responds to the deviceready
event.
    </description>
    <author email="dev@callback.apache.org" href="http://phonegap.com">
        Apache Cordova Team
    </author>
    <content src="index.html" />
    <access origin="*" />
    <preference name="Fullscreen" value="true" />
    <preference name="WebViewBounce" value="true" />
</widget>
```

上面这些配置被所有 PhoneGap 支持的平台所支持：

- <widget>元素的 id 属性是逆域名风格的标识符，version 属性则是完整版本标识。
- <name>元素指定应用的名字（对于 iOS/Android 来说就是 home 界面看到的名字）。
- <description> 和<author>这些原信息会出现在应用商店里，也可以用作搜索用。
- <content>元素定义程序启动后的首页，默认值是 index.html。
- <access>元素定义应用可与哪些外部域进行通信，*表示不限制。
- <preference>标签以 name/value 对方式设置各种配置项，可以设置的项有的是全局的，有的是特定平台的。

要调用 PhoneGap API 必须引入 phonegap.js，该文件在使用 phonegap 命令行工具编译时会自动在 platforms/ios/www 目录下生成，它的作用是提供特定平台的事件和 API 等等。其中 PhoneGap 中一个最重要的事件是 deviceready 事件，你可以这样绑定该事件：

```
document.addEventListener('deviceready', onDeviceReady, false);
```

在 onDeviceReady 中，你可以调用所有 PhoneGap 提供的 API，有一点需要注意的是，自 Cordova 3.0 起所有设备级别的 API 都被实现为插件形式，使用 phonegap local plugin add 命令可以自动往项目中引用插件：

```
$ phonegap local plugin add
https://git-wip-us.apache.org/repos/asf/cordova-plugin-contacts.git
```

上面这行命令为当前项目添加了联系人插件，工具会在 plugins 目录下写入相应的文件：

```
.
├── ios.json
└── org.apache.cordova.contacts
    ├── LICENSE
    ├── README.md
    ├── RELEASENOTES.md
    ├── docs
    ├── plugin.xml
    ├── src
    ├── test
    └── www
```

与此同时你还必须往 config.xml 写入下面这些配置项（仅针对 iOS 平台）：

```
<feature name="Contacts">
    <param name="ios-package" value="CDVContacts" />
</feature>
```

下面的代码在 DeviceReady 的时候读取设备联系人信息：

```
function onDeviceReady() {
  // ContactFindOptions 是 phonegap 提供的全局对象
  var options = new ContactFindOptions();
  options.filter = "Bob";
  var fields = ["displayName", "name"];
  // navigator.contacts.find 方法可以异步地查找手机上的联系人信息
  navigator.contacts.find(fields, onSuccess, onError, options);
}
// 调用成功后会收到一个 contacts 对象，在这里你可以做任何你想要做的事情（比如窃取用户联系人信息什么的）
var html
function onSuccess(contacts) {
  for (var i = 0; i < contacts.length; i++) {
    html += "Display Name = " + contacts[i].displayName + '<br>';
  }
  document.getElementById('output').innerHTML = html;
}

function onError(contactError) {
  // 如果用户拒绝了应用获取联系人的请求或者因为其他原因调用失败
  alert('onError!');
}
```

完成这些后重新编译并运行你的项目后打开 APP 会弹出请求联系人信息的对话框，同意后联系人会被显示在界面上，如图 15.5 所示。

图 15.5　PhoneGap 获取联系人

PhoneGap 的绝大部分 API 都是类似的用法，具体可以参考 http://docs.phonegap.com/。

第 16 章　其他移动 Web 技术

本章将简单讲解一下其他书本还没有涉足但又足够流行值得一提的技术框架，它们虽然在很大程度上和前面介绍的几种技术有重叠的地方，但是它们也有各自独特且不可替代的地方。

16.1　Foundation

Foundation（http://foundation.zurb.com/）刚出现时号称是 Bootstrap 在移动时代的终结者，它标榜自己是“世界上最先进响应式前端框架（The most advanced responsive front-end framework in the world）”。它的设计理念也是移动优先，并且提供了和前面介绍的 Bootstrap 3 中类似的响应式栅格系统，在 Bootstrap 3 正式发布之前，Foundation 4 早于 Bootstrap 实现了这些特性，攫走了一大波用户，如图 16.1 所示。

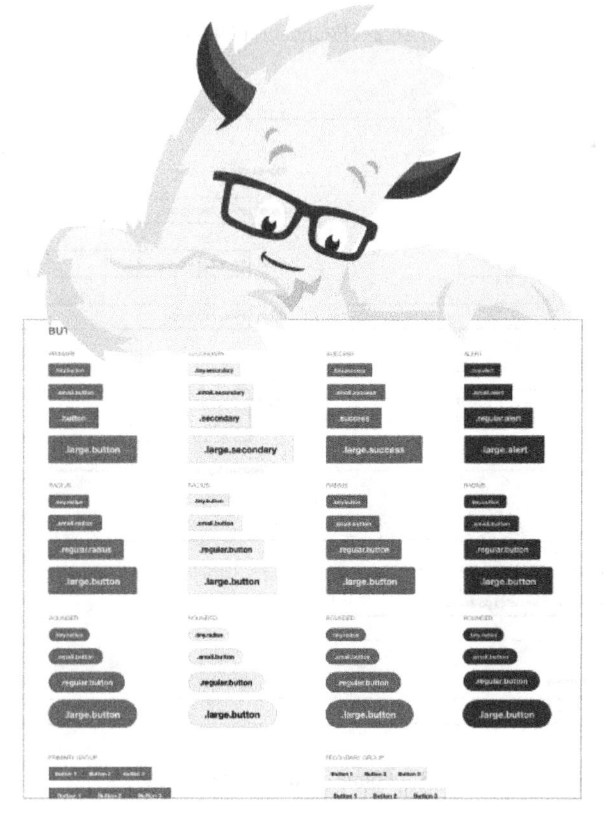

图 16.1　Foundation 4

Foundation 项目和 Bootstrap 非常类似，提供了一套网格系统，一堆 CSS 组件和 JavaScript 组件。Foundation 在响应式设计上面下了很多功夫，也提供了一套一致性很好的 UI 组件，如图 16.2 和图 16.3 所示。

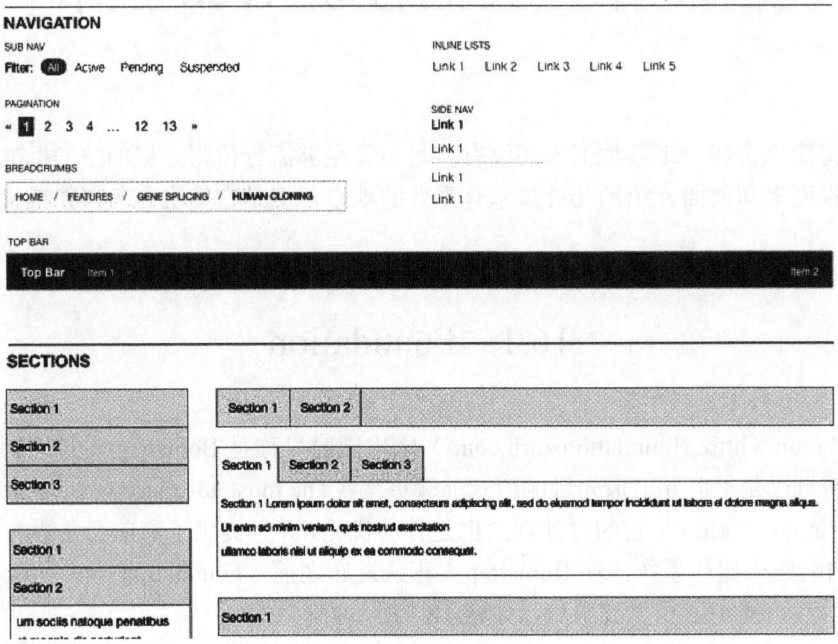

NAVIGATION
SUB NAV
Filter: All Active Pending Suspended
INLINE LISTS
Link 1 Link 2 Link 3 Link 4 Link 5
PAGINATION
« 1 2 3 4 … 12 13 »
SIDE NAV
Link 1
Link 1
Link 1
Link 1
BREADCRUMBS
HOME / FEATURES / GENE SPLICING / HUMAN CLONING
TOP BAR
Top Bar Item 1 Item 2
SECTIONS
Section 1
Section 2
Section 3
Section 1 Section 2
Section 1 Section 2 Section 3
Section 1 Lorem ipsum dolor sit amet, consectetur adipiscing elit, sed do eiusmod tempor incididunt ut labore et dolore magna aliqua.
Ut enim ad minim veniam, quis nostrud exercitation
ullamco laboris nisi ut aliquip ex ea commodo consequat.
Section 1
Section 2
um sociis natoque penatibus
Section 1

图 16.2　Foundation UI 组件

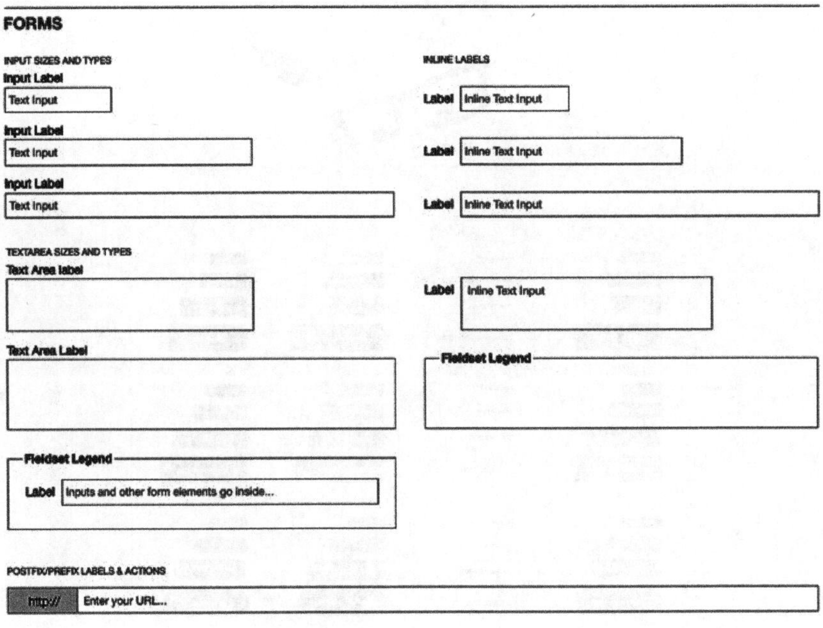

FORMS
INPUT SIZES AND TYPES
Input Label
Text Input
Input Label
Text Input
Input Label
Text Input
INLINE LABELS
Label Inline Text Input
Label Inline Text Input
Label Inline Text Input
TEXTAREA SIZES AND TYPES
Text Area label
Label Inline Text Input
Text Area Label
Fieldset Legend
Fieldset Legend
Label Inputs and other form elements go inside...
POSTFIX/PREFIX LABELS & ACTIONS
http:// Enter your URL...

图 16.3　Foundation UI 组件（表单）

在视觉风格上 Foundation 显得硬朗和扁平一些，用色上比 Bootstrap 更加浓烈一些，组件类型和 Bootstrap 差不多，有一点值得一提的是 Foundation 的所有 JavaScript 插件支持 Zepto（Bootstrap 只支持 jQuery），这样你在构建移动应用时页面请求总尺寸要小很多。

Foundation 的 Grid 系统和 Bootstrap 3 非常相似(或者说 Bootstrap 3 和 Foundation 非常相似)：

```
<div class="row">
  <div class="small-2 large-4 columns">...</div>
  <div class="small-4 large-4 columns">...</div>
  <div class="small-6 large-4 columns">...</div>
</div>
<div class="row">
  <div class="large-3 columns">...</div>
  <div class="large-6 columns">...</div>
  <div class="large-3 columns">...</div>
</div>
<div class="row">
  <div class="small-6 large-2 columns">...</div>
  <div class="small-6 large-8 columns">...</div>
  <div class="small-12 large-2 columns">...</div>
</div>
<div class="row">
  <div class="small-3 columns">...</div>
  <div class="small-9 columns">...</div>
</div>
<div class="row">
  <div class="large-4 columns">...</div>
  <div class="large-8 columns">...</div>
</div>
<div class="row">
  <div class="small-6 large-5 columns">...</div>
  <div class="small-6 large-7 columns">...</div>
</div>
<div class="row">
  <div class="large-6 columns">...</div>
  <div class="large-6 columns">...</div>
</div>
```

效果如图 16.4 所示。

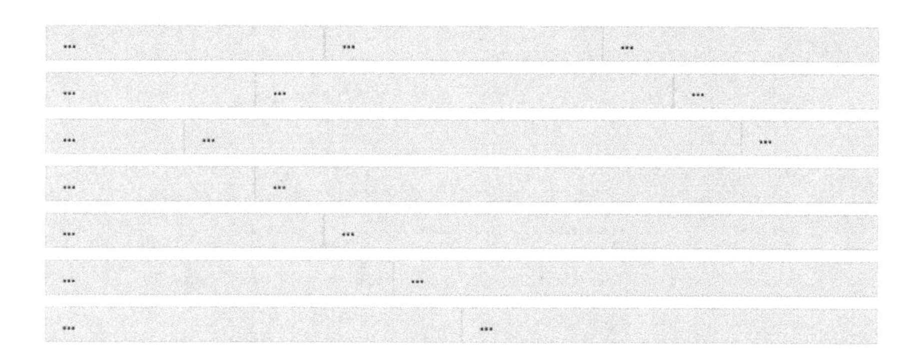

图 16.4　Foundation 4 Grid 系统

Foundation 同样有自己的响应式实用类：

```
/* 响应实用类*/
.show-for-small                    /* 768px 以下可见*/
.show-for-medium-down              /* 768px 及以下可见*/
```

```
.show-for-medium                /* 768px 到 1280px 之间可见 */
.show-for-medium-up             /* 768px 以上可见*/
.show-for-large-down            /* <= 1280px */
.show-for-large                 /* 1280px ~ 1440px */
.show-for-large-up              /* > 1280px */
.show-for-xlarge                /* > 1440px */

/* 隐藏实用类*/
.hide-for-small
.hide-for-medium-down
.hide-for-medium
.hide-for-medium-up
.hide-for-large-down
.hide-for-large
.hide-for-large-up
.hide-for-xlarge

/* 方向实用类*/
.show-for-landscape             /* 横屏可见 */
.show-for-portrait              /* 竖屏可见 */
.hide-for-landscape             /* 横屏隐藏 */
.hide-for-portrait              /* 竖屏隐藏 */

/* 触摸检测实用类 */
.show-for-touch                 /* 触屏可见 */
.hide-for-touch                 /* 触屏隐藏 */
```

Foundation 另一大特点是提供了许多预设布局，这给一些常见页面的开发提供了非常大的便利，效果如图 16.5 所示。

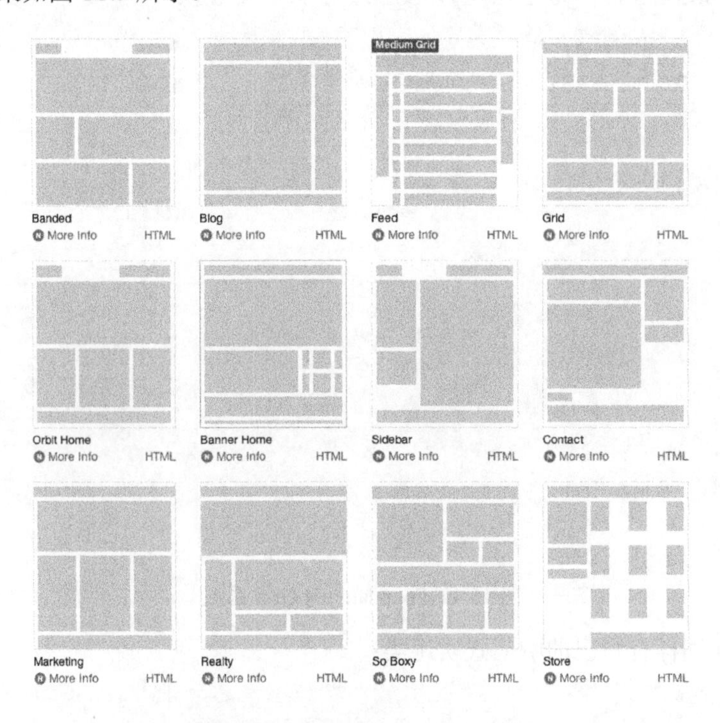

图 16.5　Foundation 4 预设布局

可以看到，在 Foundation 提供的预设布局里面常见的营销和博客页面都有相应的布局代码，你只管用就是。

Foundation 本身的样式用 SASS 写成（Bootstrap 是 LESS），对于 SASS 用户来说可能 Foundation 更加友好。

16.2　Semantic-UI

Semantic-UI（http://semantic-ui.com/）是另一个 Bootstrap 的有力竞争者，如图 16.6 所示。

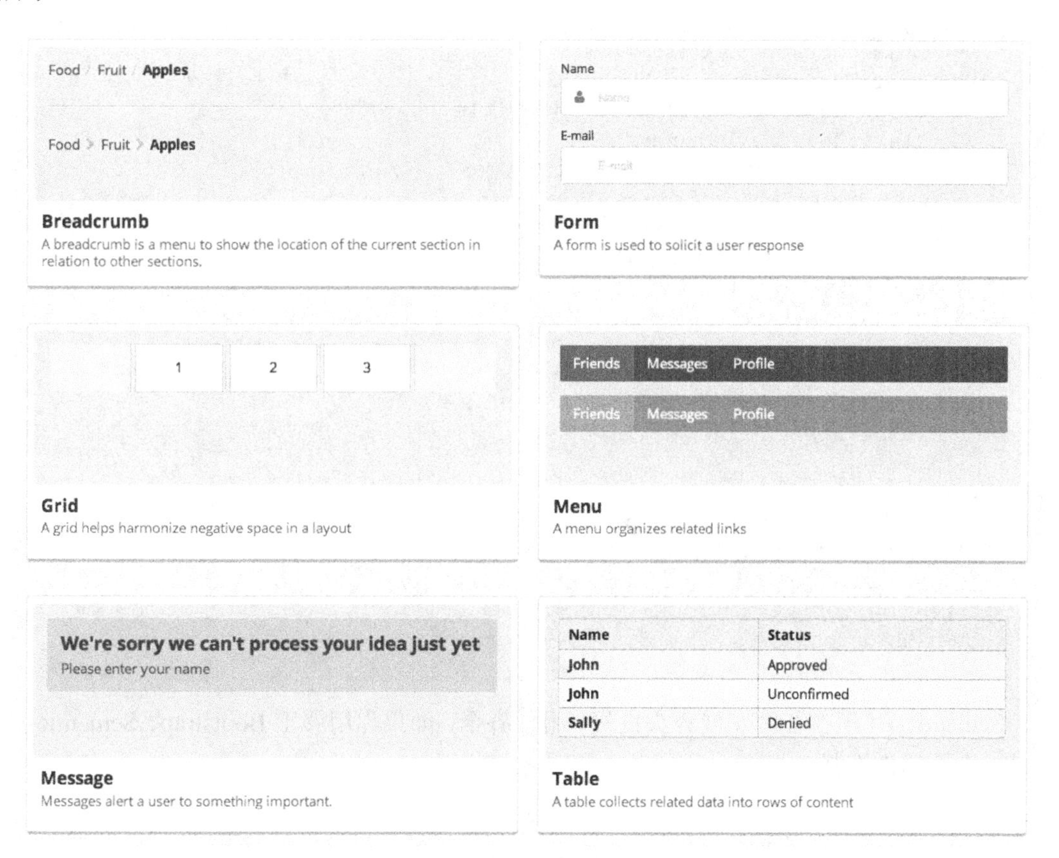

图 16.6　Semantic-UI

它的视觉风格和 Bootstrap 类似，它最大的特点是代码更加语义化，以下是两者代码的对比：

```
<!-- semantic-ui 代码 -->
<main class="ui three column grid">
  <aside class="column">1</aside>
  <section class="column">2</section>
  <section class="column">3</section>
</main>
<!-- 对应的 bootstrap 代码 -->
<div class="row">
```

```
  <div class="col-lg-4">1</div>
  <div class="col-lg-4">2</div>
  <div class="col-lg-4">3</div>
</div>

<!-- semantic-ui 代码 -->
<nav class="ui menu">
  <h3 class="header item">Title</h3>
  <a class="active item">Home</a>
  <a class="item">Link</a>
  <a class="item">Link</a>
  <span class="right floated text item">
    Signed in as <a href="#">user</a>
  </span>
</nav>
<!-- 对应的 bootstrap 代码 -->
<div class="navbar">
  <a class="navbar-brand" href="#">Title</a>
  <ul class="nav navbar-nav">
    <li class="active"><a href="#">Home</a></li>
    <li><a href="#">Link</a></li>
    <li><a href="#">Link</a></li>
    <p class="navbar-text pull-right">Signed in as <a href="#" class="
    navbar-link">User</a></p>
  </ul>
</div>
<!-- semantic-ui 代码 -->
<button class="large ui button">
  <i class="heart icon"></i>
  Like it
</button>
<!-- 对应的 bootstrap 代码 -->
<button type="button" class="btn btn-primary btn-lg">
  <span class="glyphicon glyphicon-heart"></span>
  Like
</button>
```

Semantic-UI 现在社区发展势头良好，组件齐全，如果你用够了 Bootstrap，Semantic-UI 也是一个不错的选择。

16.3　Pure

Pure（http://purecss.io/）是雅虎 YUI 团队开源的 CSS 框架，官方对其定义是“一组可用在所有 Web 项目中的小巧的响应式的 CSS 模块”（A set of small, responsive CSS modules that you can use in every web project），如图 16.7 所示。

Pure 整体视觉风格非常简洁，包含的功能集也比较小，以下是 Pure 重要的特性。

1. 响应式的 Grid 框架

Pure 的 Grid 框架实现原理和用法与 Bootstrap 3/Foundation 4 相比大同小异：

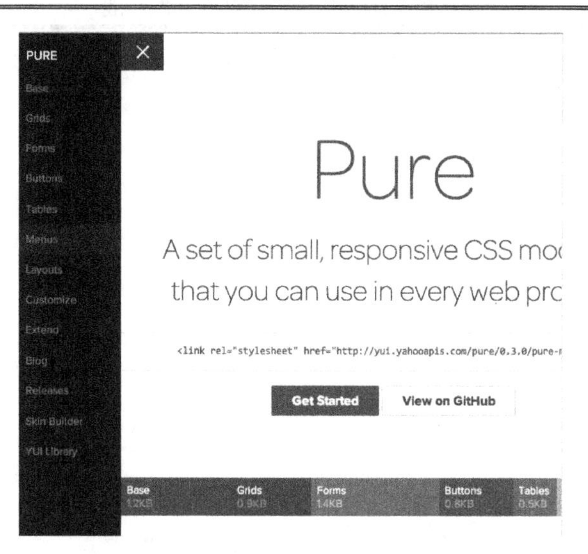

图 16.7　Purecss

```
<div class="pure-g">
  <div class="pure-u-1-3">
    <p>Thirds</p>
  </div>
  <div class="pure-u-1-3">
    <p>Thirds</p>
  </div>
  <div class="pure-u-1-3">
     <p>Thirds</p>
  </div>
</div>
```

2. 建立在 Normalize.css 之上

可靠的基础样式，可以有效解决跨浏览器的兼容问题。Normalize.css 是著名的 CSS 重置项目。

一套按钮样式，如图 16.8 所示。

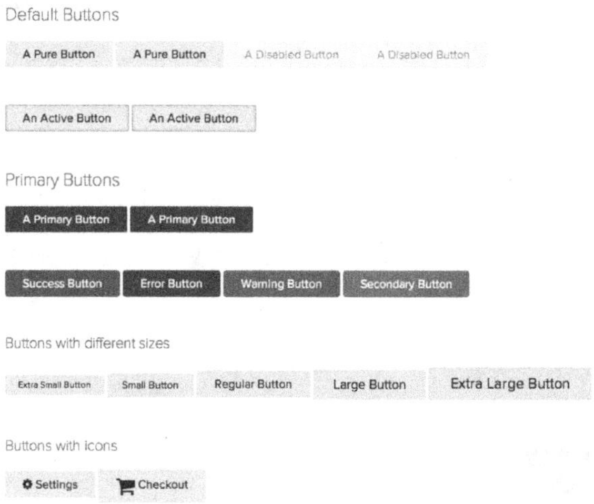

图 16.8　Pure 的 Button

一套菜单样式，包含导航、下拉菜单和分页器等（下拉菜单需要 YUI JS 的支持），如图 16.9 所示。

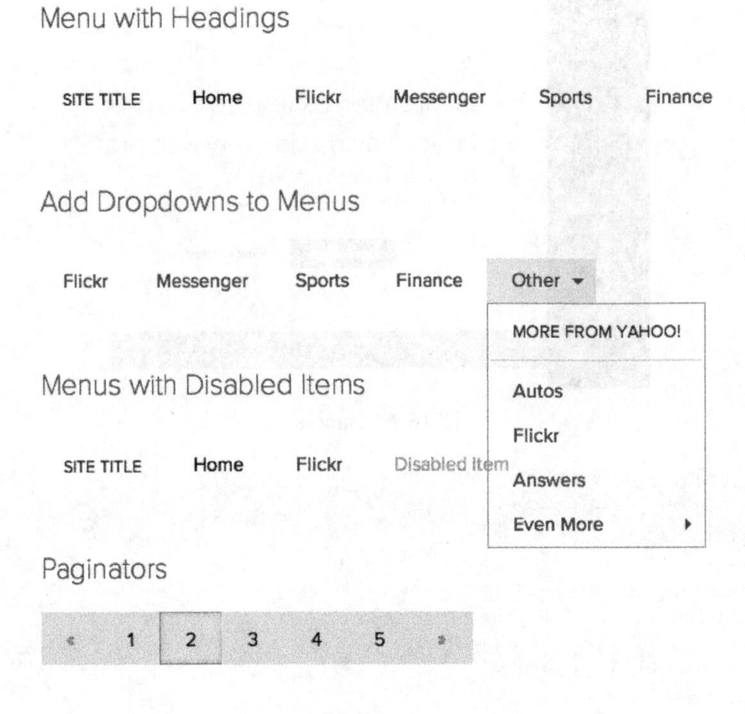

图 16.9　Pure 的菜单和分页器

一套表单样式，如图 16.10 所示。

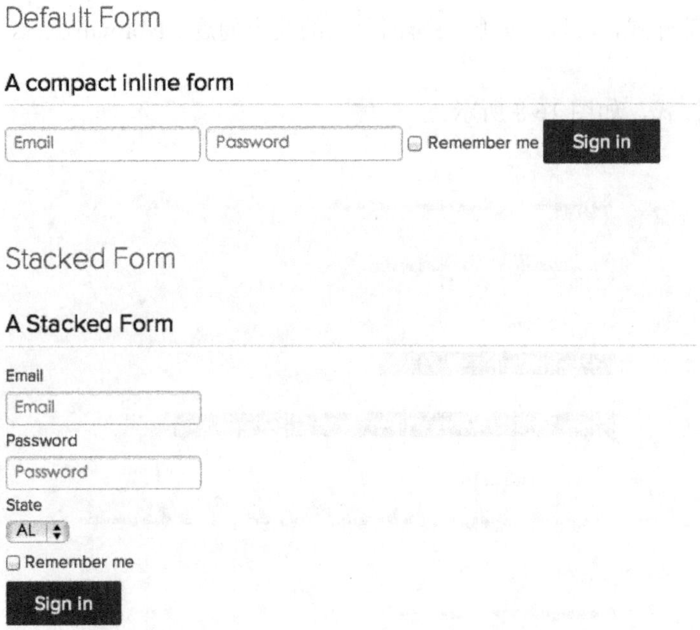

Default Form

A compact inline form

Email
Password
Remember me
Sign in

Stacked Form

A Stacked Form

Email
Email
Password
Password
State
AL
Remember me
Sign in

图 16.10　Pure 表单

一套表格样式，如图 16.11 所示。

用于打包特定模块的定制器和配套主题制作器（http://yui.github.io/skinbuilder/?mode=pure）。

Pure 的主题制作器包含非常强大的事实预览功能，而且也提供了预设的调色板，用起来非常顺手，如图 16.12 所示。

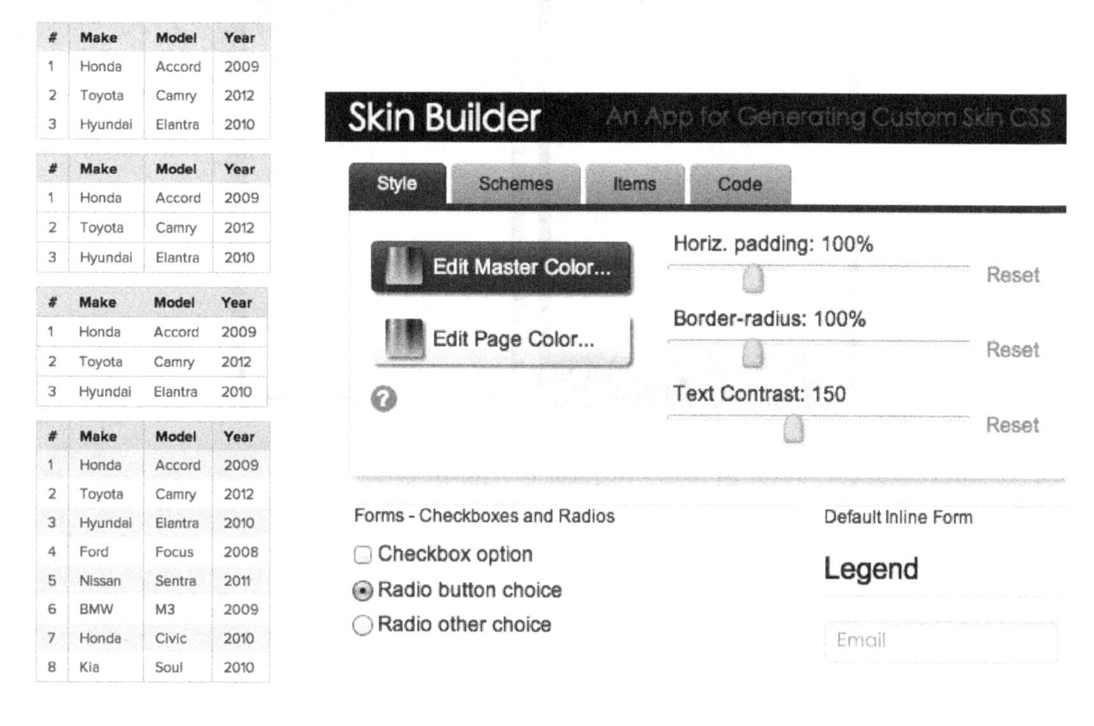

#	Make	Model	Year
1	Honda	Accord	2009
2	Toyota	Camry	2012
3	Hyundai	Elantra	2010

#	Make	Model	Year
1	Honda	Accord	2009
2	Toyota	Camry	2012
3	Hyundai	Elantra	2010

#	Make	Model	Year
1	Honda	Accord	2009
2	Toyota	Camry	2012
3	Hyundai	Elantra	2010

#	Make	Model	Year
1	Honda	Accord	2009
2	Toyota	Camry	2012
3	Hyundai	Elantra	2010
4	Ford	Focus	2008
5	Nissan	Sentra	2011
6	BMW	M3	2009
7	Honda	Civic	2010
8	Kia	Soul	2010

图 16.11　Pure 的表格　　　　图 16.12　Pure 主题制作器

Pure 中默认组件都是响应式的，你也可以禁用响应特性，而且 Pure 非常小（4.4KB minified + gzip），非常适合移动端网站的开发。

16.4　Titanium

Titanium（http://www.appcelerator.com/titanium/）和 PhoneGap 类似，允许你使用 JavaScript 技术来创建跨平台的原生应用，但是它的实现思路和 PhoneGap 完全不同，它会将 JavaScript 编译为目标平台的原生代码（如 Object-C），而不是在应用中嵌入浏览器。

Titanium 是 appcelerator 公司的头号产品，Titanium 有自己的 IDE（基于 Eclipse）——Titanium studio，包含 Mac、Windows 和 Linux 等各个平台的版本，你需要注册账号才能下载和安装，注册安装好后即可利用 Titanium 的 SDK 开发真正的原生程序，如图 16.13 所示。

编译为原生程序使得应用性能和用户体验更好，但是你无法同时使用其他 Web 技术（如 CSS 和 HTML）来创建 UI。Titanium 真正的好处其实在于针对 iOS 和 Android 平台 UI 开发的共有子集提供了一套 JavaScript 的接口，从这个层面加快你应用的开发速度，降低成本。和 PhoneGap 相比，各有利弊，大家一定要按需取用。

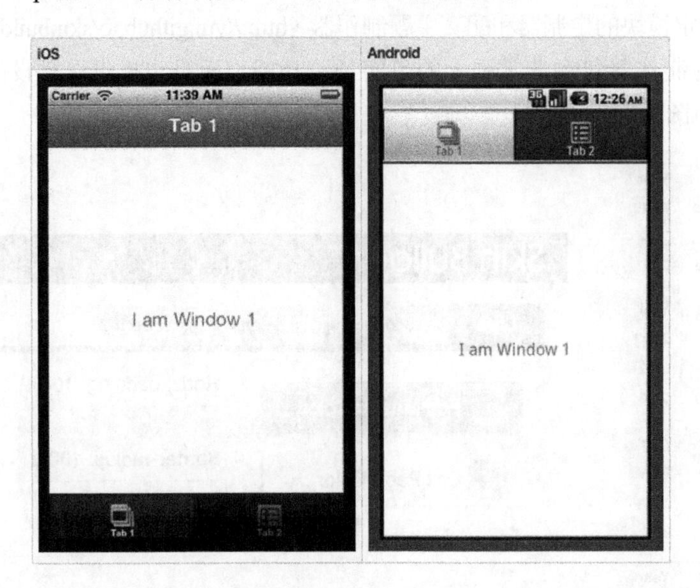

图 16.13　用 Titanium 开发的原生程序

第 17 章　如何成为优秀的前端工程师

本章的标题提了一个诱人的问题，可惜笔者尚不敢称自己是优秀的前端工程师，所以这里的自问自答有些浮夸之嫌，但笔者愿意倾力分享在作为前端工程师时关注些什么，经历过什么，望能帮助到大家一二。

17.1　Node.js

雅虎“发明”了前端工程师这个职业，而 Node.js 的流行让这个职业真正对得起工程师这个称号。

17.1.1　什么是 Node.js

如果让我用一句话定义 Node.js 是什么，我想应该是这样的：

Node.js 是服务器端的 JavaScript。

JavaScript 在过去只是一种连名字都要挂靠大佬的小脚本语言，由于历史的阴差阳错一直活到了现在，而且越发壮大，成为程序员世界的主流语言之一。但是 JavaScript 在很长一段时间内都只工作在浏览器这个环境里，浏览器外面的世界有多精彩它一无所知。

严格地说，从 JavaScript 诞生到现在，不断有人在尝试将 JavaScript 带到服务器端开发环境：Alfresco、Helma 和 JSSP……但它们都不温不火或者死掉了（笔者表示自己都没听过大部分这些技术），唯有 Node.js 一枝独秀，社区成长迅速，大小企业纷纷投靠其怀抱，在问为什么之前，让我们先谈谈 Node.js 是什么。

按照 Node.js 官方的说法，Node.js 是一个搭建在 Chrome 的 JavaScript 运行时上的平台，用于方便地构建快速和可扩展的网络程序。Node.js 基于事件驱动和非阻塞的 I/O 模型使得它非常轻量，适合于运行在分布式系统上的数据集中型和实时型应用（Node.js is a platform built on Chrome's JavaScript runtime for easily building fast, scalable network applications. Node.js uses an event-driven, non-blocking I/O model that makes it lightweight and efficient, perfect for data-intensive real-time applications that run across distributed devices.）。初看来或许有些抽象，让我们抽丝剥茧来说说它。

一谈到 JavaScript，都知道它运行浏览器环境里面，大家熟悉它可以用来操作 DOM 节点，发起 Ajax 请求和改变页面样式……一直以来 JavaScript 都是前端工程师的专利，而 Node.js 提供了一个环境和一系列的 API 使得 JavaScript 可以编写服务器端甚至系统级的程序。

比如最简单的 WebSever：

```
var http = require('http');
http.createServer(function (req, res) {
  res.writeHead(200, {'Content-Type': 'text/plain'});
  res.end('Hello World\n');
}).listen(1337, '127.0.0.1');
console.log('Server running at http://127.0.0.1:1337/');
```

将这些代码保存为 example.js，然后在命令行下用 node 程序执行该文件即可（和 python、ruby 等类似）：

```
$ node example.js
Server running at http://127.0.0.1:1337/
```

除了 http 模块，Node.js 还包含大量网络程序相关的模块，比如底层的 TCP 接口：

```
var net = require('net');

var server = net.createServer(function (socket) {
  socket.write('Echo server\r\n');
  socket.pipe(socket);
});

server.listen(1337, '127.0.0.1');
```

17.1.2　Node.js 基础

使用 Node.js 之前你需要安装它，Node.js 支持绝大多数主流的操作系统平台：Mac OS X、Windows 和 Linux（以及相应的发行版），这使得它对开发和部署都相当友好。以 Mac OS X 为例，只需要去其官网（http://nodejs.org/）下载安装包一路下一步安装即可，Node.js 是完全开源的程序，你也可以选择自己编译源码进行安装。

Mac OS X 的安装包中包含了 Node 主程序和包管理器 NPM，安装好后，在终端键入 node 可以进入交互式 shell（和 Chrome 的 console 一样的东西）：

```
$ node
> console.log('here is node shell')
here is node shell
undefined
>
```

注意：undefined 是 console.log 执行后的返回值。

我们先看看前面的 Web Server 的例子的注释版：

```
//Node.js 和 ruby、python 等一样拥有自己的模块系统
//require 函数在这里同步获取了 http 模块，该模块是 Node.js 内置模块
var http = require('http');
//http 模块对 http 协议做了高层封装，调用 createServer 方法即可返回一个 server 实例
//传入 createServer 的回调会在客户端有请求来临时被调用
//server 实例 listen 用于监听特定的端口，第二个参数表示 hostname
http.createServer(function (req, res) {
  //该回调函数接受两个参数，req 表示 request（请求），res 表示 response（响应）
  //req 中可以查询请求头和请求体等内容
  //.writeHead 方法在响应中写入头信息
  res.writeHead(200, {'Content-Type': 'text/plain'});
  //.end 以字符串结束当前请求
```

```
  res.end('Hello World\n');
}).listen(1337, '127.0.0.1');
//console.log 会将信息打印在 shell 里
console.log('Server running at http://127.0.0.1:1337/');
```

可以看到，寥寥数行就可以在 Node.js 中搭建一个 Web 服务器，当然代码简单并不是 Node.js 真正厉害的地方，Node.js 还有许多值得称道之处，下面我们细细道来。

17.1.3　Node.js 模块系统

能否支撑大型应用的开发，模块系统是非常关键的存在。前端工程师们都知道，浏览器中 JavaScript 是不包含模块系统的，所有的代码都写在一个个的文件里面，然后在 HTML 里面用 script 标签进行引用，这样的方式管理代码依赖非常困难，因此只能用外部工具（比如过去很多人使用 Ant 和 closure compiler 等）来对源代码进行管理，后来 CommonJS 提出了 JavaScript 自己的模块系统规范，Node.js 中的模块系统便是基于 CommonJS 的一个实现。

Node.js 中定义一个模块非常简单，一个文件就能自成一个模块，如新建一个 foo.js 文件：

```
var circle = require('./circle.js');
console.log( 'The area of a circle of radius 4 is '
          + circle.area(4));
```

然后在同目录再建一个 circle.js：

```
var PI = Math.PI;

exports.area = function (r) {
  return PI * r * r;
};

exports.circumference = function (r) {
  return 2 * PI * r;
};
```

模块 circle.js 导出了两个公共方法 area 和 circumference，要在模块对象上添加属性或方法，可以在一个特殊的 exports 对象上直接赋值。

和浏览器环境不一样，一个文件中的局部变量并不会暴露到全局环境（不加 var 关键字亦然），使用模块时也不会污染调用者的执行环境，这点改进非常重要，因为服务器应用通常都是规模巨大的，同名变量会非常常见。

如果你想让你的模块导出一个函数或者一个完整对象，而不是将属性一个个赋值上去，你可以使用覆写 module.exports 的方式。

下面我们编写一个 square.js 模块，该模块导出一个构造函数：

```
//直接覆写 exports 并不会改变 module，必须通过覆写 module.exports 的方式来实现
module.exports = function(width) {
  return {
    area: function() {
      return width * width;
    }
  };
}
```

这样在使用上面的模块时会得到一个函数对象：

```
var square = require('./square.js');
var mySquare = square(2);
console.log('The area of my square is ' + mySquare.area());
```

Node.js 在处理模块循环引用时非常有意思，考虑这样一个例子，a.js 如下：

```
console.log('a starting');
exports.done = false;
var b = require('./b.js');
console.log('in a, b.done = %j', b.done);
exports.done = true;
console.log('a done');
```

b.js：

```
console.log('b starting');
exports.done = false;
var a = require('./a.js');
console.log('in b, a.done = %j', a.done);
exports.done = true;
console.log('b done');
```

main.js：

```
console.log('main starting');
var a = require('./a.js');
var b = require('./b.js');
console.log('in main, a.done=%j, b.done=%j', a.done, b.done);
```

当 main 模块加载 a 模块时，在 a 模块里会加载 b 模块，接着进入 b 模块时又会加载 a 模块，这样就产生了循环引用，对于这种情况，在第一次进入 b 模块并加载 a 模块时，由于 node 知道 a 模块已经处于加载过程中，于是会立即返回一个 exports 对象的复制（而不是无限循环），此时 a 模块并未完全加载结束，因此执行 main.js 的输出结果会是这样子的：

```
$ node main.js
main starting
a starting
b starting
in b, a.done = false
b done
in a, b.done = true
a done
in main, a.done=true, b.done=true
```

Node 的内置模块有的被编译为了二进制代码，如果你有兴趣查看核心模块的源码可以去源码仓库的 lib/目录下查看。

Node.js 包含大量内置模块，有用于网络操作的 http、https 和 net，也有用于文件操作的 fs 和 path，系统级 process、cluster、OS 和 rl，工具类的 crypto、console 和 buffer 等等。

Node 在寻找模块时会遵循一系列特定的规则，在不指明路径的情况下，会优先寻找内置模块（如 http 和 net 等），比如无论当前目录下是否有一个 http.js 文件，require('http')都会返回内置的 HTTP 模块。

如果没有找到内置模块，则会寻找系统的 node_modules 目录和当前目录下的 node_modules 目录，在指定模块时，后缀名不是必须的（包括.js、.json、.node），路径可以使用相对路径或者绝对路径：

```
require('circle');                //寻找系统或当前目录下的 node_modules 目录
require('./circle');              //模块必须位于当前目录
require('../circle');             //相对路径
require('/home/filod/circle');   //绝对路径
```

当然，如果你的模块包含较多的东西，包目录下的 index.js 可以作为包的入口文件被加载，如 require('./some-library')时会尝试加载./some-library/index.js 或./some-library/index.node 文件，如果你想手工指定包目录被下载的入口文件，你需要引入 package.json 文件，并这样配置：

```
{
  "name" : "some-library",
  "main" : "./lib/some-library.js"
}
```

17.1.4　Node.js 包管理系统 NPM

Node.js 虽然用着古老的语言，但是却完全开辟了一个新的社区生态，任何健康的生态环境都离不开包管理器的功劳，ruby 有 gem，python 有 pip 和 eazy_install。我们的 Node.js 自然也有自己专属的包管理器：npm（node package manager）。

前面说过在 Mac OS 下 Node.js 的安装包已经包含 npm，实际上在其他平台上或者直接通过源码方式在安装 Node 时都会自动安装 npm，在 shell 下运行 npm：

```
$ npm -v
1.3.8
```

要安装一个包非常简单，调用 npm install 命令即可：

```
$ npm install jquery
```

正常情况下，该命令会将可以运行在 node 下的 jquery 包会被安装在当前目录的 node_modules 目录里，这样你就可以直接在项目中使用了：

```
var $ = require('jquery')
```

有的项目是基于 Node 编写的命令行工具，需要安装到计算机的全局环境，使用 npm 安装时需要加上-g（global）参数：

```
$ npm install grunt-cli -g
```

有安装，自然也有更新和删除：

```
$ npm uninstall jquery
$ npm update grunt-cli -g
```

你的项目或者包绝大部分情况都位于一个独立的目录下，你可以为包创建一个 package.json 文件用于描述这个包的名字、版本和依赖等信息：

```
{
  "name": "test-app",                         //你的包或应用名字
  "version": "0.0.1",                         //版本
  "description": "just a test app",           //描述语句
  "dependencies": {                           //依赖的包极其版本
"jquery": "1.8.3",
```

```
"underscore": "latest"
  },
  "engines": {
    "node": ">=0.10.0"
  }
}
```

有了这个文件后，你可以不用再一个一个包进行安装，可以简单地运行 npm install 命令：

```
$ npm install
......
underscore@1.5.2 node_modules/underscore
jquery@1.8.3 node_modules/jquery
```

当然，update 命令也可以批量更新所有指定的包。

package.json 包含非常多的配置项以配合 npm 进行使用，比如 dependencies 指定本包所依赖的包，devDependencies 指定在开发时用到的包（通常是一些工具），另外所有包的版本号遵循 Semantic Versioning 标准（http://semver.org/），用三个以点分割的数字表示：主版本号（major）、次版本号（minor）和补丁（patch）。你可以通过 npm help json 命令来查看 package.json 的所有可配置项。

npm 源的包数量众多，npm 提供了搜索功能，可以让你迅速定位一个包：

```
$ npm search jquery
```

Node.js 社区非常活跃，时至今日在 npm 源（https://npmjs.org）上面登记注册的包已经多达 47000 个，这个数字已经超过了诞生 10 多年的 Python 社区，而且还在不断增加中。

17.1.5　事件驱动和异步 I/O

这一小节要讲解的内容是 Node.js 大受欢迎的真正原因——高性能。

JavaScript 本身是一门单线程的语言，任何同步操作都会导致整个进程都被挂起，因此大部分 JavaScript 的 API 都是设计为基于事件的形式，比如在浏览器中的 DOM 事件等。由于是事件驱动的语言，通常又和异步操作脱不了干系，例如 Ajax 请求就是典型的异步网络 I/O 操作。Node.js 在实现时也继承了这一特性，几乎所有的 Node.js 内置 API 都以异步操作配合事件提供，例如操作文件：

```
fs.readFile('/etc/passwd', function (err, data) {
  if (err) throw err;
  console.log(data);
});
console.log('这里会先执行')
```

.readFile 方法调用后会立即返回并执行接下来的代码，整个线程不会被阻塞，当后面的代码执行完毕时，线程并不会退出，因为我们在调用读文件方法时传入了一个匿名回调函数，Node 会在文件读取完毕或读取出错时调用该函数，这和常见的后端语言读写文件的模型（如 Python）很不一样，Python 通常是同步读写的：

```
# 所有代码都按照书写的顺序执行
file = open('/etc/passwd')
```

```
try:
  all_text = file.read()
finaly:
  file.close()
```

这样的执行模型使得 Node.js 非常适合处理网络请求——因为网络请求通常是短时间大量的，如果使用传统同步模型来处理请求代码中涉及到的 IO 部分，当 IO 操作阻塞了进程，那么程序将无法接受后续的请求。为解决这一问题，传统后端语言程序在处理高并发请求时通常会选择开多个进程或者线程，新的线程可以处理新的请求，但这样做开销非常的大，总体性能也不好。

除了异步 I/O 外，V8 引擎也是 Node.js 流行的重要助力。过去 JavaScript 一直被诟病执行性能差——直到 Chrome V8 引擎的横空出世。V8 引擎将 JavaScript 的执行性能进行了数量级的提升，总体情况超过了 Python 和 Ruby 等动态语言，甚至在一些极端情况下可以与 C 语言等编译型语言媲美。

17.1.6　前端工程师需要了解 Node.js 的什么

前面几小节内容我们蜻蜓点水般地介绍了 Node.js 的几个核心特性，如果身为一个前端工程师，你没理由不去学习 Node.js。

一方面，Node.js 作为一个 JavaScript 运行环境，让一大波想兼做或转做后端的前端工程师免去了学习新语言的苦恼。

另一方面，前端技术在大学或者培训机构都极少被讲授，绝大多数前端工程师都是野生程序员，很多程序员并没有太多计算机科学相关的知识，Node.js 让你有机会接触到驱动网站或应用背后的原理：文件、网络、协议、数据库和操作系统……

Node.js 所涉及的知识非常多，那么对于专职前端的你，我想可能最需要是这些知识。

- 利用 http 模块构建完整的 web server：在学习 http 模块的过程中，你会更加深刻地理解 HTTP 协议和 Node.js 的工作原理，这些知识对前端开发也有很大帮助。
- Buffer：计算机由 1 和 0 所驱动，学习 Buffer 对象基本就是重新认识比特、字节和编码这些概念的过程，编写浏览器端的 JavaScript 时通常与这些概念都沾不着边，但是服务器编程时刻都与它们打交道。

17.2　工具链

中国有句古话，工欲善其事，必先利其器。工程师亦为工匠，在善其事的漫漫长路，我们总是上下左右而求索，永远都不曾满足。前端开发到今天，也形成了完整的方法论和许多工具链，如果你依然在用记事本进行着复制和粘贴，那我只能说：精神可嘉。

17.2.1　CoffeeScript

懂 JavaScript 的人都知道 JavaScript 有各种各样的缺点。

- 相等运算符==和===：使用上容易引起混乱。

- with 语句：同上。
- eval 函数：降低性能和引入安全问题。
- 全局变量污染。

以上只是惊鸿一瞥，JavaScript 语言精粹这本书花了一整章的篇幅来讲解 JavaScript 中那些糟粕的部分，JavaScript 程序员在编写程序时需要记住这些陷阱，这无疑是巨大的负担。

CoffeeScript（http://coffeescript.org/）是一门小巧的语言，它最终编译目标是 JavaScript 代码。CoffeeScript 的设计目标在于将 JavaScript 糟粕的部分隐藏起来，把 JavaScript 的精粹部分以更简洁的方式展现出来，并提供了大量的语法糖。

来看一段 CoffeeScript 代码：

```
# 赋值语句，不用写 var 关键字，也永远不会暴露在全局环境：
number   = 42
opposite = true

# 后置条件语句使得代码更易读：
number = -42 if opposite

# 更简洁的定义（匿名）函数的方式：
square = (x) -> x * x

# 数组：
list = [1, 2, 3, 4, 5]

# 对象：
math =
  root:   Math.sqrt
  square: square
  cube:   (x) -> x * square x

# 可变参数：
race = (winner, runners...) ->
  print winner, runners

# "存在"运算符：
alert "I knew it!" if elvis?

# 数组推导（Array comprehensions）：
cubes = (math.cube num for num in list)
```

上面的代码最终会被“翻译”为原始的 JavaScript 代码：

```
var cubes, list, math, num, number, opposite, race, square,
  __slice = [].slice;

number = 42;

opposite = true;

if (opposite) {
  number = -42;
}

square = function(x) {
  return x * x;
};
```

```
list = [1, 2, 3, 4, 5];

math = {
  root: Math.sqrt,
  square: square,
  cube: function(x) {
    return x * square(x);
  }
};

race = function() {
  var runners, winner;
  winner = arguments[0], runners = 2 <= arguments.length ?
__slice.call(arguments, 1) : [];
  return print(winner, runners);
};

if (typeof elvis !== "undefined" && elvis !== null) {
  alert("I knew it!");
}

cubes = (function() {
  var _i, _len, _results;
  _results = [];
  for (_i = 0, _len = list.length; _i < _len; _i++) {
    num = list[_i];
    _results.push(math.cube(num));
  }
  return _results;
})();
```

再比如 CoffeeScript 类的编写方式：

```
class Animal
  constructor: (@name) ->

  move: (meters) ->
    alert @name + " moved #{meters}m."

class Snake extends Animal
  move: ->
    alert "Slithering..."
    super 5

class Horse extends Animal
  move: ->
    alert "Galloping..."
    super 45

sam = new Snake "Sammy the Python"
tom = new Horse "Tommy the Palomino"

sam.move()
tom.move()
```

编译成 JavaScript：

```
var Animal, Horse, Snake, sam, tom, _ref, _ref1,
  __hasProp = {}.hasOwnProperty,
  __extends = function(child, parent) { for (var key in parent) { if
(__hasProp.call(parent, key)) child[key] = parent[key]; } function ctor()
```

```
{ this.constructor = child; } ctor.prototype = parent.prototype;
child.prototype = new ctor(); child.__super__ = parent.prototype; return
child; };

Animal = (function() {
  function Animal(name) {
    this.name = name;
  }

  Animal.prototype.move = function(meters) {
    return alert(this.name + (" moved " + meters + "m."));
  };

  return Animal;

})();

Snake = (function(_super) {
  __extends(Snake, _super);

  function Snake() {
    _ref = Snake.__super__.constructor.apply(this, arguments);
    return _ref;
  }

  Snake.prototype.move = function() {
    alert("Slithering...");
    return Snake.__super__.move.call(this, 5);
  };

  return Snake;

})(Animal);

Horse = (function(_super) {
  __extends(Horse, _super);

  function Horse() {
    _ref1 = Horse.__super__.constructor.apply(this, arguments);
    return _ref1;
  }

  Horse.prototype.move = function() {
    alert("Galloping...");
    return Horse.__super__.move.call(this, 45);
  };

  return Horse;

})(Animal);

sam = new Snake("Sammy the Python");

tom = new Horse("Tommy the Palomino");

sam.move();

tom.move();
```

CoffeeScript 从本质上来讲就是 JavaScript，其语法简单易学，基本上两个小时就可以上手开发。

命令行版本的 CoffeeScript 可以通过 npm 直接安装：

```
$ npm install coffee-script -g
```

安装好后可以使用 coffee 进入交互式 shell 或者进行编译.coffee 文件（.cs 已经被 C#占了去，因此 CoffeeScript 选择了.coffee 作为默认后缀名）等工作。

例如，将/src 目录下的.coffee 文件一对一地编译至/lib 目录：

```
$ coffee --compile --output lib/ src/
```

在控制台内输出编译结果：

```
$ coffee -bpe "alert i for i in [0..10]"
```

计算机领域有个著名的论断：程序员每天编写相同行数的代码与他们使用的语言无关。这意味着，使用 CoffeeScript 的程序员比使用 JavaScript 能在单位时间内有更高的产出。不得不说，CoffeeScript 真是 JavaScript 程序员们节省生命和告别加班的必备良药，就像它的名字和 Logo，留着更多的时间去喝咖啡吧，如图 17.1 所示。

图 17.1　CoffeeScript Logo

关于 CoffeeScript 的具体语法和命令行用法等内容，大家可以去官方网站查阅（http://coffeescript.org）。

17.2.2　CSS 预处理器（CSS preprocessor）

CSS 本质上是给设计师准备的语言，里面不包含变量和条件分支等概念，这大大降低了初学者学习这门语言的成本，但与此同时也给组织代码带来了很大的困难，要改一种颜色或者一类组件的留白都会产生大量的查找替换工作，而且随着 CSS 代码规模的扩大显得更加严重，CSS 预处理器的发明就是为了给 CSS 增添一些动态的特性。

目前流行的 CSS 预处理器有 Sass（http://sass-lang.com/）、Less（http://lesscss.org/）和 stylus（http://learnboost.github.io/stylus/），前面提到的 Bootstrap 项目即是由 Less 构建的。

预处理器的基本功能大同小异，接下来以 Sass 为例，看看 CSS 预处理器究竟有何魔力。

变量可以用来存储颜色值和字体等可用重用的内容，这使得构建皮肤系统非常方便：

```
$font-stack:    Helvetica, sans-serif;
$primary-color: #333;

body {
  font: 100% $font-stack;
  color: $primary-color;
}
```

变量以$开头，上面的 Sass 代码最终生成的 CSS 代码如下：

```
body {
  font: 100% Helvetica, sans-serif;
  color: #333;
}
```

嵌套写法可以避免写很多次父级元素：

```
nav {
  ul {
    margin: 0;
    padding: 0;
    list-style: none;
  }

  li { display: inline-block; }

  a {
    display: block;
    padding: 6px 12px;
    text-decoration: none;
  }
}
```

最终生成：

```
nav ul {
  margin: 0;
  padding: 0;
  list-style: none;
}

nav li {
  display: inline-block;
}

nav a {
  display: block;
  padding: 6px 12px;
  text-decoration: none;
}
```

某些情况下写 CSS 会非常无聊——尤其是在写某些 CSS 3 属性时，同一个属性要写各种浏览器的前缀来保持良好的兼容性，混合（mixin）让你可以创建可在全站进行重用的样式定义，甚至你还可以传递参数进去：

```
@mixin border-radius($radius) {
  -webkit-border-radius: $radius;
     -moz-border-radius: $radius;
      -ms-border-radius: $radius;
       -o-border-radius: $radius;
          border-radius: $radius;
```

```
}

.box { @include border-radius(10px); }
.avatar { @include border-radius(4px); }
```

最终生成：

```
.box {
  -webkit-border-radius: 10px;
  -moz-border-radius: 10px;
  -ms-border-radius: 10px;
  -o-border-radius: 10px;
  border-radius: 10px;
}
.avatar {
  -webkit-border-radius: 4px;
  -moz-border-radius: 4px;
  -ms-border-radius: 4px;
  -o-border-radius: 4px;
  border-radius: 4px;
}
```

类似的还有@extend 操作符，可以将一段 css 扩展到其他声明：

```
.message {
  border: 1px solid #ccc;
  padding: 10px;
  color: #333;
}

.success {
  @extend .message;
  border-color: green;
}

.error {
  @extend .message;
  border-color: red;
}

.warning {
  @extend .message;
  border-color: yellow;
}
```

最终生成：

```
.message, .success, .error, .warning {
  border: 1px solid #cccccc;
  padding: 10px;
  color: #333;
}

.success {
  border-color: green;
}

.error {
  border-color: red;
}

.warning {
```

```
  border-color: yellow;
}
```

另外还可以进行计算：

```
.container { width: 100%; }

article[role="main"] {
  float: left;
  width: 600px / 960px * 100%;
}

aside[role="complimentary"] {
  float: right;
  width: 300px / 960px * 100%;
}
```

最终生成：

```
.container {
  width: 100%;
}

article[role="main"] {
  float: left;
  width: 62.5%;
}

aside[role="complimentary"] {
  float: right;
  width: 31.25%;
}
```

Sass 基于 Ruby 编写，安装前确保你有 Ruby 环境，接着使用 gem 进行安装（gem 是 Ruby 世界的 npm）：

```
$ gem install sass
```

接着用 sass 命令可以对.scss 文件（Sass 的后缀名）进行编译：

```
$ sass style.scss
```

更多关于 Sass 的内容大家可以查阅其官方网站（http://sass-lang.com）。

17.2.3　Grunt

随着当今 Web 应用的代码规模日渐扩大，以前靠粘贴 jQuery 代码片段过活的日子已经一去不复返了，在构建 Web 应用方面我们要考虑的问题越来越多：

- 编译 CoffeeScript 或者 Sass 代码；
- 校验（lint）JavaScript 或者 CSS 代码；
- 压缩 JavaScript 和 CSS 代码；
- 预编译 HTML 模板；
- 打包目标文件；
- 管理目标文件版本；
- 运行单元测试。

类似这些工作繁琐而又必不可少，Grunt 便是为解决这类构建问题而诞生的。

Grunt 是一个基于任务的 JavaScript 项目命令行构建工具，或者说，是一个 JavaScript 的任务运行器（The JavaScript Task Runner），它能使你的构建任务自动化。

使用 Grunt 需要先安装它的命令行工具（同样基于 Node.js）：

```
$ npm install grunt-cli -g
```

grunt-cli 会将 grunt 命令安装在你的系统路径下，但要注意的是这并不会安装 Grunt task runner，grunt-cli 的主要作用是运行 Gruntfile 所在目录下安装的 Grunt——这样你可以在不同的项目中使用不同版本的 Grunt。

最简单的命令就是直接运行 grunt：

```
$ grunt
```

此时 grunt-cli 会首先寻找当前目录下是否安装了 grunt 本身，如果安装了，那么会读取当前目录下的 Gruntfile.js 文件，这个文件包含了你的项目下所有的配置，然后运行默认的任务。

搭建一个基于 Grunt 构建的项目的过程必须包含两个文件，package.json 和 Gruntfile.js。package.json 我们之前讲过是用来描述当前项目以及其依赖的（npm）包，你应该在 package.json 里面列出 grunt 本身以及你所用到的 grunt 的插件（所有 grunt 支持的任务都以插件形式开发）。Gruntfile.js 文件（如果使用 CoffeeScript 则使用 Gruntfile.coffee）用于配置任务和加载插件。

基于 grunt 的项目的 package.json 一般是这样的：

```
{
  "name": "my-project-name",
  "version": "0.1.0",
  "devDependencies": {
    "grunt": "~0.4.1",
    "grunt-contrib-jshint": "~0.6.3",
    "grunt-contrib-nodeunit": "~0.2.0",
    "grunt-contrib-uglify": "~0.2.2"
  }
}
```

grunt 是 task runner，grunt-开头的包是 grunt 插件的约定命名格式，grunt-contrib-开头大多是 grunt 官方团队自己开发的插件。

Gruntfile 通常和 package.json 位于同一目录（如项目的根目录），一般包含这样几个部分：

- ❑ 一个包裹函数（wrapper）；
- ❑ 项目和任务配置；
- ❑ 加载 grunt 插件和任务；
- ❑ 自定义任务。

下面是一个典型的 Gruntfile：

```
module.exports = function(grunt) {

  //项目配置
  grunt.initConfig({
    pkg: grunt.file.readJSON('package.json'),
```

```
    uglify: {
      options: {
        banner: '/*! <%= pkg.name %> <%= grunt.template.today("yyyy-mm-dd")
%> */\n'
      },
      build: {
        src: 'src/<%= pkg.name %>.js',
        dest: 'build/<%= pkg.name %>.min.js'
      }
    }
  });

  //加载 grunt-contrib-uglify 插件，该插件提供 uglify 任务
  grunt.loadNpmTasks('grunt-contrib-uglify');

  //注册一个默认任务，这个任务的内容是允许 uglify 任务
  grunt.registerTask('default', ['uglify']);

};
```

包裹函数其实就是典型 Node.js 模块的写法，grunt 会在运行时自动加载该模块，你的所有 grunt 相关代码都应该写到包裹函数里面：

```
module.exports = function(grunt) {
  //模块自动调用并传入 grunt 对象
};
```

grunt.initConfig 方法用于传入配置对象，配置对象大多数情况提供给 grunt 任务使用，在上面的例子中，grunt.file.readJSON('package.json')导入了 package.json 的内容，并在配置项中命名为 pkg，这样我们在后面的配置中可以直接使用该配置。<% %>模板字符串可以引用任何配置项，你可以通过这种方法来动态配置任务所需要用到的文件路径或者文件列表之类的内容。

配置对象一方面给任务提供配置，另一方面你可以存储任何有用的数据在里面。要注意的是，配置对象并不是 JSON 对象，因此不必拘泥于 JSON 格式，你可以在配置对象中写任何合法的 JavaScript 代码。

和大多插件类似，grunt-contrib-uglify 插件的 uglify 任务接收配置对象中属性名和任务名一样的那个值作为配置参数，在上例中 banner 选项指定压缩后输出的首行代码，build 选项是一个压缩目标，其指定了一个源文件地址和一个目标文件地址。

npm 安装的 grunt 插件在 Gruntfile 中通过 grunt.loadNpmTasks 进行加载，其内部会调用 Node.js 的 require()方法：

```
grunt.loadNpmTasks('grunt-contrib-uglify');
```

你可以用 grunt.registerTask 方法注册你自定义的任务。比如前面的例子，名为 default 的任务可以在不传递任何参数的情况下就执行 uglify 任务，以下三个命令在上面例子是等价的：

```
$ grunt
$ grunt uglify
$ grunt default
```

自定义任务还可以是一段代码：

```
module.exports = function(grunt) {
```

```
  //这个 default 任务只是单纯地答应了一行正确信息
  grunt.registerTask('logit', 'Log some stuff.', function() {
    //grunt.log 提供了一系列用于在控制台输出信息的 API
    grunt.log.write('Logging some stuff...').ok();
  });

};
```

效果如图 17.2 所示。

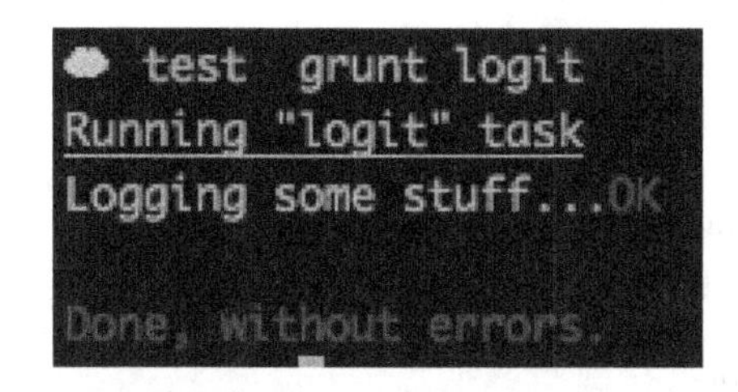

图 17.2　执行自定义任务和插件提供任务是类似的

grunt 社区包含大量插件，几乎一切能自动化的工作都有人在 grunt 的帮助下将它们自动化了，目前被社区索引的插件已多达 1600 个，你可以在这里（http://gruntjs.com/plugins）寻找你想要的插件。

17.2.4　Bower

包管理工具是否顺手是一门程序语言是否能足够流行的重要决定因素之一。一句话来解释，npm 是 Node.js 的包管理器，而 bower 是前端的包管理器。

bower 是由 twitter 贡献给开源社区的工具，从用户角度而言，bower 几乎就是一个下载工具，只是它会按照正确的方式去下载你需要的包。

安装 bower 很简单：

```
$ npm install -g bower
```

由于 bower 通过 git 来管理包的版本和 URL，所以确保你的机器也安装了 git。

bower 的用法和 npm 类似，也同样可以用一个 bower.json 文件描述当前项目的信息和依赖关系：

```
# 使用 bower.json 中定义的依赖安装包
$ bower install
# 安装包
$ bower install <package>
# 安装特定版本的包
$ bower install <package>#<version>
# 安装
$ bower install <name>=<package>#<version>
```

命令中提到的<package>可以是下面几种类型的值：

- 一个在 bower 官方注册了的名称，如 jQuery。
- 远端 git 地址，如 git://github.com/someone/some-package.git。
- 本地 git 仓库，如~/filod/some-package。

- 一个快捷方式，如 someone/some-package（默认相对的域是 github）。
- 一个 zip 或 tar 文件的 URL，bower 会自动解压。

这些包都可以有一个版本号，这个版本号同样兼容 semver（http://semver.org/）。bower 安装的包会下载到当前目录的 bower_components 目录下，如果你要使用包中文件，可以自行在 bower_components 下寻找，具体使用方式随你而定，通常是在 script 标签里直接引用：

```
<script src="/bower_components/jquery/index.js"></script>
```

bower 也可以搜索包：

```
$ bower search angular
```

bower.json 文件和 package.json 的用法非常类似：

```
{
  "name": "my-project",
  "version": "1.0.0",
  "main": "path/to/main.css",
  "ignore": [
    ".jshintrc",
    "**/*.txt"
  ],
  "dependencies": {
    "<name>": "<version>",
    "<name>": "<folder>",
    "<name>": "<package>"
  },
  "devDependencies": {
    "<test-framework-name>": "<version>"
  }
}
```

但同时 bower.json 也简单许多，上面的例子已经是 bower 所需的全部字段类型。

- name：你的包的名字。
- version：包的版本。
- main：包的入口（可以是多个）。
- ignore：不需要的文件，指定后 bower 会在安装包时自动忽略。
- dependencies：依赖。
- devDependencies：开发时依赖。
- private：如果设置为 true，则不会 Bower 官方索引。

如果你希望自己的包被官方索引，可以使用下面这个命令：

```
bower register <my-package-name> <git-endpoint>
```

被成功索引的条件是：

- bower.json 正确无误。
- 版本号遵循 semver，并且打上相应的 git tag。
- 必须有可以下载的 git 远端（比如 github）。
- 包名没和已有包名冲突。

bower 甚至有自己的编程 API，你可以编写基于 Node.js 的脚本来执行 bower 命令：

```
var bower = require('bower');
```

```
bower.commands
.install(['jquery'], { save: true }, { /* custom config */ })
.on('end', function (installed) {
   console.log(installed);
});

bower.commands
.search('jquery', {})
.on('end', function (results) {
   console.log(results);
});
```

17.2.5　Yeoman

Yeoman 可谓神器也。

按照 Yeoman 的说法，Yeoman+Grunt+bower 是现代化 webapp 开发的现代化工作流（Modern workflows for modern WebApps）。

Yeoman 所倡导的工作流包含三个工具，用于提升你在搭建 WebApps 时的工作效率和舒适度。

- ❑ Yo：搭建模板项目，自动初始化可能用到 Grunt 和 Bower 配置。
- ❑ Grunt：构建、预览和测试你的应用，Yeoman 团队也为这一目标贡献了许多 grunt 插件。
- ❑ Bower：自动化管理你依赖的前端包。

图 17.3 展现了这三个工具使用的顺序。

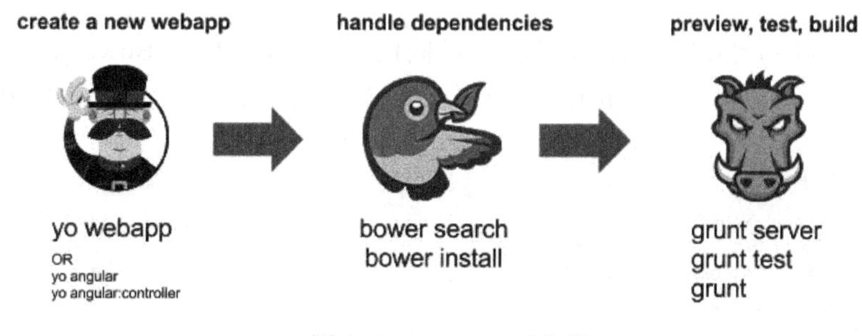

图 17.3　Yeoman 工作流

Yo 是 Yeoman 团队开发的主要工具，用于生成样板项目——具体负责生成项目的程序叫做生成器（generator），Yo 则是运行生成器的程序。

安装 yo 是分分钟的事：

```
npm install -g yo
```

注意：npm 1.2 以上的版本在安装 yo 时会自动帮你安装 bower 和 grunt。

接着，你需要安装具体的生成器，Yeoman 团队有开发一个基本的 web application 样板生成器，叫做 generator-webapp：

```
npm install -g generator-webapp
```

Yeoman 社区有许多生成器，比如 generator-angular、generator-mobile 和 generator-ember

等。generator-webapp 生成器包含了 HTML 5 Biolerplate、jQuery、Modernizr 和 Bootstrap，在调用生成器的时候，Yo 会以交互式的方式问你选择何种技术。

生成只需一步：

```
yo webapp
```

效果如图 17.4 所示。

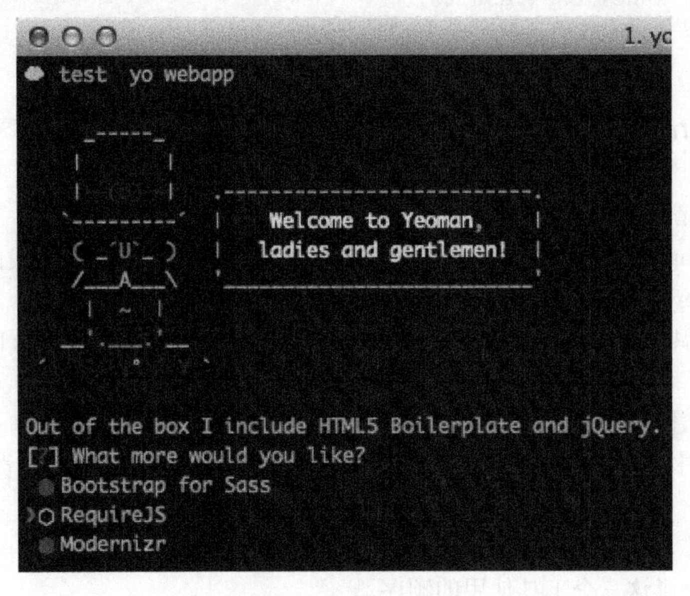

图 17.4　交互式的样板生成

选择好后，程序会自动生成目录结构、模板代码、Gruntfile 和 Bower.json 等文件，并且自动执行 npm install 和 bower install，当一切就绪后，我们看看生成器生成的目录结构：

```
.
├── Gruntfile.js
├── app
│   ├── 404.html
│   ├── bower_components
│   │   ├── jquery
│   │   ├── modernizr
│   │   └── sass-bootstrap
│   ├── favicon.ico
│   ├── images
│   ├── index.html
│   ├── robots.txt
│   ├── scripts
│   │   └── main.js
│   └── styles
│       └── main.scss
├── bower.json
├── node_modules
│   ├─...
├── package.json
└── test
    ├── index.html
    ├── lib
    │   ├── chai.js
    │   ├── expect.js
```

```
│   └── mocha
└── spec
    └── test.js
```

可以看到，甚至连测试框架都帮我们搞定了，紧接着我们执行：

```
grunt server
```

此时会自动打开你的浏览器，你的开发环境都就绪了——一切都是自动的，如图 17.5 所示。

test
Home
About
Contact
'Allo, 'Allo!
Always a pleasure scaffolding your apps.
Splendid!
HTML5 Boilerplate
HTML5 Boilerplate is a professional front-end template for building fast, robust, and adaptable web apps or sites.
Bootstrap
Sleek, intuitive, and powerful mobile first front-end framework for faster and easier web development.
Modernizr
Modernizr is an open-source JavaScript library that helps you build the next generation of HTML5 and CSS3-powered websites.
♥ from the Yeoman team

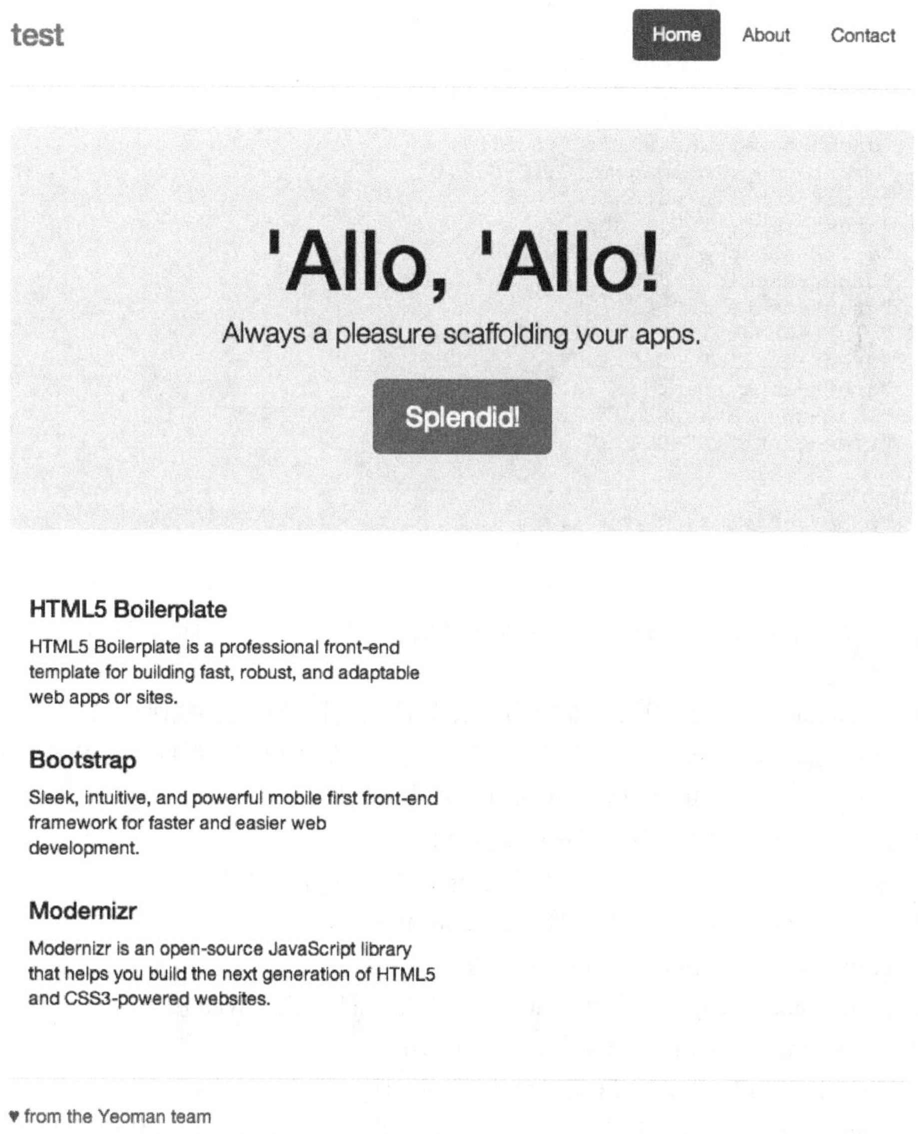

图 17.5　样板页面

此时如果你修改代码并保存，页面会自动刷新——嗯，可以告别你的 F5 了。

那么 Yeoman 是如何做到的呢？

先来看看生成的 package.json：

```
{
  "name": "test",
  "version": "0.0.0",
  "dependencies": {},
  "devDependencies": {
    "grunt": "~0.4.1",
    "grunt-contrib-copy": "~0.4.1",
    "grunt-contrib-concat": "~0.3.0",
    "grunt-contrib-uglify": "~0.2.0",
    "grunt-contrib-compass": "~0.5.0",
    "grunt-contrib-jshint": "~0.6.3",
    "grunt-contrib-cssmin": "~0.6.0",
    "grunt-contrib-connect": "~0.5.0",
    "grunt-contrib-clean": "~0.5.0",
    "grunt-contrib-htmlmin": "~0.1.3",
    "grunt-bower-install": "~0.5.0",
    "grunt-contrib-imagemin": "~0.2.0",
    "grunt-contrib-watch": "~0.5.2",
    "grunt-rev": "~0.1.0",
    "grunt-autoprefixer": "~0.2.0",
    "grunt-usemin": "~0.1.10",
    "grunt-mocha": "~0.4.0",
    "grunt-modernizr": "~0.3.0",
    "grunt-svgmin": "~0.2.0",
    "grunt-concurrent": "~0.3.0",
    "load-grunt-tasks": "~0.1.0",
    "time-grunt": "~0.1.1"
  },
  "engines": {
    "node": ">=0.8.0"
  }
}
```

可以看到，generator-webapp 包含了非常多的 grunt 的插件，下面对其中比较重要的插件进行说明。

- grunt-contrib-copy：用于复制文件，比如从源码目录复制到临时目录。
- grunt-contrib-concat：连接文件，大部分时候我们需要将分散的 JavaScript 代码连接成一个文件以减少浏览器端的 HTTP 请求数量。
- grunt-contrib-uglify：压缩 JavaScript 代码。
- grunt-contrib-compass：编译基于 compass 的 Sass 样式代码。
- grunt-contrib-jshint：用于校验 JavaScript 代码。
- grunt-contrib-cssmin：压缩 CSS 代码。
- grunt-contrib-connect：使用 connect 建立开发测试用的 Web 服务器。
- grunt-contrib-clean：清理某些目录，很实用。
- grunt-contrib-htmlmin：压缩 HTML 代码（比如不必要的空格）。
- grunt-contrib-watch：这个是最有用的插件了，它可以检测你源代码的改变，并作出反应。比如在 JavaScript 发生变化时利用其内包含的 LiveReload 功能刷新浏览器，或者在 Sass 代码变化时自动编译成 CSS。
- grunt-rev：为目标文件加上基于 MD5 等 Hash 算法的版本号。
- grunt-concurrent：并行执行多个 Grunt 任务。

在包含这些插件的同时，Yeoman 也配置好了 Gruntfile（截取部分展示）：

```
//Generated on 2013-11-17 using generator-webapp 0.4.3
'use strict';

module.exports = function (grunt) {
    require('time-grunt')(grunt);
    require('load-grunt-tasks')(grunt);

    grunt.initConfig({
        yeoman: {
            app: 'app',
            dist: 'dist'
        },
        watch: {
            compass: {
                files: ['<%= yeoman.app %>/styles/{,*/}*.{scss,sass}'],
                tasks: ['compass:server', 'autoprefixer']
            },
            ...
        },
        connect: {
            options: {
                port: 9000,
                livereload: 35729,
                //change this to '0.0.0.0' to access the server from outside
                hostname: 'localhost'
            },
            ...
        },
        clean: {
            ...
        },
        jshint: {
            options: {
                jshintrc: '.jshintrc'
            },
            all: [
                'Gruntfile.js',
                '<%= yeoman.app %>/scripts/{,*/}*.js',
                '!<%= yeoman.app %>/scripts/vendor/*',
                'test/spec/{,*/}*.js'
            ]
        },
        mocha: {
            ...
        },
        compass: {
            ...
        },
        autoprefixer: {
            ...
        },
        ...
        rev: {
            ...
        },
        useminPrepare: {
            ...
        },
        usemin: {
```

```
            ...
        },
        imagemin: {
            ...
        },
        svgmin: {
            ...
        },
        cssmin: {
            ...
        },
        htmlmin: {
            ...
        },
        //Put files not handled in other tasks here
        copy: {
            ...
        },
        modernizr: {
            ...
        },
        concurrent: {
            ...
        }
    });

    grunt.registerTask('server', function (target) {
        if (target === 'dist') {
            return grunt.task.run(['build', 'connect:dist:keepalive']);
        }

        grunt.task.run([
            'clean:server',
            'concurrent:server',
            'autoprefixer',
            'connect:livereload',
            'watch'
        ]);
    });

    grunt.registerTask('test', [
        ...
    ]);

    grunt.registerTask('build', [
        ...
    ]);

    grunt.registerTask('default', [
        'jshint',
        'test',
        'build'
    ]);
};
```

当我们执行 grunt server 时，会依次执行清理目录（clean:server）、编译 JavaScript、CSS 代码（concurrent:server）、自动为 CSS 代码加前缀（autoprefixer）、开启 Web 服务器（connect:livereload）和监控源文件变化（watch）这一系列的任务。

其他 Yeoman Generator 也完成类似的功能，只不过包含的插件和包类型各有不同。有的生成器还包含子生成器，可以在你生成项目之后继续生成代码，譬如 angular 生成器在生成项目后，还可以继续生成 view 和 controller 等代码片段。

17.3　关于调试的那些事儿

调试可是有大学问。在遥远的过去调试 Web 是非常困难的，一方面 JavaScript 语言本身的缺陷很容易导致奇怪的 bug，另一方面调试工具的缺失使得很多人都使用 alert 的方式来调试程序。后来出现了 Firebug 这样的浏览器插件来辅助调试，前端程序员也获得了和 Java、C#程序员类似的调试环境，生活瞬间好过了不少。

可在移动时代，多浏览器调试再次成为前端程序员的心头大患，本节将讲解一些调试方面的心得体会。

17.3.1　Chrome 开发者工具

Chrome 的传奇不用我再赘述，2008 年 Chrome 诞生，短短四年后 Chrome 便登上市场占有率冠军宝座。随着 Chrome 一起释出的开发者工具也是极快的速度蚕食了 Firebug 的天地。

Chrome 开发者工具最突出的特点是好用。

常规的审查元素、网络请求、脚本调试和控制台等功能想必大家已经了如指掌，本书不再赘述，前面的章节中也或多或少介绍了一些 Chrome 开发者工具在移动开发中的应用，接下来着重介绍一下很少触碰到的方法。

1. 格式化代码

很多时候你看到的代码都是经过压缩后只有一行的代码，通过格式化代码功能可以让代码变得好看一点点，如图 17.6 所示。

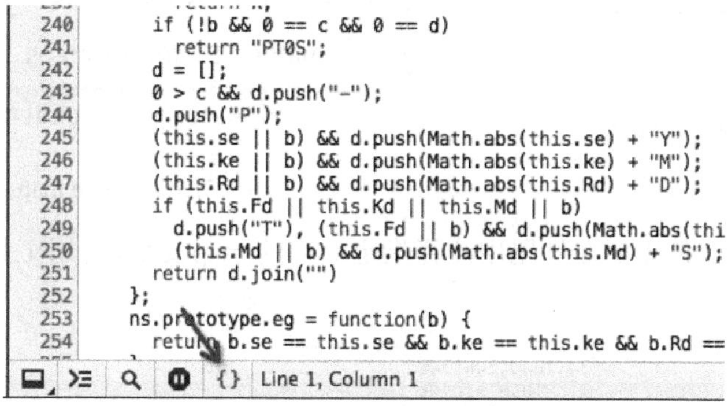

```
240      if (!b && 0 == c && 0 == d)
241        return "PT0S";
242      d = [];
243      0 > c && d.push("-");
244      d.push("P");
245      (this.se || b) && d.push(Math.abs(this.se) + "Y");
246      (this.ke || b) && d.push(Math.abs(this.ke) + "M");
247      (this.Rd || b) && d.push(Math.abs(this.Rd) + "D");
248      if (this.Fd || this.Kd || this.Md || b)
249        d.push("T"), (this.Fd || b) && d.push(Math.abs(thi
250        (this.Md || b) && d.push(Math.abs(this.Md) + "S");
251      return d.join("")
252    };
253    ns.prototype.eg = function(b) {
254      return b.se == this.se && b.ke == this.ke && b.Rd ==
{}  Line 1, Column 1
```

图 17.6　格式化代码

2. 实时代码编辑

Source 面板下的代码是可以直接编辑的，Ctrl+S（或者 Cmd+S）保存后便立即生效，不用刷新页面，而且配合映射到本地磁盘代码的功能可以实现一边修改一边保存到本地源文件（右键单击任意源文件）。

先打开 Sources 面板的侧栏，右键单击“Add Folder to Workspace”，将本地磁盘上的文件添加至 Chrome 的工作空间中，如图 17.7 所示。

接着将你想要映射的文件（.js 和.css 文件都适用）打开，右键选择“Map to File System Resource...”，Chrome 会自动在工作空间寻找同名文件进行映射，如图 17.8 所示。

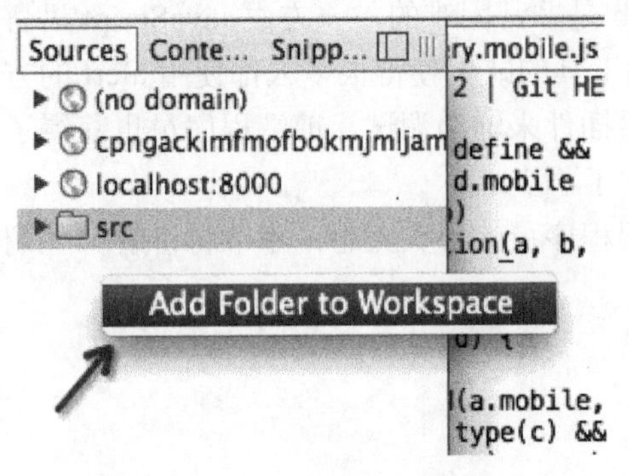

图 17.7　添加目录到工作空间

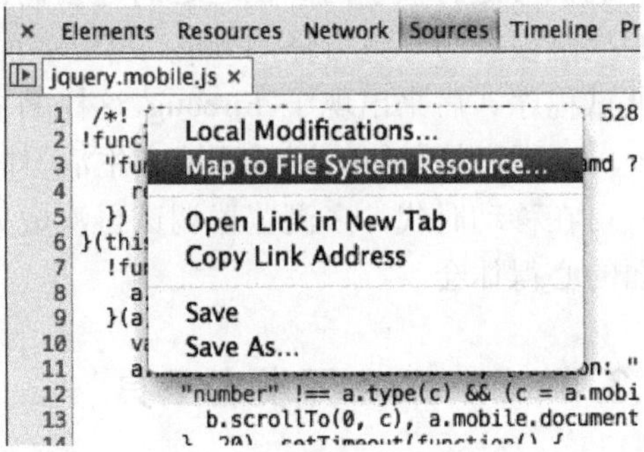

Local Modifications...
Map to File System Resource...
Open Link in New Tab
Copy Link Address
Save
Save As...

图 17.8　映射到本地目录

Ctrl+O（Cmd+O）可以打开快速搜寻文件的对话框（模糊匹配），如图 17.9 所示。

3．source map

对于 CoffeeScript 和 Sass 等预编译语言，可以使用 source map 技术将编译后代码映射到编译前的代码进行调试，如图 17.10 所示。

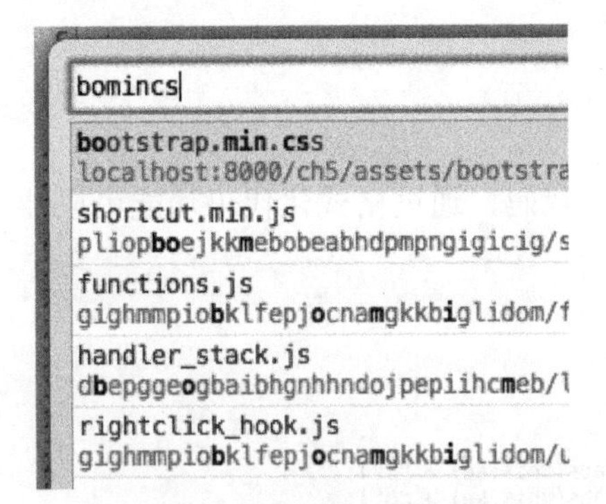

图 17.9　快速搜寻文件

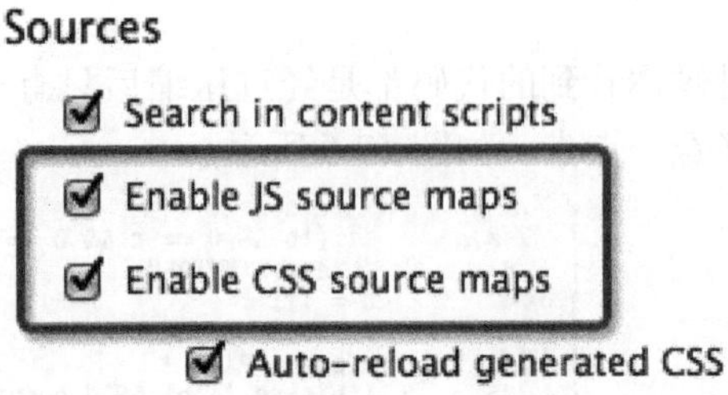

Sources
Search in content scripts
Enable JS source maps
Enable CSS source maps
Auto-reload generated CSS

图 17.10　source map

需要调试的 js 文件需要在结尾用注释指定对应的.map 文件(可用工具生成)，如图 17.11 所示。

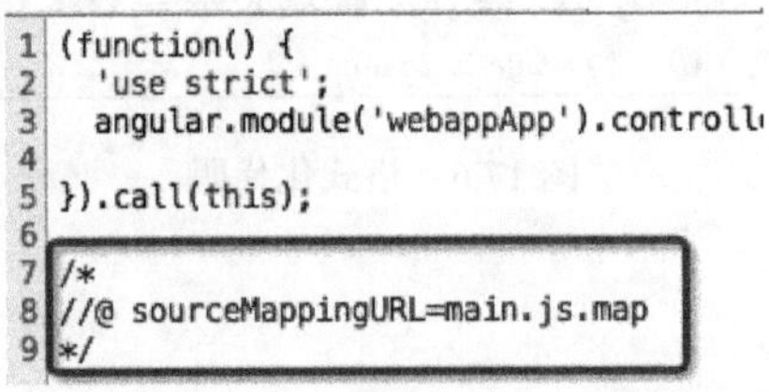

```
1 (function() {
2   'use strict';
3   angular.module('webappApp').controll
4
5 }).call(this);
6
7 /*
8 //@ sourceMappingURL=main.js.map
9 */
```

图 17.11　带有 source map 的 js 文件

map 文件的内容类似这样：

```
{
  "version": 3,
  "file": "main.js",
  "sourceRoot": "",
  "sources": [
    "main.coffee"
  ],
  "names": [],
  "mappings":
"AAAA;CAAA,CAAA,UAAA;CAAA,CAEA,CAC0B,EAAA,CAD1B,CAAO,EACoB,CAD3B,CAAA;CAFA"
}
```

接着就可以直接调试 coffee 文件了，如图 17.12 所示。

4．条件断点

在代码行数右键可以添加条件断点，如图 17.13 所示。

```
11        topBanner: {}
12        midBanner: {}
13    $scope.weeklydigest = $scope.data
14    tpl = null
15    $scope.changeTpl = ->
16      if $scope.type?.url
17        $http.get($scope.type.url).su
18          tpl = _.template(snippet)
```

图 17.12　调试 coffee 文件

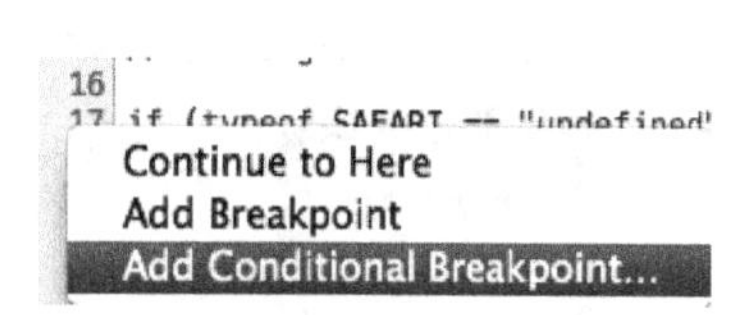

图 17.13　添加条件断点

条件断点允许你输入一个表达式，当该表达式在此处计算为 true 时断点会生效，如图 17.14 所示。

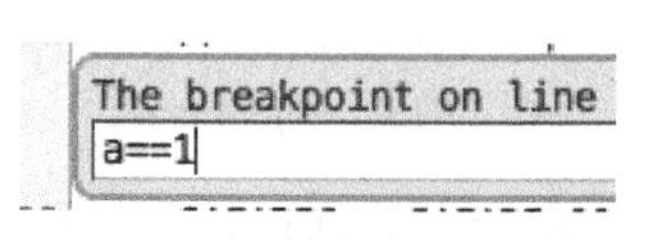

图 17.14　条件表达式

Timeline、Profile 和 Audits 面板还隐藏着大量关于优化程序性能的好用工具，更多 Chrome 开发者工具的神奇之处大家可以自行挖掘。

17.3.2　多设备调试：Adobe Edge Inspect

Adobe Edge（http://html.adobe.com/edge/）是 Adobe 公司开发的一整套 HTML 5 开发工具，包括以下内容。

- Edge Animate：动画制作器。
- Edge Reflow：可视化的响应式 Web 设计工具。
- Edge Code：代码编辑器。
- Edge Inspect：多设备调试工具。
- Edge Web Fonts：一套免费 Web 字体。
- PhoneGap Build：基于 Phonegap 的一套云编译系统。

本小节将着重介绍 Edge Inspect 工具（http://html.adobe.com/edge/inspect/）。

Edge Inspect 包含三个部分，一个部分是安装在电脑上的软件，一个部分是 Chrome 浏览器上的插件，还有一部分是安装在移动设备上的 APP（目前支持 Android、iOS 和 Kindle Fire），如图 17.15 所示，Edge Inspect 包含这样一些功能。

- 同步浏览刷新：当你的移动设备和电脑处于同一个无线网络时，Edge Inspect 可以对他们进行配对，你在电脑端 Chrome 里面浏览页面时，所有连接了的设备会保持同步——自动载入你在 Chrome 里的页面。
- 远程调试：Edge Inspect 包含了一个从 webkit 剥离的开发者工具（和 Chrome 开发者工具同宗同源），可以直接对移动设备端的页面进行调试。
- 截屏：你可以在 Chrome 里对所有连接了的设备进行截屏。
- 支持本地 URL：诸如 localhost 和 127.0.0.1。

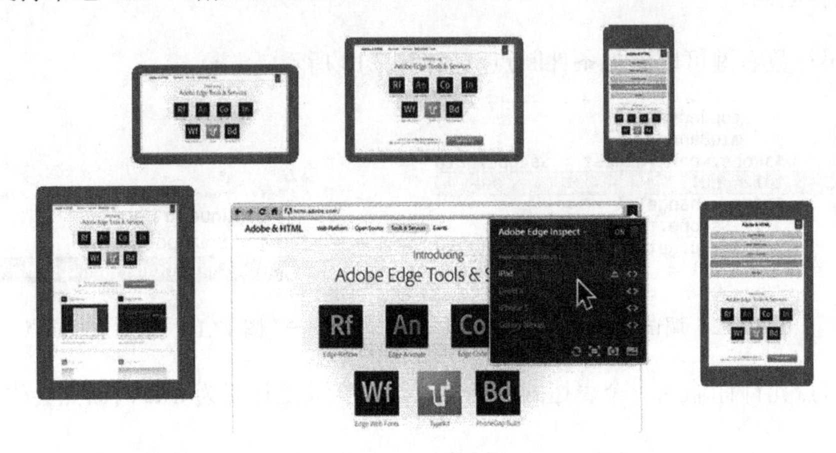

图 17.15　Edge Inspect

安装好 Edge Inspect 的三个部分后，其使用也非常简单，首先打开电脑上的 Inspect，它要求你有 Adobe 的账号，不过单独使用 Edge Inspect 是不收费的，如图 17.16 所示。

接着打开 Chrome 浏览器，以及 Inspect 插件，如图 17.17 所示。

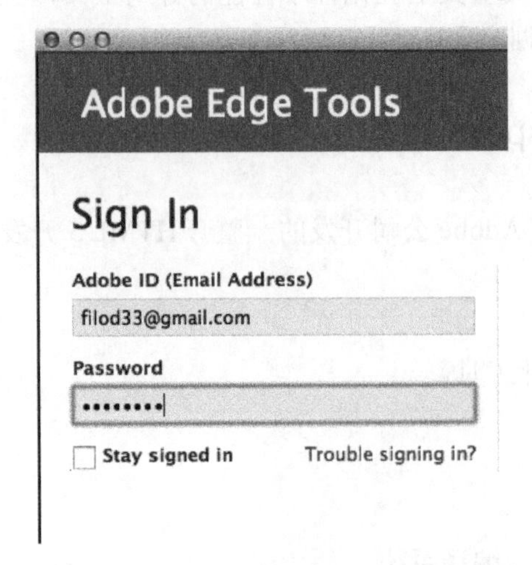

图 17.16　电脑端 Edge Inspect

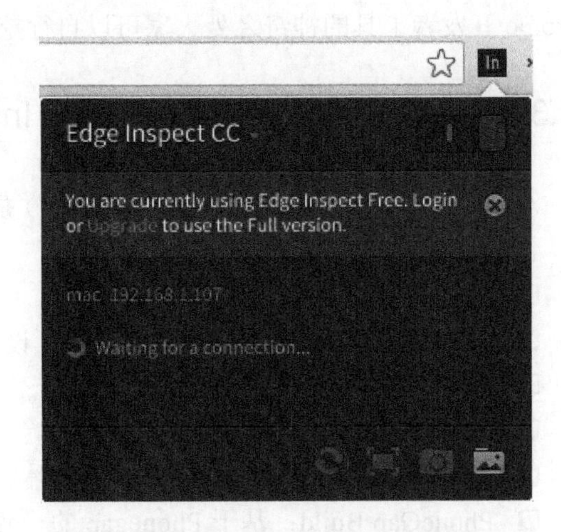

图 17.17　Edge Inspect 插件

与此同时打开你的手机 Inspect app，此时可以发现它们已经配对了并打开了同样的页面，如图 17.18 所示。

图 17.18　已配对状态

此时你可以在 Chrome 里随意切换 Tab 或者刷新，你的手机端总会自动同步电脑端的状态，这省去了大量调试真机的时间。

单击设备旁边的“<>”按钮可以打开远程调试器，如图 17.19 所示。

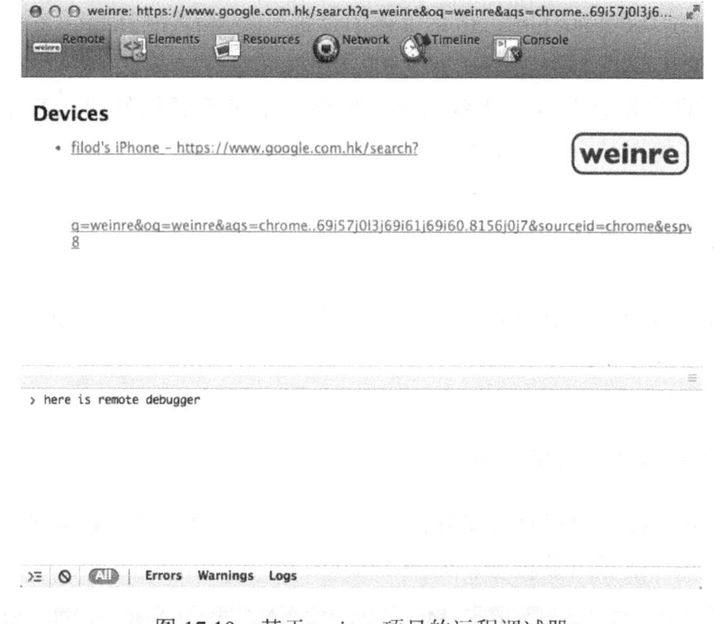

图 17.19　基于 weinre 项目的远程调试器

比较遗憾的是现在这个远程调试器还不支持 JavaScript 的调试。

Edge Inspect 与其他 Edge 工具有着良好的集成，如果你比较有钱，可以考虑使用整套 Adobe 的开发者工具。

17.4　从职业到专业、从前端到全端

17.4.1　Mac 与 Windows

既然标题已经起的这么耸动了，那么就再耸动一点让结论先行：对前端开发而言，Mac

下的总体开发体验优于 Windows。

笔者曾经使用 Windows 工作，于近两年转投 Mac。相比于 Windows，Mac 有这样一些优点。

- Mac 优秀的工业设计本身就甩 PC 好几条大街，这点对于所有用户而言都是毋庸置疑的。
- Mac OS 以及上面的软件总体质量都很高，在视觉设计和用户体验上尤甚。前端设计讲究视觉也讲究体验，与优秀的软件工作有助于创作出优秀的软件。
- 开发工具丰富：Sublime、Aptana Studio、Textmate 和 WebStorm……应有尽有，大部分都是免费或者收费低廉的。
- Mac OS 本身是类 Linux 系统，与 Linux 是嫡亲。这对于前端工程师接触服务器的世界奠定良好的基础。
- 开源世界的新鲜玩意儿从来都先支持 Linux 或者 Mac（比如 Node.js），等 Windows 版？黄花菜都凉了。

Mac 唯一的短板可能是 IE——你必须使用虚拟机来进行 IE 测试。不过，这已经 2014 年了，你竟然还需要测试 IE？果断抛弃它吧！

当然，优秀的体验通常也意味着高昂的价格，不过笔者仍然建议有条件的大家入手 Mac 设备，相信在使用过后你一定不会后悔！

17.4.2　Sublime Text

笔者用过许多编辑器，Sublime Text 是最钟爱的一个——就像它的宣传语：The text editor you'll fall in love with（一个你会爱上的编辑器）。Sublime Text 倍受欢迎的原因有这样一些。

1. 快速抵达任何你想去的地方

使用 CMD+P 快捷键可以打开跳转面板，面板中可以进行非常模糊的搜索，可以跳转到任意文件、代码行或者函数符号，如图 17.20 所示。

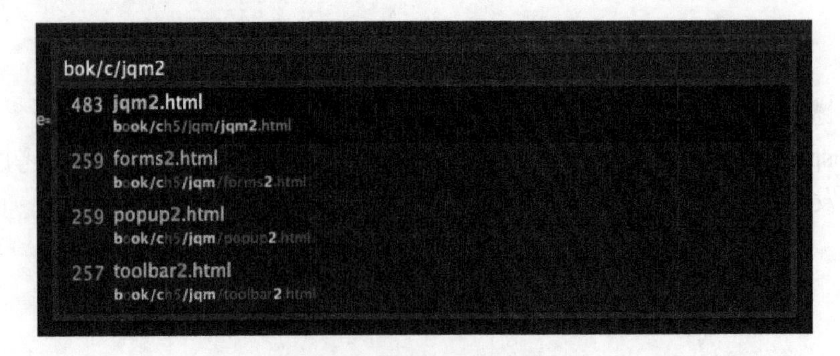

图 17.20　Sublime 快速跳转

2. 命令面板

其他编辑器在调用命令时通常是通过菜单选择或者记忆快捷键，Sublime 提供了一个命令面板（cmd+shift+p），所有命令都可以在这里看到，而且依然可以使用强大的模糊搜索功能来快速定位命令，如图 17.21 所示。

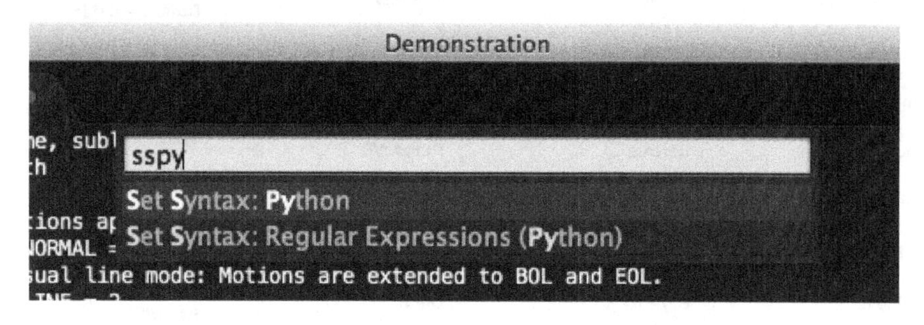

图 17.21 命令面板

3. 多重选择

Sublime 的多重标选择非常好用，你可以在十个地方插入十个光标同时更改内容，这对重构代码来讲非常方便。

4. 分屏编辑

将一个或者多个文件分别在多个小窗口进行编辑。

5. 插件

Sublime 社区里的插件包罗万象，而针对前端开发的插件尤其丰富。

更多 Sublime 的优秀之处还由大家自己探索（http://www.sublimetext.com/）。

17.4.3 MV* 框架

随着前端应用规模的不断扩大，过去高度依赖 DOM 操作的 Web 应用开发模式暴露出了很大的局限性，传统 MVC 软件架构模式在近几年不断被 Web 开发界提起，单页应用（SPA，Single Page Application）成为当前 Web 应用的热门词汇，同时也涌现了一大批 MVC、MVVM 和 MV*前端框架，作为一个专业的前端工程师，有必要深入学习它们的思想和应用，其中比较热门的框架有下面几种。

- Backbone.js：成名早、社区大、小巧和功能单一。
- Knockout.js：双向绑定和 MVVM 架构。
- Ember.js：模板系统强大、数据绑定和社区运作良好。
- Angular.js：Google 出品、扩展 HTML 和理念先进。

如果你在选择 MV*框架的时候感觉到吃力，那么你可以访问 TodoMVC 网站（http://todomvc.com/）。这个网站将一个简单的代办列表应用，利用几乎所有流行或者不流行的框架来实现，并开放了源代码，你可以比较不同框架在实现这个应用时各自有哪些优缺点，从而选择最合适自己的框架，如图 17.22 所示。

JavaScript Apps

Backbone.js R	Maria R	soma.js	DeftJS + ExtJS
AngularJS R	Polymer R	DUEL	Aria Templates R
Ember.js R	cujoJS	Kendo UI R	Enyo + Backbone.js R
KnockoutJS R	dermis R	PureMVC R	AngularJS (optimized) R
Dojo R	Montage	Olives	React R
YUI R	Ext.js	PlastronJS R	SAPUI5 R
Agility.js R	Sammy.js R	Dijon	Exoskeleton R
Knockback.js R	Stapes R	rAppid.js R	Atma.js R
CanJS R	Epitome R	Knockout + ClassBinding R	

* R = App also demonstrates routing

* **Maroon** = App requires further work to comply with **the spec**

Compile To JavaScript

Spine R	GWT R	Batman.js R	TypeScript + AngularJS R
Dart R	Closure R	TypeScript + Backbone.js	Serenade.js

图 17.22　TodoMVC

值得一提的是，Angular.js（http://www.angularjs.org/）是前端框架的一个巨大革新，它的设计思路十分有趣、社区发展也很健康，现在已经超过 Ember.js 成为 github 上最受欢迎的前端 MV*框架（总排名也仅仅次于 jQuery）。对笔者而言，Angular.js 已经成为开发前端应用不可或缺的工具，由于篇幅无法在本书展开讲解，强烈建议大家深入研究 Angular.js，相信会收获不小。

17.4.4　如何保持你的知识处在最前沿

第一点很重要的是英语。

我承认国人是有很多牛人在前端能创造出很多有趣有用的东西，但必须要正视的是，我们国家整个 IT 工业都落后于欧美国家一大截，而绝大部分优秀的新的技术几乎都来源于欧美国家，这通常也意味着没有中文资料，依赖官方或非官方的汉化总是要等很长时间，等中文资料满大街了，同时可能也表明这种技术已经过时了。因此，流畅阅读英文材料几乎已成为一个优秀程序员的必备技能，越来越多的企业也将这一点作为基本的招聘要求之一。

那么很多人可能会问，我的英文不好词汇量小读不懂技术文章怎么办？需要背单词吗？如何学好英文并不是本书的主旨，就笔者的经验，有这些方法可以迅速提升阅读技术文章的能力：

- ❑ 订阅一些优秀的国外技术作者或机构的 Blog，你的阅读器会提醒你——一方面练习了英语，另一方面还学习了技术。
- ❑ 使用框架或库时不依赖中文资料，先从英文文档读起。
- ❑ 在搜索时主动使用英文版的 Google，一方面可以强迫自己用英文资料解决问题，另一方面在组织搜索词时也对英文写作是一种提升。
- ❑ 多泡优秀的技术社区：github、stackoverflow 以及具体技术的邮件列表（通常是 Google Group）。

另一点很重要的就是修炼内功。

那么对于前端开发的大家来说，什么是修炼内功呢？

- ❑ 计算机基础：算法、操作系统、数据结构、网络和编译原理……这些东西对于搞计算机的人来说都是内功，前端也不例外。
- ❑ 浏览器工作原理。前端工程师绝大多数时间都在与浏览器打交道，俗话说知其然也要知其所以然，了解浏览器的工作原理能让你对现有知识的理解上升一个台阶，你也更好地处理性能和兼容性问题。
- ❑ 不断重构你的代码也是提升内功的方式。在重构代码的过程中你会重新思考过去的设计，思考有助于认清问题的本质，并提升自己的编程水平。

最后一点我想应该是学习力和学习习惯。任何真正掌握的知识都不是教来的，都是自己学来的，保持良好的学习习惯非常重要。

17.4.5　跳出前端，更大的世界

前端工程师是一个非常有价值的职业。无论是对产品的价值，还是对前端工程师自己的价值。

前端工程师开发直接和用户相关的软件，能精准地把握用户体验的不足和痛点，前端还直接对接产品端的需求，是第一个将设想和草图变为实实在在可摸到的东西的人，与此同时，前端还与后端直接合作，处理后端的数据该如何展示、协助后端解决问题……总之，前端工程师就是万能胶，将互联网产品的开发所有环节都粘了起来，一方面对前端工程师本身的素质要求很高，除了懂前端，后端、产品、视觉和用户体验都要懂，而且还得有较好的沟通能力，另一方面这些东西对前端工程师本身也是一种磨砺。

虽然前端工程师仅仅是一个职业，但只有跳出单一的职业才能获得更多的成长，从前端到“全端”，还有很长的路要走，笔者与大家共勉！

□ [illegible]Blog[illegible]
□ [illegible]
□ [illegible]Google[illegible]
□ [illegible]github、stackoverflow以及[illegible]（[illegible]Google Group）。

那么对于[illegible]什么[illegible]呢？

□ [illegible]
□ [illegible]
□ [illegible]

[illegible]

17.4.5 跳出前端，更大的世界

[illegible]

[illegible]

[illegible]